水利工程监理实施应用实务

主　　编	钟传利	葛民宪	
副 主 编	毛洪滨	李建军	
编著人员	钟传利	葛民宪	毛洪滨
	李建军	崔彦平	孙　强
	王祥林	曲福贞	张　华
	刘英杰	张亚松	张桂珍
	葛　巍		

U0235774

黄河水利出版社

·郑州·

内容提要

本书以《水利工程建设项目施工监理规范》(SL 288—2003)、《水利工程建设监理规定》(水利部令第28号)为依据,参照《水利水电工程施工监理规范》(DL/T 5111—2000)及国家和相关主管部门近年颁发的有关重要法规,并以国家现行水利水电行业的施工质量验收评定系列规范为标准精心编写而成。

本书共分五篇,二十三章。第一篇为总论,包括监理实施总则、组织机构、人员职责、实施程序;第二篇为质量与安全,包括施工基础技术控制,日常土石方、护坡、灌浆、防渗墙、道路、涵闸、橡胶坝等工程,安全控制监理职责、措施和内容;第三篇为进度和投资;第四篇为合同管理和信息管理;第五篇为其他专业监理实施,包括环境保护、水土保持、金属结构安装、移民迁占监理实施等内容。

本书在编写过程中力求涵盖水利行业各类工程,不仅可供水利工程监理和建设管理人员使用,也可供大专院校相关专业的师生学习参考。

图书在版编目(CIP)数据

水利工程监理实施应用实务/钟传利,葛民宪主编. —郑州:黄河水利出版社,2010.1
ISBN 978 - 7 - 80734 - 762 - 0

Ⅰ.①水… Ⅱ.①钟… ②葛… Ⅲ.①水利工程 - 监督管理 Ⅳ.①TV523

中国版本图书馆 CIP 数据核字(2009)第 227570 号

组稿编辑:王路平 电话:0371 - 66022212 E-mail:hhslwlp@ 126. com

出 版 社:黄河水利出版社
　　　　地址:河南省郑州市顺河路黄委会综合楼14层 邮政编码:450003
发行单位:黄河水利出版社
　　　　发行部电话:0371 - 66026940、66020550、66028024、66022620(传真)
　　　　E-mail:hhslcbs@ 126. com
承印单位:黄河水利委员会印刷厂
开本:787 mm × 1 092 mm 1/16
印张:26.25
字数:600 千字　　　　　　　　　　　　印数:1—1 400
版次:2010 年 1 月第 1 版　　　　　　　印次:2010 年 1 月第 1 次印刷
定价:59.00 元

前 言

建设监理制自1988年开始实施,至今已有20多年的时间,在水利建设工程中发挥了重要作用,取得了令人瞩目的成绩,积极推动了水利建设行业的发展。建设监理制的实施,保证并提高了工程质量,满足了施工工期要求,控制并降低了工程总投资。我国市场经济的进一步发展和完善,对水利工程建设监理工作提出了更高的要求,培养和造就高素质的水利工程监理人员已越来越迫切。

为了适应我国建设管理体制改革的不断深化及水利水电事业蓬勃发展的新形势,满足水利工程建设监理工作的需求,增强监理人员自身素质,提高自身能力,编者依据《水利工程建设项目施工监理规范》(SL 288—2003),以国家及水利水电行业的现行规范为标准,结合水利工程的特性,将近年来从事水利工程监理工作的实践经验和体会汇总编写而成本书。书中简明扼要地介绍了水利工程监理实施应用要点,系统全面地阐述了水利工程监理实施的基本要求。编写人员多年从事水利工程建设管理工作,具有担任总监理工程师、监理工程师的经历,本书是编者在水利工程监理实施过程中的实践经验积累的结果,其内容具体,层次清晰,操作性强,可供水利水电工程监理人员及其他有关人员参考。

本书在编写过程中力求做到内容全面,内容涵盖了监理组织机构及人员职责、监理操作程序,水利水电工程施工基础技术监理控制,日常土石方、护坡、灌浆、防渗墙、道路、涵闸、橡胶坝及水库建设综合工程质量与安全监理实施,水土保持、环境保护、机电及金属结构设备制造安装、移民迁占监理实施控制,进度、投资监理实施,合同管理和信息管理。

本书编写过程中参考和引用了有关作者的资料,由于篇幅有限,书中仅列出了主要文献目录,在此对所引用文献的作者表示衷心的感谢!在本书的编写过程中还有许多一线工作人员提供了大量翔实的第一手资料,付出了辛勤的劳动,并提出了许多有益的建议,较好地丰富了本书的内容,在此对他们表示衷心的感谢!

由于编者水平所限,书中难免有不妥之处,恳请读者批评指正。

编 者

2009 年 7 月

前　言

目 录

第五篇　其他专业监理实施

第一篇 总 论

第一章 监理实施总则

第一节 总 则

一、编制依据

监理实施总则编制主要依据如下：

(1)工程监理合同文件；

(2)施工合同文件；

(3)设计文件与图纸；

(4)施工招标文件、投标文件；

(5)国家和水利部有关工程建设的法律、法规和规章；

(6)水利行业工程建设有关技术标准及其强制性条文；

(7)经监理批准的施工组织设计及技术措施(作业指导书)；

(8)由生产厂家提供的有关材料、构配件和工程设备的使用技术说明书以及工程设备的安装、调试、检验等技术资料。

二、适用范围

根据监理合同的具体情况,在专项工程或专业工程施工前,由项目或专业监理工程师编制监理实施细则,用以指导现场监理工作,进行建设工程的合同管理,按照合同控制工程建设安全、质量、进度、投资,协调建设各方的工作关系,采取组织管理、经济、技术、合同和信息管理措施,对建设过程及参建各方的行为进行监督、协调和控制,以保证项目建设安全、质量、进度、投资目标的最优实现。

三、特性

监理实施细则应充分体现工程特点和合同约定的要求,结合工程项目的施工方法和专业特点,要具有明显的针对性;应体现工程总体目标的实施和有效控制,明确控制措施和方法,要具备可行性和可操作性;应充分考虑可能发生的各种情况,针对不同情况制定相应的对策和措施,突出监理工作的事前审批、事中监督和事后检验,要突出监理工作的预控性;应根据实际情况按照进度,分阶段进行编制,要保持前后的连续性、一致性,并应根据实际情况进行及时补充、修改和完善。

四、监理人员组成及职责分工

监理机构的人员根据工程特点、监理任务、合理的监理深度与密度、发包人对项目监理的要求,配备配套的专业监理人员,优化组合,形成整体高素质的监理组织,监理部门主要有:质量控制部、合同管理部、技术部、文档信息部等,监理人员组成主要有:总监理工程师、副总监理工程师、监理工程师、监理员。

(一)质量控制部职责

1. 质量安全的事前控制

(1)掌握和熟悉质量控制的技术依据。

(2)审查承包人提交的施工组织设计或施工方案。

(3)审批承包人的质量保证体系。

(4)检验承包人的工程材料,审批承包人的标准试验。

(5)审查承包人的施工机械设备。

(6)检查承包人占用的工程场地,验收承包人的施工定线。

(7)检查生产环境。

2. 质量的事中控制

(1)施工过程质量控制:施工过程中采用巡视、旁站、检测、试验的方法控制工程质量。

(2)工序(或检验批)交接检查:坚持上一道工序(或检验批)验收不合格不准进入下一道工序(或检验批)施工的原则。上道工序(或检验批)完成后,先由承包人进行自检,合格后再通知现场监理工程师到现场会同检验。检验合格签字认可后方能进行下道工序(或检验批)施工。

(3)重要隐蔽工程检查验收:重要隐蔽工程完成后,先由承包人自检,自检合格隐蔽前48 h报监理现场机构申请验收,监理现场机构会同发包人、设计人、监督人、承包人等到现场检验,合格签字认可后方可覆盖,未经验收不得覆盖。

(4)工程变更和处理:任何工程的形式、质量、数量和内容上的变动,必须由监理工程师签发工程变更令,并由监理工程师监督承包人实施。监理工程师应就颁布工程变更令而引起的费用增减,与发包人和承包人进行协商,确定变更费用。

(5)工程质量事故处理:工程事故发生后,承包人应及时采取必要措施,防止事态扩大并写出事故调查报告及处理方法报监理现场机构,监理工程师调查后根据事故的情况及时向有关部门报告。事故处理方案经过监理现场机构批准后方可实施。

(6)行使质量监督权,下达停工指令。为了保证工程质量,出现下列情况之一,监理工程师有权指令承包人立即停工整改:

①未经检验即进行下道工序(或检验批);

②工程质量下降,经指出后,未经采取有效措施,继续施工者;

③采用未经认可的材料;

④擅自变更设计图纸;

⑤擅自将工程分包、转发包；

⑥没有可靠的质量保证措施、施工方案贸然施工。

（7）严格单元工程开工报告和复工报告审批制度：凡分部工程开工及停工后复工，均应书面报告监理现场机构并经同意后方可开工或复工。

（8）质量、技术签证：凡质量技术方面有法律效力的最后签证，只能由总监理工程师一人签署。各监理工程师对其分管的质量、计量原始资料签字认可。

（9）行使好质量否决权，为工程进度款的支付签署质量认证意见。申请进度款的工程，必须有质量监理方面的认证意见。

（10）建立质量监理日志。

3. 质量的事后控制

（1）单元（或分项）工程验收及质量评定：根据单元（或分项）工程各工序（或检验批）的质量评定，对单元（或分项）工程质量等级进行评定。

（2）分部工程验收及质量评定：主持分部工程验收及质量评定。

（3）单位工程竣工验收：积极参与单位工程的验收。

（二）合同管理部职责

1. 投资的事前控制

投资事前控制的目的是进行工程风险预测，并采取相应的防范性对策，尽量减少承包人提出索赔的可能。

2. 投资的事中控制

施工中严格按合同办事，严格计量及费用签证，工程变更、设计修改要慎重。

3. 投资的事后控制

（1）审核承包人提交的工程支付申请。

（2）公正地处理承包人提出的索赔。

（三）技术部职责

1. 进度的事前控制

（1）审核承包人提交的施工进度计划。

（2）审核承包人提交的施工方案。

（3）审核承包人提交的施工总平面图。

（4）制定由发包人供应材料、设备的需用量及供应时间参数。

2. 进度的事中控制

一方面，进行进度检查、动态控制和调整；另一方面，及时进行工程计量及支付。

3. 进度的事后控制

实际进度发生偏差后，及时分析原因，找出对策，限令承包人采取有效措施确保工期。

（四）文档信息部职责

（1）掌握信息来源，对信息进行分类。

（2）掌握和正确运用信息管理手段。

（3）掌握信息流程的不同环节，建立信息管理系统。

（4）确定监理文件传递流程，进行监理文件资料的登记与分类存放，以及监理文件资料的归档等。

(五)监理人员职责

监理单位委派总监理工程师组建项目监理组织,实行总监理工程师负责制,总监理工程师是监理单位履行监理合同的全权代表,是项目监理组织机构履行监理合同的总负责人,行使监理合同赋予监理单位的全部职责,全面负责项目施工全过程的监理实施工作。副总监理工程师协助总监理工程师负责监理机构工作。监理工程师按照总监理工程师授予的职责权限开展监理工作,是所执行监理工作的直接负责人,并对总监理工程师负责。监理员按照被授予的职责权限开展监理工作,主要协助监理工程师承担辅助性监理工作。

监理人员职责本节简要概括一下,具体内容详见第二章第二节。

第二节 开工审批内容和程序

一、施工组织设计审查

工程合同项目开工前,承包人应根据设计文件、施工合同、施工规范、施工条件及施工水平,编制施工组织设计,报监理工程师审查。其内容包括以下几点:

(1)工程概况;

(2)施工布置、施工方法、施工程序;

(3)施工组织机构、质量保证体系及质量保证措施;

(4)安全组织机构、安全保证体系及安全保证措施;

(5)主要施工机械设备的配置;

(6)主要施工人员与劳动力组合计划;

(7)施工进度计划;

(8)文明施工与环境保护措施;

(9)监理机构要求报送的其他资料。

二、进场主要人员报验

工程合同项目开工前,承包人应根据工程投标文件、施工合同、人员变更批复填报进场主要人员报验单,主要人员包括:项目部经理、总工、质检科科长、施工科科长、安全科科长、财务科科长。并附项目经理的项目资格证及安全证书、总工的资格证书、施工科长施工资格证书、质检科长质检资格证书、财务科长的会计证书或经济师证书、安全科长的安全资格证书,技术岗位和特殊工种的工人必须持有通过国家或有关部门统一考试的资格证明,报监理工程师审查。

监理机构对未经批准人员的职务不予确认,对不具备上岗资格的人员完成的技术工作不予确认。根据承包人员在工作中的实际表现,可以要求承包人及时撤换不能胜任工作或玩忽职守或监理机构认为由于其他原因不宜留在现场的人员,未经监理机构同意不得允许这些人员重新从事该工程的工作。

三、进场设备、检测仪器报验

工程合同项目开工前,承包人应填报进场施工设备、检测仪器报验单,并报监理工程师审查,监理工程师根据工程投标文件、施工合同、工程实际情况进行审查。审查的主要内容如下:

(1)承包人进场施工设备的数量、规格、性能以及进场的时间是否符合施工合同约定、投标承诺要求;

(2)旧施工设备进场前,承包人应提供设备的使用和检修记录,以及具备鉴定资格的机构出具的检修合格证,经监理机构认可后,方可进场;

(3)承包人使用租赁设备时,则应在租赁协议书中明确规定,若在协议书有效期内发生承包人违约解除合同,发包人或其他承包人可以相同条件取得其使用权;

(4)承包人还应提供使用于本工程的主要检测仪器率定证书原件及复印件。

四、施工放样

监理在合同规定的期限内,向承包人提供测量基准点、基准线和水准点及其平面资料。工程合同项目开工前,承包人应在发包人、设计单位现场技术交底的基础上,依据上述基准点、基准线以及国家测绘标准和工程精度要求,根据设计文件要求及施工条件,完成放样测量,放样完成后编制《施工放样报审表》,报监理工程师审查。其内容包括:

(1)施测项目概述,包括引用的控制点、平面布置图、业主提供的有关基准资料;

(2)放样程序、施工放样技术说明、放样数据及计算成果;

(3)在施测前依据设计预先算出施工各部位、各高程控制点的坐标参数,以便施测放样时控制和校对;

(4)测量人员的配置与组合,观测仪器设备名称数量及其检验和校正情况;

(5)数据记录及资料整理制度。

监理人员可以指示承包人在监理监督下或联合进行抽样复测,当复测中发现错误时,必须按照监理指示进行修正或补测。

承包人应负责管理好施工控制网点,若有丢失或损坏,应及时修复,其所需的管理和修复费用由承包人承担,工程完工后应完好地移交给发包人。

五、工地试验室、试验计量设备的审查

工程合同项目开工前,承包人根据合同要求成立工地试验室,试验室必须具备与所承建工程相适应并满足合同文件和技术规范、规程、标准要求的检测手段和资质,并报监理工程师审查,审查主要内容如下:

(1)检测试验室的资质文件(包括资质证书、承担业务范围及计量认证文件等复印件);

(2)检测试验室人员配备情况(姓名、性别、岗位工龄、学历、职务、专业或工种);

(3)检测试验室仪器设备清单(仪器设备名称、规格型号、数量、完好情况及其主要功能),仪器仪表的率定及检验合格证书;

（4）各类检测、试验记录和报表的样式；

（5）检测试验人员守则及试验室操作规程。

六、原材料、构配件的审查

工程合同项目开工前，承包人应将进场原材料和构配件，报监理工程师审查。监理工程师主要检查进场的原材料、构配件的质量、规格、性能是否符合有关技术标准和技术条款的要求，原材料的储存量是否满足工程开工及随后施工的需要，并对原材料进行抽样试验。

七、开工申请

工程合同项目开工前，承包人应将开工申请单（后附中标通知书、单位资质证书、项目部成立文件等）、进场主要人员报验单、进场设备报验单、施工组织设计报审表、施工放样报审表、工地试验室和试验计量设备报审表、原材料和构配件报审表，由项目负责人签署并加盖公章后，送交监理工程师进行现场核对，监理工程师认为符合开工条件后签署审查意见。

八、开工令签署

上述报送开工申请文件经承包人项目负责人签署并加盖公章后送交监理机构审阅，监理工程师现场核对、审查认为符合开工条件后，报总监理工程师审核，总监理工程师审核合格后开出相应的开工令。

承包人未能按时向监理机构报送开工申请所必需的文件和资料，因而造成的施工工期延误和其他损失，均由承包人承担全部责任。承包人在规定期限内未收到监理机构的审签意见，即可认为已经通过审阅。

第三节　质量控制的内容、措施和方法

一、质量控制依据、方法及措施

（一）质量控制依据

（1）国家颁布的有关质量方面的法律、法规和规程；

（2）已批准的设计文件、施工图纸及相应的设计变更与修改文件；

（3）已批准的施工组织设计、施工技术措施及施工方案；

（4）合同中引用的国家和行业（或部颁）的现行施工操作技术规程、施工工艺规程及验收规范、评定规程；

（5）合同中引用的有关原材料、半成品、构配件方面的质量依据；

（6）发包人和承包人签订的工程施工合同有关质量的合同条款；

（7）制造厂提供的设备安装说明书和有关技术标准。

(二)质量控制方法

1. 旁站监理

监理机构按照监理合同约定,在施工现场对工程项目的重点部位和关键工序的施工,实施连续性的全过程检查、监督与管理。在旁站监理过程中,监理人员主要检查承包人在施工中所用的设备、材料及混合料是否与已批准的配比相符,检查是否按照技术规范和批准的施工方案、施工工艺进行施工,注意及时发现问题和解决问题,制止错误的施工方法和手段,尽早避免事故的发生。

2. 检验

1)巡视检验

监理人员对所监理的工程项目进行定期或不定期的检查、监督和管理。

2)跟踪检验

在承包人进行试样检测前,监理人员对其检测人员、仪器设备以及拟定的检测程序和方法进行审核;在承包人进行试验检测时,监理人员对实施全过程进行监督,确认其程序、方法的有效性以及检测成果的可信性,并对结果进行确认。跟踪检验的检测数量,混凝土试样不应少于承包人检测数量的7%,土方试样不应少于承包人检测数量的10%。检测工作由具有国家规定的资质条件的检测机构进行。

3)平行检验

监理人员在承包人对试样自行检测的同时,独立抽样进行检测,核验承包人的检测结果。平行检验的检测数量,混凝土试样不应少于承包人检测数量的3%,重要部位每种标号的混凝土最少取样1组;土方试样不应少于承包人检测数量的5%,重要部位最少取样3组。检测工作由具有国家规定的资质条件的检测机构进行。

二、材料、构配件和工程设备质量控制

对于工程中使用的材料、构配件,监理机构监督承包人按有关规定和施工合同约定进行检验,并检查材质证明和产品合格证。

对于承包人采购的工程设备,监理机构参加工程设备的交货验收;对于发包人提供的工程设备,监理机构伙同承包人参加交货验收。

未经检验的材料、构配件和工程设备,不得使用;经检验不合格的材料、构配件和工程设备,监理机构督促承包人及时运离工地或做出相应处理。

监理机构如对进场材料、构配件和工程设备的质量存有异议,可指定承包人进行重新检验,必要时,监理机构可进行平行检验。

监理机构如发现承包人未按照有关规定和施工合同约定对材料、构配件和工程设备进行检验,应及时指示承包人补做试验;如承包人未按监理机构的指示进行试验补做,监理机构可按照有关规定和施工合同约定自行或委托其他有资质的检验机构进行检验,承包人承担相应费用。

监理机构在工程质量控制过程中发现承包人使用了不合格的材料、构配件和工程设备时,应指示承包人立即整改。

三、工程质量检验

(一)工程质量检验要求

工程质量检验方法应符合《单元工程质量评定标准》和国家及行业现行技术标准的有关规定;工程质量检测试验数据应真实可靠,检验记录及签证应完整齐全;承包人的检测人员要求熟悉检测业务,了解被检测对象性质和所用仪器设备性能,经考核合格后,持证上岗;工程施工质量检验中使用的计量器具、试验仪器仪表及设备要求进行检定,并具备有资质单位出具的有效检定证书;承包人自检的检测项目和数量,应不低于《单元工程质量评定标准》和施工合同约定要求,监理单位抽检的检测项目和数量应不少于承包人检测点次的1/3。

(二)工程质量控制点的设置

承包人在工程施工前依据施工过程质量控制的要求、工程性质和特点以及自身的特点,列出质量控制点明细表,表中应详细地列出各质量控制点的名称或控制内容、检验标准及方法,提交监理机构审查批准。

监理机构应督促承包人在施工前全面、合理地选择质量控制点,质量控制点的设置对象主要有:人的行为,材料的质量和性能,关键的操作,施工顺序,技术参数,常见的质量通病,新工艺、新技术及新材料的应用,质量不稳定及质量问题较多的工序,特殊地基和特种结构,关键工序等。监理机构对承包人设置的质量控制点的情况及拟采取的质量控制措施进行审核,监理机构按照批准的质量控制点实施质量预控。必要时,对承包人的质量控制实施过程进行跟踪检查或旁站监督,以确保质量控制点的实施质量。

根据质量控制点的重要程度及监督控制不同要求,质量控制点分为质量检验见证点和质量检验待检点。见证点和待检点的设置,根据承包人的施工技术力量,工程经验,具体的施工条件、环境、材料、机械等各种因素来选定。见证点和待检点执行程序的不同处在于,如果在到达待检点时,监理人员未能到场,承包人不得进行该项工作,事后监理人员应说明未能到场的原因,然后双方另行约定新的检查时间。

四、施工过程质量控制

(1)监理机构督促承包人按照施工合同约定对工程所有部位和工程使用的材料、构配件和工程设备的质量进行自检,并按规定向监理机构提交相关资料。

(2)监理机构采用现场察看、查阅施工记录以及对材料、构配件、试样等进行抽检的方式对施工质量进行严格控制;及时对承包人可能影响工程质量的施工方法以及各种违章作业行为发出调整、制止、整顿甚至暂停施工的指示。

(3)监理机构严格旁站监理工作,特别注意对易引起渗漏、冻融、冲刷、气蚀等部位的工程质量控制。

(4)单元工程(或工序)未经监理机构检验或检验不合格,承包人不得开始下一个单元工程(或工序)施工。

(5)监理机构发现由于承包人使用的材料、构配件和工程设备以及施工设备或其他原因可能导致工程质量不合格或造成质量事故时,应及时发出指示,要求承包人立即采取措施纠正,必要时,责令其停工整改。

(6)监理机构发现施工环境可能影响工程质量时,应指示承包人采取有效的防范措施。必要时,责令其停工整改。

(7)监理机构对施工过程中出现的质量问题及处理措施或遗留问题进行详细记录和拍照,保存好记录、照片或音像等相关资料。

(8)监理机构应参加工程设备供货人组织的技术交底会议,监督承包人按照工程设备供货人提供的安装指导书进行工程设备的安装。

(9)监理机构审核承包人提交的设备启动程序并监督承包人进行设备启动与调试工作。

五、工程质量评定程序

在监理过程中,监理人员根据《水利水电工程施工质量检验与评定规程》(SL 176—2007)进行质量评定。

(一)单元工程验收、评定

承包人在自检合格的基础上,将自检资料连同工程报验单报给现场监理员,监理员审查合格后,在 24 h 内到施工现场对单元工程质量进行抽检和质量评定,合格后由监理工程师、监理员在工程报验单、单元工程质量评定表上签字后,承包人方能进行下道工序的施工。

(二)重要隐蔽单元工程及关键部位单元验收、评定

重要隐蔽单元工程及关键部位单元质量经承包人自评合格、监理单位抽检后,由发包人(或委托监理)、监理、设计、施工、工程运行管理等单位组成联合小组,共同检查核定其质量定级并填写签证表,报工程质量监督机构核备。

(三)分部工程验收、评定

1.分部工程验收

在分部工程包含的所有单元工程全部完成后,经评定所完成的单元质量全部合格,且有关质量缺陷已处理完毕或有监理机构批准的处理意见的基础上,由承包人向发包人提出分部工程验收申请。

由发包人(或监理单位)主持,发包人、监理、勘测、设计、施工、主要设备制造(供应)等单位的代表参加,工程运行管理部门可根据具体情况决定是否参加,组成联合验收小组,通过听取参建单位汇报、现场检查工程完成情况和工程质量、检查单元工程质量评定及相关档案资料进行分部工程验收。验收内容包括:检查工程是否达到设计标准或合同约定标准的要求,评定工程施工质量等级,对验收中发现的问题提出处理意见。

分部工程质量在承包人自评合格后,由监理机构复核,发包人认定。分部工程验收的质量结论由发包人报工程质量监督机构核备,大型枢纽工程主要建筑物的分部工程验收的质量结论由发包人报工程质量监督机构核定。

2.分部工程质量评定

合格标准:所有单元工程的质量全部合格,质量事故及质量缺陷已按要求处理,并检验合格;原材料、中间产品及混凝土(砂浆)试件质量全部合格,金属结构及启闭机制造质

量合格,机电产品质量合格。

优良标准:所有单元工程质量全部合格,其中有70%以上达到优良等级,重要隐蔽工程和关键部位单元工程质量优良率达到90%以上,且未发生质量事故;中间产品及原材料质量全部合格,混凝土(砂浆)试件质量达到优良等级(当试件组数小于30时,试件质量合格),原材料质量合格,金属结构及启闭机制造质量合格,机电产品质量合格。

(四)工程外观质量检验、评定

单位工程完工后,由发包人、监理、设计、承包人等单位组成外观质量评定组,进行现场检验评定,报质量监督机构核备。

(五)单位工程验收、评定

1. 单位工程验收

在单位工程包含的所有分部工程全部完成后,经评定所完成的分部质量全部合格,且分部工程验收遗留问题已处理完毕并通过验收,未处理的遗留问题不影响单位工程质量评定并有处理意见的基础上,由承包人向发包人提出单位工程验收申请。

由发包人主持,发包人、勘测、设计、监理、施工、主要设备制造(供应)、运行管理等单位的代表参加,组成联合验收小组,通过听取参建单位汇报、现场检查工程完成情况和工程质量、检查分部工程验收有关文件及相关档案资料进行单位工程验收。验收内容包括:检查工程是否按批准的设计内容完成,评定工程施工质量等级,检查分部工程验收遗留问题处理情况及相关记录,对验收中发现的问题提出处理意见。

单位工程质量在承包人自评合格后,由监理机构复核,发包人认定。单位工程验收的质量结论由发包人报工程质量监督机构核备。

2. 单位工程质量评定

合格标准:所含分部工程质量全部合格;质量事故已按要求进行处理;工程外观质量得分率达到70%以上;单位工程施工质量检验与评定资料基本齐全;工程施工期及试运行期,单位工程观测资料分析结果符合国家和行业现行技术标准以及合同约定的标准要求。

优良标准:所含分部工程质量全部合格,其中有70%以上达到优良,主要分部工程质量全部优良,且施工中未发生过较大质量事故;质量事故已按要求进行处理;外观质量得分率达到85%以上;单位工程施工质量检验与评定资料齐全;工程施工期及试运行期,单位工程观测资料分析结果符合国家和行业现行技术标准以及合同约定的标准要求。

(六)完善各种资料,确保资料真实、原始、完整

监理人员在施工过程中,一定要严格要求,热情服务,经常检查,指导承包人及时分类、整编,使竣工资料符合合同要求。

六、质量缺陷和质量事故处理程序

(一)质量缺陷

当发现工程出现质量缺陷后,监理工程师首先以《质量整改通知单》的形式通知承包人;承包人接到《质量整改通知单》后,在监理工程师的组织与参与下,尽快进行质量缺陷的调查,写出调查报告,并在此基础上进行分析,正确判断原因,研究制订处理方案,进行工程质量整改。整改完成后,监理工程师重新组织有关人员进行严格的检查、鉴定和验收,经验收合格后,承包人方可进行下一阶段施工。质量缺陷处理程序见图1-1。

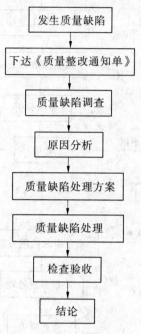

图1-1 质量缺陷处理程序

(二)质量事故

质量事故发生后,总监理工程师首先向承包人下达《停工通知》,及时向发包人报告,同时指示承包人严格保护现场,采取有效措施抢救人员和财产,防止事故扩大,因抢救人员、疏导交通等原因需移动现场物件时,应当作出标志、绘制现场简图并作出书面记录,妥善保管现场重要痕迹、物证,并进行拍照或录像。积极参与或配合事故调查组进行质量事故调查、事故原因分析,参与处理意见。指示承包人按照批准的工程质量事故处理方案和措施对事故进行处理,经验收合格后,方可投入使用或总监理工程师下达《复工通知》后进行下一阶段施工。质量事故处理程序见图1-2。

质量事故处理按照"三不放过"原则(事故原因不查清不放过、主要事故责任人和职工未受到教育不放过、补救和防范措施不落实不放过),事故处理后,还必须提交完整的事故处理报告,内容包括:事故调查的原始资料、测试数据,事故的原因分析、论证,事故处理的依据,事故处理方案、方法及技术措施,检查验收记录,事故无需处理的论证,事故处理结论等。

七、设计变更

(一)设计变更范围和内容

在履行合同过程中,监理机构可根据工程的需要并按发包人的授权指示承包人进行各种类型的变更。变更的范围和内容如下:

(1)增加或减少合同中任何一项工作内容。在履行合同过程中,如果合同中的任何

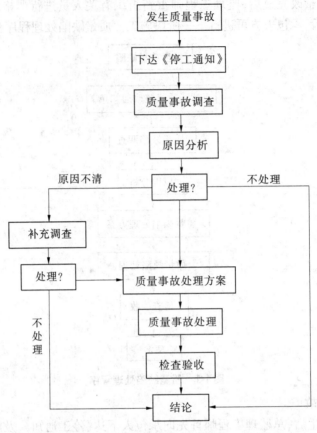

图 1-2 质量事故处理程序

一项工作内容发生变化,包括增加或减少,均需监理机构发布变更指示。

(2)增加或减少合同中关键项目的工程量超过专业合同条款规定的百分比。在此所指的"超过专业合同条款规定的百分比"可在 15% ~ 25% 范围内,一般视具体工程酌定。其本意是:当合同中任何项目的工程量增加或减少在规定的百分比以下时,不属于变更项目,不作变更处理;超过规定的百分比时,一般应视为变更,应按变更处理。

(3)取消合同中的任何一项工作。如果发包人要取消合同中任何一项工作,应由监理机构发布变更指示,按变更处理,但被取消的工作不能转由发包人实施,也不能由发包人雇用其他承包人实施。

(4)改变合同中任何一项工作的标准或性质。对于合同中任何一项工作的标准或性质,合同《技术条款》都有明确的规定,在施工合同实施中,如果根据工程的实际情况,需要提高标准或改变工作性质,需要监理机构按变更处理。

(5)改变工程建筑物的型式、基线、标高、位置或尺寸。如果施工图纸与招标图纸不一致,包括建筑物的结构型式、基线、高程、位置以及规格尺寸等发生任何变化,均属于变更,应按变更处理。

(6)改变合同中任何一项工程的完工日期或改变已批准的施工顺序。合同中任何一项工程都规定了其开工日期和完工日期,而且施工总进度计划、施工组织设计、施工顺序已经监理机构批准,要改变应由监理机构批准,按变更处理。

(7)追加未完成工程所需的任何额外工作。额外工作是指合同中未包括而为了完成合同工程所需增加的新项目,如临时增加的防汛工程或施工场地内发生边坡塌滑时的治理工程等额外工作项目。这些额外的工作均按变更处理。

变更项目未引起工程施工组织和进度计划发生实质性变动和不影响其原定的价格时,不予调整该项目单价和合计,也不需要按变更处理的原则处理。

监理机构发布的变更质量内容,必须是属于合同范围内的变更。即要求变更不能引起工程性质有很大的变动,否则应重新签订合同,因为若合同性质发生很大的变动而仍要求承包人继续施工是不恰当的,除非合同双方都同意将原合同变更。监理机构无权发布不属于本合同范围内的工程变更指令,否则承包人可以拒绝。

(二)设计变更监理应注意的问题

(1)准确判断,尽可能地做出变更决定。变更决策时间太长或变更程序太慢,会带来诸多问题。例如:如果由于变更太慢而致使工程返工,会造成极大的损失和浪费;如果由于变更太慢而让承包人停工等待,会造成索赔时间发生。所以,监理机构应对变更情况做出准确的判断,并尽快做出决定。

(2)进行合同分析,确定变更责任。在变更前后,监理人员都必须进行合同分析,详细研究合同有关该变更事项的规定,确定变更合同责任,有利于变更的处理。

(3)督促承包人尽快全面落实变更。监理机构应督促承包人尽快落实变更,一方面,调整变更有关的合同文件;另一方面,研究由于变更引起的施工问题,并提出具体应对措施,有利于变更的顺利实施。

(4)分析变更的影响,妥善处理变更设计的费用和工期问题,尽量避免引起索赔或争议。

第四节　安全控制的内容、措施和方法

一、安全施工监理职责

(1)协助发包人对承包人的安全资质、安全保证体系、安全施工技术措施、安全操作规程、安全度汛措施进行审批,并监督检查实施情况。

(2)负责施工现场的安全生产监督管理工作,参与协调和处理施工中急需解决的安全问题,并监督承包人落实必要的安全施工技术措施。

(3)在实施监理过程中,发现存在安全事故隐患时,应当要求承包人整改;情况严重的,应当要求承包人暂时停止施工,并及时报告发包人。承包人拒不整改或者停止施工的,监理机构应当及时向有关主管部门报告。

(4)协助对各类安全事故的调查处理工作,定期向发包人报告安全生产情况。

(5)监理机构应当按照法律、法规和工程建设强制性标准实施监理,并对建设工程安全生产承担监理责任。

二、安全监理工作内容

(一)施工准备阶段安全监理

1.有关文件

工程开工前,承包人向监理机构报送的有关安全生产的文件如下:

(1)安全资质及证明文件(含分包单位)。

(2)安全生产保证体系。

(3)安全管理组织机构及安全专业人员配备。

(4)安全生产管理制度、安全检查制度、安全生产责任制度。

(5)实施性安全施工组织设计,专项安全生产技术措施、安全度汛措施、安全操作规程。

(6)主要施工设备等技术性能及安全条件。

(7)特种作业人员资质证明。

(8)职工安全教育、培训记录,安全技术交底记录。

2. 工作内容

施工准备阶段安全监理工作内容如下:

(1)制定安全监理程序。

(2)检查承包人(含分包单位)安全资质是否符合有关法律、法规及工程施工合同的规定,并督促承包人建立健全施工安全保证体系。

(3)督促承包人建立相应的安全生产组织管理机构,并配备各级安全管理人员,审查建立的各项安全生产管理制度、安全检查制度、安全生产责任制度。

(4)审查承包人编制的实施性安全施工组织设计、专项安全技术措施、安全度汛措施和防洪措施。

(5)检查开工时所必需的施工机械、材料和主要人员是否到达现场,是否处于安全状态,施工现场的安全设施是否已经到位,避免不符合要求的安全设施和设备进入施工现场,造成人身伤亡事故。

(6)承包人的安全设施和设备进入现场前要检验并合格。

(7)审查特种作业人员相应的资质及上岗证。

(8)督促承包人进行所有从事管理和生产人员施工前全面的安全教育,重点对专职安全员、班组长和从事特殊作业的操作人员进行培训教育,加强职工安全意识。

(9)要求承包人分部工程开工前严格执行安全技术交底制度。

(10)在施工开始前,了解现场的施工环境、人为障碍等因素,调查可能导致意外伤害事故的原因,以便掌握有关资料,及时提出防范措施。

(11)审查承包人的自检系统。

(12)掌握新技术、新材料的施工工艺和技术标准,在施工前对作业人员进行相应的培训、教育。

(二)施工阶段安全监理工作

工程项目在施工阶段,监理人员要对施工过程的安全生产工作进行全面的监督。

(1)督促承包人贯彻执行"安全第一,预防为主"的方针,严格执行国家现行有关安全生产的法律、法规,建设行政主管部门有关安全生产的规章和标准,发包人有关安全生产的规定和有关安全生产的过程文件。

(2)督促承包人确保安全保证体系正常运转,全面落实各项安全管理制度、安全生产责任制度。

(3)督促承包人全面落实各项安全生产技术措施及安全防洪措施,认真执行各项安全技术操作规程,确保人员、机械设备及工程安全。

(4)督促承包人认真执行安全检查制度,加强现场监督与检查,专职安全员应每天进行巡视检查,安全监察部每旬进行一次全面检查,视工程情况在施工准备阶段、施工危险性大、季节性变化、节假日前后等组织专项检查,对检查中发现的问题,按照"三不放过"的原则制定整改措施,限期整改和验收。

(5)督促承包人接受监理机构和发包人的安全监督管理工作,积极配合监理机构和发包人的安全检查活动。

(6)安全监理人员对施工现场及各工序安全情况进行跟踪监督、检查,发现违章作业及安全隐患应要求承包人及时进行整改。

(7)要求承包人加强安全生产的日常管理工作,并于每月25日前将施工项目的安全生产情况以安全月报的形式报送监理机构和发包人。

(8)要求承包人按要求及时提交各阶段工程安全检查报告。

(9)组织或协助对安全事故的调查处理工作,按要求及时提交事故调查报告。

如遇到下列情况,监理下达"暂时停工指令":

(1)施工中出现安全异常,经提出后,承包人未采取改进措施或改进措施不合乎要求。

(2)对已发生的工程事故未进行有效处理而继续作业。

(3)安全措施未经自检而擅自使用。

(4)擅自变更设计图纸进行施工。

(5)使用没有合格证明的材料或擅自替换、变更工程材料。

(6)未经安全资质审查的分包单位的施工人员进入现场施工。

三、安全施工监理措施

(1)监督承包人按照国家有关法律法规、工程建设强制性标准和已经通过审查批准的专项安全施工方案组织施工。

(2)对于下列危险作业,承包人应当编制专项施工方案,制定专项安全措施,并按规定报本单位技术部门等批准后实施:基础施工,地下工程施工,脚手架(包括悬、挑、挂等特种脚手架)的搭设、使用和拆除,起重、垂直运输机械设备的安装、拆除,安全防护设施的架设,大型起重吊装工程,模板工程,施工现场临时用电,其他危险作业。

(3)对施工现场安全生产情况进行巡视检查,检查承包人各项安全措施的具体落实情况。对易发生事故的重点部位和环节实施旁站监理。

(4)发现存在事故隐患的,要求承包人立即进行整改;情况严重的,由总监理工程师下达暂时停工令并报告发包人;承包人拒不整改的,应及时向工程所在地建设行政主管部门(安全监督机构)报告。

(5)督促承包人进行安全自查工作,参加施工现场的安全生产检查;不定期抽查现场持证上岗情况。

(6)发生重大安全事故或突发性事件时,应当立即下达暂时停工令,并督促承包人立即向当地建设行政主管部门(安全监督机构)和有关部门报告,并积极配合有关部门、单位做好应急救援和现场保护工作;协助有关部门对事故进行调查分析;督促承包人按照"四不放过"原则对事故进行调查处理。

四、安全施工监理方法

监理安全控制工作主要是控制施工人员的不安全行为,控制物的不安全状态,督促承包人做好作业环境的防护工作。

(1)贯彻执行"安全第一,预防为主"的方针,国家现行的安全生产的法律、法规,建设行政主管部门的安全生产的规章和标准。

(2)督促承包人落实安全生产的组织保证体系,建立健全安全生产责任制,各工程安全技术操作规程、专(兼)职安全员设置。

(3)督促承包人对工人进行安全生产教育及分部分项工程的安全技术交底。

(4)审查施工方案或施工组织设计中是否有保证工程质量和安全的具体措施,使之符合安全施工的要求,并督促其实施;核查施工组织设计和专项施工方案的种类和编审手续、安全措施的合理科学性。

(5)检查并督促承包人,按照建筑施工安全技术标准和规范要求,落实分部、分项工程或各工序、关键部位的安全防护措施。

(6)定期检查工程安全技术交底的涉及面、针对性及履行签字手续情况;检查承包商安全检查制度、检查记录、整改情况;检查承包商安全教育制度,新工人三级安全教育和变换工种教育的内容、时间等;检查从事特种作业人员的培训持证上岗情况(复验时间、单位名称);对不安全因素,及时督促承包人整改。

(7)监督检查施工现场的消防、夏季防暑、冬季防寒、文明施工、卫生防疫等项工作。

(8)不定期组织安全综合检查,按《建筑施工安全检查标准》(JGJ 59—99)进行评价,提出处理意见并限期整改。

(9)发现违章冒险作业的要责令其停止施工,发现隐患的要责令其停工整改。

第五节　进度控制的内容、措施和方法

一、进度控制的工作任务

施工阶段是工程实体的形成阶段,对其进行控制是整个项目建设进行控制的重点,作为监理单位,在施工阶段进度控制的工作任务是:在满足工程项目建设总进度计划要求的基础上,审核施工进度计划,对其执行情况加以动态控制,以书面的形式定期向发包人汇报,以保证工程项目按期竣工并交付使用。

二、进度控制的方法

按照动态控制原理的要求,将总工期按项目的特点进行分解,确定各子项的进度计划、开工及完工时间,形成施工进度控制的目标体系,明确各子目标之间的相互关系,下级目标保证上级目标,上级目标制约下级目标,最终保证总目标的实现。

三、监理进度控制的职责与权利

(1)签发开工通知。

(2)审批承包人提供的施工进度计划。

(3)监督、检查施工进度,发现进度拖后时指示承包人采取有效措施赶上进度。

(4)按合同规定组织办理向承包人提供施工图纸、发包人采购的设备、施工道路与场地等项工作。

(5)按合同规定权限处理施工暂停事宜。

(6)主持监理例会,研究、协调、批准、指示和认可有关进度事宜。

(7)分析进度状况,对存在问题提出建议与意见,编写进度报告。

(8)组织或参与合同项目完工验收,协调核定实际完工日期。

四、进度计划的表达形式

进度计划主要有以下几种表达形式:

(1)横道图。

(2)工程进度曲线。

(3)施工进度管理控制曲线。

(4)形象进度图。

(5)进度里程碑计划。

(6)网络进度计划。

五、施工进度计划的申报

承包人应在收到开工通知的规定时间内,编制工程施工总进度计划报送监理机构审批,监理机构在规定时间内批复承包人。经监理机构批准的施工总进度计划是控制合同工程进度的依据,并据此编制年、季度和月进度计划并报监理机构批准。在施工总进度计划批准前,按协议书中商定的进度计划和监理机构的指示控制工程进度。

六、施工进度计划的审批

(一)审批程序

(1)承包人在施工合同约定的时间内向监理机构提交施工进度计划。

(2)监理机构在收到施工进度计划后及时进行审查,提出明确审批意见。必要时召集由发包人、设计单位参加的施工进度计划审查专题会议,听取承包人的汇报,并对有关问题进行分析研究。

（3）如施工进度计划中存在问题,监理机构应提出审查意见,交承包人进行修改或调整。

（4）审批承包人提交的施工进度计划或修改、调整后的施工进度计划。

（二）审查的主要内容

1. 响应性与符合性审查

审查施工进度计划是否满足合同工期和阶段性目标(或称进度里程碑)的要求。

2. 正确性与可行性审查

审查施工进度计划有无项目内容漏项或重复的情况,工作项目的持续时间、资源需求等基本数据是否准确,各项目之间逻辑关系是否正确,施工方案有无可行性。

如施工进度计划存在采用的施工方案不能保证进度要求,实际施工强度达不到计划强度,作业交叉与工艺间歇要求而影响施工工效,现场干扰较大而影响施工工效,自然条件不合理而影响工效,存在安全或质量隐患可能影响工程进度,实际成本过高导致承包人在正常情况下不可能按计划投入,施工方案不适用于本工程作业条件(如工程地质条件、水文地质条件、气候条件等)或不能满足本工程的技术标准等要求,监理机构应明确要求承包人调整施工方案或进度计划。

3. 关键线路选择的正确性审查

在确定关键线路时,监理机构应深入了解当地作业条件和发包人的工作计划;应在发包人主持下与为发包人提供服务的设计、材料与设备供应单位以及与工程建设有关的相关政府行业管理部门(如交通、防汛、供水、供电)充分沟通与协商;应与承包人就作业条件、气候条件、施工方案、资源投入、作业效率、不可抗力及其他影响因素等进行仔细分析,在全面、系统的分析论证基础上确定关键线路。

4. 进度计划与资源计划的协调性审查

审查承包人人力、材料、施工设备等资源配置计划和施工进度计划协调性,工程设备供应计划与施工进度协调性,进度计划与发包人提供施工条件协调性。在进度计划审批中还应分析影响资源供应的因素,尤其是对于工程线路长、施工场地分散、施工强度高、资金需求大、图纸提供与场地提供要求集中的项目。

5. 各标段施工进度计划之间的协调性审查

监理机构在审批进度计划时,应仔细分析各标段承包人提交的施工进度计划中相关作业的工作条件及其关系,通过沟通、协商,使进度计划在时间上、空间上衔接有序。

6. 施工强度的合理性和施工环境的适应性审查

监理机构应仔细分析进度计划与自然影响因素的关系,要求承包人合理调整施工进度计划,尽可能避开不利的施工时段,并要求承包人随同进度计划提交特殊施工期的施工方案与措施,并在进度计划审批中仔细分析、深入考察,系统论证方案的可行性。

七、施工进度控制措施

(一)施工进度的监督、检查、记录

1. 施工进度监督、检查的日常监理工作

(1)现场监理人员每天应对承包人的施工活动安排、材料、施工设备等进行监督、检查,促使承包人按照标准的施工方案、作业安排组织施工,检查实际完成进度情况,并填写施工进度现场记录。

(2)对比分析施工进度与计划进度的偏差,分析工作效率现状及其潜力,预测后期施工进展。特别是对关键线路,应重点做好进度的监督、检查、分析和预控。

(3)要求承包人做好现场施工记录,并按周、月提交相应的进度报告,特别是对于工期延误或可能的工期延误,应分析原因,提出解决对策。

(4)督促承包人按照合同约定的总工期目标和进度计划,合理安排施工强度,加强施工资源供应管理,做到按章作业、均衡施工、文明施工,尽量避免出现突击抢工、赶工局面。

(5)审查承包人的施工进度管理体系,做好生产调度、施工进度安排与调整等各项工作,并加强质量、安全管理,切实做到"以质量促进度、以安全促进度"。

(6)通过对承包人的跟踪检查,及早预见、发现并协调解决影响施工进度的干扰因素,尽量避免承包人之间作业干扰、图纸供应延误、施工现场提供延误、设备供应延误等对施工进度的干扰与影响。

2. 施工进度的例会监督检查

结合现场监理例会(如周例会、月例会),要求承包人对上次例会以来施工进度计划完成情况进行汇报,对进度延误说明原因。依据承包人的汇报和监理机构掌握的现场情况,对存在的问题进行分析,并要求承包人提出合理、可行的赶工措施方案,经监理机构同意后落实到后续阶段的进度计划中。

(二)关键线路的控制

在进度计划实施过程中,控制关键线路的进度,是保证工程按期完成的关键。因此,监理机构应从施工方案、作业程序、资源投入、外部条件、工作效率等,全方位督促承包人加强关键线路的进度控制。

(三)逐月、逐季施工进度计划的审批及其资源核查

根据合同规定,承包人应按照监理机构要求的格式、详细程度、方式、时间,向监理机构逐月、逐季递交施工进度计划,以得到监理机构的同意。监理机构审批月、季施工进度计划的目的,是看其是否满足合同工期和总进度计划的要求。

(四)防范重大自然灾害对工期的影响

监理机构应根据当地的自然灾害情况,指示承包人提前做好防范预案,尽量做到早预测、早准备、有措施。

八、停工与复工

(一)停工

1.暂停施工的原因

(1)发包人要求暂停施工。

(2)承包人未经许可即进行主体工程施工。

(3)承包人未按照批准的施工组织设计或方法施工,并且可能会出现工程质量问题或造成安全事故隐患。

(4)承包人拒绝服从监理机构的管理,不执行监理机构的指示,从而将对工程质量、进度和投资控制产生严重影响。

(5)工程继续施工将会对第三者或社会公共利益造成损害。

(6)为了保证工程质量、安全,必要的暂停施工。

(7)发生了须暂时停止施工的紧急事件,如出现恶性现场施工条件、事故等。

(8)施工现场气候条件的限制,如严寒季节要停止浇注混凝土,连绵多雨时不宜修筑土坝黏土心墙。

(9)不可抗力发生。

2.暂停施工的处理程序

(1)监理机构下达暂停施工通知,应征得发包人同意。发包人在收到监理机构暂停施工通知报告后,在约定时间内予以答复,若发包人逾期未答复,则视为其已同意,监理机构可据此下达暂停施工通知,并根据停工的影响范围和程度,明确停工范围。承包人应按照指示的要求立即暂停施工。

(2)由于发包人的责任发生暂停施工的情况时,监理机构未及时下达暂停施工通知时,承包人可书面提出暂停施工的申请,监理机构在施工合同约定的时间内予以答复。若不按期答复,可视为承包人的请求已获同意。

工程暂停施工后,监理机构应指示承包人妥善照管工程和提供安全保障,并应与发包人和承包人协商采取有效措施,积极消除停工因素的影响,为尽快复工创造条件。

(二)复工

在工程具备复工条件后,监理机构应及时签发复工通知,明确复工范围,并督促承包人在指定的期限内复工。若承包人无故拖延和拒绝复工,由此增加的费用和工期延误责任由承包人承担。

九、工期索赔

(一)索赔原因

(1)增加合同中任何一项的工程内容。

(2)增加合同中关键项目的工程量超过专用合同规定的百分比。

(3)增加额外的工程项目。

(4)改变合同中任何一项工作的标准或特性。

(5)合同中涉及的由发包人责任引起的工期延误。

(6)异常恶劣的气候条件。

(7)非承包人原因造成的任何干扰或阻碍。

(8)其他可能发生的延误情况。

(二)监理审核

确定工期延长天数,关键考虑作业的延误是否影响总工期,即作业是否处于关键路线上,它的延误是否导致整个工程完工日期的延误。具体工作时,可按下列顺序进行:

(1)审批计划进度网络。

(2)详细核实实际的施工进度。

(3)查明受到索赔事件影响的作业个数以及延误的天数。

(4)将实际施工进度及作业情况输入计划进度网络。

(5)确定索赔事件对施工进度及完工日期的影响。

(6)确定应给承包人延长工期的天数。

第六节　投资控制的内容、措施和方法

一、投资控制的工作任务

监理机构投资控制任务主要是监督承包人在投资额内圆满完成全部工作任务,把计划投资额作为投资控制的目标,在工程实施中定期进行投资实际值与目标值比较,及时发现问题,找出原因,避免资金的浪费。

二、投资控制的方法

(1)按资金动态控制的原理和要求,通过工程量计算指定计划投资额,并不断收集资金拨付和使用信息,定期进行计划投资额与实际投资额的比较,发现实际值与目标值之间的偏差,然后分析产生偏差的原因,并采取有效措施加以控制,以保证投资控制的目标实现。

(2)按照合同规定的付款方法,对承包人提出的拨付工程款申请数额认真审核,对工程质量未达到验收标准或未完的工程量暂不付款或延期付款。

(3)审核承包人编报的各项工程每月实际完成量和完成投资数量,对虚报工程完成量、乱套定额和取费的项目,应给予审核指出。按照每月实际完成的工程量和投资额据实上报发包人,作为拨付工程款的依据。

(4)在选定材料和设备的生产厂家时,协助发包人进行市场调查,在满足设计要求和使用功能的前提下,尽量选用质优价廉的材料和设备,节约投资。

(5)对超出合同以外的设计变更和现场有关提高造价的签证,监理人员应主动征求发包人代表的意见,共同核实,经发包人代表认可后予以签证。

(6)根据工程进展的情况,定期对已付工程款与应付工程款进行对照检查和分析,发现偏差及时采取有效措施,避免超付,按现行预算定额和有关取费标准,审查承包人编报的竣工结算。

(7)严格控制工程变更,力求减少变更费用。搞好签证管理,严格签证制度,对工程签证及时同发包人沟通。预防并处理好费用索赔,努力实现实际发生费用不超过计划费用。

三、工程的投资分解及控制

编制投资控制规划,对投资目标进行论证,对总投资额目标进行分解。分解的方法如下:

(1)按投资费用组成分解。

(2)按年、季、月的时间进行分解,这种分解方式主要是根据年、季、月的进度计划和由计划算出的工程量进行的,分解后的投资力争能够平衡,为发包人提供资金需求计划。

(3)按项目划分阶段进行分解。

(4)按项目结构组成分解,如按工程分部分解。

(5)按资金来源分解。

四、每月投资计划值与实际值比较,编制控制报表

按照要求,根据月施工进度计划编制资金需求计划,资金需求计划必须与月进度计划相吻合。如月投资计划与实际投资出现偏差,应分析原因,采取措施,及时调整资金需求计划,预测资金需求总额,并编制控制报表。控制报表中应说明所采取的控制措施,提出解决办法,为发包人把好资金控制关。

五、挖掘潜力,采用新工艺、新技术,节省投资

(1)监理机构安排在技术方面有特长的监理人员进行监理,他们有较丰富的专业理论知识,能够掌握最新的技术动态,从而推动新技术的应用。他们能对工程施工过程中的工艺和技术以及材料提出合理化建议,从而节约投资,加快施工进度。

(2)利用现代化的设备,采用新工艺和新技术,可提高工效,节省投资。

六、审核各种工程付款单

监理工程师接到承包人的工程款申请单后,应对原始资料和申请单进行审查,审查合格签字确认后,最后由总监理工程师审核签字。

七、审核索赔金

(1)监理工程师接到承包人的索赔通知后,立即采取行动,调查有关事件和记录,并采取措施使损失或索赔减至最小。判断索赔是否合理的主要依据是合同文件,以及监理工程师自己保存的全部记录资料。审查索赔必须对照自己以及所有监理人员的记录资料,分清责任,确定损失数额,监理工程师应以自己熟悉的合同条款对索赔形成清晰的判断。

(2)监理工程师代表发包人进行项目管理,在处理索赔等事项时,必须以完全独立的、公正的判断人身份出现,决不能偏袒徇私。

（3）确定索赔结果之前，监理工程师必须与发包人和承包人协商。发包人有权监督监理工程师的工作。

八、工程投资控制的总结、报告

工程完工后，监理工程师及时提供工程投资控制的总结、报告。

第七节　环境保护监理实施内容

环境保护监理实施内容主要有以下几方面：

（1）工程项目开工前，监理机构应督促承包人按施工合同约定，编制施工环境管理和保护方案，并对落实情况进行检查。

（2）监理机构应监督承包人避免对施工区域的动植物和建筑物等的破坏。

（3）监理机构应要求承包人采取有效措施，对施工中开挖的边坡及时进行支护和做好排水工作，尽量避免对植被的破坏并对受到破坏的植被及时采取恢复措施。

（4）监理机构应监督承包人严格按照批准的弃渣规划有序地堆放、处理和利用废渣，防止任意弃渣造成环境污染，影响河道行洪能力和其他承包人的施工。

（5）监理机构应监督承包人严格执行有关规定，加强对噪声、粉尘、废气、废水、废油的控制，并按施工合同约定进行处理。

（6）监理机构应要求承包人保持施工区和生活区的环境卫生，及时清除垃圾和废弃物，并运至指定地点进行处理。进入现场的材料、设备应有序放置。

（7）工程完工后，监理机构应监督承包人按施工合同约定拆除施工临时设施，清理场地，做好环境恢复工作。

第八节　合同管理的内容

一、变更的处理

工程变更的提出、审查、批准、实施等过程应按施工合同约定程序进行。监理按施工合同约定的原则和方式，审查工程变更建议书中提出的变更工程量清单，对变更项目的单价与合同进行复核，分析因此而引起的该工程费用增加或减少的数额以及对合同工期的影响；经审查同意的工程变更建议书需报发包人批准；经发包人批准的工程变更，应由发包人委托原设计单位负责完成具体的工程变更设计工作；监理审核工程变更设计文件、图纸后，向承包人下达工程变更指示，承包人据此组织工程变更的事实。

二、违约事件的处理

在熟悉施工合同的基础上，督促合同双方履行合同义务，提请双方避免违约和发生争议，对于已发生的违约事件，监理依据施工合同，对违约责任和后果作出判断，并及时采取有效措施（如要求纠正、整改等），避免不良后果的扩大，对于争议或合同解除，按规范和施工合同约定处理。

三、索赔的处理

监理受理发包人和承包人提出的合同索赔,在收到承包人的索赔意向通知后,核查承包人的当时记录,指示承包人做好延续记录,并要求承包人提供进一步的支持性资料。依据施工合同约定,对索赔的有效性、合理性进行分析和评价;对索赔支持性资料的真实性逐一进行分析和审核;对索赔的计算依据、计算方法、计算过程、计算结果及其合理性逐项进行审查;对于由施工合同双方共同责任造成的经济损失或工期延误,应通过协商一致,公平合理地确定双方分担的比例;必要时要求承包人再提供进一步的支持性资料。在合同约定时间内作出对索赔申请报告的处理决定,报送发包人并抄送承包人。

四、担保与保险

依据施工合同约定,督促承包人及时办理涉及工程(含材料、工程设备)、人员和第三方的有关保险,并检查其有效性,发生了与保险有关的事件后,监理应协助双方处理相关事宜。

五、分包管理

施工期间,监理依据有关规定和施工合同约定对分包进行审核。分包审核主要内容有申请分包工程项目(或工作内容)、分包工程量及分包合同价,分包人的名称、资质等级、经营范围,分包人拟用于本工程的技术力量及机械设备情况,分包人过去曾担任过的与本分包工程相同或类似工程项目的情况(包括验收鉴定书、质量评价意见等),分包人的财务状况,分包人拟向分包项目派出的负责人及主要技术人员和管理人员基本情况,承包人与分包人拟签订的分包合同,分包人对拟分包工程项目的施工方案,分包工程项目工期及施工进度计划,分包工程项目的施工质量保证措施,其他必要的内容和资料。监理审核同意后报发包人批准。

六、争议的调解

争议解决期间,监理督促发包人与承包人按监理就争议问题作出的暂定决定履行各自的职责,并明示双方,依据有关法律、法规或规定,任何一方均不得以争议解决未果为借口拒绝或拖延按施工合同约定应进行的工作。

七、清场与撤离

依据有关规定或施工合同约定,在签发工程移交证书前或在保修期前,督促承包人完成场地的清理,做好环境的恢复工作;在工程移交证书颁发后的约定时间内,检查承包人在保修期内为完成尾工和修复缺陷应留在现场的人员、材料和设备情况,承包人其余的人员、设备和材料均应按照批准的计划退场。

第九节 信息管理的内容

信息管理的内容主要有:建立项目管理信息体系,收集整理和存贮各类信息,应用合理手段进行工程投资、进度、质量、安全控制和管理,定期或不定期地提供各种监理报告,建立工程例会制,整理存储各类会议记录、文件、信件等,及时整理各种技术、经济资料。

一、信息的收集和整理

监理工程师应对现场施工进行监督管理,并对各种具体情况如实地加以记录,做好监理日志,收集各种信息。监理日志填写内容包括当日现场施工中各种具体情况的记录与描述及监理工程师对各种问题的描述和处理,主要有以下内容:

(1)当天的施工内容。即当日进行的是何单元工程的施工、桩号,估算完成工程量。

(2)当天投入的人力。包括每一工作面的人数,属于那一部门,以及人员的工作情况。

(3)当天投入的机械。包括机械设备的名称、数量、生产能力、检修等情况。

(4)当天工程施工进度情况。

(5)当天发生的质量问题,当天的气温及降雨情况。天气情况可能使工程质量产生的影响,要详细记录。

二、收集整理各种资料、信息

(1)各种验收和质量评定的原始记录、检查验收凭证等。

(2)当天对承包人所作的重要指示。

(3)包括重大问题处理的正式函件和日常工作所发出的各种通知。

(4)当天对监理单位内部人员的指示。

(5)协调会议及各种会议情况。

(6)监理工程师向发包人提交的工作报告,工程施工情况及问题处理的归纳整理,包括工程施工进度状况、工程质量情况与问题、工程价款支付结算等。

三、信息的存储与传递

在工程项目施工过程中,监理机构要建立完善的资料存储、调用、传递、管理制度,对施工详图、基本资料、各种发文、现场检验单、试验资料等进行登录、存放、管理。

监理工程师应对现场施工进行监督管理,并对各种具体情况如实地加以记录,做好监理日志,收集各种信息。

四、监理报告制度

定期编制监理报告,及时向发包人反映工程进展情况。每期报告的主要内容包括工程进展、施工质量、计量支付、合同执行等情况;根据实际情况有选择地报告质量事故、工程变更、合同纠纷、延期和索赔等重大合同事宜。报告还要对承包人、监理工程师无法解决的问题予以充分说明,以争得建设各方协助,尽快解决困难,保障工程顺利进行。

五、工地会议制度

(1)工地会议应定期召开,意图在检查、监督承包人执行工程承包合同的情况,协调建设各方的关系,促进各方认真履行合同规定的职责、权利和义务。工地会议由总监理工程师或其代表主持,承包人的主要管理人员、发包人代表等参加。每次会议都要进行记录,并形成工地会议纪要,与参会各方代表签字后即产生合同效力。

(2)工地调度联合会议,由现场监理工程师代表主持,协调解决施工中的实际问题。

(3)质量分析会议,视施工质量由总监理工程师随时召集有关人员,分析处理施工中出现的重大质量问题。

第十节　工程验收、移交程序和内容

一、各阶段工程验收时监理的主要职责

(1)协助发包人制定各时段验收工作计划。

(2)编写各时段工程验收的监理工作报告,整理监理应提交和提供的验收资料。

(3)主持或受发包人委托主持分部工程验收,参加阶段验收、单位工程验收、竣工验收。

(4)督促承包人提交验收报告和相关资料并协助发包人进行审核。

(5)督促承包人按照验收鉴定书中对遗留问题提出的处理意见完成处理工作。

(6)验收通过后及时签发工程移交证书。

二、各阶段工程验收

(一)单元工程验收
承包人在自检合格的基础上,将自检资料连同质量报验单报给现场监理人员。监理审查合格后,在 24 h 内到施工现场对单元工程质量进行抽检和质量评定,合格后由现场监理人员在质量报验单上签字后,承包人方能进行下道工序的施工。

(二)分部工程验收
(1)在承包人提出验收申请后,组织检查分部工程的完成情况并审核承包人提交的分部工程验收资料。指示承包人对提供的资料中存在的问题进行补充、修正。

(2)在分部工程的所有单元已经完建且质量全部合格、资料齐全时,提请发包人及时进行分部工程验收。

(3)参加或受发包人委托主持分部工程验收工作,并在验收前准备应由其提交的验收资料。

(4)分部工程通过后,监理机构签署或协助发包人签署《分部工程验收签证》,并督促承包人按照《分部工程验收签证》中提出的遗留问题及时进行完善和处理。

（三）单位工程验收

（1）监理机构参加单位工程验收工作，并在验收前按规定提交和提供单位工程验收监理工作报告和相关资料。

（2）在单位工程验收前，督促承包人提交单位工程验收施工管理工作报告和相关资料，并进行审核，指示承包人对报告和资料中存在的问题进行补充、修正。

（3）在单位工程验收前，协助发包人检查单位工程验收应具备的条件，检验分部工程验收中提出的遗留问题的处理情况，并参加单位工程质量评定。

（4）对于投入使用的单位工程，在验收前，审核承包人未能完成，但不影响工程投入使用的尾工项目清单，和已完工程存在的质量缺陷项目清单及其延期完工、修复期限和相应施工措施计划。

（5）督促承包人提交针对验收中提出的遗留问题的处理方法和实施计划，并进行审批。

（6）投入使用的单位工程验收通过后，监理机构签发工程移交证书。

（四）合同项目完工验收

（1）当承包人按施工合同约定或监理指示完成所有施工工作时，监理工程师应及时提请发包人组织合同项目完工验收。

（2）在合同项目完工验收前，按规定整编资料，提交合同项目完工验收监理工作报告。

（3）在合同项目完工验收前，检验前述验收尾工项目的实施和质量缺陷的修补情况；审核拟在保修期实施的尾工项目的实施项目清单；督促承包人按有关规定和施工合同约定汇总、整编全部合同项目的归档资料，并进行审核。

（4）督促承包人提交针对已完工程中存在的质量缺陷和遗留问题的处理方案、实施计划，并进行审批。

（5）验收通过后，按合同约定签发合同项目工程移交证书。

（五）竣工验收

（1）参加工程项目竣工验收的初步验收工作。

（2）作为被验收单位参加工程项目竣工验收，对验收委员会提出的问题做出解释。

三、完工后的工程资料移交

通过完工验收后，监理工程师应督促承包人根据施工合同及有关规定，及时整理必须报送的工程文件以及应保留或拆除的临建工程项目清单资料，在规定时间内报送监理工程师并按发包人或监理机构的要求，及时一并移交给发包人。总监理工程师应按工程施工合同规定，在合同工程项目通过工程完工验收后，及时办理并签发工程移交证书。工程项目移交证书颁发后，工程的管护责任即由发包人承担。

第二章 监理组织机构及人员职责

第一节 监理组织机构类型

监理组织机构根据工程项目的特点、工程项目承包模式、项目法人委托的任务及监理单位自身情况确定。监理组织机构一般分为直线型、职能型、直线—职能型、矩阵型。

一、直线型监理组织机构

直线型监理组织机构是总监理工程师负责整个项目的计划、组织和指导,并着重整个项目范围内各方面的协调工作,子项目监理组分别负责子项目的目标控制,具体领导现场专业或专项监理组工作。直线型监理组织机构示意如图2-1所示。

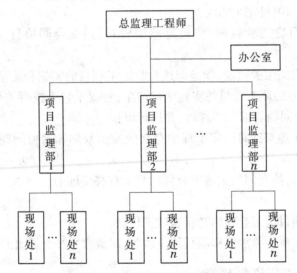

图 2-1 直线型监理组织机构示意图

(一)直线型监理组织机构特点
(1)任一下级只受唯一上级命令。
(2)不另设职能部门。
(二)直线型监理组织机构优点
(1)机构简单。
(2)命令统一,权力集中。
(3)职责分明,隶属关系明确。
(4)决策及信息传递迅速。

(三)直线型监理组织机构缺点

(1)实行没有职能机构的"个人管理"。

(2)对监理人员要求高,要求各级监理负责人通晓各有关业务,通晓多种知识技能,成为"全能"式人员。

(3)专业人员分散使用。

(四)直线型监理组织机构适用情况

(1)能划分为若干相对独立子项的、技术与管理专业性不太强的大中型项目。

(2)施工范围大,分散型工程项目。

(3)小型工程,工程复杂程度不高。

二、职能型监理组织机构

职能型监理组织机构是总监理工程师下设若干职能机构,分别从职能角度对基层监理组进行业务管理,这些职能机构可以在总监理工程师授权的范围内,就其主管的业务范围,向下下达命令和指示。其主要特点是,目标控制分工明确,能够发挥项目监理机构的项目管理功能,如图2-2所示。

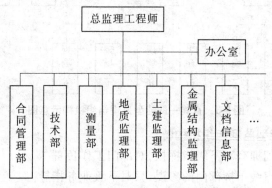

图2-2 职能型监理组织机构示意图

(一)职能型监理组织机构特点

(1)设立专业性职能部门。

(2)各职能部门在职能范围内有权指挥下级。

(二)职能型监理组织机构优点

(1)加强了目标控制的职能化分工。

(2)能体现专业分工特点,人才资源分配方便,有利于人员发挥专业特长,处理专门性问题水平高,能发挥职能机构专业管理作用,高效管理。

(3)减轻总监理工程师负担。

(三)职能型监理组织机构缺点

(1)命令源不唯一,下级受多头领导。

(2)直接指挥部门与职能部门双重指令易发生矛盾,权与责不够明确,有时决策效率低,使下级无所适从。

（四）职能型监理组织机构适用情况

（1）大中型工程。

（2）工程项目在地理位置上相对集中、专业性强、技术较复杂工程。

三、直线—职能型监理组织机构

直线—职能型监理组织机构吸取了直线型监理组织机构与职能型监理组织机构的优点，如图 2-3 所示。

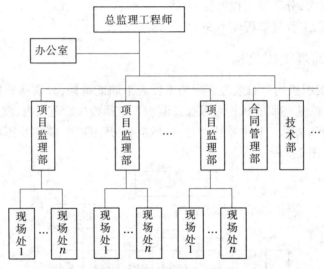

图 2-3　直线—职能型监理组织机构示意图

（一）直线—职能型监理组织机构特点

（1）直线指挥部门拥有对下级指挥权，对部门工作负责。

（2）职能部门是直线指挥部门的参谋，只对下级业务指导。

（二）直线—职能型监理组织机构优点

（1）直线领导，统一指挥，权力集中，权责分明，决策效率高。

（2）职责清楚。

（3）处理专业化问题能力强。

（三）直线—职能型监理组织机构缺点

（1）投入的监理人员数量大。

（2）信息传递慢，不利于沟通。

（四）直线—职能型监理组织机构适用情况

（1）大中型工程。

（2）专业性强、技术复杂的工程。

四、矩阵型监理组织机构

矩阵型监理组织机构既有纵向管理部门，又有横向管理部门，纵横交叉，形成矩阵。

(一)矩阵型监理组织机构特点

(1)纵向管理系统为职能系统。

(2)横向是按职能划分的子项目系统。

(二)矩阵型监理组织机构优点

(1)加强了各职能部门的横向联系。

(2)有较大机动性(职能人员调动)。

(3)将上下左右集权与分权实行最优结合。

(4)有利于解决复杂难题。

(5)有利于监理人员业务能力培养。

(三)矩阵型监理组织机构缺点

(1)纵横向的协调工作量大。

(2)命令源不唯一,处理不当会造成扯皮现象,产生矛盾。

(四)矩阵型监理组织机构适用情况

(1)复杂的大型工程。

(2)施工(监理)范围较集中。

矩阵型监理组织机构如图 2-4 所示。

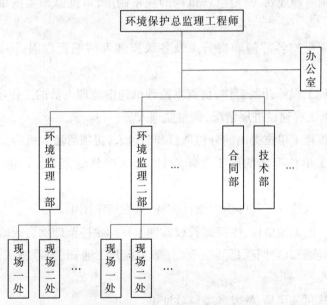

图 2-4 矩阵型监理组织机构示意图

为克服缺点,必须严格区分两类工作部门的任务、责任和权利,并根据监理机构自身条件和外围环境,确定纵向、横向哪一个为主命令方向,解决好项目建设过程中各环节及有关部门的关系,确保工程项目总目标最优的实现。

第二节　监理机构人员组成

监理机构人员配备应根据工程特点、监理任务及合理的监理深度与密度,优化组合,形成整体高素质的监理机构。监理机构应根据监理项目的性质及项目法人对项目监理的要求,配备相应称职的各专业监理人员。监理机构人员主要组成为:总监理工程师、副总监理工程师或总监理工程师代表、监理工程师(项目、专业监理工程师)、监理员、其他人员。

第三节　监理机构人员职责

一、总监理工程师职责

监理组织机构实行总监理工程师负责制,总监理工程师是项目监理组织机构履行监理合同的总负责人,是监理单位履行合同的全权代表,行使监理合同赋予监理单位的职责,全面负责项目监理实施工作。

总监理工程师的主要岗位职责如下:

(1)主持编制监理规划,制定监理机构的规章制度,审批监理实施细则,签发监理机构的文件。

(2)确定监理机构各部门职责分工及各级监理人员职责权限,协调监理机构内部工作。

(3)指导监理工程师开展工作,负责本监理机构中监理人员的工作考核,调换不称职的监理人员;根据工程建设进展情况,调整监理人员。

(4)主持审核施工单位提出的分包项目和分包人,报项目法人批准。

(5)审批施工单位提出的施工组织设计、施工措施计划、施工进度计划和资金流计划。

(6)组织或授权监理工程师组织设计交底,签发施工图纸。

(7)主持第一次工地会议,主持或授权监理工程师主持监理例会或监理专题会议。

(8)签发进场通知、合同项目开工令、分部工程开工通知、暂停施工通知和复工通知等重要监理文件。

(9)组织审核付款申请,签发各类付款证书。

(10)主持处理合同违约、变更和索赔等事宜,签发变更和索赔的有关文件。

(11)主持施工合同实施中的协调工作,调解合同争议,必要时对施工合同条款做出解释。

(12)要求承包单位撤换不称职或不宜在本工程工作的现场施工人员或技术、管理人员。

（13）审核质量保证体系文件并监督其实施，审批工程质量缺陷的处理方案，参与或协助项目法人组织处理工程质量及安全事故。

（14）组织或协助项目法人组织工程项目的分部工程验收、单位工程完工验收、合同项目完工验收，参加阶段验收、单位工程投入使用验收和工程竣工验收。

（15）签发工程移交证书和保修责任终止证书。

（16）检查监理日志，组织编写并签发监理月报、监理专题报告、监理工作报告，组织整理监理合同文件和档案资料。

二、副总监理工程师职责

副总监理工程师按总监理工程师授权的职责范围，协助总监理工程师工作。总监理工程师不在工地时，代行其职责。总监理工程师不得将以下工作授权给副总监理工程师：

（1）主持编制监理规划，审批监理实施细则。

（2）主持审核施工单位提出的分包项目和分包人。

（3）审批施工单位提出的施工组织设计、施工措施计划、施工进度计划和资金流计划。

（4）主持第一次工地会议，签发合同项目进场通知、合同项目开工令、暂停施工通知和复工通知。

（5）签发各类付款证书。

（6）签发变更和索赔的有关文件。

（7）要求承包单位撤换不称职或不宜在本工程工作的现场施工人员或技术、管理人员。

（8）签发工程移交证书和保修责任终止证书。

（9）签发监理月报、监理专题报告、监理工作报告。

三、监理工程师职责

监理工程师按照总监理工程师授予的职责权限开展监理工作，是所执行监理工作的直接负责人，并对总监理工程师负责。

监理工程师主要岗位职责如下：

（1）参与编制监理规划，编制监理实施细则。

（2）预审施工单位提出的分包项目和分包人。

（3）预审施工单位提出的施工组织设计、施工措施计划、施工进度计划和资金流计划。

（4）预审或经授权签发施工图纸。

（5）核查进场材料、构配件、工程设备和原始凭证、检测报告等质量证明文件及其质量情况。

(6)审批分部工程开工申请报告。

(7)协助总监理工程师协调参建各方之间工作关系;按照职责权限处理施工现场发生的有关问题,签发一般监理文件。

(8)检查工程的施工质量,并予以确认或否认。

(9)审核工程计量的数据和原始凭证,确认工程计量结果。

(10)预审各类付款证书。

(11)提出变更、索赔及质量和安全事故处理等方面的初步意见。

(12)按照职责权限参与工程的质量评定工作和验收工作。

(13)收集、汇总、整理监理资料,参与编写监理月报,填写监理日志。

(14)施工中发生重大问题和遇到紧急情况时,及时向总监理工程师报告、请示。

(15)指导、检查监理员的工作,必要时可向总监理工程师建议调换监理员。

四、监理员主要岗位职责

监理员按照被授予的职责权限开展监理工作,主要协助监理工程师承担辅助性监理工作。

(1)核实进场原材料质量检验报告和施工测量成果报告等原始资料。

(2)检查施工单位用于建设的材料、构配件、工程设备使用情况,并做好记录。

(3)检查并记录现场施工程序、施工方法等实施过程情况。

(4)检查和统计计日工情况,核实工程计量结果。

(5)检查关键岗位施工人员的上岗资格;检查、监督工程现场的施工安全和环境保护措施的落实情况,发现异常及时向监理工程师报告。

(6)检查施工单位的施工日志和试验室记录。

(7)核实施工单位质量评定的相关原始记录。

第四节 监理组织机构样例

××监理公司中标监理的××黄河防洪工程,包括5个工程项目,16个合同标段。全长143 km,其中连续长95.1 km。

堤防帮宽3个施工段,帮宽长度40 879 m,堤身回填土方51.45万 m^3;堤防加固20个施工段,加固长度56.259 km,淤沙土方1 275万 m^3;堤防道路3个施工段,硬化长度60.775 km;防浪林种植长度9 426 m,分为2个合同标段,根石加固4处,共21段坝。

该防洪工程为大型工程,施工范围广、项目分散,项目专业性强、技术复杂。根据工程特点,结合监理公司人员技术力量,监理组织机构采用直线—职能型,可以加强总监理工程师直线领导,统一指挥,加强权力集中;各级监理人员职责清楚,权责分明,决策效率高;

处理专业化问题能力强。

××黄河防洪工程监理机构组织形式如图2-5所示。

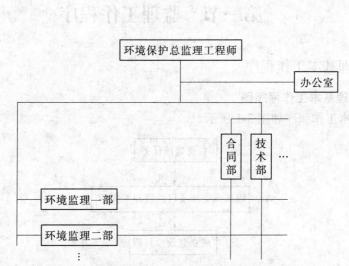

图2-5 ××黄河防洪工程监理机构组织形式

第三章　监理实施程序

第一节　监理工作程序

一、监理基本工作程序

（一）监理基本工作程序图

监理基本工作程序如图 3-1 所示。

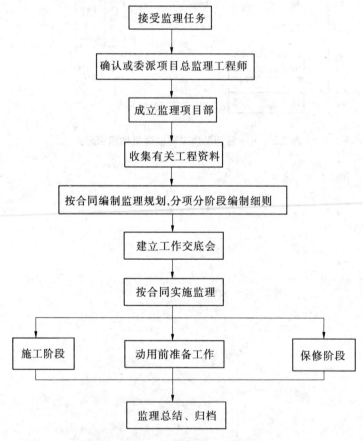

图 3-1　监理基本工作程序图

（二）监理工作基本程序

监理工作基本程序如下：

（1）签订监理合同，明确监理范围、内容和责权。

（2）依据监理合同，组建现场监理机构，选派监理人员，选派总监理工程师、监理工程师、监理员和其他工作人员。

（3）熟悉工程建设有关的法律、法规、规章以及技术标准，熟悉工程设计文件、施工合同文件和监理合同文件。

（4）编制项目监理规划。

（5）进行监理工作交底。

（6）编制各专业、各项目监理实施细则。

（7）实施施工监理工作。以合同管理为中心，有效控制工程建设项目质量、安全、投资、进度的目标，加强信息管理，并协调建设各方之间的关系。

（8）督促承包人及时整理、归档各类资料。

（9）参加验收工作，签发工程移交证书和工程保修责任终止证书。

（10）结清监理费用。

（11）向发包人提交有关档案资料、监理工作报告。

（12）向发包人移交其所提供的文件资料和设施设备。

二、监理规划编写、审批程序

监理规划是在监理单位和发包人签订监理合同后，根据工程项目的性质、规模、工作内容等具体情况，在监理大纲的基础上，结合承包人报批的施工组织设计、施工进度计划，由总监理工程师主持编制，并经监理单位技术负责人同意，用以指导监理机构全面开展监理工作的指导性文件，是监理机构对项目管理过程设想的文字表述，是对项目监理机构的计划、组织、程序、方法等做出的表述，具有针对性、预控性、可行性和操作性。

（一）监理规划编写依据

（1）国家有关工程建设法律、行政法规、部门规章，包括：中央、地方和各部门的政策、法律、法规，包括工程建设程序、招标投标和建设监理制度、工程造价管理制度等；工程建设的各种规范、标准。

（2）设计图纸和施工说明书，工程建设监理合同。

（3）项目监理大纲。

（4）监理单位自身条件。

（二）监理规划编写要求

1. 监理规划的内容应具有针对性、指导性

作为监理单位的项目监理机构全面开展监理工作的纲领性文件，监理规划和施工组织设计一样，具有很强的针对性、指导性。对于工程项目来说，没有完全相同的两个项目，每个项目的监理规划既要考虑项目自身的本质特点，也要根据承担项目监理工作的监理单位情况来编制。只有这样，监理规划才有针对性，才能真正起到指导作用，才是可行的。监理规划中要明确项目监理机构在工程实施过程中，每个阶段要做什么工作并由谁来做这些工作，在什么时间和什么地点做这些工作及怎样才能做好这些工作。只有这样，监理规划才能起到有效的指导作用，真正成为项目监理机构进行各项工作的依据，才能称之为纲领性的文件。

2. 由项目总监理工程师主持监理规划的编制

监理规划是指导项目监理机构全面开展监理工作的纲领性文件,编写监理规划应当且必须在总监理工程师的主持下进行,同时要广泛征求各专业监理工程师和其他监理人员的意见。在监理规划编制过程中,还要听取发包人和被监理单位的意见,以便使监理工程师的工作得到有关各方的支持和理解。

3. 监理规划内容的书面表达方式

监理规划的编写要遵循科学性和实事求是的原则。书面表达形式应注意文字简洁、直观,意思表达确切,用表格、图示及简单文字说明采用的基本方法。

(三)监理规划审批程序

监理规划在总监理工程师主持下编制好后,由监理单位的技术负责人审定,审定批准后报发包人审批,批准后正式执行,批准后的监理规划应分送发包人和承包人。其程序如图 3-2 所示。

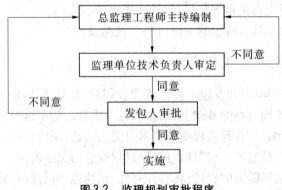

图 3-2 监理规划审批程序

三、监理实施细则编写、审批程序

(一)监理实施细则编写要点

(1)监理实施细则应在专项工程或专业工程施工前,由项目或专项监理工程师编制完成,相关各监理人员参与,并经总监理工程师批准。

(2)监理实施细则编写应符合监理规划的基本要求,充分体现工程特点和合同约定的要求,结合工程项目的施工方法和专业特点,具有明显的针对性。

(3)监理实施细则要体现工程总体目标的实施和有效控制,明确控制措施和方法具备可行性和可操作性。

(4)监理实施细则要具有突出监理工作的预控性,充分考虑可能发生的各种情况,针对不同情况制定相应的对策和措施,突出监理工作的事前审批、事中监督和事后检验。

(5)监理实施细则应根据实际情况按照进度、分阶段进行编制,要保持前后的连续性、一致性,在执行过程中可根据实际情况进行补充、修改和完善。如需修改,应由监理工程师向总监理工程师提出修改申请报告,说明修改原因、修改内容和完成修改的时间,经总监理工程师审查批准后,再由监理工程师进行修改。修改后的监理实施细则仍要履行原审批程序。

（6）总监理工程师在审核时,应注意各个监理实施细则间的衔接与配套,以组成系统、完整的监理实施细则体系。

（7）在监理实施细则条文中,应具体写明引用的规程、规范、标准及设计文件的名称、文号;文中涉及采用的报告、报表时,应写明报告、报表所采用的格式。

（8）监理实施细则的主要内容及条款可随工程不同而有所调整。

（二）监理实施细则审批程序

监理实施细则由项目或专项监理工程师编制完成,经总监理工程师审查同意,报发包人审批同意后实施。其程序如图 3-3 所示。

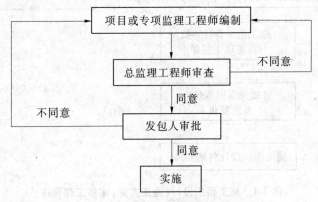

图 3-3　监理实施细则审批程序

四、监理审核工作程序

（一）施工组织设计（施工方案）审核工作程序

1. 实施要点

（1）施工组织设计或施工方案是否经承包人技术负责人审批。

（2）施工方案是否切实可行（结合工程特点和工地环境）。

（3）主要的技术措施是否符合规范的要求,是否齐全。

（4）上述审核由总监理工程师组织,专业监理工程师参加,要求在一周内完成;重大工程及施工复杂的项目,监理的审批意见应报监理公司技术负责人复审。

2. 施工组织设计（施工方案）审核工作程序

施工组织设计（施工方案）审核工作程序如图 3-4 所示。

（二）开工审核监理工作程序

1. 实施要点

（1）监理工程师主要审核施工组织设计（方案）是否经审批,劳动力是否按计划进场,机械设备是否已进场,管理人员是否全部到位,开工前各项手续是否已办妥。

（2）审核通过后,报发包人,签署同意开工意见。

2. 开工审核监理工作程序

开工审核监理工作程序如图 3-5 所示。

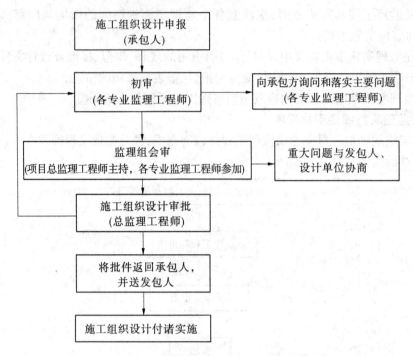

图 3-4 施工组织设计(施工方案)审核工作程序

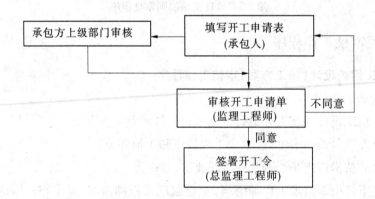

图 3-5 开工审核监理工作程序

(三)分包单位资格审核监理工作程序

1.实施要点

(1)经发包人同意的分包单位,其资格由监理工程师进行审核。

(2)专业监理工程师应提出审核意见,总监理工程师提出审批意见,要求发包人及总包单位明确对分包单位的管理职责。

2.分包单位资格审核监理工作程序

分包单位资格审核监理工作程序如图 3-6 所示。

(四)材料、设备供应单位资质审核工作程序

1.实施要点

(1)专业监理工程师负责对供应单位的资质审核,提出审核意见。

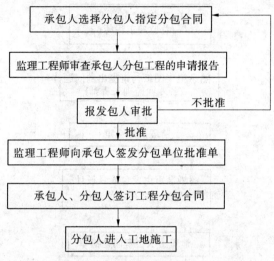

图3-6　分包单位资格审核监理工作程序

（2）总监理工程师负责审批,并向发包人报告。

2. 材料、设备供应单位资质审核工作程序

材料、设备供应单位资质审核工作程序如图3-7所示。

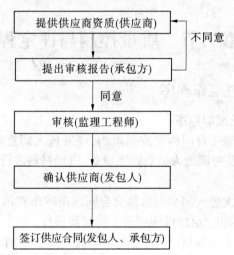

图3-7　材料、设备供应单位资质审核工作程序

（五）施工图纸会审监理工作程序

1. 实施要点

（1）总监理工程师应组织专业监理工程师认真学习设计图纸,领会设计意图。

（2）专业监理工程师会审施工图是否符合规范及有关标准的要求,并要与地质勘探报告及现场实际情况符合。

（3）对图纸会审存在的问题要严格落实。

2. 施工图纸会审监理工作程序

施工图纸会审监理工作程序如图3-8所示。

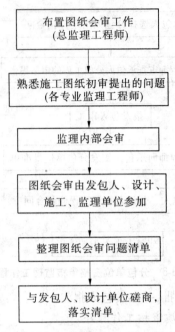

图 3-8 施工图纸会审监理工作程序

第二节 质量控制与评定程序

一、质量控制监理工作程序

(一)合同项目质量控制程序

(1)监理机构应在施工合同约定的期限内,经发包人同意后向承包人发出进场通知书,要求承包人按约定及时调遣人员和施工设备、进场材料进行施工准备。进场通知中明确合同开工起算日期。

(2)监理机构协助发包人向承包人移交合同约定应由发包人提供的施工用地、道路、测量基准点以及供水、供电、通信设施等开工的必要条件。

(3)承包人完成开工准备后,应向监理机构提交开工申请。监理机构在检查发包人和承包人的施工准备满足开工条件后,签发开工令。

(4)由于承包人原因使工程未能按施工合同约定时间开工,监理机构应通知承包人在约定时间提交赶工措施报告,并说明延误开工原因。由此增加的费用和工期延误造成的损失由承包人承担。

(5)由于发包人原因使工程未能按施工合同约定时间开工,监理机构在收到承包人提出的顺延工期的要求后,应立即与发包人和承包人协商补救办法。由此增加的费用和工期延误造成的损失由发包人承担。

(6)合同项目质量控制监理工作程序如图 3-9 所示。

(二)单位工程质量控制程序

监理机构审批每一个单位工程的开工申请,熟悉图纸,审查承包人提交的施工组织设计、技术措施等,确认后同意开工。

单位工程质量控制监理工作程序如图 3-10 所示。

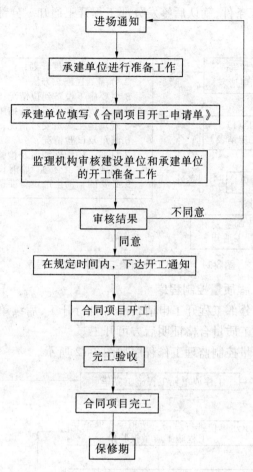

图 3-9 合同项目质量控制监理工作程序

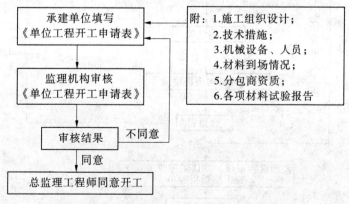

图 3-10 单位工程质量控制监理工作程序

(三)分部工程质量控制程序

监理机构审批承包人报送的每一分部工程开工申请,审核承包人递交的施工措施计划,检查分部工程的开工条件,确认后签发分部工程开工通知。分部工程质量控制监理工作程序如图 3-11 所示。

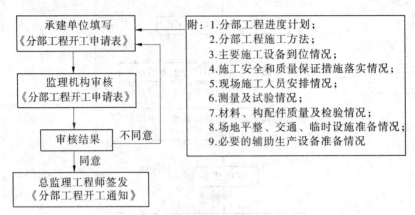

图 3-11　分部工程质量控制监理工作程序

(四)工序或单元工程质量控制程序

每一个单元工程在分部工程开工申请获准后自行开工,后续单元工程应在监理机构签发上一个单元工程施工质量合格证明后方可开工。

工序或单元工程质量控制监理工作程序如图 3-12 所示。

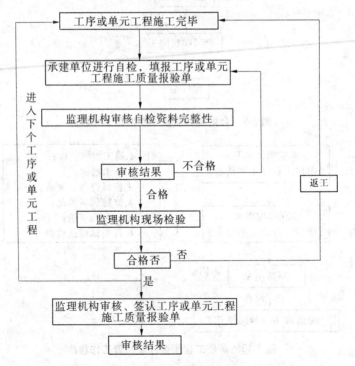

图 3-12　工序或单元工程质量控制监理工作程序

（五）混凝土浇注开仓质量控制程序

监理机构应对承包人报送的混凝土浇注开仓报审表进行审核。符合开仓条件后，方可签发。

（六）材料、构配件质量控制程序

（1）监理工程师应审核材料的采购订货申请，审查的内容主要包括所采购的材料是否符合设计的需要和要求，以及生产厂家的生产资格和质量保证能力等。

（2）材料进场后，监理工程师应审核承包人提交的材料质量保证材料，并派出监理人员参与承包人对材料的清点。

（3）材料使用前，监理工程师应审核承包人提交的材料试验报告和资料，经确认签证后方可用于施工。

（4）对于工程中所使用的主要材料和重要材料，监理单位应按规定进行抽样检验，验证材料的质量。

（5）承包人对涉及结构安全的试块、试件及有关材料进行质量检验时，应在监理的监督下现场取样。

（6）如承包人使用了不合格的材料、工程设备和工艺，并造成工程损害时，监理工程师可以随时发出指示，要求承包人立即改正，并采取措施补救，直至彻底清除工程的不合格部位以及不合格的材料和工程设备。若承包人无故拖延或拒绝执行监理人员的上述指令，则发包人可按承包人违约处理，发包人有权委托其他承包人，其违约责任由承包人承担。

（七）工程质量事故处理方案审核监理工作程序

工程质量事故处理方案凡涉及改变结构、改变使用功能，必须经设计单位及发包人同意，并在报审单上签署意见。监理工程师应对方案提出的措施、验收方法（包括必要的检测）提出审核意见。

工程质量事故处理方案审核监理工作程序如图 3-13 所示。

（八）质量控制监理程序

施工质量按"施工准备阶段—施工阶段—验收阶段"进行全过程监理。

质量控制监理程序如图 3-14 所示。

二、质量评定监理工作程序

（一）工程质量评定

1. 单元（工序）质量评定

单元（工序）工程质量在承包人自评合格后，由监理单位复核，监理工程师核定质量等级并签证认可。

2. 重要隐蔽单元工程及关键部位单元工程质量评定

重要隐蔽单元工程及关键部位单元工程质量经承包人自评合格、监理机构抽检合格后，由发包人（或委托监理）、监理、设计、施工、工程运行管理等单位组成联合小组，共同检查核定其质量等级并填写签证表，报工程质量监督机构核备。重要隐蔽单元工程（关键部位单元工程）质量等级签证表见附表 1-1。

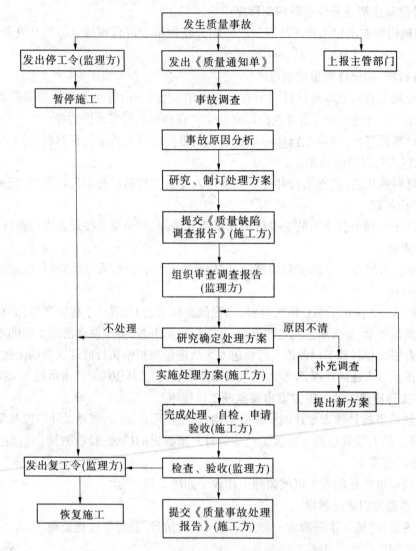

图 3-13　工程质量事故处理方案审核监理工作程序

3.分部工程质量评定

分部工程质量,在承包人自评合格后,由监理机构复核,发包人认定。分部工程验收的质量结论由发包人报工程质量监督机构核备。分部工程施工质量评定表见附表1-2。

4.单位工程质量评定

单位工程质量,在承包人自评合格后,由监理机构复核,发包人认定。单位工程验收的质量结论由发包人报工程质量监督机构核定。单位工程施工质量评定表见附表1-3。

5.工程项目质量评定

工程项目质量,在单位工程质量评定合格后,由监理机构进行统计并评定工程项目质量等级,经发包人认定后,报工程质量监督机构核定。工程项目施工质量评定表见附表1-4。

6.工程质量评定监理工作程序

工程质量评定监理工作程序如图3-15所示。

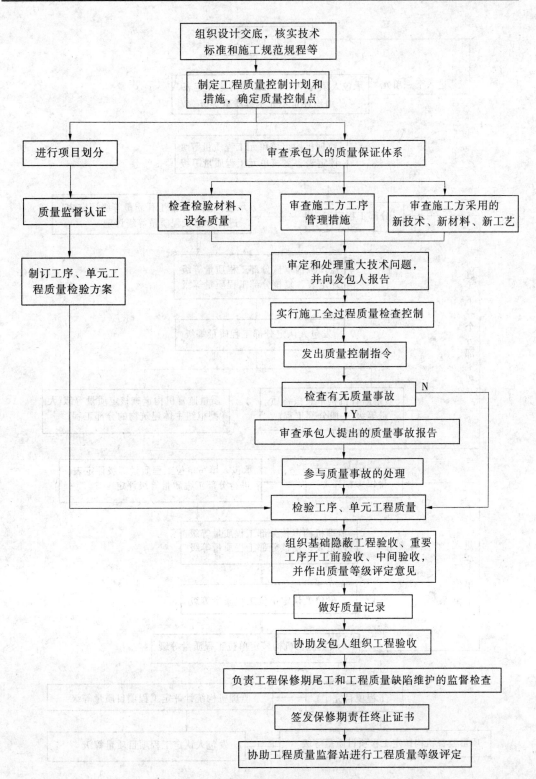

图 3-14 质量控制监理程序

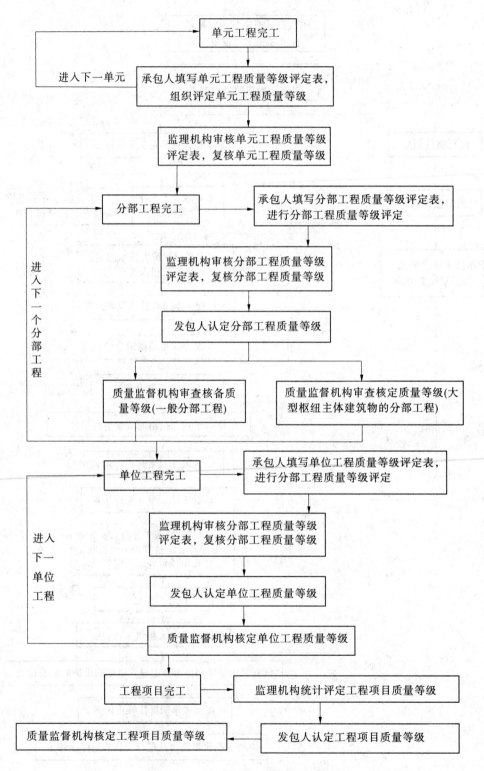

图 3-15 工程质量评定监理工作程序

第三节　安全控制程序

在施工准备阶段,审查承包人提交的安全组织机构、安全管理制度、安全生产责任制度、安全教育培训制度、安全检查制度、安全生产规章制度和操作规程、消防安全责任制度、安全技术措施及专项施工方案等有关技术文件及资料,并由总监理工程师在有关技术文件报审表上签署意见;审查未通过的,安全技术措施及专项施工方案不得实施。

在施工阶段,对施工现场安全生产情况进行巡视检查,确保承包人安全保证体系运转,监督施工单位落实安全管理制度、安全生产责任制度、安全教育培训制度、安全检查制度、安全生产规章制度和操作规程、消防安全责任制度等安全制度,监督承包人执行安全生产技术措施及安全防护措施,确保人员、机械设备及工程实体安全。对发现的各类安全事故隐患,书面通知承包人,并督促其立即整改;情况严重的,及时下达工程暂停令,要求停工整改,并同时报告发包人。安全事故隐患消除后,及时检查整改结果,签署复查或复工意见。承包人拒不整改或不停工整改的,监理单位应当及时向工程所在的建设主管部门或工程项目的行业主管部门报告,以电话形式报告的,应当有通话记录,并及时补充书面报告。检查、整改、复查、报告等情况应记载在监理日志、监理月报中。

工程竣工后,将有关安全生产的技术文件、验收记录、监理规划、监理实施细则、监理月报、监理会议纪要及相关书面通知等按规定归档。

第四节　进度控制程序

一、进度控制监理工作程序

监理工程师按照施工合同的进度要求,审核承包人总进度计划,提出整改计划,依据批准的总进度计划进行控制,做到各个环节、各项工程都有进度依据。承包人及时填写报表,监理工程师定期进行检查,发现进度滞后时,要及时查找原因,采取有力措施,以保证进度目标最优实现。工程进度控制程序如下:

(1)发布开工令,并以此为依据计算合同工期。

(2)依据工程总进度计划编制监理控制性总进度计划。

(3)审批承包人提交的施工总进度计划及年、季、月施工进度计划,包括施工进度控制图表(横道图、形象进度图或网络进度计划等),主要从以下几方面进行审查:进度安排是否满足合同进度规定的开竣工日期;施工顺序的安排是否符合逻辑,是否符合施工程序的要求;承包人的劳动力、材料、设备供应计划是否保证进度计划的实现;进度计划是否与其他工作计划协调;进度计划的安排是否满足连续性、均衡性的要求。对工程进度计划的实施过程进行检查控制,对关键线路的项目进展实施跟踪检查,及时发现偏差并提出解决方法。

(4)处理工期索赔事项。

(5)协调各承包人之间的施工干扰。

（6）做好工程进度记录。

（7）编写年、季、月进度报告，并按期向发包人报告进度情况。

（8）签发工程移交证书。

二、进度控制监理工作程序

进度控制监理工作程序如图 3-16 所示。

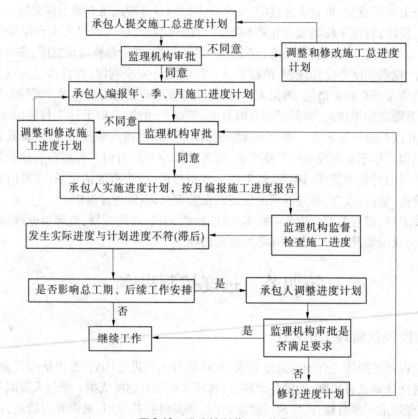

图 3-16　进度控制监理工作程序

第五节　投资控制程序

一、投资控制监理工作程序

审查工程阶段结算和工程总结算，编制各阶段资金使用计划，便于实施中进行控制；经常地将实际投资与计划投资相比较，找出存在的问题，提出解决意见；对各阶段投资报表、施工方案、计划、材料使用、设备选配等进行技术经济分析，力求降低投资；审查各阶段文件及合同中有关投资款项；审核各种付款单，计算审核各类索赔。

（1）组织编制资金使用计划，包括控制性目标，年度、季度和月份的合同支付计划。

（2）审批施工单位呈报的资金流计划。

（3）按工程进展情况和资金到位情况，进行工程费用分析，提出资金计划调整意见。

（4）审核已完工程符合质量要求的支付计算报表，按月编制工程支付报表，按时编制工程资金控制分析报告。

（5）依据监理合同受理工程变更所引起的工程费用变化事宜。

（6）依据监理合同受理合同索赔中的费用索赔。

（7）审核工程完工结算报告，签发工程款支付证书。

（8）工程款支付程序为：承包人要求计量时，应首先向监理工程师提出书面申请，包括计量申请、质量检验认可证、计量计算等。在监理工程师在场的情况下，由承包人进行测量，填写计量计算表，经项目监理工程师审查无误并签字认可后，报总监理工程师审核，如有疑问应尽快到现场核实情况。承包人根据监理工程师签认的计量单向总监理工程师提交付款申请。总监理工程师最终签认后，在规定的期限内向承包人签发付款证书。发包人核实付款证书后，在规定的期限内向承包人付款。

二、工程款支付监理工作程序

工程款支付监理工作程序如图3-17所示。

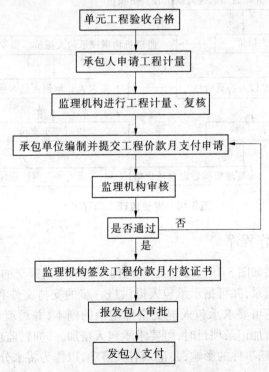

图3-17 工程款支付监理工作程序

第六节　变更与索赔程序

一、变更监理工作程序

变更监理工作程序如图 3-18 所示。

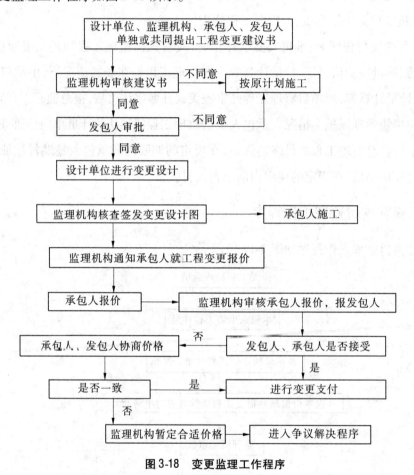

图 3-18　变更监理工作程序

二、索赔监理工作程序

索赔监理工作程序如图 3-19 所示。监理机构收到承包人提交的索赔意向书后,应及时核查承包人的现场记录,并可指示承包人提供进一步的支持文件和继续做好延续记录以备核查。监理机构还可要求承包人提交全部记录的副本,并可就记录提出不同意见。若监理机构认为需要增加记录项目时,可要求承包人增加。同时,监理机构应建立自己的索赔档案,密切关注索赔事件的影响,并记录有关事项,以作为将来分析处理索赔、核对索赔报告证据的依据。

监理机构在收到承包人提交的索赔申请报告和最终索赔申请报告后,认真研究承包

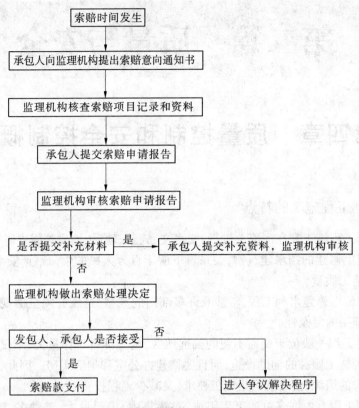

图 3-19　索赔监理工作程序

人报送的索赔资料。首先,在不确定责任归属的情况下,客观分析事件发生的原因,参照合同的有关条款,研究承包人的索赔证据,并检查他的同期记录;其次,通过对索赔事件的分析,监理机构依据合同条款划清责任界限,必要时还可以要求承包人进一步提供补充资料。尤其是对承包人与发包人或监理机构都负有一定责任的事件,更应划分各方应该承担合同责任的比例。最后再审查承包人提出的索赔补偿要求,拟定自己计算的合理赔偿。

　　监理机构应在收到承包人提交的索赔报告和有关资料后,按合同规定的期限(部颁《合同条件》规定为 42 d),或监理机构建议并经承包人认可的期限,做出回应,表示批准或不批准并附上具体意见,也可要求承包人补充进一步的证据资料。

第二篇　质量与安全

第四章　质量控制和安全控制概述

一、水利工程施工的特点

（1）水利工程施工常在河流上进行，受水文、气象、地形、地质等因素影响很大。

（2）河流上修建的挡水建筑物，关系着下游千百万人民的生命财产安全，因此工程施工必须保证施工质量。

（3）在河流上修建水利工程，常涉及许多部门的利益，这就必须全面规划、统筹兼顾，因而增加了施工的复杂性。

（4）水利工程一般位于交通不便的偏远地区，施工准备工作量大，不仅要修建场内外交通道路和为施工服务的辅助设施，而且要修建办公室和生活用房。因此，必须十分重视施工准备工作的组织，使之既满足施工要求，又减少工程投资。

（5）水利工程常由许多单项工程组成，布置集中、工程量大、工种多、施工强度高，加上地形方面的限制，容易发生施工干扰。因此，需要统筹规划，重视现场施工的组织和管理，运用系统工程学的原理，因时因地地选择最优的施工方案。

（6）水利工程施工过程中爆破作业、地下作业、水上水下作业和高空作业等，常常平行交叉进行，对施工安全很不利。因此，必须十分注意安全施工，防止事故发生。

二、我国水利工程施工的现状

自公元前256年修建的四川都江堰水利工程，到21世纪初的三峡大坝建设，随着水利水电事业的发展，施工机械的装备能力迅速增长，已经具有实现高强度快速施工的能力；施工技术水平不断提高，施工的新技术、新工艺不断更新；土石坝工程、混凝土坝工程和地下工程的综合机械化组织管理水平逐步提高。

在取得巨大成就的同时，我国的水利工程建设也付出过沉重的代价。如由于违反基本建设的程序，不遵循施工的科学规律，不按照经济规律办事，水利建设事业曾遭受相当大的损失。我国目前大容量高效率多功能的施工机械，其通用化、系列化、自动化的程度还不高，利用并不充分；新技术、新工艺的研究推广和使用不够普遍；施工组织管理水平不高；各种施工规范、规章制度、定额法规等的基础工作比较薄弱。

为了实现我国经济建设的战略目标，加快水利建设的步伐，必须认真总结过去的经验和教训，在学习和引进国外的先进技术、科学管理方法的同时，发扬自力更生、艰苦创业的精神，走出一条适合我国国情的水利工程施工科学的发展道路。水利工程施行监理制便是水利工程建设事业发展的重要一步,对控制水利工程造价、质量、工期等起到了重要的作用。

三、水利工程施工监理工作的主要内容

水利工程施工阶段是使工程设计意图实现、形成工程实体、体现工程项目使用价值的阶段。工程质量是决定项目建设的根本,不仅关系到工程的适用性和建设项目的投资效果,而且关系到人民群众的生命财产安全。施工阶段的质量控制是施工监理最重要的工作内容,不仅关乎监理人员的责任、前途问题,而且对监理公司的声誉也有重要影响。因此,做好施工阶段的监理质量控制工作,是使监理公司在竞争日趋激烈的监理市场行业生存、发展的关键。

监理对工程施工质量的控制,就是按合同赋予的权利,围绕影响施工质量的各种因素对工程项目的施工进行有效的监督和管理。在其监理活动中应始终坚持质量第一,用户至上;坚持质量标准;坚持以人为本;坚持以预防为主;坚持科学公正守法的职业道德规范。

监理在工程施工阶段进行质量控制工作的主要内容如下:

(1)根据合同文件及有关规程规范的质量要求和标准,严格掌握未经审查或审查不合格的承包人、供货单位分包工程。

(2)做好原材料、构配件及设备规格和质量的检查工作,核查其原始凭证、检测报告、质量证明文件等,确认其质量;对检查不合格的原材料、构配件及设备绝不允许用于工程,并责令承包人及时运出施工现场;检查施工机械、机具完好性,看其是否满足合同文件规定的要求。

(3)检查施工质量,特别是重要的工序及隐蔽工程的质量;监理通常采用的质量控制的检查方法有见证、旁站监理、巡视、平行检验,具体视工程项目的重要程度和施工现场情况确定采用的方式。对工程的重点部位、易产生质量通病的工序等可设置质量控制点或待检点。现场质量检验方法有:目测法、量测法、测量法(借助测量仪器设备进行测量检查)、试验法(通过试件、取样进行试验检查)。监理工程师要充分了解和掌握承包人"三大员"(即施工员、质检员、安全员)的情况,根据各人弱点采取有针对性的防范措施,以防发生重大过失,给工程带来不必要的损失。促使施工过程中承包方的施工员、质检员、现场安全员到位,逐步强化以承包人自身三检制为基础的工程质量检验制度。

(4)参加单项工程验收和项目竣工验收,做好质量签证工作,行使质量监督权和否决权。

(5)开好质量协调会,协助发包人处理好工程质量事故和安全事故等。

(6)保证安全是项目施工中一项重要工作。施工现场场地狭小、施工人员众多,各工种交叉作业,机械施工与手工操作并进,高空作业多,而且大部分是露天、野外作业。特别是水利工程又多在河道上兴建,环境复杂,不安全因素多,所以安全事故也较多。因此,监理机构必须充分重视安全控制,督促和指导施工承包人从技术上、组织上采取一系列必要的措施,防患于未然,保证项目施工的顺利进行。水利工程建设安全生产管理,坚持安全第一、预防为主的方针。

本篇为突出可操作性、实用性,编写原则为由简入繁、施工工艺由简单到复杂,以便读者由浅入深,逐步了解、掌握各种水利工程施工工艺质量控制。本篇选取了水利工程中基础性技术控制、日常土石方水利工程、护坡工程、灌浆工程、道路工程、涵闸工程、橡胶坝工程等水利工程施工中的安全控制。

第五章 施工基础技术控制

第一节 施工测量

工程测量是为工程建设服务的,是工程建设项目实施的基础程序,作为工程建设的控制者,要求监理人员必须具备一定的工程测量及工程建设方面的专业知识,熟悉所服务对象的作用、特点、结构、工程要求、施工程序及方法等。

水利工程施工测量包括施工场地的原始地貌测量、施工放样测量、开挖工程测量、立模与填筑放样测量、水下测量、金属结构与机电设备安装测量、工程计量测量、工程竣工测量等。本节依据《水利水电工程施工测量规范》(DL/T 5173—2003),对日常水利工程从平面布置测量、施工放样测量、水下测量、工程计量测量、工程竣工测量方面等技术方面进行阐述。

一、测量准备阶段

承包人必须做好测量前的准备工作,其内容如下:

(1)人员准备。承包人的测量人员必须具有测绘工作的技术资质和相关工程的测量经验,施测前必须将有关人员的资质、职称、从事本专业工作的简历等列表报监理审查。

(2)测量设备准备。承包人必须准备适应本工程的测量设备,施测前必须把测量设备配置情况(主要包括名称、数量、性能、精度、检校情况等),列表报监理审查,监理应到现场实地核验。

(3)根据设计图纸资料及现场查勘资料,确认工程所应用的平面、高程控制网和控制导线、基准点(桩)的位置和状况,拟订施测方案。

承包人在准备施测前 7 d,应将包括以上所列各项内容报监理机构。

监理机构应认真审核报告材料,并到现场核实实际准备情况,在 3 d 内回复审签。如果承包人未能按时向监理机构报必需的文件和资料,由此造成的工期延误和其他损失,均由承包人承担合同责任。

二、施工测量内容

(一)施工测量工作的内容

(1)根据工程施工总布置图和有关测绘资料,布设施工控制网。

(2)针对施工各阶段的不同要求,进行建筑物轮廓点的放样及其检查工作。

(3)提供局部施工布置所需的测绘资料。

(4)按照设计图纸、文件要求,埋设建筑物外部变形观测设施,并负责施工期间的观测工作。

（5）进行收方测量及工程量计算。

（6）单项工程完工时，根据设计要求，对水工建筑物过流部位以及重要隐蔽工程的几何形体进行竣工测量。

（二）平面控制测量

1. 一般规定

（1）平面控制网的精度指标及布设密度，应根据工程规模及建筑物对放样点位的精度要求确定。

（2）平面控制网的等级，依次划分为二、三、四、五等测角网、测边网、边角网或相应等级的光电测距导线网，其适用范围见表 5-1。

表 5-1　平面控制网等级及适用范围

工程规模	混凝土建筑物	土石建筑物
大型水利工程	二	二 ～ 三
中型水利工程	三	三 ～ 四
小型水利工程	四 ～ 五	五

对于特大型的水利水电工程，也可布设一等平面控制网，其技术指标应专门设计。

各种等级（二、三、四、五）、各种类型（测角网、测边网、边角网或导线网）的平面控制网，均可选为首级网。

（3）平面控制网的布设梯级，可根据地形条件及放样需要决定，以 1 ～ 2 级为宜。但无论采用何种梯级布网，其最末级平面控制点相对于同级起始点或邻近高一级控制点的点位中误差不应大于 ±10 mm。

（4）首级平面控制网的起始点，应选在坝轴线或主要建筑物附近，以使最弱点远离坝轴线或放样精度要求较高的地区。

（5）独立的平面控制网，应利用勘测设计阶段布设的测图控制点，作为起算数据，在条件方便时，可与邻近的国家三角点进行联测。其联测精度应不低于国家四等网的要求。

（6）平面控制网建立后，应定期进行复测，尤其在建网一年后或大规模开挖结束后，必须进行一次复测。若使用过程中发现控制点有位移迹象，应及时复测。

（7）平面控制网的观测资料，可不作椭圆投影改正，采用平面直角坐标系统在平面上直接进行计算。但观测边长应投影到测区所选定的高程面上。

2. 技术设计

（1）平面控制网的技术设计应在全面了解工程建筑物的总体布置、施工区的地形特征及施工放样精度要求的基础上进行。设计前应收集下列资料：施工区现有地形图和必要的地质资料、规划设计阶段布设的平面和高程控制网成果、枢纽建筑物总平面布置图、有关的测量规范和招投标文件资料。

（2）四等以上平面控制网布设前，应按下列程序进行精度估算，选定最优方案：在图上或野外实地选点，确定各待定平面控制点的近似坐标；选定网的等级和类型，确定各观测量的先验权；解算未知参数的协因数阵，计算各点的点位中误差或误差椭圆元素，并与规范的规定精度作比较;若不能满足规范要求,调整图形结构、改变网的类型或改变各观测元素的先验权,重复以上各项工作,直至满足规定的精度为止。

(3)直线形建筑物的主轴线或其平行线,应尽量纳入平面控制网内。

(4)测角网宜采用近似等边三角形、大地四边形、中心多边形等图形。三角形内角不宜小于30°。如受地形限制,个别角也不应小于25°。测角网的起始边,应采用光电测距仪测量,坡度应满足下列要求:二等起始边坡度应小于5°;三等起始边坡度应小于7°;四等起始边坡度应小于10°。当测距边坡度超过以上规定时,天顶距的观测精度或水准测量精度,应另作专门计算。

(5)布设测边网的技术要求如下:测边网也应重视图形结构。三角形各内角宜为30°~100°,当图形欠佳时,要加测对角线边长或采取其他措施加以改善。对于四等以上测边网,要在一些三角形中,以相应等级测角网的测角精度观测一个较大的角度(接近100°)作为校核。测边网中的每一个待定点上,至少要有一个多余观测。不允许布设无多余观测的单三角锁。

(6)三、四、五等平面控制网,可用相应等级的导线网来代替。导线网的布设应符合以下规定:当导线网作为首级控制时,应布设成环形结点网。加密导线宜以直伸形状布设,附加于首级网点上。各导线点相邻边长不宜相差过大。

3.平面控制网选点、埋设及标志

(1)平面控制点应选在通视良好、交通方便、地基稳定且能长期保存的地方。视线离障碍物(上、下和旁侧)不宜小于2.0 m。

(2)对于能够长期保存、离施工区较远的平面控制点,应着重考虑图形结构和便于加密;而直接用于施工放样的控制点则应着重考虑方便放样,尽量靠近施工区,并对主要建筑物的放样区组成的图形有利。控制点的分布,应做到坝轴线以下的点数多于坝轴线以上的点数。

(3)位于主体工程附近的各等级控制点和主轴线标志点,应埋设具有强制归心装置的混凝土观测墩。其他部位可根据情况埋设暗标或半永久标志。对于首级网,同一等级的控制点应埋设相同类型的标志。

(4)各等级控制点周围应有醒目的保护装置,以防止车辆或机械的碰撞。在有条件的地方可建造观测棚。

(5)观测墩上的照准标志,可采用各式垂直照准杆、平面觇牌或其他形式的精确照准设备。照准标志的形式、尺寸、图案和颜色,应与边长和观测条件相适应。

(6)照准标志底座平面应埋设水平,其不平度应小于10′。照准标志中心线与标志点的偏差不得大于1.0 mm。

(7)对于测边网或边角网,其点位的选择还应注意以下几点:视线应避免通过吸热、散热不同的地区,如烟囱等。视线上不应有任何障碍物,如树枝、电线等,并应避开强电磁场的干扰,如高压线等。测距边的倾角不宜太大,可参照规范要求放宽3°~4°。

4.水平角观测

(1)水平角观测前,必须对经纬仪进行检验和校正。检验项目和检验方法按《国家三角测量和精密导线测量规范》规定执行。

（2）水平角观测应遵守下列规定：

①观测应在成像清晰、目标稳定的条件下进行。晴天的日出、日落和中午前后，如果成像模糊或跳动剧烈，不应进行观测。

②应待仪器温度与外界气温一致后开始观测。观测过程中，仪器不得受日光直接照射。

③仪器照准部旋转时，应平稳匀速；制动螺旋不宜拧得过紧，微动螺旋应尽量使用中间部位。精确照准目标时，微动螺旋最后应为旋进方向。

④观测过程中，仪器气泡中心偏移值不得超过一格。当偏移值接近限值时，应在测回之间重新整置仪器。

⑤对于二等平面控制网，目标垂直角超过 ±3° 时，应在瞄准每个目标后读定气泡的偏移值，进行垂直轴倾斜改正。对于三、四等三角网的角度观测，当目标垂直角超过 ±3° 时，每测回间应重新整置仪器，使水准气泡居中。

（3）水平角观测一般采用方向观测法，其操作步骤如下：

①将仪器照准零方向标志，按度盘配置表配置度盘和测微器读数。

②顺时针方向旋转照准部 1～2 周后精确照准零方向标志，并进行水平度盘、测微器读数（照准 2 次，各读数 1 次，五等三角测量可只照准读数 1 次）。

③顺时针方向旋转照准部，精确照准第 2 方向标志，按上述方法进行读数；顺时针方向旋转照准部依次进行第 3、4、…、n 方向的观测，最后闭合至零方向（当观测方向数小于或等于 3 时，可不闭合至零方向）。

④纵转望远镜，逆时针方向旋转照准部 1～2 周后，精确照准零方向，按上述方法进行读数。

⑤逆时针方向旋转照准部，按上半测回观测的相反次序依次观测至零方向。

以上操作为一测回。

（4）水平角观测误差超过要求时，应在原来度盘位置上进行重测，并符合下列规定：

①上半测回归零差或零方向 2c 超限，该测回应立即重测，但不计重测测回数。

②同测回 2c 较差或各测回同一方向值较差超限，可重测超限方向（应联测原零方向）。一测回中，重测方向数超过测站方向总数的 1/3 时，该测回应重测。

③因测错方向、读错、记错、气泡中心位置偏移超过一格或个别方向临时被挡，均可随时进行重测。

④重测必须在全部测回数测完后进行。当重测测回数超过该站测回总数的 1/3 时，该站应全部重测。

（5）观测导线水平角，应遵守下列规定：

①观测导线转折角时，若方向数为 2，采用左、右角观测法，当方向数多于 2 时，采用方向观测法，其测回数和观测限差与相应等级的三角测量相同。

②观测四等以上导线水平角时，应在观测总测回数中，按奇数测回和偶数测回分别观测导线前进方向的左角和右角。观测右角时仍以左角起始方向为准换置度盘位置。左角和右角分别取中数后相加，其与 360° 的差值不应超过本等级测角中误差的两倍。

③如果导线较长，且导线通过地区有明显的旁折光影响，应将总的测回数分为日、夜各观测一半。

④在短边的情况下,应采用三联脚架法观测。

(6)观测手簿的记录、检查和观测数据的划改,应遵守下列规定:

①水平角观测的秒值读、记错误,应重新观测,度分读、记错误可在现场更正。但同一方向盘左、盘右不得同时更改相关数字。

②天顶距观测中,分的读数在各测回中不得连环更改。

③距离测量中,每测回开始要读、记完整的数字,以后可读、记尾数。厘米以下数字不得划改。

米和厘米部分的读、记错误,在同一距离的往返测量中,只能划改一次。

(7)水平角观测结束后,其测角中误差按下列公式计算。

①三角网测角中误差

$$m_\beta = \pm \sqrt{\frac{(ww)}{3n}} \tag{5-1}$$

②导线(网)测角中误差的计算方法分下列两种情况。

a. 按左、右角闭合差计算

$$m_\beta = \pm \sqrt{\frac{(\Delta\Delta)}{2n}} \tag{5-2}$$

b. 按导线方位角闭合差计算

$$m_\beta = \pm \sqrt{\left(\frac{f_\beta f_\beta}{n}\right)\Big/N} \tag{5-3}$$

式中　w——三角形闭合差;

　　　Δ——左、右角之和与360°之差;

　　　f_β——附合导线(或闭合导线)的方向角闭合差;

　　　n——三角形个数或计算f_β的测站数;

　　　N——附合导线杆或闭合导线杆的个数。

5. 光电测距

(1)根据测距仪出厂的标称精度的绝对值,按1 km的测距中误差,将测距仪的精度分为四级,其技术规格应符合表5-2的规定。

表5-2　测距仪分级技术规格

测距中误差(mm)	测距仪精密等级
$|m_D| \leq 2$	1
$2 < |m_D| \leq 5$	2
$5 < |m_D| \leq 10$	3
$|m_D| > 10$	4

仪器的标称精度表达式为

$$m_D = \pm(a \pm bD) \tag{5-4}$$

式中　a——标称精度中的固定误差,mm;

　　b——标称精度中的比例误差系数,mm/km;

　　D——测距长度,km。

　　测距前,应根据距离测量的精度要求,按上述标称精度表达式,正确地选择仪器型号。

　　(2)测距仪及辅助工具的检校。

　　①新购置的仪器或大修后,应进行全面检校。

　　②进行四等以上控制网的距离测量前,必须将测距仪送有关检验机构进行全面的检验,获得加、乘常数和周期误差等数据。

　　③测距使用的温度计、气压计等也应送计量部门进行检测。

　　(3)测距作业应注意事项如下:

　　①测距前应先检查电池电压是否符合要求。在气温较低的条件下作业时,应有一定的预热时间。

　　②测距仪的测距头、反射棱镜等应按出厂要求配套使用。未经验证,不得与其他型号的相应设备互换使用。

　　③测距应在成像清晰、稳定的情况下进行。雨、雪及大风天气不应作业。

　　④反射棱镜背面应避免有散射光的干扰,镜面不得有水珠或灰尘沾污。

　　⑤晴天作业时,测站主机必须打伞遮阳,不宜逆光观测。严禁将测距头对准太阳。架设仪器后,测站、镜站不得离人。迁站时,必须取下测距头。

　　⑥观测时气象数据的测取及各项观测限差应符合表5-3的规定,若出现超限,应重新观测。当观测数据出现分群现象时,应分析原因,待仪器或环境稳定后重新进行观测。

表5-3　测距作业技术要求

项目	气象数据测定				一测回读数较差限值(mm)	测回间较差限值(mm)	往返或光段较差限值(mm)
三角网等级 测距仪等级	温度最小读数(℃)	气压最小读数(Pa)	测定时间间隔	数据取用			
二 1~2	0.5	50	每边观测始末	每边两端平均值	2	3	$2(a+bD)$
三 2	0.5	50	每边观测始末	每边两端平均值	3	5	
四 2~3	1.0	100	每边测定一次	测站端观测值	5	7	
五 3	1.0	100	每边测定一次	测站端观测值	5	7	

　　⑦温度计应悬挂在测站或镜站附近,离开地面和人体1.5 m以外的阴凉处,读数前必须摇动数分钟;气压表要置平,指针不应滞阻。

　　(4)测距边的归算应遵守下列规定:

①经过气象、加常数、乘常数(必要时顾及周期误差)改正后的斜距,才能化为水平距离。

②测距边的气象改正按仪器说明书给出的公式计算。

③测距边的加、乘常数改正应根据仪器检验的结果计算。

(5)测距边的精度评定,按下列公式计算。

①一次测量观测值中误差

$$m_{\mathrm{D}} = \pm \sqrt{\frac{(Pdd)}{2n}} \tag{5-5}$$

对向观测平均值中误差

$$m_{\mathrm{D}} = \pm \frac{1}{2} \sqrt{\frac{(Pdd)}{n}} \tag{5-6}$$

②任一边的实际测距中误差

$$m_{\mathrm{SL}} = \pm m_{\mathrm{D}} \sqrt{\frac{1}{P_{\mathrm{D}i}}} \tag{5-7}$$

式中 d——各边往返测水平距离的较差;

n——测边数;

P——各边距离测量的先验权,令 $P = \dfrac{1}{m_{\mathrm{D}}^2}$,$m_{\mathrm{D}}$ 可按测距仪的标称精度计算;

$P_{\mathrm{D}i}$——第 i 边距离测量的先验权。

6. 成果的验算和平差计算

(1)平差计算前,应对外业观测记录手簿、平差计算起始数据,再次进行百分之百的检查校对。如用电子手簿记录,应对输出的原始记录进行校对。

(2)控制网各项外业观测结束后,应进行各项限差的验算。

(3)测角网、测边网按等权进行平差。边角网和导线网的定权,可根据情况,从下列三种方法中选择。

①根据先验方差定权。即令 $P_{\beta} = 1$,则

$$P_{\mathrm{S}} = m_{\beta}^2 / m_{\mathrm{S}}^2 \tag{5-8}$$

或令 $\qquad\qquad\qquad P_i = 1$

则 $\qquad\qquad\qquad P_{\mathrm{S}} = m_i^2 / m_{\mathrm{S}}^2 \tag{5-9}$

式中 m_{β}、m_i——按规范计算或取用相应等级的先验值;

m_{S}——仪器的标称精度;

P_{β}——角度观测值的权;

P_i——方向观测值的权;

P_{S}——测距边观测值的权。

②先分别按测角网和测边网单独平差求得各自的方差估值 m_{β}(或 m_i)、m_{S},然后按式(5-8)、式(5-9)定权。

③在条件允许时,也可考虑按方差分量估计原理定权。

(4)各等级平面控制网均应采用严密的平差方法。平差所用的计算程序应该是经过

鉴定或验算证明是正确的程序。

（5）根据平差方法评定三角网平差后的精度,一般应包含:单位权测角（或方向）中误差、各边边长中误差和方向中误差、各待定点点位中误差和各点的绝对（相对）误差椭圆元素。

（6）内业计算数字取位要求应符合表5-4的规定。

表5-4　内业计算数字取位要求

等级	观测方向值（″）	改正数		边长坐标值（mm）	方位角值（″）
		方向(″)	长度(mm)		
二	0.01	0.01	0.1	0.1	0.01
三~四	0.1	0.1	1.0	1.0	0.1
五	1	1	1.0	1.0	1.0

（7）平面控制测量结束后,应对下列资料进行整理归档:平面控制网图及技术设计书、平差计算成果资料、外业观测记录手簿、技术工作小结。

7. 主要轴线的测设

（1）大坝、厂房、船闸、钢管道、机组,各种泄水建筑物如隧洞、水闸等的主要轴线点,均应由等级控制点进行精确的测定。主要轴线点相对于邻近等级控制点的点位中误差,应符合表5-5的规定。

表5-5　主要轴线点点位中误差限值

轴线类别	相对于邻近控制点的点位中误差（mm）
土建轴线	±17
安装轴线	±10

（2）轴线点的测设方法应按等级控制网的要求,进行加密。事先应进行精度估算,确定作业方法和选用仪器的等级和型号。

（3）主要轴线点的测设,可按下列步骤进行:

①根据轴线点的设计坐标值,进行初步实地定点。

②按规范的规定,精确测定该点的坐标值。当实测坐标值与设计坐标值之差大于表5-5的限值时,将该点改正至设计位置,并重新进行检测,直至符合表5-5的规定为止。

（4）轴线点应埋设固定标志。主要轴线每条至少要设三个固定标志。

（三）高程控制测量

1. 一般规定

（1）高程控制网的等级,依次划分为二、三、四、五等。首级控制网的等级,应根据工程规模、范围大小和放样精度高低来确定,其适用范围见表5-6。

（2）高程控制设计。高程控制测量的精度应符合下列要求:最末级高程控制点相对于首级高程控制点的高程中误差,对于混凝土建筑物应不大于±10 mm,对于土石建筑物

应不大于 ±20 mm。在施工区以外,布设较长距离的高程路线时,可按《国家一、二等水准测量规范》(GB/T 12897—2006)和《国家三、四等水准测量规范》(GB/T 12898—2009)中规定的相应等级精度标准进行设计。对于水工隧洞高程控制测量的精度标准,按规范规定执行。

表 5-6　首级高程控制等级的适用范围

工程规模	混凝土建筑物	土石建筑物
大型水利水电工程	二或三等	三等
中型水利水电工程	三等	四等
小型水利水电工程	四等	五等

(3)布设高程控制网时,首级网应布设成环形网,加密时宜布设成附合路线或结点网。其点位的选择和标志的埋设应遵守下列规定:

①各等级高程点宜均匀布设在大坝上下游的河流两岸。点位应选在不受洪水、施工影响,便于长期保存和使用方便的地点。四等以上高程点的密度视施工放样的需要确定。一般要求在每一个重要单项工程的部位至少有 1 ~ 2 个高程点。五等高程点的布置应主要考虑施工放样、地形测量和断面测量的使用。

②高程点可埋设预制标石,也可利用露头基岩、固定地物或平面控制点标志设置。埋设首级高程标石,必须经过一段时间,待标石稳定后才能进行观测。各等级高程点应统一编号。

(4)高程测量使用的水准仪、水准标尺、测距仪及其附件等应分别按《国家水准测量规范》及《中、短程光电测距规范》(GB/T 16818—2008)中有关规定进行检验与校正。

2. 水准测量

(1)等级水准测量的主要技术要求,应符合表 5-7 的规定。

(2)等级水准测量测站的主要技术要求,应符合表 5-8 的规定。

(3)水准测量所使用的仪器及水准尺,应符合下列技术要求:

①水准仪视准轴与水准管轴的夹角,$DS_{0.5}$、DS_1 型仪器不应大于 ±15″,DS_3 型应不大于 ±20″。

②二等水准采用补偿式自动安平水准仪,其补偿误差绝对值不应大于 0.2″。

③水准尺上的每米间隔平均长与名义长之差,对于因瓦水准尺不应大于 ±0.15 mm,对于双面水准尺不应大于 ±0.5 mm。

(4)水准观测应注意下列事项:

①水准观测应在标尺成像清晰、稳定时进行,并用测伞遮蔽阳光,避免仪器暴晒。

②严禁为了增加标尺读数,把尺垫安置在沟边或壕坑中。

③同一测站观测时,不应两次调焦,转动仪器的倾斜螺旋和测微螺旋时,其最后均应为旋进方向。

④每一测段的往测与返测,测站数均应为偶数,否则应加入标尺零点差改正,由往测转向返测时,两标尺必须互换位置并应重新整置仪器。

⑤五等水准观测,可不受上述③、④款的限制。

表 5-7　等级水准测量的主要技术要求

等级	二	三	四	五
M_Δ (mm)	≤ ±1	±3	±5	±10
M_W (mm)	≤ ±2	±6	±10	±20
仪器型号	$DS_{0.5}$、DS_1	DS_1、DS_3	DS_3	DS_3
水准尺	因瓦	因瓦、双面	双面	双面、单面
观测方法	光学测微法	光学测微法、中丝读数法	中丝读数法	中丝读数法
观测顺序	奇数站:后、前、前、后 偶数站:前、后、后、前	后、前、前、后	后、后、前、前	—
观测次数 与已知点联测	往返	往返	往返	往返
观测次数 环线或附合	往返	往返	往	往
往返较差、环线或附合线路闭合差（mm） 平丘地	$±4\sqrt{L}$	$±12\sqrt{L}$	$±20\sqrt{L}$	$±30\sqrt{L}$
往返较差、环线或附合线路闭合差（mm） 山地	—	$±3\sqrt{n}$	$±5\sqrt{n}$	$±10\sqrt{n}$

注:n 为水准路线单程测站数,每千米多于 16 站时,按山地计算闭合差限差。

表 5-8　等级水准测量测站的主要技术要求

等级	二		三		四	五
仪器型号	$DS_{0.5}$	DS_1	DS_1	DS_3	DS_3	DS_3
视线长度(m)	≤60	≤50	≤100	≤75	≤80	≤100
前后视线差(m)	≤1.0		≤2.0		≤3.0	大致相等
前后视距累积差(m)	≤3.0		≤5.0		≤10.0	—
视线离地面最低高度(m)	下丝≥0.3		三丝能读数		三丝能读数	—
基辅分划(黑红面)读数较差(mm)	0.5		光学测微法1.0 中丝读数法2.0		3.0	
基辅分划(黑红面)所测高差较差(mm)	0.6		光学测微法1.5 中丝读数法3.0		5.0	

注:当采用单面标尺四等水准测量时,变动仪器高度两次所测高差之差与黑红面所测高差之差的要求相同。

(5)观测成果的重测和取舍。

①因测站观测限制超限,在迁站前发现可立即重测,若迁站后发现,则应从高程点重新起测。

②往、返观测高差较差超限时应重测。二等水准重测后,应选用两次异向合格的结果,其他等级水准重测后,可选用两次合格的结果。如重测结果与原测结果分别比较,其较差均不超限,应取三次结果的平均数。

(6)水准测量路线需要跨过江、河、湖、泊和山谷等障碍物时,其测站视线长度,二等水准超过100 m,三、四等水准超过200 m时,应按照 GB/T 12897—2006 和 GB/T 12898—2009 的规定执行。

3.光电测距三角高程测量

(1)光电测距三角高程测量在水利水电施工高程控制测量中的应用范围如下:

①结合平面控制测量,将平面控制网布设成三维网(或二维网加三角高程网)。

②在施工区,可代替三、四、五等水准测量。

③在跨越江、河、湖、泊及障碍物传递高程时,可代替二、三、四、五等水准测量。

(2)代替三、四、五等水准的光电测距三角高程测量,可采用单向、对向和隔点设站法进行,其技术要求应符合表 5-9 的规定,并注意以下几点:

表 5-9　光电测距三角高程测量的技术要求

等级	使用仪器	最大边长(m)			天顶距观测				仪器、棱镜高丈量精度(mm)	对向观测高差较差(mm)	附合或环线闭合差(mm)
		单向	对向	隔点设站	测回数		指标差较差(″)	测回差(″)			
					中丝法	三丝法					
三	DJ_1 DJ_2	—	500	300	4	2	9	9	±1	±50D	$\pm 12\sqrt{|D|}$
四	DJ_2	300	800	500	3	2	9	9	±2	±70D	$\pm 12\sqrt{|D|}$
五	DJ_2	1 000	—	500	2	1	10	10	±2	—	$\pm 12\sqrt{|D|}$

注:D 为平距,以 km 计。

①高程路线应起讫于高一级的高程点或组成闭合环。隔点设站法的测站数应为偶数。

②有关距离测量的技术要求,均按表 5-3 中相应等级的规定执行。

③当视线长度小于或等于 500 m 时,可直接照准棱镜觇牌;视线长度大于 500 m 时,应采用特制觇牌。

④采用隔点设站观测时,前、后视线长度应尽量相等,最大视距差不宜大于 40 m,视线通过的地形剖面应相似,倾角宜相近。

⑤单向测量只能用于布设有校核条件的单点,不宜布设高程路线。

⑥视线通过沙漠、沼泽、干丘等,若对向(往返)观测高差较差超限,应分析原因,在排除可能发生粗差的条件下,可适当放宽。

(3)单向、对向光电测距三角高程测量,一测站的操作程序如下:

①仪器和棱镜(觇牌)架设好后,量取仪器高与棱镜(觇牌)高。

②读取测站的气象数据。

③观测斜距。

④观测天顶距(测完全部测回数)。

(4)以隔点设站法施测三等高程路线时,一测站的操作程序规定如下:

①读取气象数据。

②照准后视棱镜(觇牌)标志,观测天顶距。

③照准前视棱镜(觇牌)标志,观测天顶距。

④观测前视斜距。

⑤观测后视斜距。

以上简称为"后、前、前、后"法,对于四、五等高程测量,可采用"后、后、前、前"法,其他要求与三等相同。

(5)用三丝法观测天顶距的步骤如下:

①望远镜在盘左位置概略瞄准目标,制动水平与垂直螺旋,然后旋转水平与垂直微动螺旋,使十字丝的上丝精确照准目标,读数。继而反时针方向旋出垂直微动螺旋,再一次旋入,精确照准目标,读数。这样就完成了两次照准两次读数,两次读数之差不大于3″。

②旋转垂直微动螺旋,分别用中丝和下丝各精确照准目标两次、读数两次。

③纵转望远镜,依相反的照准次序,瞄准各目标,但仍按上、中、下次序精确照准读数。

以上完成三丝一测回的观测工作。在盘左、盘右位置照准目标时,目标成像应位于竖丝的左、右附近的对称位置。

(6)天顶距测量限差的比较与重测。

①测回差比较的方法为:同一方向,用各测回各丝所测得的全部天顶距结果互相比较。

②指标差互差的比较方法为:仅在一测回内各方向按同一根水平丝所计算的结果进行互相比较。

③重测规定:若一水平丝所测某方向的天顶距或指标差互差超限,则此方向须用中丝重测一测回。三丝法若在同方向一测回中有两根水平丝所测结果超限,则该方向须用三丝法重测一测回,或用中丝重测两测回。

4. 跨河高程测量

(1)采用光电测距三角高程测量方法,布设高程路线跨越河流、湖泊的宽度超过表5-9所规定的最大边长限值时,按本节规定执行。采用其他方法时,按 GB/T 12897—2006 和 GB/T 12898—2009 的规定执行。

(2)跨河高程测量场地的选定应注意以下几点:

①跨河地点应尽量选择路线附近江河最狭处,以便使用最短的跨河视线。

②视线不得通过大片草丛、干丘、沙滩的上方。

③视线距水面的高度,在跨河视线长度为 500 m 时,不得低于 3 m,1 000 m 时不得低于 4 m。

当视线高度不能满足上述要求时,需埋设高木桩并建造牢固的观测台。

(3)二等跨河高程测量的程序和方法如下:

方法一:距离和天顶距分别观测。

①准备工作。

a. 选择大地四边形作为过河场地并埋设固定标志。

b. 用二等水准的精度测定同岸两点(A、B 和 C、D)之间的高差。

c. 在远标尺上的 2.500 m 和 2.000 m 处,分别精确安装两个特制觇牌。

②观测程序和方法。

a. 在 A 点设站,量测仪器高,测定远标尺 C、D 点上觇牌的天顶距 $ZAC1$、$ZAC2$ 和 $ZAD1$、$ZAD2$($ZAC1$、$ZAC2$ 代表 AC 方向标尺上两个觇牌的天顶距,下同)。

b. 在 B 点设站,量测仪器高,仿 a 项测得 $ZBC1$、$ZBC2$ 和 $ZBD1$、$ZBD2$。

以上构成一组天顶距观测。

c. 仪器和尺子相互调岸。

d. 分别在 C、D 点设站按 a、b 项方法测定 $ZCA1$、$ZCA2$、$ZCB1$、$ZCB2$ 和 $ZDA1$、$ZDA2$、$ZDB1$、$ZDB2$。

以上构成两组天顶距观测。

剩余的观测量应在不同的时段继续进行。

e. 距离测量,按表 5-3 的技术要求,分别测量 AB、AC、AD 及 BC、BD、CD 等边的距离,并读取气象数据。

方法二:距离和天顶距同时观测。

①准备工作。

a. 场地选择同方法一。

b. 准备 3 个棱镜(或 1 个棱镜、若干个觇牌)。

②观测程序和方法。

a. 在 A 点设站,量取仪器高。在 B、C、D 架设棱镜或觇牌,量取棱镜高(觇牌高),读取气象数据。

b. 观测 B、C、D 三点的天顶距(测完全部测回数)。

c. 观测 B、C、D 三点的斜距。

d. 读取气象数据。

e. 在 B 点设站,A 点架设棱镜,C、D 点棱镜不动,量取仪器高、棱镜高(觇牌高),读取气象数据。

f. 观测 A、C、D 三点的天顶距和斜距(测完全部测回数)。

g. 读取气象数据,以上组成一个独立的观测组。

h. 仪器、棱镜(觇牌)同时调岸。仪器分别架 C、D 两点,分别观测 A、B、D 三点的斜距和天顶距。

i. 在每一站量取仪器高、棱镜高(觇牌高),在每一站观测工作的始末读取气象数据。

以上组成第二个独立观测组。

j. 选择另一个时间段,再观测两个独立的观测组。

(4)三、四、五等跨河高程测量,一测站的操作程序如下:

①置仪器于 I1 点,观测本岸近标尺 $b1$,照准棱镜(觇牌),观测天顶距。

②瞄准对岸远标尺 $b2$,照准棱镜(觇牌),观测天顶距。

继续观测剩余的测回数,各测回连续观测时,相邻两测回间观测近标尺和远标尺的次序可以互换,直到观测完全部测回数。

③观测气象元素。

④测量仪器对远标尺和近标尺的斜距。

以上组成一组独立的观测值。

⑤仪器和标尺同时调岸。仪器架设于Ⅰ2点,先观测远标尺 $b1$,后观测近标尺 $b2$,按上述方法分别观测仪器对 $b1$、$b2$ 的天顶距和斜距。

对三、四等跨河高程测量,应选择另一时间段再进行上述的往返测,获得三、四组独立观测值。

(5)采用光电测距三角高程测量方法进行跨河高程传递时,应注意下列事项:

①观测应在成像清晰、风力微弱的气象条件下进行,最好选在阴天。

晴天观测应在日出后 1 h 至地方时 9 时 30 分止,下午自 15 时至日落前 1 h 止。且往返观测应在较短的时间间隔内进行。

②当过河点处于不稳定的地段时,应在附近稳定区选择监测点,并在跨河测量前后按相应等级对过河点进行监测。

③在调岸时,远标尺的特制觇牌在标尺上的位置,以及过河点上架设棱镜(对中杆)的高度要严格保持不变。

④在条件许可时,宜用两台同型号的仪器同时对向观测。

⑤二等跨河高程测量应精密丈量仪器高和棱镜高(觇牌高)。精密丈量方法视情况而异,一般应将其点固定部分事先精密测定,活动部分在现场用小钢板尺量取。

(6)按常规方法进行的跨河水准测量,其作业方法可参照 GB/T 12897—2006 和 GB/T 12898—2009 中的有关规定进行。

5. 外业成果的整理与平差计算

(1)高程测量应采用规定的手簿记录,并统一编号,手簿中记载项目和原始观测数据必须字迹清晰、端正,填写齐全。

(2)高程测量观测、记录及计算小数位的取位,应符合表5-10的规定。

(3)水准测量外业验算的项目包括下列内容:

①观测手簿必须经百分之百的检查,并由两人独立编制高差和高程表。

②根据测段往返测高差不符值(Δ),计算每千米高程测量高差中数的偶然中误差 M_Δ,当高程路线闭合环较多时,还须按环闭合差(W)计算每千米高程测量高差中数的全中误差 M_W。

$$M_\Delta = \pm \sqrt{\frac{1}{4n}\left(\frac{\Delta\Delta}{R}\right)} \tag{5-10}$$

$$M_W = \pm \sqrt{\frac{1}{N}\left(\frac{WW}{F}\right)} \tag{5-11}$$

式中　Δ——测段往返测高差不符值,mm;

　　　R——测段长,km;

n——测段数;

W——经各项改正后的水准环闭合差或附合路线闭合差,mm;

F——计算各 W 时,相应的路线长度(环绕周长),km;

N——附合路线或闭合环个数。

以上 M_Δ 和 M_W 的绝对值应符合表 5-7 的规定。

表 5-10　观测、记录及计算小数位取位的规定

高程等级	天顶距观测读数与记录小数位($''$)	水准尺观测读数与记录小数位(mm)	往(返)测距离总和(km)	往(返)测距离中数(km)	各测站高差(mm)	往(返)测高差总和(mm)	往(返)测高差中数(mm)	高差(mm)
二	0.01 0.1	0.05 0.1	0.01	0.1	0.01	0.01	0.1	0.1
三	0.1 1.0	1.0	0.01	0.1	0.1	1.0	1.0	1.0
四、五	1.0	1.0	0.01	0.1	1.0	1.0	1.0	1.0

(4)光电测距三角高程测量、跨河高程测量的外业验算项目,应包括下列内容:

①外业手簿的检查和整理。

②对所测斜距进行各项改正。包括气象改正,加常数、乘常数改正,必要时还应加入周期误差改正。

③若斜距和天顶距分别观测,应对天顶距观测值进行归算,归化到测距时的天顶距,其计算公式为

$$Z_{ij} = Z'_{ij} - \Delta Z_{ij} = Z'_{ij} - \frac{[(V'-V)+(I-I')]\sin Z'_{ij}}{S_{ij}}\rho'' \tag{5-12}$$

式中　Z_{ij}、Z'_{ij}——测站点 i 到照准点 j 天顶距的归化值和观测值;

V'、V——观测天顶距时的棱镜高(觇牌高)和测距时的棱镜高(觇牌高);

I'、I——观测天顶距时的仪器高和观测斜距时的仪器高;

S_{ij}——斜距观测值。

④概略高差计算。

a. 单向观测

$$h_{ij} = S_{ij}\cos Z_{ij} + \frac{1-K}{2R}S_{ij}^2 + I_i - V_j \tag{5-13}$$

b. 对向观测

$$h_{ij} = \frac{1}{2}[(S_{ij}\cos Z_{ij} - S_{ji}\cos Z_{ji}) + (I_i - V_j) + (I_j - V_i)] \tag{5-14}$$

c. 隔点设站法观测

$$h_{AB} = (V_A - V_B) - (S_A\cos Z_A - S_B\cos Z_B) + \left(\frac{1 - K_B}{2R}S_B^2 - \frac{1 - K_A}{2R}S_A^2\right) \qquad (5\text{-}15)$$

式中　h_{ij}——测站 i 与镜站 j 之间的概略高差；

S_{ij}、S_{ji}——经气象和加、乘常数改正后的斜距；

Z_{ij}、Z_{ji}——归化后的天顶距；

I_i、I_j——i 和 j 站的仪器高；

V_i、V_j——i 和 j 站的棱镜高；

h_{AB}——隔点设站法中，后视点 A 与前视点 B 之间的高差；

V_A、V_B——隔点设站法中，后视点 A 与前视点 B 的棱镜（觇牌）高；

S_A、S_B——隔点设站法中，后视点 A、前视点 B 与测站间的斜距（经气象和加、乘常数改正后）；

Z_A、Z_B—— 隔点设站法中，测站对后视点 A、前视点 B 的天顶距；

R——地球曲率半径；

K——大气折光系数。

⑤根据概略高差，计算附合路线或闭合环的闭合差，并按下式进行检校。

a. 由各路线算得同一路线的高差较差不应大于由下式计算的限值

$$dH_m = \pm 2M_\Delta \sqrt{NS} \qquad (5\text{-}16)$$

b. 由大地四边形组成的三个独立闭合环，用各条边平均高差计算闭合差，各环线的闭合差 W 应不大于按下式计算的限值

$$W_m = \pm 2M_W \sqrt{2S} \qquad (5\text{-}17)$$

式中　N——独立路线数；

S——跨河视线长度，km。

（5）二、三、四等高程网的平差计算应按最小二乘原理，采用条件观测平差或间接观测平差法进行，并计算出单位权高差中误差和各点相对于起算点的高程中误差。

（6）高程网平差时，可按下式定权：

水准测量

$$P = \frac{1}{L} \text{ 或 } P = \frac{1}{n} \qquad (5\text{-}18)$$

光电测距三角高程测量

$$P = \frac{1}{L^2} \text{ 或 } P = \frac{1}{L} \qquad (5\text{-}19)$$

式中　L——测段长度，km；

n——测站数。

（7）高程控制网布设完成后，应上交下列资料：原始观测记录，仪器鉴定、校正资料，水准网略图和点位说明资料，水准网、三角高程网概算资料，平差计算成果和精度评定资料，技术总结文件。

(四)放样的准备与方法

1. 一般规定

(1)放样工作开始之前,应详细查阅工程设计图纸,收集施工区平面与高程控制成果,了解设计要求与现场施工需要。根据精度指标,选择放样方法。

(2)对于设计图纸中有关数据和几何尺寸,应认真进行检核,确认无误后,方可作为放样的依据。

(3)必须按正式设计图纸和文件(包括修改通知)进行放样,不得凭口头通知或未经批准的草图放样。

(4)所有放样点线,均应有检核条件,现场取得的放样及检查验收资料,必须进行复核,确认无误后,方能交付使用。

(5)放样结束后,应向使用单位提供书面的放样成果单。

2. 放样数据准备

(1)放样前应根据设计图纸和有关数据及使用的控制点成果,计算放样数据,绘制放样草图,所有数据、草图均应经两人独立校核。用电算程序计算放样数据时,必须认真核对原始数据输入的正确性。

(2)应将施工区域内的平面控制点、高程控制点、轴线点、测站点等测量成果,以及工程部位的设计图纸中的各种坐标(桩号)、方位、尺寸等几何数据编制成放样数据手册,供放样人员使用。

(3)现场放样所取得的测量数据,应记录在规定的放样手簿中,所有栏目必须填写完整,字体应整齐清晰,不得任意涂改。填写内容包括:工程部位,放样日期,观测、记录及检查者姓名,放样点所使用的控制点名称、坐标和高程成果、设计图纸编号、使用数据来源,放样数据及草图,放样过程中的实测资料,放样时所使用的主要仪器。

3. 平面位置放样方法的选择

(1)应根据放样点位的精度要求、现场作业条件和拥有的仪器设备,选择选用的放样方法。选择放样方法时,应考虑如下两种不同的放样程序:

①直接由等级平面控制点放样建筑物轮廓点。

②由加密点(轴线点、测站点)放样建筑物轮廓点。

当采用第②种放样程序时,应考虑加密点的测设误差,即建筑物轮廓点的点位中误差,按二级分配(各自相对于高一级的控制点)。

(2)采用测角前方交会法测设测站点的技术要求应符合表5-11的规定。

(3)采用单三角形测设测站点的技术要求,应符合表5-12的规定。

(4)采用测角后方交会法测设测站点的技术要求应符合表5-13的规定。

(5)采用轴线交会法测设测站点的技术要求应符合表5-14的规定。

(6)采用边角前方交会法测设测站点的技术要求应符合表5-15的规定。

(7)采用边角后方交会法测设测站点的技术要求应符合表5-16的规定。

表 5-11　测角前方交会法的技术要求

点位中误差（mm）	交会角 γ（°）	边长（m）	测回数 DJ$_2$	测回数 DJ$_6$	交会方向数
±15	50~130	<200	1	—	3
		200~300	2		
		300~400	3		
±30	40~140	<200	1	3	3
		300~400	2		
±50		≤500	1	3	3

表 5-12　单三角形法的技术要求

点位中误差（mm）	交会角 γ（°）	边长（m）	测回数 DJ$_2$	测回数 DJ$_6$	三角形闭合差（″）
±15		≤400	2		±10
±30	30~150	≤500	2	4	±15
±50		≤500	1	2	±20

表 5-13　测角后方交会法的技术要求

点位中误差（mm）	交会角 α、β 和所对已知角 δ 之和（°）	边长（m）	测回数 DJ$_2$	测回数 DJ$_6$	交会方向数	特定点的位置
±15	—	≤400	3	—	4	位于已知点的三角形内
±30	不得在 160~200 之间	≤150	2	4	4	特定点到危险圆圆周的距离不小于危险圆圆周半径的 1/5
±50		≤300	1	2	4	

注：1. 后方交会点的精度，主要决定于交会图形，当图形较好时，可适当放宽边长的限制，减少测回数。

　　2. 后方交会点的检核采用计算 4 组坐标相互比较的方法。

表 5-14　轴线交会法的技术要求

点位中误差（mm）	夹角 α_1、α_2 的要求（°）	S_{PC} 和 S_{PD} 的要求（m）	测回数 DJ$_2$	测回数 DJ$_6$	已知点点位要求
±15	≥20	≤300	2	3	位于轴线异侧
		300~400	3	—	
		400~500	4	—	
±30	≥20	≤500	2	3	
±50	≥20	≤500	1	2	

表5-15　边角前方交会法的技术要求

点位中误差(mm)	交会方法	γ(°)	测距边长(m)	测距要求 测距仪等级	测距要求 测回数	水平角 DJ₂	水平角 DJ₆	天顶距 DJ₂	天顶距 DJ₆
±15	I II	15~160 10~170	≤600	3	2	2	3	2	2
±30	I II	15~165 15~170	≤1 200	3	2	1	2	1	2
±50	I II	15~165 15~165	≤1 500	3~4	2	1	1	1	1

表5-16　边角后方交会法的技术要求

点位中误差(mm)	交会方法	γ(°)	测距边长(m)	水平角 DJ₂	水平角 DJ₆	天顶距 DJ₂	天顶距 DJ₆	测距仪等级	测回数
±15	I	90~165	≤400	2	4	2	4	3	2
	II	10~170	≤700	2	4			2	
		20~160		2	4	2	4	3	2
		30~150		1	2			4	
±30	I	60~165 90~165	≤500	2	4	1	2	3 4	2
	II	15~165 25~155	≤1 000	1	2	2	4	3 4	2
±50	I	50~165 75~165	≤700	1	2	1	2	3 4	2
	II	10~170 20~160	≤1 500	1	2	1	2	3 4	2

(8)采用测边交会法放样测站点时应注意以下几点：

①注意图形结构,交会角不应小于30°。

②交会方向数不宜少于3个,边长应限制在1 000 m以内。

③测距仪等级及测回数的选定,见表5-15和表5-16。

(9)采用光电测距极坐标法测设测站点的技术要求应符合表5-17的规定。

表5-17　光电测距极坐标法的技术要求

点位中误差（mm）	测距边长（m）	角度测回数				测距要求	
		水平角		天顶距		测距仪等级	测回数
		DJ$_2$	DJ$_6$	DJ$_2$	DJ$_6$		
±15	≤500	2	4	2	2	2	2
	500~700	3	4	2	3	2~3	
±30	<500	1	2	1	2	3~4	2
	500~100	2	3	2	3	3	
±50	≤1 500	1	2	1	2	3~4	2

注：采用光电测距极坐标法测设测站点时，应在同一部位至少测放两点，并丈量该两点间的距离，以资校核。

（10）在上述边角联合测量决定点位时，应共同注意以下几点：

①测距时均应在镜站量测气象数据。

②所测边长均应加入加、乘常数，气象、倾斜、投影等各项改正。

③如要同时测定点的高程时，均应以±2 mm的精度量取仪器高与棱镜（觇牌）高，当边长大于300 m时要加入球气差改正（或仅加球差改正）。

④测角与测距的各项限差，见表5-3。

（11）采用钢尺量距、视差法测距布设施工导线测设测站点或放样轮廓点的技术要求，应符合表5-18的规定。

表5-18　施工导线的技术要求

点位中误差（mm）	等级	附合导线全长（m）	导线全长相对闭合差	平均边长（m）	测角中误差（"）	测回数		方位角闭合差（"）	边长丈量相对中误差
						DJ$_2$	DJ$_6$		
±15	一	500	1/10 000	50	±5	2	—	±10$\sqrt{n}$	1/5 000
	二	400	1/5 000	40	±10	2	4	±20$\sqrt{n}$	1/5 000
±30	二	2 000	1/15 000	200	±5	2		±10$\sqrt{n}$	1/10 000
	三	1 000	1/10 000	100	±10	2	4	±20$\sqrt{n}$	1/5 000
	四	500	1/5 000	50	±20	—	2	±40$\sqrt{n}$	1/10 000
±50	一	3 500	1/15 000	350	±5	2	—	±10$\sqrt{n}$	1/5 000
	二	1 500	1/5 000	150	±10	2	4	±20$\sqrt{n}$	1/5 000
	三	800	1/4 000	70	±20		2	±40$\sqrt{n}$	1/4 000
	四	600	1/5 000	50	±30		2	±60$\sqrt{n}$	1/3 000

注：1.因现场条件限制，执行本表要求有困难时，在满足导线最弱点点位精度要求的情况下，可自行确定导线的技术要求。

2. n为导线测站数，后同。

①导线边长用钢尺丈量时,应符合表 5-19 的规定。

表 5-19　钢尺丈量的技术要求

边长丈量相对中误差	作业尺数	丈量总次数	定线误差(mm)	读定次数	估读(mm)	温度读至(℃)	同尺各次或同段各尺较差(mm)	经各项改正后,各次或各尺全长较差(mm)	丈量方法
1∶10 000～1∶15 000	2	4	±30	3	0.5	0.5	3.0	$±40\sqrt{D}$	悬空丈量
1∶5 000～1∶10 000	1	2	±50	3	1.0	1.0	3.0		

注:1. D 为导线边长,km。

2. 用弹簧秤时,应张拉至钢尺鉴定时的拉力。

②导线边长采用两米横基尺测定时,应符合表 5-20 的规定。

表 5-20　两米横基尺视差法测量导线边长的技术要求

点位中误差(mm)	等级	视差角测角中误差(″)	一次测定的长度(m)	半测回数 DJ₂	半测回差(″)	测距方法
±15	一	±1	≤80	6	±5	中点法
	二	±1	≤40	6	±5	端点法
±30	二	±1	≤105	6	±5	中点法
	三	±1	≤100	6	±5	中点法
	四	±1	≤50	6	±5	端点法
±50	一	±1	≤120	6	±5	中点法
	二	±1	≤150	6	±5	中点法
	三	±1	≤70	6	±5	端点法
	四	±2.5	≤50	2	±5	端点法

(12)采用光电测距导线测设测站或放样建筑物轮廓点时,按表 5-21 执行。

4. 高程放样方法的选择

(1)高程放样方法主要根据放样点高程精度要求和现场的作业条件选择,可分别采用水准测量法、光电测距三角高程法、解析三角高程法和视距法等。

(2)对于高程放样中误差要求不大于 ±10 mm 的部位,应采用水准测量法,并注意以下几点:

①放样点与等级高程点的距离不得超过 0.5 km。

②测站的视距长度不得超过 150 m,前后视距差不大于 50 m。

③尽量采用附合线。

(3)采用经纬仪代替水准仪进行土建工程放样时,应注意以下两点:

①放样点与高程控制点的距离不得大于 50 m。

②必须用正倒镜置平法读数,并取正倒镜读数的平均值进行计算。

（4）采用光电测距三角高程法测设高程放样控制点时,注意加入地球曲率的改正,并校核相邻点的高程。

（5）高层建筑物、竖井的高程传递,可采用光电测距三角高程法或用钢带尺进行。

表 5-21　光电测距导线的技术要求

点位误差 (mm)	附合导线全长 (m)	导线全长相对闭合差	平均边长 (m)	测角中误差 (")	测距中误差 (mm)	角度测回数				方位角闭合差 (")
						水平角		天顶距中丝法		
						DJ₂	DJ₆	DJ₂	DJ₆	
±15	7 500	1/35 000	300	±1.8	±3	9	—	4	—	±3.6$\sqrt{n}$
	3 000	1/30 000	200	±2.5	±5	6	—	2	—	±5$\sqrt{n}$
	2 000	1/18 000	150	±5.0	±3	2	3	2	3	±10$\sqrt{n}$
±30	3 600	1/18 000	300	±5.0	±10	2	3	2	3	±10$\sqrt{n}$
	4 000	1/15 000	200	±5.0	±5	2	3	2	3	±10$\sqrt{n}$
	3 000	1/15 000	150	±5.0	±5	2	3	2	3	±10$\sqrt{n}$
±50	5 400	1/15 000	300	±5.0	±10	2	3	2	3	±10$\sqrt{n}$
	5 000	1/12 000	200	±5.0	±5	2	3	2	3	±10$\sqrt{n}$
	3 000	1/5 000	150	±10	±10	1	2	2	3	±20$\sqrt{n}$
±100	4 500	1/6 000	300	±15	±10	1	2	2	3	±30$\sqrt{n}$
	5 000	1/7 000	200	±10	±10	1	2	2	3	±20$\sqrt{n}$
	7 500	1/10 000	150	±5.0	±5	2	3	2	3	±10$\sqrt{n}$
±200	5 500	1/4 000	150	±15	±10	—	1	—	1	±30$\sqrt{n}$
	6 000	1/4 200	200	±15	±10	—	1	—	1	±30$\sqrt{n}$
	7 500	1/4 500	300	±15	±10	—	1	—	1	±30$\sqrt{n}$

5.仪器、工具的检验

（1）施工放样使用的仪器,应定期按下列项目进行检验和校正：

①经纬仪的三轴误差、指标差、光学对中误差,以及水准仪的 i 角,应经常检验和校正。

②光电测距仪的照准误差（相位不均匀误差）、偏调误差（三轴平行性）、加常数、乘常数,一般每年进行一次检验。若发现仪器有异常现象或受到剧烈震动,则应随时进行检校。

（2）使用工具应按下列项目进行检验：

①钢带尺应通过检定,建立尺长方程式。

②水准标尺应测定红黑面常数差和标尺零点差。标尺标称常数差与实测常数差超过

1.0 mm时,应采用实测常数差;标尺的零点差超过±0.5 mm时,应进行尺底面的修理或在高差中改正。

③塔尺应检查底面及接合处误差。

④垂球应检查垂球尖与吊线是否同轴。

(五)开挖工程测量

1.一般规定

(1)开挖工程测量的内容包括:开挖区原始地形图和原始断面图测量,开挖轮廓点放样,开挖竣工地形、断面测量和工程量测算。

(2)开挖轮廓点的点位中误差应符合表5-22的规定。

表5-22 开挖轮廓点的点位中误差

工程部位	点位中误差(mm)		备注
	平面	高程	
主体工程部位的基础轮廓点、预烈爆破孔定位点	±50 ~ ±100	±100	±50 mm的误差仅指有密集钢筋网的部位,点位误差值均相对于邻近控制点或测站点、轴线点而言
主体工程部位的坡顶点、中间点,非主体工程部位的基础轮廓点	±100	±100	
土、砂、石覆盖面开挖轮廓点	±200	±200	

(3)开挖放样高程控制点,不应低于五等水准测量的精度。一般情况下,均可采用光电测距三角高程法。

2.开挖工程细部放样

(1)开挖工程细部放样,需在实地放出控制开挖轮廓的坡顶点、转角点或坡脚点,并用醒目的标志加以标定。

(2)开挖工程细部放样采用测角前方交会法,宜用三个交会方向,以"半测回"标定即可。距离丈量可根据条件和精度要求从下列方法中选择:

①用钢尺或经过比长的皮尺丈量,以不超过一尺段为宜。在高差较大地区,可丈量斜距加倾斜改正。

②用视距法测定时,其视距长度不应大于50 m。预裂爆破放样,不宜采用视距法。

③用视差法测定时,端点法长度不应大于70 m。

(3)细部点的高程放样,可采用支线水准、光电测距三角高程或经纬仪置平测高法:

①支线水准应往返测量,其较差不应大于表5-22中高程中误差的1/2。

②光电测距三角高程,采用测距一测回,天顶距一测回。

③经纬仪置平测高,需正、倒镜读数取平均值,转站时,需往返测量,其较差限值同①款,且转站数不应超过4站。

(4)所有细部放样点,均应注意校核。校核方法宜简单易行,以能发现错误为目的,并将校核的结果记入放样手簿。

(5)在开挖施工过程中,应经常在预裂面或其他适当部位,以醒目的标志标明桩号、高程或开挖轮廓线。

（6）开挖部位接近竣工时，应及时测放基础轮廓点及散点高程，并将欠挖部位及尺寸标于实地，必要时，在实地画出开挖轮廓线，以备验收。

3.断面测量和工程量计算

（1）开挖工程动工前，必须实测开挖区的原始断面图或地形图；开挖过程中，应定期测量收方断面图或地形图；开挖工程结束后，必须实测竣工断面图或竣工地形图，作为工程量结算的依据。

（2）断面间距可根据用途、工程部位和地形复杂程度在 5 ~ 20 m 范围内选择。有特殊要求的部位按设计要求执行。

（3）断面图和地形图比例尺，可根据用途、工程部位范围大小在 1:200 ~ 1:1 000 之间选择，主要建筑物的开挖竣工地形图或断面图，应选用 1:200；收方图以 1:500 或 1:200 为宜；大范围的土石覆盖层开挖收方可选用 1:1 000。

（4）断面中心桩测量的精度要求，应符合表 5-23 的规定。

表 5-23　断面中心桩测量的精度要求

断面类别	纵向误差（cm）	横向误差（cm）
原始、收方断面	±10	±10
竣工断面	±5	±5

（5）断面点相对于断面中心桩的误差，应符合表 5-24 的规定。

表 5-24　断面点的精度要求

断面类别	比例尺	断面点误差（图上 mm）	
		平面	高程
原始、收方断面	1:1 000、1:500	±1.0	±0.7
竣工断面	1:200	±0.75	±0.5

（6）断面点间距应以能正确反映断面形状、满足面积计算精度要求为原则。一般为图上 1 ~ 3 cm 施测一点。地形变化处应加密测点。断面宽度应超出开挖边线 3 ~ 10 m。

（7）采用地面摄影方法，施测各种比例尺的断面图和地形图时，其技术要求如下。

①摄影基线长度 B 在下列范围内选择：

$$\frac{Y_{max}}{20} \le B \le \frac{Y_{min}}{4} \tag{5-20}$$

基线丈量相对中误差不大于 1/2 000，两摄影站高差不大于 B/5。

②最大竖距长度（Y_{max}）不应大于表 5-25 的规定。

③每一立体像对，应按要求布设像片控制点。像片控制点坐标及摄影站坐标在野外测定。其平面和高程中误差应不大于图上 0.2 mm（在作业困难地段可放宽至图上 ±0.3 mm）。不得在无像片控制点的像对上量测断面。

④像片坐标改正数的计算，按如下情况确定：

a. 若断面点基本上在一个垂直面上,且纵向的变化不大,可采用各像片控制点改正数的平均值。

b. 若断面点在 Y 距方向变化较大,应采用线性内插法或严格的解析法。

表 5-25　最大竖距长度

断面类别	基线长度	
	$B \geqslant Y_{max}/10$	$Y_{max}/10 > B \geqslant Y_{max}/20$
原始、收方断面	$1.6M$	$0.8M$
竣工断面	$0.8M$	$0.4M$

注:1. M 为成图比例尺分母,后同。

2. 在像片控制点按标准形式布置时,最大竖距长度可再增加 $0.5M$。

(8)断面测量也可采用交会法(前方交会法、激光交会法或特征点交会法),其主要技术要求应符合表 5-26 的规定。

表 5-26　交会法断面测量的技术要求

断面类别	最大竖距(m)		相应于最大竖距的最短基线(m)		两测站测得同一点高程较差(mm)	两个三角形测得同一点的竖距较差(mm)
	DJ$_6$	DJ$_2$	DJ$_6$	DJ$_2$		
原始、收方断面	$0.5M$	$0.8M$	$0.10M$	$0.14M$	$0.7M$	$2.0M$
竣工断面	$0.37M$	$0.6M$	$0.07M$	$0.10M$	$0.5M$	$1.5M$

(9)采用视距法测断面时,最大视距长度应符合表 5-27 的规定。

表 5-27　视距长度限制

断面类别	绘图比例尺	视距长度(m)
原始、收方断面	1:200	<40
	1:500	<100
竣工断面	1:200	—

(10)当断面线过长或视线受到障碍需要转站时,对于原始、收方断面,可支出一个视距测站点,其视距长度应符合表 5-27 的规定。1:200 的竣工断面测量不宜采用视距法。

(11)采用花杆皮尺法测断面时,断面中心桩每侧的距离不应大于 20 m,若地形平坦,每侧长度可放宽至 50 m。断面方向可用"十"字直角架标定。

(12)对于原始、收方断面测量,也可从实测的地形图上截取。但地形图比例尺应不小于断面图的绘图比例尺。

(13)开挖施工过程中,应定期测算开挖完成量和工程剩余量。开挖工程量的结算应以测量收方的成果为依据。

(14)开挖工程量的计算应符合下列规定:

①用以计算工程量的地形图或断面图必须是在现场实测的。

②断面间距及位置的布设应根据地形变化或等间距确定。

③面积计算方法可采用解析法或图解法,当采用求积仪计算面积时,应在同一图纸上测量一块标准面积以确定图纸伸缩系数。

(15)两次独立测量同一区域的开挖工程量,其差值小于5%(岩石)和7%(土方)时,可取中数(或协商确定)作为最后值。

(六)立模与填筑放样

1. 一般规定

(1)立模和填筑放样应包括下列内容:测设各种建筑物的立模、填筑轮廓点,对已架立的模板、预制(埋)件进行形体和位置的检查,测算填筑工程量等。

(2)建筑物立模、填筑轮廓点的点位中误差应符合表5-28 的规定。

表5-28　立模、填筑轮廓点的点位中误差及分配

建筑材料	建筑物名称	点位中误差（mm）		平面位置误差分配（mm）	
		平面	高程	轴线点或测站点	细部放样
混凝土	各种主要水工建筑物(坝、闸、厂房),船闸及泄水建筑物,坝内正、倒垂孔等	±20	±20	±17	±10
	各种导墙及井、洞衬砌,坝内其他孔洞	±25	±20	±23	±10
	其他(副坝、围堰心墙、护坦、护坡、挡墙等)	±30	±30	±25	±17
土石料	碾压式坝(堤)上、下游边线,心墙、面板堆石坝及各种观测孔位等	±40	±30	±30	±25
	各种坝(堤)内设施定位、填料分界线等	±50	±30	±30	±40

(3)高层建筑物混凝土浇注及预制构件拼装的竖向测量偏差,应遵守表5-29 的规定。

表5-29　竖向测量偏差限值

工程项目	相邻两层对接中心相对偏差(mm)	相对基础中心线的偏差(mm)	累计偏差（mm)	备注
厂房、开关站等各种构架、立柱	±3	$H/2\,000$	±20	
闸墩、栈桥墩、船闸厂房等侧墙	±5	$H/1\,000$	±30	H 为总高度
拌和楼、筛分楼、堆料高排采等	±5	$H/1\,000$	±50	

（4）混凝土预制构件拼装及高层建筑物中间平台相对水平度的测量中误差,同一层不应大于±3 mm。

（5）用于立模、填筑放样的高程控制点,其相对于邻近高级高程点的高程中误差不应大于±15 mm。

2.建筑物的细部放样

（1）混凝土建筑物立模细部轮廓点的放样位置,以距设计线0.2～0.5 m为宜。土石坝填筑点,可按设计位置测设。放样细部点间距应符合表5-30的规定。

表5-30　放样细部点间距要求

形状	直线		曲线	
材料	混凝土	土石料	混凝土	土石料
相邻点最长距离(m)	5～8	10～15	4～6	5～10

（2）各种曲线、曲面立模点的放样,应根据设计要求及模板制作的不同情况确定放样的密度和位置。曲线起讫点、中点、折线的折点一般均应放出,曲面预制模板应酌情增放模板拼缝位置点。

曲线、曲面放样,应预先编制放样数据表,始终以该部位的固定轴线（固定点）为依据,采用相对固定的测站和方法。

（3）立模、填筑轮廓点,可直接由等级控制点测设,也可由测设的建筑物纵横轴线点（或测站点）测设。

①由轴线点或测站点放样细部轮廓点时,一般采用极坐标法。

②在不便于丈量距离的部位进行放样时,宜采用短边（200 m以内）前方交会法。

③在有众多三角点作为交会方向的部位,也可采用后方交会法测定测站点坐标,然后再放样细部点。

④在已经精确测定了轴线的部位进行细部放样时,也可采用轴线交会法。

⑤在有条件的地方,细部点的精确放样,可采用边角前方交会、边角后方交会或测边交会法等。

（4）直线形建筑物的放样控制线宜布设成包括主轴线（或其平行线）的方格网形式。主轴线的测设精度应符合规范规定。由主轴线测设辅助轴线的距离丈量相对中误差,有金属结构联系的部位,应不大于1/20 000,其他部位应不大于1/10 000。

（5）对于挡墙、护坦、大型临时混凝土建筑物的立模填筑细部放样,由于线路较长、转折点较多,宜布设经纬仪或光电测距仪附合导线连接各转折点,附合导线的最弱点点位中误差应符合规范规定。

（6）采用滑升模板浇注混凝土的建筑物（如闸墩、导墙、栈桥墩等）,放样点的点位中误差应符合表5-31的规定。

（7）混凝土建筑物的高程放样,应区别情况,采用不同的方法。

①对于连续垂直上升的建筑物,除有结构物的部位（如牛腿、廊道、门洞等）外,高程放样的精度要求较低,主要应防止粗差的发生。

表 5-31　滑升模板放样点的点位中误差

项目		点位中误差	
		平面（mm）	高程（mm）
轴线间相对位移		±5	—
垂直度	本　层	±3	—
	总高度	±H/2 000（H 为建筑总高度）	
截面尺寸	墙、柱	±5	−3
	梁	±5	
预留孔洞中心位移		±10	±20
预埋件位置		±10	±10

②对于溢流面、斜坡面以及形体特殊的部位，其高程放样的精度，一般应与平面位置放样的精度相一致。

③对于混凝土抹面层，有金属结构及机电设备埋件的部位，其高程放样的精度，一般高于平面位置的放样精度，应根据不同的精度要求采用水准测量方法，并注意检核。

（8）在厂房进出水口、排沙孔、泄水闸、冲水闸和各种廊道等部位，在混凝土底板即将完工时，应预埋各式测量标志，并及时利用原施工控制点，将其中心线的桩号、高程引测在标志上，以备日后竣工测量及机电设备安装之用。

（9）特殊部位的模板架设后，应利用测放的轮廓点进行检查，其偏差应符合表 5-32 的规定。

表 5-32　模板偏差限制

项目	允许偏差（mm）	
	外露表面	隐蔽内部
模板边线与放样轮廓点偏差	±10	±15
结构物水平截面内部尺寸	±20	
预留孔、洞尺寸及位置	±10 ~ ±20	

3. 建筑物立模放样点的检查

（1）放样工作开始前，应认真阅读设计图纸，验证设计坐标或其几何尺寸，在切实弄清设计数据之后，才能开始放样。

对于放样的轮廓点，必须进行检核，检核方法可根据不同情况而异。检核结果应记入放样资料中，外业检核以自检为主，放样与检核尽量同时进行。必要时，也可另派小组进行检查。

（2）选择放样方法时，应考虑检核条件。没有检核条件的方法（如极坐标法、两点前方交会法、三方向后交会法等），必须在放样后采用另外的方法进行检查。

（3）放样资料,应由两人独立进行计算和编制,若由计算机程序计算放样资料,必须校对输入数据的正确性。

（4）建筑物基础块（第一层）轮廓点的放样,必须全部采用相互独立的方法进行检核。放样和检核点位之差不应大于 $2m$（m 为轮廓点的测量放样中误差）。

（5）重复测设同一部位的轮廓点位置,可采用简易方法检核,如丈量相邻点之间的长度或检视与已浇注建筑物轮廓线的吻合程度以及检视同一直线上的诸点是否在一直线上等。

（6）对于形体或结构复杂的建筑物,放样和检核应采用同一组放样测站点。

（7）模板检查验收资料中,若发现与设计有较大偏差或存在系统偏差,应对可疑部分进行复测。

4.填筑工程量测算

（1）混凝土浇注和土石料填筑工程量,必须从实测的断面（或平面）图上计算求得。收方断面图的技术要求应符合表5-33 的规定。

表 5-33　填筑工程量收方断面图的技术要求

工程分类	断面间距	断面图比例尺	断面点点位中误差（图上 mm）	
			平面	高程
混凝土工程量	与开挖竣工断面图一致	1:50 ~ 1:200	≤0.5	≤0.5
土石料填筑工程量		1:200 ~ 1:500	≤0.75	≤0.5

（2）混凝土浇注块体收方,基础部位应根据基础开挖竣工图计算;基础以上部位,可直接根据水工设计图的几何尺寸及实测部位的平均高程进行计算。

（3）土石料填筑量收方,应根据实测的各种填料分界线,分别计算各类填料方量。

（4）独立两次对同一工程量测算体积之较差,在小于该体积的 3% 时,可取中数作为最后值。

（七）金属结构与机电设备安装测量

1.一般规定

（1）金属结构与机电设备的安装测量工作,应包括下列内容:测设安装轴线与高程基点,进行安装点的放样和安装竣工测量等。

（2）金属结构与机电设备安装轴线和高程基点,应埋设稳定的金属标志,一经确定,在整个施工过程中不宜变动。

（3）在安装测量的作业中应注意以下几点:

①必须使用精度相当于或高于 DS_3 和 DJ_2 型的水准仪和经纬仪。

②量测距离的钢带尺,必须经过鉴定并附有尺长方程式。

③高程测量必须相应地使用因瓦水准尺、红黑面水准尺以及有毫米刻度的钢板尺。

（4）安装测量的精度指标应符合表5-34 的规定。

表 5-34　金属结构与机电设备安装测量的精度指标

设备种类	细部项目	允许偏差		备注
		平面（mm）	高程（mm）	
压力钢管安装	1. 始装节管口中心位置	±5	15	相对钢管安装轴线和高程基点
	2. 与蜗壳、阀门伸缩节等有连接的管口中心	±(6~10)	±10	
	3. 其他管口中心位置	±10	±15	
平面闸门安装	主反轨之间的间距和侧轨之间间距	−1~+4	—	相对门槽中心线
弧形门、人字门安装	—	±(2~3)	±(1~3)	相对门槽中心线
水轮发电机安装	1. 座环安装中心及方位误差	+(2~5)	高程±3，水平度0.5	相对机组中心线和高程基准点
	2. 机坑里衬安装和蜗壳安装中心	±(2~10)	±(5~10)	
天车、起重机轨道安装	轨距	±5	1. 同跨两平行轨道相对高差小于10 2. 坡度不大于1/1 500	一条轨道相对于另一条轨道

2. 安装轴线及高程基点的测设

（1）金属结构与机电设备安装轴线测设的精度要求，应符合表 5-5 的规定。

（2）在安装过程中，由于种种原因致使原来的安装轴线或高程基点，部分或全部被破坏时，可按下列不同情况予以恢复：

①利用剩余的轴线点或高程基点。

②以已精确安装就位的构件轮廓线或基准面恢复原轴线或高程基点。

③按规定精度，由平面或高程控制网点重新测定。

无论采用何种方法恢复的轴线或高程基点，必须进行多方校核，以获得与已安装构件的最佳吻合。

（3）测设安装部位的高程基点时应注意以下两点：

①一个安装工程部位至少应测设两个高程基点。

②测设安装工程基点相对邻近等级高程控制点的高程中误差应不大于 ±10 mm。

3. 安装点的细部放样

（1）安装点的测设必须以安装轴线和高程基点为基准，组成相对严密的局部控制系统，安装点的误差均相对于安装轴线和高程基点而言。

（2）由安装轴线点、高程基点测设安装点的技术要求如下。

①测设方法：一般采用直角坐标法或极坐标法。

②距离测量以钢带尺为主，丈量结果中应加倾斜、尺长、温度、拉力及悬链（平链）等改正（不加投影改正）。距离丈量的技术要求应符合表 5-35 的规定。

表 5-35 安装点距离丈量的技术要求

丈量时拉力	温度读记（℃）	边长丈量次数	同测次串尺		边长丈量较差的相对误差
			读数次数	较差（mm）	
与鉴定钢带尺时相同	1.0	2	2	1	1:10 000

③在用光电测距仪测量距离时，宜用"差分法"操作。

④方向线测设：要求后视距离应大于前视距离，用细铅笔尖（或垂球线）作为照准目标。经纬仪正倒镜两次定点取平均值，作为最后方向。

⑤安装点的高程放样，应采用水准测量法，水准测量的技术要求应符合表 5-36 的规定。

表 5-36 安装点水准测量的技术要求

序号	项目	使用仪器	使用尺标	测站限差要求
1	精密高程精密水平度测量	DS$_1$	因瓦水准尺、钢板尺	按三等水准测量要求或另行规定操作要求
2	一般安装点高程测量	DS$_3$	红黑面水准尺、钢板尺	按三等水准测量要求

（3）在高精度的水平度测量中，应使用在底部装配有球形接触点的因瓦水准尺或钢板尺（钢板尺应镶嵌在木制尺中）。

4. 铅垂投点

（1）在垂直构件安装中，同一铅垂线上的安装点点位中误差不应大于 ±2 mm。

（2）铅垂投点，可采用重锤投点法、经纬仪投点法、激光投点仪投点法以及光学投点仪投点法。

5. 安装测点检查与资料提交

（1）对已测放的安装点，必须按下列要求进行检查：

①检查工作应采用与测放时不同的方法。

②对构成一定几何图形的一组安装测点，应检核其非直接量测点之间的关系。

③对铅垂投影的一组点，必须检查各投影点间边长的几何关系。

④由一个高程基点测放的安装高程点或高程线，应用另一高程基点进行检查，或用两次仪器高重复测定。

（2）所有平面与高程安装点的检测值与测放值的较差，不应大于放样点中误差的 2 倍，以保证放样点之间严密的几何关系。

（3）安装构件的铅垂度检查测量，宜在距构件 10～20 cm 的范围内用细钢丝悬挂重锤(重锤置于盛有溶液的桶中)进行。然后根据要求在需要检查的位置上,用小钢板尺量取构件与垂线之间的距离,并按一定比例尺绘制垂直剖面图。

(4)测放的安装点经检查合格后,应填写安装测量放样成果表,提交安装等单位使用。

(5)单项工程安装工作结束后,应将安装放样资料、竣工检查验收成果以及设计图纸等整理归档。

(八)地下洞室测量

1. 一般规定

(1)地下洞室测量包括下列内容:根据贯通测量设计,建立洞内、外平面与高程控制,进行洞室施工放样,测绘洞室开挖和衬砌断面,计算开挖和填筑工程量等。

(2)水工隧洞开挖的极限贯通误差,应符合表 5-37 的规定。当在主斜洞内贯通时,纵向误差按横向误差的要求执行。对于上、下两端相向开挖的竖井,其极限贯通误差不应超过 ±200 mm。

表5-37　水工隧洞开挖贯通误差

相向开挖长度(km)		1～4	4～8
极限贯通误差(mm)	横向	±100	±150
	纵向	±200	±300
	竖向	±50	±75

注:相向开挖的长度包括支洞长度。

(3)在进行贯通测量设计时,可取极限误差的 1/2 作为贯通面上的贯通中误差,根据隧洞长度,各项测量中误差的分配,应符合表 5-38 的规定。

表5-38　贯通中误差分配值

相向开挖长度（km）	1～4	4～8	1～4	4～8	1～4	4～8
误差名称	横向(mm)		纵向(mm)		竖向(mm)	
洞外测量	±30	±45	±60	±90	±15	±20
洞内测量	±40	±60	±80	±120	±20	±30
全部贯通测量	±50	±75	±100	±150	±25	±40

注:当通过竖井贯通时,应把竖井定向当做一个新增加的独立因素参加贯通中误差的分配。

(4)横向贯通中误差的估算,可按下列公式进行。

①采用三角测量法布设洞外控制时,其横向贯通中误差的估算可按下列两种方法:

a. 以相邻洞口点 J、C 的局部相对点位误差椭圆在贯通面上的投影面来计算,即

$$M_Y = \pm m_D \sqrt{Q'_{\Delta X \Delta X} \cos^2 \alpha + Q'_{\Delta Y \Delta Y} \sin^2 \alpha + Q'_{\Delta X \Delta Y} \sin 2\alpha} \qquad (5\text{-}21)$$

其中

$$Q'_{\Delta X \Delta X} = Q'_{XCXC} - 2Q'_{XJXC} + Q'_{XJXJ}$$

$$Q'_{\Delta Y \Delta Y} = Q'_{YCYC} - 2Q'_{YJYC} + Q'_{YJYJ}$$

$$Q'_{\Delta X \Delta Y} = Q'_{XCYC} - Q'_{XCYJ} - Q'_{XJYC} + Q'_{XJYJ}$$

式中　m_D——单位权中误差;

α——隧洞贯通面的坐标方位角;

Q'_{XCXC}、Q'_{XJXJ}、$\cdots$、Q'_{YJYJ}——J、C 两点中以某一点为起算点,进行间接观测平差计算所得的另一点对该起算点的权系数。

b. 把靠近隧洞一侧的三角点当做单导线,按导线法进行估算。

②采用导线布设洞外控制时,横向贯通中误差按下式计算

$$M_Y = \pm \sqrt{(m_{Y\beta}^2 + m_{Yl}^2)/n} \tag{5-22}$$

$$m_{Y\beta} = \pm \frac{m_\beta}{\beta} \sqrt{\sum R_X^2}$$

$$m_{Yl} = \pm \frac{m_l}{l} \sqrt{\sum d_T^2}$$

式中　$m_{Y\beta}$——由于测角误差所产生的在贯通面上的横向中误差,mm;

m_{Yl}——由于量边误差所产生的在贯通面上的横向中误差,mm;

m_β——导线测角中误差($''$);

R_X、d_T——导线各点至贯通面的垂直距离和投影长度;

$\dfrac{m_l}{l}$——导线边长相对中误差;

n——独立测量次数。

③洞内导线测量误差对横向贯通误差的影响为 M_Y,其计算方法同②。

④竖井定向测量引起的横向贯通中误差按下式计算

$$M_{YD} = \frac{m_D D_X}{\rho} \tag{5-23}$$

式中　m_D——井下基边的定向中误差;

D_X——井下基边至横向贯通面(Y)的垂直距离。

⑤洞外、洞内控制测量误差对横向贯通面中误差总的影响为

$$M_u = \pm \sqrt{M_Y^2 + M_Y'^2 + M_{YD}^2}$$

(5)洞外、洞内高程控制测量误差,对竖向贯通的影响,按下式计算

$$M_h = \pm \sqrt{m_h^2 + m_h'^2} \tag{5-24}$$

$$m_h = \pm M_\Delta \sqrt{L}; m_h' = \pm M_\Delta' \sqrt{L'}$$

式中　m_h、m_h'——洞外、洞内高程测量中误差;

M_Δ、M_Δ'——洞外、洞内 1 km 路线长度的高程测量高差中数中误差;

L、L'——洞外、洞内两洞口间水准路线长度,km。

(6)工程开工之前,应根据隧洞的设计轴线,拟定平面和高程控制略图,按表5-37、表5-38所规定的精度指标,进行预期误差的估算,以便确定洞外和洞内控制等级和作业方法。

2. 洞外控制测量

(1)洞外平面控制测量,可布设测角网、测边网或边角网,网的等级可根据隧洞相向

开挖长度,参照表5-39的规定选择。

表5-39　洞外控制网等级选择

控制网等级	隧洞相向开挖长度(km)	控制网等级	隧洞相向开挖长度(km)
二	6~8	四	1~4
三	4~6	五	≤1

(2)当隧洞较长、布置测角网三角形个数较多时,应在网中加测一定数量的测距边,而在测边网中宜在适当位置增加一些角度观测。

(3)采用光电测距导线作为洞外控制时,导线宜组成环形,且环数不宜太少,边数不宜过多,隧洞横向贯通中误差的技术要求应符合表5-40的规定。

表5-40　洞外光电测距基本导线的技术要求

隧洞相向开挖长度(km)	要求的横向贯通中误差(mm)	导线全长(km)	平均边长(m)	测角中误差(″)	测距中误差(mm)	全长相对闭合差	方位角闭合差(″)
1~4	30	5.4	200	±2.5	±5	1:25 000	±5$\sqrt{n}$
		3.3	300	±5.0	±10	1:20 000	±10$\sqrt{n}$
		6.8	400	±2.5	±5	1:32 000	±5$\sqrt{n}$
4~8	45	10.5	300	±1.8	±5	1:32 000	±3.6$\sqrt{n}$
		19.5	500	±1.0	±2	1:55 000	±2$\sqrt{n}$
		11.0	700	±2.5	±5	1:33 000	±5$\sqrt{n}$

注:本表是将附合导线的最弱点点位中误差视做"要求的横向贯通中误差"计算而得。

(4)长距离引水隧洞平面控制网,其边长应投影到隧洞的平均高程面上。

(5)布设洞口点或洞口附近控制点时应注意:

①洞口点应尽量纳入控制网内,也可采用图形强度较好的插点图形与控制网连接。

②位于洞口附近的控制点,应有利于施工放样及测设洞口点。

③由洞口点向洞内传递方向的连接角测角中误差,应比本级导线测角精度提高一级,至少不应低于洞内基本导线的测角精度。

(6)三角点或导线点的标志,可因地制宜地埋设简易标石或设岩石标,在长隧洞进出口处或支洞口,宜埋设一定数量的混凝土观测墩。

(7)洞外高程控制等级,应根据隧洞相向开挖长度参照表5-41的规定选择。

表5-41　洞外高程控制等级的选择

高程控制等级	三	四	五
隧洞相向开挖长度(km)	4~8	1~4	≤1

(8)当采用边角网、测边网或导线网布设洞外控制时,其高程控制可与平面控制相结

合,用光电测距三角高程测量代替三、四等水准测量。

(9)高程标石可根据需要埋设,但每个洞口附近至少应有两个高程点。

3.洞内控制测量

(1)洞内平面控制测量,一般布设地下导线。地下导线分为基本导线(贯通测量用)和施工导线(施工放样用)。

(2)洞内施工导线点的布设,主要为满足开挖施工中放样的需要,宜 50 m 左右选埋一点,并每间隔数点与基本导线附合。施工导线必须注意校核,杜绝错误的发生。

(3)洞内各等级光电测距基本导线的技术要求应符合表 5-42 的规定。

表 5-42　洞内光电测距基本导线的技术要求

隧洞相向开挖长度（km）	要求的横向贯通中误差（mm）	导线测量精度		平均边长（m）	导线全长（km）
		测边中误差（mm）	测角中误差（"）		
2.5~4	40	±5	±1.8	300	2.4
		±5	±1.8	200	2.0
		±5	±2.5	200	1.6
		±5	±5.0	250	1.0
1~2.5	40	±10	±5	250	1.0
		±5	±2.5	150	1.5
		±10	±2.5	200	1.4
		±10	±5	150	0.75
<1.0	40	±5	±5	200	1.0
		±10	±5	150	0.75
		±10	±10	150	0.5
		±5	±5	100	0.8

(4)导线边长用钢带尺丈量时,其技术要求应符合表 5-18 的规定,并应加入尺长、倾斜和温度改正。

(5)导线边采用横基尺分段测量时,每段的测量中误差按下式计算

$$m_s = \pm m_L \sqrt{n} \qquad (5-25)$$

式中　m_L——基本导线要求的边长中误差;

　　　m_s——横基尺每段边长测量中误差;

　　　n——分段数。

(6)洞内基本导线应独立地进行两组观测,导线点两组坐标值较差,不得大于表 5-38 洞内测量贯通中误差的 2 倍,合格后取两组坐标值的平均值作为最后成果。

(7)对于曲线隧洞及通过竖井、斜井或转向角大于 30°的平洞贯通,其导线精度应相

应提高一级(或作专门设计)。

(8)洞内(包括斜井)的高程控制,一般采用四等高程测量,在未贯通前,高程测量宜进行两组观测,以资校核。洞内高程标石,应尽量与基本导线点标石合一。

(9)在洞内使用各类光电测距仪时,应特别注意仪器的防护,仪器及反射镜面上的水珠或雾气应及时擦拭干净,以免影响测距精度。

(10)隧道贯通后,应及时进行贯通测量,并对贯通误差进行调整和分配。

4.地下洞室施工测量

(1)地下洞室细部放样轮廓点相对于洞轴线的点位中误差,不应大于下列规定:开挖轮廓点 ±50 mm(不许欠挖),混凝土衬砌立模点 ±10 mm。

(2)开挖放样以施工导线标定的轴线为依据,直接段用串线法标定洞中心线时,两吊线的间距不应小于 5 m,其延伸长度,应小于 20 m,曲线段应采用经纬仪标定中线。隧洞开挖,宜在洞内安置激光准直仪,或用激光经纬仪标定中线。

(3)开挖掘进细部放样,应在每次爆破后进行,掌子面上除标定中心和腰线外,还应画出开挖轮廓线。

(4)地下洞室混凝土衬砌放样,应以贯通后经调整配赋的洞室轴线为依据,在衬砌断面上标出拱顶、起拱线和边墙的设计位置。立模后进行检查。

(5)随着洞室工程的施工进展,应及时测绘开挖和混凝土衬砌竣工断面。断面测点相对于洞轴线的点位中误差允许偏差为:开挖竣工断面 ±50 mm,混凝土竣工断面 ±20 mm。

(6)隧洞在混凝土衬砌过程中,应根据需要及时在两侧墙上埋设一定数量的铜质(或不锈钢)永久标志,并测定高程、里程等数据,以备运行期间使用。

(九)施工场地地形测量

1.一般规定

(1)施工场地地形测量,一般用于场地布置、土地征购、建基面验收及公路、铁路的新建、改建工程。

(2)测图比例尺,除建基面验收应采用 1:200 外,其他可根据工程性质、设计及施工要求,在 1:500 ～ 1:2 000 范围内选择。

(3)较大范围的 1:500 ～ 1:2 000 比例尺地形测量,应按《水利水电工程规划设计阶段测量规范》的有关规定执行。1:200 和小范围内的 1:500 ～ 1:2 000 比例尺地形测量,应符合本章规定。

(4)对于精度要求较低的局部地形图,可按小一级比例尺地形图的精度施测,或用小一级比例尺地形图放大。

(5)地形测量所采用的平面坐标、高程系统,一般应与施工测量采用的平面坐标、高程系统一致。但在远离工程枢纽的测区,可采用假定的坐标、高程系统。

(6)地形图基本等高距的选择,应符合表 5-43 的规定。同一测区相同比例尺地形图,不得采用两种基本等高距。

(7)地形图的精度,要求地物点相对于邻近图根点的平面位置中误差、等高线及高程注记点相对于邻近图根点的高程中误差,应符合表 5-44 的规定。

(8)图廓格网线和控制点展点误差,不应大于 0.2 mm,图廓对角线和控制点间的长度误差,不应大于 ±0.3 mm。

(9)地形测图,应遵守现场随测随绘真实反映地貌、地物形状的原则,其视距长度、地形点间距及高程注记点取位,应符合表 5-45 的规定。

表 5-43　地形图的基本等高距

地形类别	地面倾角	比例尺			
		1∶200	1∶500	1∶1 000	1∶2 000
		基本等高距(m)			
平　地	<3°	0.25	0.5	0.5	1
丘陵地	3°~10°	0.5	0.5	1	2
山　地	10°~25°	0.5	1	1	2
高山地	≥25°		1	1~2	2

表 5-44　地形图精度规定

地物点位置中误差 (图上 mm)		等高线高程中误差 (基本等高距)		高程注记点高程中误差 (基本等高距)
平地、丘陵地	山地、高山地	平地、丘陵地	山地、高山地	1/3
0.75	1.0	1/3~1/2	2/3~1.0	

注:隐蔽、困难地区,可按表中要求放宽 0.5 倍。

表 5-45　测量地形点的技术要求

测图比例尺	1∶200	1∶500	1∶1 000	1∶2 000
最大视距长度(m)	30	60	120	200
地形点间距(图上 cm)	1~3			
地形点注记至(m)	0.01	0.01 或 0.1	0.1	0.1

注:1. 在地物比较简单、垂直角小于 2°、标尺呈像清晰的情况下,最长视距可放宽 0.25 倍。

2. 当基本等高距采用 0.5 m 时,地形点高程应注记至厘米。

(10)地形图的分幅,可采用正方形或矩形分幅,地形图图式应以国家现行图式和《水利水电工程规划设计阶段测量规范》为依据。

(11)每幅图的控制点点数(解析图根点和测站点),应符合表 5-46 的规定。

表 5-46　控制点的密度　　　　　　　　(单位:点/每幅)

图幅大小 (cm×cm)	测图比例尺			
	1∶200	1∶500	1∶1 000	1∶2 000
40×50	5	7	8	12
50×50	6	8	10	15

采用光电测距仪测图时,控制点量可适当减少。1:200 地形图测图,可直接利用放样点作为控制点。

2. 建基面 1:200 比例尺地形测量

(1)图根点相对于邻近控制点的点位中误差,不应大于图上 ±0.15 mm。测站点与邻近图根点的点位中误差,不应大于图上 ±0.20 mm。图根点和测站点的高程,可按五等高程精度要求测定。

(2)测图方法一般应采用光电测距仪极坐标法或经纬仪加钢尺量距法,不得采用视距法。

(3)地形碎部测绘,应符合下列规定:

①碎部地形测绘应在建基面开挖到设计高程,浮渣清理干净后及时进行。

②当量距的倾角大于 3°时,应在距离中加入倾斜改正值。

③施测范围一般应超出开挖边线 2~3 m。

④建基面上的重要地物,如钻孔、断层、深坑、挖槽等,均应测绘在图上。

⑤当开挖斜坡超过 60°时,可用示坡线表示。地形变化复杂地段,应加密测点。

⑥图上应绘出建筑物填筑分块线,并须注明工程部位名称及分块号。

3. 1:500~1:2 000 比例尺地形测量

(1)施工区的测图控制,可直接利用施工控制网加密图根控制点。在远离施工区施测地形图时,应建立测图控制。一般分为两级:图根控制点和测站点。图根控制点的点位中误差,不应大于图上 ±0.1 mm。测站点的点位中误差,不应大于图上 ±0.2 mm。测图的高程控制点,可用五等高程测量精度施测。

(2)测绘土地征购地形图,应着重地类界和行政管理分界线的测绘,如水田、旱地、荒地、山界线、森林界、坟界和区(乡)界等,并在图上作相应的注记。计算倾斜地段征地面积时,应将平距换算为斜距。

(3)新建或改建公路、铁路的带状地形图测绘,应符合下列要求:

①带状地形图,一般沿线路中线两侧各测出 30 m,或根据设计要求而定。

②线路上已有的桥涵,应分别测注其顶部、底部高程。

③与其他线路平面或立体交叉时,应分别测注平面交叉点高程和立体交叉处隧洞、桥涵的顶部、底部高程。

(4)施工场地地形图测绘,应符合下列要求:

①各类建筑物及其主要附属设施,均应测绘。

②地面上所有风水管线,应按实际形状测绘。密集的动力线、通信线可视需要选择测绘。

③水系及附属建筑物,宜按实际形状测绘。水面高程及施测日期,可视需要测绘。河渠宽度小于图上 1 mm 时,可绘单线表示。

④道路及其附属建筑物,宜按实际形状测绘,人行小路可择要测绘。

⑤地貌应以等高线(计曲线、首曲线、间曲线)表示为主。计曲线间距小于图上 2.5 mm 时,可不插绘首曲线。特征地貌(如崩崖、雨裂、冲沟等)应用相应符号表示。

⑥山顶、鞍部、洼地、山脊、谷地等必须测注高程点。独立石、土堆、坑穴、陡坎应注记

比高,斜坡、陡坎小于1/2等高距时可舍去。

⑦植被的测绘,视其面积大小和经济价值,可适当进行取舍。

⑧居民地、厂矿、学校、机关、山岭、河流、道路等,应按现名注记。

⑨具有定向作用和文物价值的独立树、纪念塔等应重点测绘。

(5)采用地面立体摄影测量成图,应参照《水利水电工程规划设计阶段测量规范》执行。

(十)疏浚及渠堤施工测量

1.一般规定

(1)适用于水利水电工程的河、湖、闸区、库区的疏浚工程测量和渠堤施工测量。

(2)疏浚及渠堤施工测量应包括下列内容:施工控制系统的建立,渠堤中心线定线,细部轮廓点放样,施工过程中的水上、水下地形、断面测量,工程量计算,以及工程的竣工验收测量等。

(3)疏浚及渠堤工程施工控制系统的建立方法及精度要求,分别按下列不同情况处理:

①疏浚工程的施工控制系统,一般从附近国家三角点,采用导线测量、各种交会法或建立三角锁的方法向施工区传递坐标。高程控制点,应从附近国家等级水准点或流域高程基准点,用水准测量或光电测距三角高程测量方法引测。其平面、高程点的精度应不低于1:1 000地形测量的图根控制点的测定精度。

②渠堤测量的施工控制系统,一般沿着渠道走向建立施工导线。导线最弱点的点位中误差应不大于±1.0 m,高程控制按国家等级水准的要求布设。

局部小范围的疏浚工程的施工控制,也可建立独立平面坐标系统。但高程系统必须与国家系统或流域系统一致。

2.水深及水下地形测量

(1)水深测量应与水位观测配合进行,故需在施工区及其附近设置水尺(或自动水位计)。水尺设置应注意以下几点:

①水尺应设置在河岸稳定、明显易见、且无回流的地段。施工水域水面比降小于1/10 000的河段,每1.0 km设置1组水尺。水面比降大于1/10 000的河段,每0.5 km设置1组水尺。

②每组水尺必须由2支或2支以上的水尺组成,相邻水尺应有0.1 m或0.2 m的重合。风浪较大的地方,水尺重合幅度适当增加。

③施工区远离水尺所在地时,应在水尺附近设置水位读数标志,由专人负责,定时悬挂信号或采用其他通信设备通报水位。

④水尺高程联测,应按下列规定进行:永久性水尺,不低于四等水准测量的精度。施工性水尺,不低于五等水准测量的精度。应测出水尺零点高程,水尺刻度应能直接表示高程。

(2)水位观测的次数,应遵守下列规定:每日班前、班后观测1次;作水深测量时,施测始末各观测1次。若水位变化每小时大于5 cm或变化幅度大于10 cm应增测1次。感潮地段每小时观测1次。水尺应读至厘米。

有风浪时,观测水位应取浪峰和浪谷读数的平均值。风力大于四级或水面波浪大于1 m时,不宜进行水位观测。

(3)水深测量应符合下列规定:

①根据水深、流速及精度要求,选择测深工具。

测深杆:一般用于水深小于 5 m、流速小于 1.0 m/s 的水域,测深中误差为 ±0.10 m左右。

测深锤:一般用于水深 5~15 m、流速为 1~2 m/s 的水域,测深中误差为 ±0.15 m左右。

铅鱼式测深锤:一般用于水深大于 10 m、流速大于 3.0 m/s 的水域。锤重一般为15~20 kg,测深中误差为 ±0.20 m 左右。

回声测深仪:适用于水深大于 3 m、流速较大、水域面积宽阔的地区,测深中误差为±0.20 m左右。使用前,应对回声测深仪进行检验。

②测深点的密度以能显示出水下地形特征为原则。一般间距为图上 1~3 cm。河道纵向稍稀,横向稍密,中间可稍稀,岸边应稍密。

对于水工建筑物的施工区测深点的密度应适当加密。

③测深点的高程(测深)中误差应不大于 ±0.2 m。测深点平面位置中误差,不应大于图上 ±1.5 mm。在流速大的地区,可放宽至图上 ±2~±3 mm。

④测深点的定位,可根据不同情况选择。

断面索法:适用于河宽在 50~150 m、流速小于 1.5 m/s 的水域或已测设断面里程桩的测区。

六分仪法:适用于河宽大于 300 m、流速小于 3 m/s 的水域。

交会法:适用于面积较大地区的散点测深,绘制水下地形图。

无线电定位法:适用于宽广的河口、湖泊、港湾和近海测深。

(4)水下地形测图的平面和高程系统,图幅分幅、等高距的大小一般应与陆上地形图一致,以便于两者相互衔接。

3.疏浚施工测量

(1)各级测图平面控制点、精度不低于1:1 000 比例尺测图的图根点。测站点和相当于测站点精度的断面里程桩,均可作为放样测站点,放样测站点的高程精度不应低于五等高程测量的要求。

(2)放样点的点位中误差,应符合表5-47的规定。

(3)挖槽放样应在横断面上设置五点标志:中心线,两岸上、下开口线点。标志纵向间距一般为 50~100 m,弯道处适当加密。

(4)挖槽放样的标志设置应满足下列要求:

①当水深小于 4 m、流速小于 1.5 m/s 时,可设置立式标杆;当水深大于 4 m 时,宜设置浮标。

②标志必须明显易见。夜间施工或能见度差时,可立灯标,灯标不得少于两组。

(5)庄台吹填造地等施工,均应分层进行放样。

(6)陆上管线放样,应放出水陆接头和弯管接头转折点,并设立转折点之间的填挖高程桩。测设的管口位置,距排淤场坡脚的距离不应小于 5 m。

表 5-47　疏浚放样点位置精度要求

项目		放样点点位中误差 （m）	备注
疏浚开挖边线	岸边	±0.5	
	水下	±1.0	
各种管线安装		±0.5	相对于放样测站点
挖槽中心线		±1.0	
疏浚机械定位		±1.0	

(7)自由沉浮水下排泥管和挖泥船的定位放样应按下列程序进行:

①在 1:1 000 或 1:2 000 比例尺水下地形图上标出挖泥船或潜管主要部位的设计位置。

②选择最佳放样方法,计算有关放样数据。

③在定位处先设放浮标进行概略定位,然后指挥精确就位。

(8)疏浚放样必须注意水面以上高土方层和水下各类土质的成型坡比,以保证机械安全和施工质量。

(9)施工中的断面测量,是在规划设计阶段已有断面的基础上进行加密或补测。水下横断面的方向应沿河道中心线垂直布设,河道弯曲处宜布设成扇形。

(10)水下横断面图、挖槽平面或断面图的绘制比例尺,可根据河宽和施测范围确定,但应与测点精度相适应。纵横比例尺的大小,可依据河床形态确定。断面间距由设计决定,一般在河流平缓处可稀,河流拐弯或流速变化处宜密。

4.渠堤施工测量

(1)渠堤的选线、定线测量的技术要求,按《水利水电工程规划设计阶段测量规范》有关章节执行。渠堤的施工测量按本节规定执行。

(2)渠堤中心线的测定,可采用以下两种方法:

①在规划设计阶段已有渠堤中心线的地区,可利用已有中心桩进行加密。中心桩间距在直线段为 30～50 m,曲线段为 10～30 m。

②在原有中心桩已被破坏的地区,应根据中心桩的设计数据,利用布设的施工导线或原有的控制点、图根点重新进行放样或加密,其点位误差应不大于 200 mm。

(3)在拟建水工建筑物的地段(渠首、渡槽等部位)应埋设固定标志,作为施工放样的控制点,点位误差仅需满足建筑物的相对精度要求即可。

(4)渠堤中心桩确定后,应立即施测渠堤纵、横断面,其技术要求应符合表 5-48 的规定。

表 5-48　　渠堤纵、横断面的技术要求

断面种类	断面间距	断面比例尺	
		水平	竖直
纵断面	沿中心桩	1:2 000 ~ 1:5 000	1:100 ~ 1:500
横断面	20 ~ 50 m	1:200 ~ 1:500	1:200 ~ 1:500

（5）渠道纵断面施测长度与渠长相应，横断面施测长度，在挖方区应超过两侧坡顶 3 ~ 5 m，填方区应超过外坡脚 3 ~ 5 m。在拟建水工建筑物的地区还应根据水工建筑物的施工和设计要求，加测纵、横断面。

（6）渠堤的边桩放样，是将设计横断面与地形横断面的交点标定在实地上，以供开挖之用。边桩放样点的点位中误差（相对于断面中心桩）一般不应超过 100 mm。

5. 工程量计算与竣工验收测量

（1）疏浚工程量的计算，必须以设计图纸及实测的断面资料为依据。对于自然回淤比较严重的地段，应布设固定断面进行定期或不定期的施测，并及时上报回淤量。

（2）疏浚工程量计算包括：堤防加固、庄台工程及其他收方工程。其总工程量计算考虑流失方量和施工期内吹填土体的自动固结沉陷量以及原地基在吹填土荷载作用下而生产的固结沉降量。

①工程量的计算一般采用平均断面计算法或平均深度计算法。

②流失方量一般由测量确定，也可用流失系数 k 来计算（k 值应根据施工的土质、土况等确定）。

③固结沉降方量一般根据沉降观测资料计算，有条件时，亦可采用钻孔对比法计算，计算公式为

$$V = V_1 + V_2 + V_3 \tag{5-26}$$

式中　V——总工程量，m^3；

　　　V_1——实测方量，m^3；

　　　V_2——沉降方量，m^3；

　　　V_3——流失方量，m^3。

吹填区（或排淤区）工程量的测算应在停产 90 ~ 100 d 内进行。

（3）疏浚工程泥方量的结算，应按疏浚前后水深测量资料计算实挖方量，在回淤或冲刷严重地区，亦可按挖泥船产量计逐日积累的方量进行计算。产量计使用前必须进行校正，输入土的饱和密度由土工试验确定。

（4）疏浚工程完工后，应在挖槽范围内进行竣工验收测量，绘制竣工图（一般为平面水深图，如需要可加测断面图）。验收测量可按下列两种方式之一进行：

①由建设单位和施工单位共同对挖槽作一次完整的水深测量。

②由建设单位选择全部测点的 10%，测其水深，以资验证，如低于规定的精度，再选择 30% 的测点验核，若仍然不符，则进行全部测点验收。

（5）渠道竣工断面图上应绘出原始地面线、设计开挖线和施工断面线，必要时还需绘

出土、石分界线等。

（6）竣工测量应整理或上交的资料包括：

①规划设计阶段移交的平面、高程和中心桩等控制资料。

②施工阶段新建立的平面、高程控制成果。

③工程竣工断面图、平面图、工程量汇总表等。

（十一）施工期间的外部变形监测

1. 一般规定

（1）适用于为保证施工安全而进行的临时性变形监测。水工建筑物的永久变形监测工作，应执行《混凝土大坝安全监测技术规范》（SDJ 336—89）。

（2）施工期间外部变形监测的内容包括：施工区的滑坡观测，高边坡开挖稳定性监测，围堰的水平位移和沉陷观测，临时性的基础沉陷（回弹）和裂缝监测等。

（3）变形监测的位移量中误差，应符合表5-49 的规定。

表5-49　变形监测的位移量中误差

观测项目	位移量中误差（mm）		备注
	平面	高程	
滑坡监测	±5	±5	相对于工作基点
高边坡稳定监测	±(3～5)	±5	相对于工作基点
临时围堰观测	±5	±10	相对于围堰轴线
基础沉陷（回弹）	—	±3	相对于工作基点
裂缝	±3	—	相对于观测线

注：施工区外的大滑坡和高边坡监测的精度标准可另行确定。

（4）变形观测的基点，应尽量利用施工控制网中的三角点。不敷应用时，可建立独立的相对控制点，其精度应不低于四等网的标准。

2. 选点与埋设

（1）工作基点的选择与埋设，应注意下列几点：

①基点必须建立在变形区以外稳固的基岩上。在土质和地质不稳定地区设置基点时应进行加固处理。基点应尽量靠近变形区。其位置的选择应注意使它们对测点构成有利的作业条件。

②工作基点一般应建造具有强制归心的混凝土观测墩。

③垂直位移的基点，至少要布设一组，每组不少于三个固定点。

（2）测点的选择与埋设，应符合下列要求：

①测点应与变形体牢固结合，并选在变形幅度、变形速率大的部位，且能控制变形体的范围。

②滑坡测点宜设在滑动量大、滑动速度快的轴线方向和滑坡前沿区等部位。

凡人员能够接近的测点，宜埋设管径与观测标志配套的钢管，以便插入观测标志。对于人员不易接近的危险地段，可埋设高 1.2 m 的钢管（或木桩），上端焊接（或打入）简易的固定观测标志。

③高边坡稳定监测点,宜呈断面形式布置在不同的高程面上,其标志应明显可见,尽量做到无人立标。

④采用视准线监测的围堰变形点,其偏离视准线的距离不应大于 20 mm。垂直位移测点宜与水平位移测点合用。围堰变形观测点的密度,应根据变形特征确定:险要地段20~30 m 布设 1 个测点,一般地段 50~80 m 布设 1 个测点。

⑤山体或建筑物裂缝观测点,应埋设在裂缝的两侧,标志的形式应专门设计。

⑥采用地面摄影进行变形监测时,其测点的埋设,应根据摄影站和被摄目标的远近计算标志的大小,以使标志在像片上能获得清晰的形象。

3.观测方法的选择和观测的技术要求

(1)滑坡、高边坡稳定监测,采用交会法时,其主要技术要求,应符合表 5-50 的规定。

表 5-50　前方交会法进行滑坡、高边坡监测的技术要求

点位中误差(mm)	方法									
	测角前方交会			测边前方交会			边角前方交会			
	测角中误差(″)	交会边长(m)	交会角 γ (°)	测距中误差(mm)	交会边长(m)	交会角 γ (°)	测角中误差(″)	测距中误差(mm)	交会边长(m)	交会角 γ (°)
±3	±1.0 ±1.8	≤200	30~120 60~120	±2	≤500	70~110	±1.8	±2	≤500	40~140 60~120
±5	±1.8 ±2.5	≤250	40~140 60~120	±3	≤500	60~120	±2.5	±3	≤700	40~140

注:观测时,应有多余观测。

(2)采用视准线法(活动觇牌法和小角度法)监测水平位移时,应符合表 5-51 的规定。

表 5-51　视准线法的技术要求

精度要求(mm)	活动觇牌法				小角度法			
	视准线长度(m)	测回数	半测回读数差(mm)	测回差(mm)	视线长度(m)	测角中误差(″)	半测回读数差(″)	测回差(″)
±3	≤300	3	3.5	3.0	≤500	1.0	4.5	3.0
±5	≤500	3	5.0	4.0	≤600	1.8	3.5	2.5

(3)视准线观测之前,应测定活动觇牌的零位差,测定固定觇牌的同轴误差。经纬仪(视准仪)应按《国家三角测量和精密导线测量规范》的要求进行检验校正。

(4)活动觇牌法一测回的观测程序如下:在视准线一端点设置仪器,后视另一端点,

固定照准部,前视测点上的活动觇牌,指挥前视人员转动活动觇牌的微动螺旋,使觇牌中心与视线重合后进行读数,每一测回正、倒镜各照准活动觇牌两次,读数两次,取平均值作为该测回的观测值,当视准线较长时,宜在两端工作基点上观测邻近的1/2的测点。

(5)采用小角度法观测时,可不变换度盘位置。若测点的垂直角不大于±1°,则可不纵转望远镜。观测程序如下:

①照准后视点(固定点)进行水平度盘读数。

②用度盘微动螺旋照准测点,进行水平度盘读数。

③用度盘微动螺旋使视线离开测点,再次照准测点,读数。

④重新照准后视点,读数,以上操作为一测回。

⑤在同一度盘位置,进行其余测回的观测。

(6)小角度法观测方向的垂直角大于3°时,要求观测过程中,气泡偏离中心位置不得超过0.5格。否则应读定气泡偏离值,进行纵轴倾斜改正,或测回间重新整平气泡。

(7)垂直位移观测宜采用水准观测法,也可采用满足精度要求的光电测距三角高程法。地基回弹宜采用水准仪与悬挂钢尺相配合的观测方法。

(8)观测周期应根据变形体的具体情况确定,在观测系统建立的初期,应连续观测两次或数次,以确定可靠的首次基准值。在正常的情况下,一般每半月观测一次。若遇特殊情况(洪水、地震、分期蓄水等),应增加测次。

(十二)竣工测量

1.一般规定

(1)竣工测量包括下列主要项目:主要水工建筑物基础开挖建基面的1:200~1:500地形图(高程平面图)或纵、横断面图,建筑物过流部位或隐蔽部位形体测量,外部变形监测设备埋设安装竣工图,建筑物的各种重要孔、洞的形体测量(如电梯井、倒垂孔等),视需要测绘施工区竣工平面图。

(2)竣工测量的精度指标参照相应项目的测量中误差的规定执行。施测精度,一般不应低于放样的精度。

(3)竣工测量作业方法如下:

①随着施工的进程,按竣工测量的要求,逐渐积累竣工资料。

②待单项工程完工后,进行一次性的测量。

对于隐蔽工程、水下工程以及垂直凌空面的竣工测量,宜采用第一种作业方法。

(4)对于需要竣工测量的部位,应事先与设计、施工管理单位协商,确定测量项目,防止漏测。

2.开挖竣工测量

(1)主体工程开挖至建基面时,应及时实测建基面地形图,亦可测绘高程平面图,比例尺一般为1:200。图上应标有建筑物开挖设计边线或分块线。

(2)开挖竣工断面测量的技术要求(包括主体工程建基面和地下洞室开挖),应符合表5-52的规定。

表 5-52　开挖竣工断面测量的技术要求

类别		横断面				纵断面			
	坝块宽度(m)	间距(m)	方向	测点间距(m)	绘图比例尺	断面布设	施测条数	测点间距(m)	绘图比例尺
坝闸及厂房	≥10	—		0.5～1.0	1:50～1:200	—	3	0.5～1.0	纵 1:50 横 1:200
	<10						2		
隧洞	直线段	5	垂直洞中线	1～2	1:50～1:100	沿纵向洞顶、洞底	2	1～2	纵 1:50～1:100 横 1:1 000～1:2 000
	曲线段渐变段斜坡段	3～5	径向						
地下大体积洞室		2～5	垂直洞中线	0.5～1	1:50～1:200	沿纵向洞顶、洞底、拱肩	4	1～2	纵 1:50～1:100 横 1:1 000～1:2 000
泄水建筑物		5	垂直轴线	1～2	1:50～1:200	沿轴线	1	2～3	1:50～1:100

注:上表系一般规定,如遇到开挖截面突变,应加测断面。

(3)对于高边坡部位的固定锚杆,视需要测锚杆立面图或平面图。

3.填筑竣工测量

(1)单项填筑工程竣工时,应测绘建筑物的高程平面图,或纵、横断面,其比例尺不应小于施工详图比例尺。

(2)对于电梯井、倒垂孔等井孔的竣工测量,应随着施工的进展,逐层进行形体测量。其测量成果,随时整理成图或表备用。

(3)土、石坝在心墙、斜墙、坝壳填筑过程中,每上料两层,须进行一次边线测量并绘成图表为竣工时备用。

4.过流部位的形体测量

(1)需要进行形体测量的部位有:溢洪道、泄水坝段的溢流面、机组的进水口、蜗壳锥管、扩散段,闸孔的门槽附近,闸墩尾部,护坦曲线段、斜坡段、闸室底板及闸墙等。

(2)过流部位的形体测量,其断面布设应符合表 5-53 的规定。可采用光电测距极坐标法,测量散点的三维坐标。散点的密度,可根据建筑物的形体特征确定:水平段可稀,曲线段、斜坡段宜密。

(3)竣工测量的成果,除整理绘制成果表外,还必须按解析法的要求计算各测点的三维坐标值。在提供成果时,除提供图纸外,还应提供坐标实测值。

表5-53　过流部位形体断面测量布设及测量精度

工程部位		断面布设		测点中误差（mm）	
		横断面间距（m）	纵断面间距（m）	平面	高程
闸、孔溢流段	护坦	—	20	±20	±15
	闸墩室	3~5	（每孔1~3条）	±15	±10
	消力坎	—	3		
	过流底板	3~5	20		
	导墙	5~10	—		
	胸墙	—	3		
厂房	进口段	3~5	（每孔1~3条）		
	主机段	1~5	—		
	尾水段	3~5	（每孔1~3条）		
隧洞	混凝土衬砌段	10	—	±20	±20
	混凝土喷锚段	20	—	±40	±40

5.资料整编

（1）竣工图的编绘,应与设计平面布置图相对应,图表应按竣工管理部门的统一图幅规格选用,分类装订成册,并附必要的文字说明。

（2）竣工地形图应该注明图幅的坐标系统、高程系统、测图方法、比例尺、制图日期等基本数据。对于竣工纵、横断面图,必须注明断面桩号、断面中心桩坐标、断面方向、比例尺,并附有断面位置示意图。

（3）提交的各项成果成图资料,应项目齐全,数据正确,图表清晰,符合质量要求。

（4）应该归档的竣工资料,一般包括下列项目:

①施工控制网原始观测手簿、概算及平差计算资料。

②施工控制网布置图、控制点坐标及高程成果表。

③竣工建基面地形图和纵、横断面图。

④建筑物实测坐标、高程与设计坐标、高程比较表。

⑤实测建筑物过流部位及其他主要部位的竣工测量成果（坐标表、平面图、断面图）。

⑥施工期变形观测资料。

⑦测量技术总结报告。

⑧施工场地竣工地形图、平面图。

第二节　建筑材料质量

水利工程多为综合性工程,所需建设材料多种多样,主要材料有水泥、钢筋、砂石骨料、石料、土料、土工合成材料、止水材料等。水利工程区别于其他工程的主要特点在于防渗、消能以及防洪,材料质量的合格与否,直接关系工程项目的使用寿命,关系工程投资的成败,也关系施工、监理单位的信誉与以后的市场前途问题。所以,监理人员必须把好施工建筑材料的质量关。

一、准备阶段

(1)承包人应向监理工程师提交建筑材料的采购合同、出厂材质证明、出厂合格证书、材料样品和出厂试验报告等(水泥等材料的 28 d 龄期强度必须在龄期到时后 4 d 内补报)。

(2)承包人必须按施工承建合同的有关规定建立检测试验室或委托有资质的检测单位,对施工过程中所采用的水泥、土工合成材料、止水材料、钢筋、砂石骨料、石料、土料等建筑材料和用于工程施工的泥浆、水泥浆、水泥砂浆、混凝土、混凝土预制件和水泥土等半成品或成品材料(统称建筑材料)进行自检取样试验,并按工程施工承建合同的有关规定和监理文件的有关要求,将试验成果的原始报告报送项目监理机构审查和核备。

(3)监理工程师可根据合同规定或发包人要求对工程各项材料进行抽检试验,承包人应按工程施工承建合同的有关规定提供监理抽检试验用的各种材料和试件,必要时将现场试验室提供给监理工程师使用和按监理工程师指示进行各项取样和试验工作,并为监理工程师监督检查取样和试验过程提供方便。

(4)承包人计划使用代用材料时,应提前 14 d 提出申请报告,报送项目监理机构批准,报告须附有代用材料的供货情况说明、出厂合格证、出厂自检试验报告。监理机构在认定其不影响工程施工质量,且与发包人和设计单位协商并达成一致书面意见后,才可批准予以采用。

(5)承包人应对提供使用的所有建筑材料负全部责任。一旦发现在工程中使用不合格的材料、半成品或成品,承包人必须按监理工程师的指示立即予以更换和将不合格的建筑材料运离工地,并承担由此造成的一切损失和合同责任。

承包人未能按规定进行建筑材料的质量自检试验和办理试验室计量认证,而造成工程项目施工进度延误的,由承包人承担合同责任。

二、材料进场

(1)建筑材料进场前,承包人应按承建合同有关条款的规定,将拟选择的有生产许可证的厂家、采购或使用计划,一并报监理工程师审查批准后方可实施。承包人与生产厂家签订合同或协议后,必须向监理工程师提供采购合同或协议以便核查,并确保整个工程施工货源的统一和材料性能的稳定。

(2)在建筑材料进场时,承包人应按合同文件规定,进行自检检测试验,并按附表格式向监理机构报送《进场材料报验单》。

（3）钢筋的机械性能试验中，如有某个试验结果不符合规范要求，则另取两倍数量的试件，对不合格的项目做第二次试验，如还有一个试件不合格，则该批钢筋即为不合格。

（4）《进场材料报验单》按一式四份报送。监理机构在接到申报后 7 d 内完成认证检查，并在检查合格后予以签证确认。监理机构完成认证手续后，返回承包人质检部门两份，以作为单位工程、分部工程、单元工程的施工基础资料和质量评定依据及以后验收时的备查资料。

（5）监理工程师根据施工情况可随时进行抽检。抽检数量按承包人自检数量的 10%以内控制。

三、质量检验程序

（一）钢筋与型材

（1）钢筋与型材的生产厂家应有生产资质和生产许可证，每批产品均应有出厂日期、生产合格证以及产品质量检验报告。

（2）钢筋在使用前，按同品种、同等级、同一截面尺寸、同炉号、同厂家生产的每 60 t 为一批（不足 60 t 的按一批对待）验收，每批至少取样一组，做拉力试验和冷弯试验。

（3）钢筋的焊接方法应符合有关规程规范并经监理工程师审查批准后方可实施。对不同品种、钢号、直径的钢筋之间焊接，均须至少进行一组焊接强度试验（3 根）和焊接缝外观检查。

（4）钢筋的代换必须符合合同文件、有关规程规范和技术标准，经监理工程师审查批准后方可进行。

（5）钢号不明的钢材，经试验合格后方可使用，但不能在承重结构的重要部位上使用。对钢号不明的钢筋进行试验，其抽样组数不得少于 6 组。

（二）水泥

（1）水泥的生产厂家应具有生产资质和生产许可证。运至施工工地的每个批号的水泥，均须有出厂合格证（含出厂日期）和厂家的质量检验报告单（28 d 强度可补报）。

（2）承包人必须进行自检试验。按同厂家、同品质、同编号、同生产日期，每 200 ~ 400 t 为一批（不足 200 t 的按一批对待）验收，每批至少取样一次，做强度（3 d/28 d）、安定性、凝结时间和细度试验。

监理工程师若发现有与规范要求不符合的水泥，则要求承包人从工地运走。当对水泥质量有怀疑或水泥出厂超过 3 个月时，应做复检试验，并按试验结果使用。

（三）砂石骨料

砂石骨料的品质应满足施工承建合同中的技术规范、设计要求。承包人按每 500 m³取一组砂样和一组碎石或卵石样进行自检试验，自检试验项目按砂石骨料评定表的要求进行。

（四）护岸石料或砌体石料

承包人应定期定量对石料的尺寸、强度、软化系数和比重进行自检试验。对砌体用石，还必须要求石块有一面的表面比较平整。

（五）土料

在土料场选定前必须取样，对土料的比重、天然密度、颗粒级配、最优含水率等物理力学特性进行试验，土料场的贮量和土质必须符合要求并经监理工程师认证后方可使用。土料填筑前需进行土料碾压试验。碾压的土料应进行干密度和含水率试验，按 $100 \sim 150 \ m^3$ 进行一组土样自检试验。

（六）水

堤防工程配制泥浆、水泥砂浆、混凝土（含塑性混凝土）和混凝土预制件等所用的水必须符合《混凝土拌和用水标准》（JGJ 63—89）。

（七）外加剂

（1）外加剂生产厂家应具有生产资质和生产许可证等，每批产品均应有产品出厂日期、出厂合格证、产品质量检验报告及使用说明。

（2）当储存时间超过产品有效存放期，或对其质量有怀疑时，必须重新进行质量检验鉴定。为此，承包人每 2 个月必须提交一次生产合格证，以证明其材料特性与原来的相同。

（3）外加剂用量应根据配合比的试验及设计要求，或监理工程师的指示使用。

（八）膨润土

膨润土生产厂家应有生产资质和生产许可证，其品质应符合现行的国家标准或部颁标准，每批产品均应有出厂日期、生产合格证以及产品质量检验报告和使用说明，其性能应能满足制浆用土要求。

（九）土工合成材料

土工合成材料的生产厂家应具备生产资质和生产许可证。每批产品均应有出厂日期、生产合格证以及产品质量检验报告和使用说明，承包人自检试验样品应不小于 1 延长米或者 $2 \ m^2$，且取样试验在长度和宽度两个方向上均应距样品边缘不小于 10 cm，自检数量按批号进行。土工合成材料的粘接应按 $1\ 000 \ m^2$ 取一试样进行拉伸试验和对全部焊缝进行检漏。

（十）其他

水泥浆、水泥砂浆、混凝土、混凝土预制体等的配合比和强度等级以及泥浆的配合比必须符合施工承建合同中技术规范的要求，泥浆和水泥浆的浆液比重在每次配制浆液时均需至少测一次，水泥砂浆、混凝土和混凝土预制件等按不同强度等级的混凝土拌和料每 $100 \ m^3$ 进行一组（3 个试件）混凝土强度自检试验。混凝土预制件成品也应按每 $100 \ m^3$ 一组（3 个试件）进行混凝土强度自检试验。

四、材料的运输、储存与管理

（1）运至施工工地的钢筋及型材必须按不同等级、牌号、规格及生产厂家分批验收、分别堆存、分别立牌标识，不得混杂。在运输、储存过程中应避免锈蚀和污染。钢筋宜堆置在仓库（棚）内，露天堆置时应垫高并加遮盖。

（2）水泥、外加剂、膨润土运输及储存应符合下列要求：

①水泥、外加剂、膨润土等从厂家或其他转运站运至工地需要有良好密封设施的运输

设备,确保材料在运到施工工地时不受潮和不受其他杂物污染。

②不同品种、标号及厂家的水泥、外加剂、膨润土等应分别储存,不得混杂。水泥、外加剂、膨润土等运到施工工地后应立刻存放在干燥、密闭、具有良好排水和通风的地方,以免受潮。堆放地点应设防潮层,距地面和边墙至少 30 cm,水泥堆放高度不得超过 15 包。

(3)为了保证使用的水泥、外加剂、膨润土等有良好的质量,承包人在施工工地上应注意以下几点:

①先用存放时间较长的水泥与外加剂、膨润土等材料。

②袋装水泥贮运期超过 3 个月,外加剂、膨润土等贮运期超过 6 个月的,不得用于主体工程和重要结构部位,除非有试验证明其质量仍然可靠,并事先获得监理机构批准。

③袋装水泥、外加剂、膨润土等应在厂家装袋,任何破损的袋装水泥、外加剂、膨润土等材料均应废弃。

④在拌和楼(站),水泥、外加剂、膨润土等材料应分别存放,不同品种及不同厂家的材料应分开存放,且应留出运输通道,并以相同的方式称量送进拌和机。

(4)粗骨料储存应符合下列要求:

①粗骨料的储存应不使其破碎、污染和离析。

②堆存骨料的场地应有良好的排水设施,不同粒径级配的骨料必须分别堆存并设置隔离设施,严禁相互混杂,并应留出运输通道。

③不允许任何不当设备在粗骨料堆上操作。

(5)细骨料储存应符合下列要求:

①在存储期无异物侵入,在储存料堆上无任何不当设备操作或置于其上。

②应避免离析、污染,并具备规定的脱水条件。

③细骨料堆存的活容积应满足施工期间对合格料的需要,并留出运输通道。

(6)混凝土预制体在运输中要防止碰掉边角和断裂,卸车时要小心轻放,防止油渍等污物污染混凝土预制件的表面。

(7)土料的备用储存必须有防雨措施,且场地排水设施良好。

五、其他

(1)混凝土材料、混凝土拌和物、砂石料和止水材料以及金属材料等的检测项目、检测方法、检测频率及控制标准等均应按工程施工承建合同、设计技术要求、有关规程规范、质量评定和验收标准的规定进行。

(2)监理工程师为材料检验所进行的批准、审核、检查与认证等,并不能减免工程承包人所应承担的合同责任。

第三节　质量检测试验

由于水利工程独有的防渗、消能、防洪等特点,一旦出现质量事故将造成重大损失,因此水利工程的施工质量不得低于设计要求。水利工程施工质量检测试验是施工质量控制的重点环节,关乎项目本身的质量生命,也对项目投资产生重大影响,因此监理人员必须重视施工质量检测试验。

一、监理职责

（1）监理机构负责对承包人的自检检测试验工作进行监督，并依据监理合同对工程质量进行抽样检测试验。其职责分述如下：

①负责检测各工程项目的施工质量是否符合工程施工承建合同文件、设计文件、技术规程规范、质量检测与评定标准以及验收规程的要求。

②负责不定期地检查承包人的检测试验室，核查试验室仪器、设备配置情况及仪器仪表的率定和计量检验证明。

③负责检查承包人的质检与试验工作，审批承包人提出的试验报告、检验报告和质检资料，抽查施工过程中的各项检测成果，并对承包人的检测成果进行抽样检测复核。

④负责督促检查承包人按照质量事故（或质量缺陷）的审定方案对施工质量事故的处理，及时向发包人报告事故处理情况及在检测监理中发现的主要问题。

⑤负责对工程质量抽样试验，并据抽样试验成果提出对工程质量的评价意见。

（2）监理机构依据监理合同中授予的职责和权限，充分运用检测技术和技能有效地开展工作，行使工程质量检测监理权与工程质量签证权。其职责如下：

①审查和批准承包人对外委托的检测单位。

②对违反检测和试验操作规程的承包人质检人员，发出口头违规警告、书面违规警告、停止试验工作等指令予以纠正，直至报告监理机构向承包人提出撤换此类作业人员的要求。

③在认为承包人提出的质检资料及测试成果不充分或有疑问时，有权要求承包人作出补充、解释，直至返工。

④进入施工现场执行质检监理工作，对工程有关部位进行抽样检查，调阅承包人的检测原始记录和施工原始记录时，承包人应支持和配合。

⑤在工程质量检验中发现承包人使用了不合格的材料或试验设备时，应及时发出指示，要求承包人立即改用合格的材料或设备，禁止在工程中继续使用这些不合格的材料或设备。

二、对承包人检测试验的监理内容

（一）承包人检测试验室的配置

（1）承包人检测试验室必须满足合同文件和规范规程要求的检测手段和资质。它可以是承包人自己的试验室，也可以是承包人委托并报项目监理机构认可的具有相应工程检测手段和资质的专业检测机构。

（2）所有从事质检的人员均需经过培训和具备相应资质。

（3）施工承包人应在工程开工前，将其检测试验室的建立与设置计划一式四份报送项目监理机构审批，至少应包括以下内容：

①检测试验室设置计划。

②检测试验室的资质文件（包括资格证书、承担业务范围及计量认证文件等的复印

件）。

③检测试验室主要人员配备情况。

④检测试验室仪器设备清单，仪器仪表的率定及检验合格证。

⑤各类检测、试验记录表和报表的式样。

⑥其他需要说明的情况或监理机构根据工程施工承建合同文件规定要求报送的有关材料。

（4）工程施工过程中，检测试验室发生变更时，施工承包人应提前7天将检测试验室变化的计划报送监理机构审批。

（二）承包人的检测与试验工作

1. 承包人检测试验室的工作

（1）进场原材料质量预控。对施工中使用的建筑材料和土石料场等按要求进行检验，并按监理要求提出检验报告并送监理机构审核，以避免不合格的建筑材料进入施工现场。

（2）施工准备阶段试验。包括合同文件规定的材料级配、配合比试验，作业工艺试验，施工参数试验，通过试验提出用于实施的作业参数与控制措施报监理机构审批。

（3）施工过程中的质量检测。按有关技术要求、质量评定和验收标准以及规定的检验项目和标准，进行取样检验。检验不合格的部位，应经施工处理或返工后补检，直至合格为止。

（4）检测资料记录与整理。收集和分析各项检查、测试和检验原始记录，提供工程验收所必需的有关检测资料。

2. 施工过程的检验工作

（1）单元工程或工序完成后，承包人应按有关监理实施细则和设计施工技术要求进行自检，承包人检测试验室应提供必需的检测数据。

承包人报请监理工程师检验和签证，应采用书面形式，并报送有关资料。

（2）监理机构接到承包人报验申请后，应尽快前往现场进行抽查或抽验。如果超过24 h监理工程师仍未到达现场，或未提出任何异议，承包人可认为监理工程师已承认报检结果。

（3）如果监理工程师经审核报验报表和有关资料，或经现场检查确认不合格的部分，由承包人进行处理或返工，然后重新履行上述程序，直至得到合格签证为止。

三、监理机构的检测试验

（1）监理机构根据监理合同约定对工程使用的原材料，如水泥、钢材、型材、土料、止水材料、膨润土、外加剂、砂石骨料、抛投和护坡（岸）用石料等，进行抽样试验检验。

（2）混凝土的抽样检验，试验项目一般有坍落度、扩散度、抗压强度、抗折强度、抗渗检验等。

（3）对土石方填筑工程，抽检压实后的干密度和含水量（或含水率）。

（4）必要时，进行混凝土配合比验证试验、混凝土心样试验、防渗工程中的泥浆和水泥浆比重试验等。

（5）在质量检查和检验过程中，若需抽样试验，所需试件应由承包人提供。监理工程师可以使用承包人的试验室设备，承包人检测试验人员应予以协助。

四、其他

（1）建筑材料和工程项目的检测内容、技术要求及检查频率，按有关规程规范、技术标准和监理实施细则以及质量评定和验收、检测标准执行。

（2）承包人应按工程施工承建合同文件规定，估计到报请监理工程师检测、审核必需的时间。如果因承包人拖期或报检不合格造成相应工程项目开工（仓）的延误，以及由此产生的一切损失，由承包人承担合同责任。

（3）承包人的所有报验表（报告），均一式四份。所有检测试验计划、试验成果、检验报告和质检资料等在送项目监理机构审批前，均须由承包人项目经理（或其授权代表）签署。

监理工程师复检合格，完成所有签署手续后及时返回承包人两份，由承包人质检部门按分部、单位工程分类整理归档，作为基本资料和验收依据，供以后分部工程验收、工程阶段验收、单位工程验收、工程竣工验收时备查。

（4）监理工程师对工程质量的检测、抽查和复验，以及对承包人检测、试验成果的批准，并不意味着可以减轻承包人对工程质量应承担的合同责任与义务。

（5）承包人对检测监理工程师的复检结果或签证意见有异议时，可以在收到书面意见后的 7 d 内向总监理工程师提出确认或要求变更的申请。如对总监理工程师的确认意见有异议，可于收到总监理工程师签署的确认意见后的 7 d 内向发包人申请复查和复检，并承担由此而产生的一切费用与损失。

（6）承包人为工程施工过程中所进行的质量检测与试验工作及其发生的一切费用，均按施工承建合同文件执行。

第六章　日常土石方工程

本章主要涉及土石方开挖工程,土石方明挖工程,土方填筑工程,放淤加固工程,险工控导工程,根石加固工程,水下抛石护岸工程,沉树石、沉柴枕护岸工程等日常水利工程中具有代表性的土石方工程,其他施工工艺类似的工程可结合设计要求,参考以上工程要求。

第一节　土石方开挖

土石方开挖工程多为水利工程的基础工程、隐蔽工程,也是整个工程项目的基础工程,关系着总体工程的外观尺寸、工程计量以及基础质量。所以,监理机构应严格控制工程质量、开挖尺寸,监理方式多为旁站监理、巡视检查、平行检验。

本节主要从日常的土石方开挖、土石方明挖工程方面进行了论述,由于土石方暗挖施工条件复杂、施工要求高,与施工现场的地质条件、施工环境等条件要高度结合,故本节不再叙述。

一、日常土石方开挖工程

日常土石方开挖工程是要求承包人按设计要求尺寸对拟施工项目的基础部分进行土石方立体开挖,并将开挖的土石料运输到指定位置的过程。挖掘机械多为与工程项目相适应的挖掘机,特殊地段可采用链斗式采砂船、水力泵组等。

(一)土石方开挖施工

土石方开挖施工要求如下:

(1)保证开挖尺寸,基面坡度高程符合设计要求,并附设一定的排水设施。

(2)清理坝基、截渗沟地基时,应将树木、草皮、树根、乱石、古墓以及各种建筑物全部清除,并认真做好水井、泉眼、地道、洞穴的处理。坝基和截渗沟地基的粉土、细砂、淤泥、腐殖土均应按设计要求清除。

(3)开挖过程中应选用适宜的机具,不得扰动地基。

(4)开挖的弃土石料要放在指定的区域。当需要采用截渗沟开挖土方作为筑坝土料时,应满足筑坝土料要求。

(二)日常土石方开挖质量标准

日常土石方开挖质量应符合表6-1中的规定。

(1)基础开挖和截渗沟坡面清理单元工程质量检测数量应符合以下规定:开挖高程、边坡坡度每100 m² 设一个测点;开挖长、宽尺寸每10 m 取一个测点。

(2)料场清理反滤层的地基及有关基础处理工程可参照执行。

表 6-1　土石方开挖质量标准

检测项目	质量标准(允许误差)
开挖高程	+ 30 mm
基坑长、宽尺寸	− 50 mm
边坡坡度	3%

二、土石方明挖工程

在水利工程施工中,明挖主要是建筑物基础,导流渠道,溢洪道和引航道,地下建筑物的进、出口等部位的露天开挖,为开挖工程的主体。明挖工程的工程质量及施工部署关系工程项目的全局,极为重要。

(一)准备阶段

承包人在开工前,应对项目施工原始地形进行测量,其成果资料,包括平面图、断面图主测量记录,应报监理机构审核。监理工程师将进行必要的现场复测,并呈报发包人备案。

明挖工程开工前 28 d,承建方应根据设计文件、有关施工规范、现场地形地质条件和施工水平编制土石方开挖工程施工措施、方案,并报监理机构和发包人批准,其应包括以下内容:

(1)施工开挖平面布置图。

(2)开挖方法、程序和爆破试验。

(3)施工进度计划。

(4)施工设备配置和劳动力安排。

(5)开挖分层、分块图。

(6)一般爆破、控制爆破、预裂爆破、光面爆破设计成果及参数选定。

(7)场内风、水、电供应措施。

(8)出渣、弃渣措施,渣料利用计划,土石方平衡计划与渣料场堆置设计。

(9)边坡及基岩保护措施。

(10)质量和安全、环保措施。

(11)施工防汛及排水措施,通信及照明措施。

(12)施工组织管理机构和质量保证体系。

在需采用控制爆破保护建筑物或保留岩体,或采用基岩面一次爆破和水平光爆开挖技术,或控制开挖料颗粒级配等情况下,承包人应先进行必要的爆破试验。并于试验前编制爆破试验计划,报监理机构和发包人批准。爆破试验计划应包括以下内容:

(1)试验内容和目的。

(2)试验地点和部位选择。

(3)试验组数和爆破设计。

(4)观(监)测布置、方法、内容和仪器设备。

(5)试验工作量和作业进度计划。

（6）安全防护措施。

（7）其他必须报送的材料。

一般不允许在新浇混凝土和灌浆完成地段附近进行爆破作业。如确需进行该项爆破作业，承包人需事先取得监理机构的批准并于实施前 14 d 内完成爆破试验和设计，向监理机构报送作业措施计划，经监理机构批准后实施。

（二）施工过程

爆破作业前，由发包人及监理单位指定承包人在合适的区段进行必要的爆破试验，确定合理的爆破参数、爆破地震安全距离、质点的安全震动速度及最大一段起爆药量。

每次钻孔爆破作业前 1 d，承包人应根据爆破试验成果，向监理机构及发包人提交爆破设计，经监理机构和发包人批准后实施。爆破设计应包括以下内容：

（1）地质条件、岩石分级、爆破位置、爆破方量。

（2）预裂及光面爆破的孔径、孔深、孔距、炸药类型、线密度、装药结构、单孔装药量及最大一段起爆药量。

（3）梯段爆破的孔排距、孔深、孔径、炸药类型、单耗、装药结构、单孔装药量及最大一段起爆药量。

（4）延时顺序、雷管型号和起爆方式、起爆网络。

（5）周边环境及安全措施。

施工过程中，承包人应随施工作业进展做好施工测量工作，包括下述内容：

（1）根据设计图纸和施工控制网点进行测量放样，在施工过程中，及时测放、检查开挖断面及控制开挖面高程。

（2）测绘或收集开挖前后的地形、断面资料，如原始地面、开挖施工场地布置、土石方分界、竣工建基面等纵、横断面图。

（3）月收方测量资料（报发包人）。

（4）提供工程各阶段和完工后的土石方测量资料。

（5）按合同文件规定或监理工程师要求进行的其他测量工作。

岩石开挖过程中承包人应按照"三检"制的要求，对爆破孔的放样测量、钻孔、装药，爆破网络连接、爆破振动监测、爆破质量等进行全过程的质量检查与控制，监理工程师按要求进行旁站及抽检，爆破前各工序（放样、钻孔、装药、联线）验收合格，经承包人质检工程师及监理工程师签证并签发准爆证后方可爆破。

开挖应自上而下进行，某些部位如必须采用上、下同时开挖方法作业，或按合同必须利用的开挖料，应采取有效的安全和技术措施，并事先报经监理机构和发包人批准。

基础和岸坡开挖完成后，承包人应及时完成施工区域完工测量，并依照合同文件规定，按监理工程师指示，给地质编录、现场测试等工作创造工作环境。

趾板特殊部位的开挖应分两次进行：

（1）第一次趾板的基础剥离至基岩面时，若为完整坚硬的岩石，承包人应对清洗干净的基岩面进行测量，并将测量结果提交给发包人和监理机构，以便计量支付及设计单位对趾板的基础进行核实，绘制趾板基础二次开挖图。

（2）第二次趾板的基础开挖，基础小面积开挖的深度不得超过 20 cm，在坚硬岩石面大面积低于图纸设计开挖线高程时,必须经项目部、监理机构和设计单位对趾板开挖复核定线。

石料场的开挖应满足以下要求:

(1)开挖过程中,承包人应严格按照批准的开挖措施和爆破设计参数施工,当发现作业效果不符合设计及施工技术规程、规范要求或地质条件变化时,应及时修订施工措施或调整爆破设计,报送监理机构和发包人批准后执行。

(2)开挖过程中,承包人应有专人对料场的动态储量与石料质量进行复查与检验,若发现料源质量不能满足质量要求,应及时上报并提出处理措施。

(3)开采料场的工作面数量,应能满足填筑强度要求并有足够的储备数量。

(4)开采过程中,遇有比较集中的软弱带时,应按监理工程师指示予以清除,严禁在可利用料内混杂废渣料。可利用料和废渣料均应分别运至指定的存料场和弃渣场。

(5)石料的开采必须采取控制爆破作业措施,承包人应通过试验优选爆破参数,使开采的石料符合各项用途。

(6)施工过程中,承包人应对取料区域的边坡和底面作必要的整治,设置必要的排水措施,不稳定的边坡应按发包人和监理机构指示进行必要的处理。

(三)土石方明挖质量控制

除非合同或设计文件另有规定,否则开口轮廓位置和开挖断面的放样应满足下列精度要求:

(1)覆盖层放样,平面位置点位误差不大于 200 mm,高程点位误差不大于 200 mm。

(2)岩基放样,平面位置点位误差不大于 100 mm,高程点位误差不大于 100 mm。

(3)收方断面,中心桩纵、横向误差不大于 10 cm。相应于比例尺为 1:500 ~ 1:1 000 情况下,图上点误差平面不大于 1.0 mm、高程不大于 0.7 mm。

(4)竣工断面,中心桩纵、横向误差不大于 5 cm。相应于比例尺为 1:200 情况下,图上点误差平面不大于 0.75 mm、高程不大于 0.5 mm。

爆破作业过程中,应注意做好对钻孔、装药、起爆的质量控制:

(1)钻孔设备、孔位布置、钻孔角度、孔径和孔深应按爆破设计规定或技术要求进行,必要时还应报请监理工程师现场检查。

(2)已完成的钻孔,应及时清除孔内石渣和岩粉并盖好孔口,经检查合格后才可装药。

(3)炮孔的装药、堵塞,爆破网格的联结和起爆必须严格按爆破设计或技术要求,由起爆员按规定进行。

(4)爆破后应及时调查爆破效果,并根据爆破效果和监测成果,及时调整和优化爆破参数。

(5)爆破作业过程中,要注意做好作业记录与成果整理。

预裂爆破和光面爆破效果,除其开挖质量应符合相应单元工程质量检验标准外,还应符合下列要求:

(1)在开挖轮廓面上,残留炮孔痕迹应均匀分布。残留炮孔痕迹保存率,对于节理裂隙不发育岩体应达到 80% 以上,对于节理裂隙较发育岩体应达到 80% ~ 50%,对于节理裂隙极发育岩体应达到 50% ~10% 。

（2）相邻两炮孔间岩石不平整度不应大于 15 cm，炮孔壁不应有明显的爆破裂隙。

阶段爆破作业最大一段起爆药量（换算为 2 号岩石硝铵炸药用量）不得大于 500 kg。在紧邻水工建筑基面、永久坡面、建筑物或防护目标区域爆破时，不应采用大孔径爆破方法，最大一段起爆药量不得大于 300 kg。

紧邻建筑物设计的岩石坡面或岩石建基面均必须预留足够的保护层。除非已另行报经监理机构批准，否则保护层开挖应采用梯段爆破作业方法分层开挖。

（1）第一层：炮孔不得穿入距水平建基面 1.5 m 的范围，药卷直径不应大于 40 mm，孔底应设置柔性材料或空气垫层段。

（2）第二层：炮孔不得穿入距水平建基面 0.5 m 的范围，对节理裂隙极发育和软弱的岩体，炮孔不得穿入距水平建基面 0.7 m 的范围。

炮孔与建基面的夹角不应大于 60°，药卷直径不应大于 32 cm，并采用单孔起爆方法，孔底应设置柔性材料或空气垫层段。

（3）第三层：炮孔不得穿入水平建基面。对节理裂隙极发育和软弱的岩体，炮孔不得穿入距水平建基面 0.2 m 范围，剩余 0.2 m 的岩体应进行撬挖。

炮孔角度、药卷直径和起爆方法均同第二层规定。

紧邻建筑物的爆破开挖，应布设防震孔，严格控制爆破参数，通过现场试验证明可行并报经监理机构（处）批准后方可实施。

若在紧邻水平建基面采用无岩体保护层的一次爆破开挖方法，必须经过试验验证可行，并事先报经监理机构批准。

开挖作业应遵守以下原则：

（1）采用水平孔预裂或光面爆破方法。

（2）基础岩石开挖，应采用分层的梯段爆破方法。

（3）梯段炮孔底与水平预裂面应有一定距离。

除非合同或设计文件另有规定，否则对永久建筑物的岩质边坡，应沿设计开挖轮廓面采用预裂爆破，或施行光面爆破。如果岩坡坡度较缓，不具备或不能进行沿开挖轮廓面倾斜钻孔时，则应采用预留斜面保护层开挖方法。

对开挖完成的岩基建基面和坡面应进行清理和整修，并达到下述要求：

（1）岩面无松动岩块、小块悬挂体及爆破影响裂隙。

（2）建基面及坡面的风化、破碎、软弱夹层和其他有害岩脉按设计要求进行了处理。

（3）开挖坡面稳定，无松动岩块且不陡于设计边坡。

（4）岩面轮廓无反坡，陡坎顶部应削成钝角或圆滑状。

对于在外界环境作用下极易风化、软化和冻裂的软弱基岩面，若其上部建筑物暂时未能施工覆盖时，应按设计文件和合同技术规范要求进行保护处理。

边坡开挖完成后，应及时进行保护。对于高边坡或岩体可能失稳的边坡还应按合同或设计文件规定进行边坡稳定监测，以便及时判断边坡的稳定情况和采取必要的加固措施。

开挖渣料应堆放在规定的存、弃料场，严禁将有用渣料与废弃渣料混杂，并保证以后能方便地将有用渣料取出加以利用。

第二节　土方填筑

土石方填筑工程是水利工程中最常见的工程,其中土方填筑多表现为新堤填筑、老堤帮宽加高、土方回填、黏土坝胎、辅道填筑、围堰等形式。土方填筑为土石坝工程中重要的施工程序,因就地、就近取材,节省大量水泥、钢材而被广泛应用。填筑施工前必须进行清基。清基工程属隐蔽工程,监理机构必须做好测量控制工作,严格控制好清基质量。

一、土方填筑工程施工

土方填筑施工之前,承包人应按合同文件、技术规范和设计文件要求完成现场生产性碾压试验及土料土力学试验。在满足设计要求的条件下,模拟实际施工条件,通过碾压试验调整、优化和确定主要填筑区的碾压参数和碾压施工工艺。试验结束后,承包人应将碾压试验成果及碾压设备的详细资料报送监理机构审批。

土方填筑施工过程中,承包人应做好测量工作。包括以下主要内容:

(1)根据设计图纸和施工控制网点对填筑区域进行测量放线,在施工过程中,及时测放、检查土方填筑横断面。

(2)测绘和收集地形、断面资料以及用来计算土方填筑方量的控制网点资料。

(3)按合同文件规定和监理要求进行的其他测量工作。

土方填筑必须在基础清理(开挖)和岸坡处理以及隐蔽工程完成、经质量检验合格并报监理工程师认证后进行。填筑第一层时对局部的低洼处,要按技术规范和碾压试验的要求进行处理和补平。

土方填筑质量控制应以工序控制为主要手段,重点控制以下项目:

(1)各填筑部位的填料质量,包括土料的土性参数及含水量。

(2)铺料厚度、碾压遍数、洒水量和表面平整度。

(3)碾压机规程、重量等。

(4)有无漏碾、欠碾或过碾现象。

(5)堤身及其他填筑部位填筑时,各部位接头及纵横向接缝的处理与结合部位质量。

(6)堤身填筑断面控制情况。

(7)堤身及坡面平整度。

(8)反滤料的颗粒级配与施工断面控制。

(9)铺料应分层平行摊铺,层面如出现明显的凹凸不平整,必须进行整平,才允许进行碾压。构造边角部位或碾压不到的地方,应通过碾压试验采用其他有效压实机具压实。

填筑土料的土质参数必须符合设计要求,否则不允许进入施工作业面。对于已运至填筑地点的不合格料,承包人必须挖除并运出施工面,并承担相应的合同责任。

施工中应严格控制填筑厚度,卸料前应有层厚标尺,以控制铺料厚度。每一填层碾压后,应按 20 m×20 m 方格布网进行高程测量,据此检查填筑厚度,并作为质量、计量认证依据的附件。

对于含水量低于最优含水量范围的土料,应按设计要求对填料加水,填筑中的加水必须充足均匀,并随碾压作业保持连续不间断。承包人应配备能进行现场含水量快速测定的设备,以便进行土料填筑的过程控制。

碾压宜采用进退错距法,在进退方向上一次延伸至整个单元,错距不应大于碾轮宽除以碾压遍数,碾压速度必须符合设计要求。当采用分段碾压时,相邻两段交接带碾迹应彼此搭接,顺碾压方向搭接长度不小于 0.3 ~ 0.5 m,垂直碾压方向搭接宽度不小于 1.0 ~ 1.5 m。相邻分层的填筑,原则上应均衡上升,当不能均衡上升时,相邻各层的填筑高差应严格按设计文件执行,并应采取放坡搭接措施。

二、土方填筑质量控制

(1)填筑施工参数应与碾压试验参数相符。

(2)压实质量检测的环刀容积:对细粒土,不宜小于 100 cm³(内径 50 mm);对砾质土和砂砾料,不宜小于 100 cm³(内径 70 mm)。含砾量多环刀不能取样时,应采用灌砂法或灌水法测试。

(3)取样部位应具有代表性,且应在填筑面上均匀分布,不得随意挑选,特殊情况下取样须加注明。应在压实层厚的下部 1/3 处取样,若下部 1/3 的厚度不足环刀高度,以环刀底面达下层顶面时环刀取满土样为准,并记录压实层厚度。每层取样数量:自检时可控制在填筑量每 100 ~ 150 m³ 取样 1 个,监理抽检量可为自检量的 1/3,但至少应有 3 个。特别狭长的作业面,取样时可按 20 ~ 30 m 一段取样 1 个。若作业面或返工部位按填筑量取样的数量不足 3 个,也应取样 3 个。

(4)每次检测的施工作业面不宜过小,机械填筑时不宜小于 600 m²,人工填筑或老堤加高时不宜小于 300 m²。

(5)承包人对外委托的检测单位必须经国家或省级以上人民政府计量行政部门认证合格,且具有产品质量检验的资格。

(6)凡涉及隐蔽工程的填筑作业,在施工前和施工后,均应报经监理工程师进行质量、计量认证。监理工程师认为有必要时,将对施工过程实施全过程旁站监理,承包人应在施工前 24 h 通知监理工程师。

(7)土方填筑工程对于碾压式土堤按层、段划分单元工程,新筑堤按堤轴线长 200 ~ 500 m、老堤加高培厚按堤段填筑量 1 000 ~ 2 000 m³ 划分为一个单元工程;对于吹填工程,按一个吹填围堰区段(仓)或按堤轴线长 100 ~ 500 m 划分为一个单元工程。

根据《堤防工程施工规范》(SL 260—98)规定,铺料厚度和土块直径限制尺寸如表 6-2 所示。

表 6-2　铺料厚度和土块直径限制尺寸

压实类型	压实机具	铺料厚度(cm)	土块限制粒径(cm)
轻型	人工夯、机械夯	15 ~ 20	≤5
	5 ~ 10 t 平碾	20 ~ 25	≤8

续表6-2

压实类型	压实机具	铺料厚度(cm)	土块限制粒径(cm)
中型	12 ~ 15 t 平碾 斗容 2.5 m³ 铲运机 5 ~ 8 t 振动碾	25 ~ 30	≤10
重型	斗容大于 7 m³ 铲运机 10 ~ 16 t 振动碾 加载气胎碾	30 ~ 50	≤15

第三节 放淤固堤

一、放淤固堤工程施工

(一)确保土质

包边盖顶、堤身填筑、辅道填筑土质黏粒含量应符合设计要求。根据设计单位的试验资料及现场监理工程师对土料的土质试验,确保土料质量,同时土的含水量应严格控制在试验确定的允许范围之内。监理工程师根据各个土场的实际情况及不同的时段,制订不同的控制方案,采用平面开挖、立体开挖、分层开挖、土场晾晒、工段晾晒等方法,对含水量较低的土场,应采用洒水或洇地等手段,确保土料含水量。对超规程要求的土块,必须用旋耕犁等机具打碎,保证土料符合要求。

(二)堤基处理

基础清理的范围包括堤坡和淤区地面的清理,基础清基深度为 0.2 m,基面清理范围为淤区设计基线外 0.3 ~ 0.5 m,淤区清坡水平厚 0.2 m。确保淤区内表面的砖石、腐殖土、杂草、树根以及其他杂物清除干净,并清除出施工现场。淤区范围内如遇坑塘,仅将坑塘内的水草等杂物清除。经监理机构验收合格后,才准许修筑围格堤与淤沙。

(三)围堤、格堤

监理机构应重点控制基础围堤、格堤工程施工质量,按照设计断面尺寸修筑,就近取土,参照碾压式土方工程施工要求进行施工,以防止围堤溃决、塌方事故,漫溢淹渍农田村庄。淤沙和包边盖顶达到标准后,按照设计尺寸、位置修做顶部围堤、格堤。

(四)淤沙工程

监理机构要定期抽验土质、机械数量和性能。尾水含沙量控制在 3 kg/m³ 以内,淤区泄水口的位置及高程应根据施工情况进行调整,排水应尽量利用当地的自然排水沟(渠)系。如排水确有困难,应首先修通排水沟,或者结合群众灌溉需要,共同修筑排水渠道,使淤区排水畅通。

(五)包边盖顶

监理工程师要重点控制的是包边盖顶用土的土质,盖顶土采用耕植土,包边土采用黏土含量不小于15%的壤土,一定要经过有资质的试验室试验,确定达到质量标准的才能使用。盖顶前将淤区顶面整平,盖顶土虚土填筑厚度不小于0.67 m,包边干密度不小于1.5 t/m³。

(六)排水沟

在淤区顶面和堤坡交汇处,沿淤区纵向修筑排水沟,淤区边坡每隔100 m修筑横向排水沟。排水沟为C20混凝土现浇,现浇混凝土下铺0.15 m厚三七灰土垫层,沥青玛琋脂嵌缝。排水沟梯形断面上口净宽0.36 m,下口净宽0.30 m,净深0.16 m,厚0.06 m。为防止集中排水对坡脚淘刷,在横向排水沟底部修筑消力池,消力池采用0.06 m厚C20预制混凝土板,下垫0.15 m厚三七灰土垫层,池口为矩形,净宽0.60 m,净深0.30 m,消力池垂直堤向净宽0.50 m。

(七)辅道

土料采用黏土含量不小于3%的壤土,填筑参照堤身填筑施工,重点辅道顶宽8 m,一般辅道顶宽6 m,两侧边坡均为1:2,纵坡为1:15。淤区顶部道路高0.5 m,边坡1:2。

(八)植树

在淤区护堤地种植高柳,株行距2 m×2 m,梅花形布置;淤区范围内种植适生林,以杨树为主,株行距2 m×2 m。

(九)植草

在淤区边坡上种植防冲刷耐干旱的葛巴草,墩距20 cm,梅花形布置。

二、质量控制

(一)堤基处理

基面清理:堤基表层无草、树根等杂物。

堤坡处理:堤坡表层无草、树根等杂物。

清理范围:每50 m取1个检测点,清理边线超过设计基面边线0.3 m。

(二)围堤、格堤

分基础围堤(格堤)及顶部围堤(格堤)。

土质:符合设计要求。

围堤、格堤位置:围堤、格堤的位置和数量符合设计要求。

围堤质量:符合设计要求,无严重溃堤塌方事故。

围堤尺寸:每20 m取1个检测点,高度允许偏差为0~15 cm,宽度允许偏差为-5~+15 cm,坡度允许偏差为0~0.05。

格堤尺寸:每20 m取1个检测点,高度允许偏差为0~15 cm,宽度允许偏差为-5~+15 cm,坡度允许偏差为0~0.05。

(三)淤沙工程

淤填土质:符合设计要求。

淤填区围堰:符合设计要求,无严重溃堤塌方事故。

泥沙颗粒分布:淤填区沿程沉积泥沙颗粒级配无明显差异。

尾水排放:退水渠道无明显淤积。

淤填高程:每 50 m 取 1 个横断面,每个断面测点不少于 4 个,允许偏差为 0 ~ +0.3 m。

淤区宽度:每 50 m 取 1 个检测点,允许偏差为 ±1.0 m。

淤区平整度:相邻断面或同一断面检测点比较 3 个点,允许误差为在 500 m^2 范围内高差 <0.3 m。

(四)包边盖顶

土质:符合设计要求。

包边厚度:每 30 m 取 1 个检测点,允许误差为 0 ~ +0.1 m。

盖顶厚度:每 300 m^2 取 1 个检测点,允许误差不小于设计值。

包边压实度:每 30 m 取 1 个检测点,干密度不小于 1.5 t/m^3。

(五)辅道土方

根据土方填筑试验指标进行控制。

上堤土料土质、含水量:无不合格土,含水量适中。

土块粒径:根据压实机具,土块粒径应小于土块限制直径。

碾压作业程序:碾压机械行走平行于辅道轴线,碾迹及搭接碾压符合要求。

铺料厚度:沿辅道轴线每坯土每 20 m 取 1 个检测点,允许偏差 0 ~ -5 cm。

工程尺度:沿辅道轴线坡度、宽度检测不少于 3 个测点;坡度允许偏差为 0 ~ 0.05,宽度允许偏差为 -5 ~ +15 cm。

(六)排水沟

位置、数量:符合设计要求。

外观质量:坡度平顺,接缝密实。

断面尺寸:每 20 m 取 1 个检测点(每 1 条横向排水沟检测不小于 3 个点),允许偏差为设计值的 ±10%。

砌体厚度:每 20 m 取 1 个检测点(每 1 条横向排水沟检测不小于 3 个点),允许偏差为设计值的 ±10%。

(七)植树

树种类:符合设计要求。

成活率:符合设计要求。

株距:每 50 m 取 3 个检测点,允许误差为设计值的 ±5%。

行距:每 50 m 取 3 个检测点,允许误差为设计值的 ±5%。

(八)植草

草种类:符合设计要求。

成活率:符合设计要求。

植草密度:每 50 m 取 3 个检测点,允许误差为 ±1 墩。

承包人按以上要求进行自检,检测点次不得少于 3 个,监理按自检数量的 1/3 抽检。

第四节　险工控导

险工控导工程的质量控制项目主要包括黏土坝胎、土石方基础开挖、乱石粗排坦石、干丁扣坦石、浆丁扣坦石、备防石、排水沟、封顶石、散抛乱石护坡、水中进占、壤土子堰、碎石防汛路面等内容。

一、险工控导工程施工

（一）土料

黏土坝胎土料黏粒含量应大于20%，坝基回填土黏粒含量应大于3%，且不得含植物根茎、砖瓦垃圾等杂质，填筑土料含水率与最优含水率的允许偏差为±3%。

（二）石料

抗风化性能好，冻融损失率小于1%，新鲜完整，质地坚硬，密度在2.6 t/m³ 以上的块石（石灰岩、砂岩、花岗岩）均可使用。无风化石、山皮石、分层易碎石，单块质量应控制在25～150 kg。大块石每块质量75～150 kg，主要用于坝垛靠大溜的部分。

（三）土石方基础开挖、黏土坝胎

见本章第一节"土石方开挖"及第二节"土方填筑"质量控制。

（四）乱石粗排

坝面应选较大块石排砌，丁向使用。厚度小于10 cm或长度小于25 cm，或丁向坝内深度小于20 cm的小石限制使用。坝面上下层层压茬、结合平稳，前半部不得使用垫石。平缝和立缝一般小于2 cm，上下两层面石口面应接触严密，坝面坡度应平顺。干填腹石逐层填筑，用大石排紧，小石塞严，不得出现活石；腹石上下坯结合良好，每2 m² 内安放1立石。

（五）丁扣石

（1）丁扣石施工应选用块石，同一层的石块应大致砌平，相邻石块的高差不得过大，以利于丁扣石的交错安砌。沿石应逐层扣起，上下石块应错缝搭接，避免出现竖向通缝。丁扣面石与填腹石的进度一致，以免面石和腹石不能紧密结合。

（2）干填腹石施工时，腹石位于坝基与面石之间，使用乱石。为避免损伤坝基的黏土层，干填腹石要通过抛石排投放，要逐层填实，大石排紧小石塞严，无活石，靠坝基土胎处，尽量采用碎石。

（六）浆砌石

（1）浆砌石墙（堤）宜采用块石砌筑，如石料不规则，必要时可采用粗料石或混凝土预制块作砌体镶面；仅有卵石的地区，也可采用卵石砌筑。砌体强度均必须达到设计要求。

（2）砌筑前，应在砌体外将石料上的泥垢冲洗干净，砌筑时保持砌石表面湿润。

（3）应采用坐浆法分层砌筑，铺浆厚宜3～5 cm，随铺浆随砌石。砌缝需用砂浆填充饱满，不得无浆直按贴靠，砌缝内砂浆应采用扁铁插捣密实。严禁先堆砌石块再用砂浆灌缝。

（4）上下层砌石应错缝砌筑；砌体外露面应平整美观，外露面上的砌缝应预留约4 cm深的空隙，以备勾缝处理；水平缝宽应不大于2.5 cm，竖缝宽应不大于4 cm。

（5）砌筑因故停顿，砂浆已超过初凝时间时，应待砂浆强度达到2.5 MPa后才可继续施工；在继续砌筑前，应将原砌体表面的浮渣清除；砌时应避免振动下层砌体。

（6）勾缝前必须清缝，用水冲净并保持缝槽内湿润，砂浆应分次向缝内填塞密实；勾缝砂浆标号应高于砌体砂浆；应按实有砌缝勾平缝，严禁勾假缝、凸缝；砌筑完毕后应保持砌体表面湿润,做好养护。

(7)砂浆配合比、工作性能等,应按设计标号通过试验确定,施工中应在砌筑现场随机制取试件。

(七)封顶石

坦石及黏土坝胎顶部用浆砌石封顶(粗排乱石坝为干砌石封底),宽 2.0 m,厚 0.25 m。封顶石应选用较大的块石,排砌严密达到顶平沿齐。为了有利于将坝面积水汇入排水沟,坝体土石结合部位设置子堰,顶宽 0.3 m,高 0.3 m,内外边坡均为 1:1。

(八)散抛根石

根石的施工方法以人工为主,按照"不伤坦石,小石在外,一次抛护完成"的原则掌握。由坝顶和根石顶向下抛石,应先抛一般石块,预留一部分较大石块抛在坡面及顶部;搬运及抛投石块时,不能损伤坝岸坦石,采用抛石排,保持石块平稳下落,减少冲击滚动,以免碰损砸碎。根石坦坡进行粗排,压茬要排紧。

(九)排水沟

为排除坝顶积水,避免长时间积水或水流集中冲刷危及坝身安全,加高改建时需在坝坡上安置排水沟。坝垛上下跨脚各设一条排水沟,丁坝、护岸每 50 m 设置一条排水沟。裹护段坝坡排水沟内宽 1.0 m,深 0.2 m;非裹护段坝坡排水沟内宽 0.5 m,深 0.2 m;进水口均为喇叭形,净宽 1.6~1.0 m,长 1.2 m。也可利用坝面通向根石台的阶梯代替。

(十)封顶石与壤土子堰

丁扣坦石护坡顶部用浆砌石封顶,乱石坦石护坡顶部用干砌石封顶,宽 1.0 m,高 0.25 m。为了有利于将坝面积水汇入排水沟,坝体土石结合部设壤土子堰,顶宽 0.3 m,高 0.3 m,内外边坡均为 1:1,子堰土料黏粒含量大于 10%。

(十一)碎石防汛路面

(1)路面结构(自上而下)为:2.5 cm 厚碎石保护层,10 cm 厚干压碎石,花鼓顶,25 cm 灰土基层。路面设 2% 双向横坡,两侧设路缘石,采用 C20 混凝土,尺寸为 10 cm × 15 cm × 100 cm。

(2)灰土基层:厚度 25 cm。土的塑性指数大于 4,不含腐殖质或树根杂草;石灰Ⅲ级以上,用量不小于 10%;基层压实度不小于 95%。

(3)干压碎石:厚度 10 cm。石料强度 3 级以上,长条扁平石料不超过 10%,最大粒径为 70 mm,碎石级配见表 6-3、表 6-4。

表 6-3 主层碎石级配表

筛孔尺寸(mm)	30	40	50	60
通过(%)	0~10	20~50	50~80	90~100

表 6-4 嵌缝碎石级配表

筛孔尺寸(mm)	15	20	30
通过(%)	0~15	30~60	95~100

(4)干压碎石密度不小于 2 250 kg/m³。

二、质量控制

(一)进场原材料

石料:抗风化性能好,冻融损失率小于1%,新鲜完整,质地坚硬,密度在 2.6 t/m³ 以上的块石(石灰岩、砂岩、花岗岩)均可使用。无风化石、山皮石、分层易碎石,单块质量应控制在 25 ~ 150 kg,质量不够 30 kg 的石块在根石工程中不得使用。大块石每块质量75 ~ 150 kg,主要用于坝垛靠大溜的部分。

土料:开工前,承包人应对料场进行现场核查,内容如下:

(1)核查料场位置、开挖范围和开采条件,并对可开采土料厚度及储量作出估算。

(2)了解料场的水文地质条件和采料时受水位变动影响的情况。

(3)普查料场土质和土的天然含水量。

(4)核查土料特性,采集代表性土样按《土工试验方法标准》(GB/T 50123—1999)的要求做颗粒组成、黏性土的液塑限和击实、砂性土的相对密度等试验。

(5)黏土坝胎土料黏粒含量应大于20%,坝基回填土黏粒含量应大于3%。

(6)应根据设计文件要求划定取土区,并设立标志。严禁在堤身两侧设计规定的保护范围内取土。

(二)施工放样

(1)堤防工程基线相对于邻近基本控制点,平面位置允许误差 ±30 ~ ±50 mm,高程允许误差 ±30 mm。

(2)堤防断面放样、填筑轮廓,宜根据不同堤型相隔一定距离设立样架,其测点相对设计的限值误差,平面为 ±50 mm,高程为 ±30 mm,堤轴线点为 ±30 mm。高程负值不得连续出现,并不得超过总测点的30%。

(3)堤防基线的永久标石、标架埋设必须牢固,施工中须严加保护,并及时检查维护,定时核查、校正。

(4)堤身放样时,应根据设计要求预留堤基、堤身的沉降量。

(三)基础清理(用于坝岸加高)

基面清理:清除杂草、腐殖土、砂、石等杂物。

堤坡清理:将表层草皮、树根等杂物全部清除。

清理范围:每围长 10 m 取 1 个检测点(总数不得少于 3 个),允许偏差 ≥0.3 m。

(四)基础开挖(用于坝岸改建)

开挖过程:应用合适的机具,不得扰动地基、损坏相邻建筑物。

基坑外观:坡面平顺、基础面平整,基坑内无杂物。

开挖高程:每 10 m² 取 1 个检测点,允许偏差 -30 mm。

基坑长、宽尺寸:每围长 10 m 取 1 个检测点,允许偏差 -50 mm。

边坡坡度:每 10 m² 取 1 个检测点,允许偏差 3%。

(五)土方填筑(黏土坝胎)

首先对土料场土料进行土料物理力学性能复合试验。

上堤土料土质、含水量:土质符合设计要求,含水量不宜过大或过小。

土块粒径:土块粒径应小于土块限制直径。

作业段划分搭接:对作业段划分,机械作业不小于 100 m,人工作业不小于 50 m,搭界无界沟;当两工接头差两坯土以上时,应留 1:5 的坡度,搭接长度应大于 3 m,后进单位应开蹬上土,并填写两工接头合格率。

碾压作业程序:碾压机械行走平行于堤(坝岸)轴线,碾迹及搭接碾压符合要求。

铺料厚度:沿堤轴线(坝岸围长)每 20 m 取 1 个检测点,允许偏差 0 ~ −5 cm。

铺料边线:沿堤轴线(坝岸围长)每 20 m 取 1 个检测点(总数不小于 3 个),允许偏差为机械 +10 ~ +30 cm(黏土坝胎 0 ~ +10 cm)。

压实度:沿堤轴线(坝岸围长)每 20 m 取 1 个检测点(总数不小于 3 个),干密度 ≥ 1.5 t/m^3。

(六)乱石粗排

乱石粗排坦石工程施工应遵守的原则和要求如下:

沿子石由乱石挑拣,不经专门加工,仅用手锤打去虚棱边角后排整。乱石粗排坦石工程坦面要做到丁向用石,层层压茬,结合平稳,禁用小石、平石。前半部不得使用垫子石。尽量避免对缝,不得有通天缝;坡面平顺大体一致,坦面无里出外拐情况。

石料:质地坚硬,单块质量不小于 20 kg,且厚度不小于 150 mm(每一施工日均检查)。

基层砌筑:无淤泥杂质,乱石铺底大石排紧,小石填严。

面石砌筑:禁止使用小石、平石,不得有通天缝。

铺底高程:每围长 10 m 取 1 个检测点,坝前头,坝上、下跨角,坝起止处应分别取 1 个检测点,允许偏差 −50 ~ +100 mm。

砌体顶高程:每围长 10 m 取 1 个检测点,坝前头,坝上、下跨角,坝起止处应分别取 1 个检测点,允许偏差 −100 ~ +100 mm。

铺底宽:每围长 10 m 取 1 个检测点,坝前头,坝上、下跨角,坝起止处应分别取 1 个检测点,允许偏差 −100 ~ +100 mm。

砌体顶宽:每围长 10 m 取 1 个检测点,坝前头,坝上、下跨角,坝起止处应分别取 1 个检测点,允许偏差 −50 ~ +50 mm。

坡度:每围长 10 m 取 1 个检测点,要求坦面坡度平顺,在 2 m^2 内凸凹不大于 100 mm。

缝宽:每围长 10 m 取 1 个检测点,缝宽一般 20 mm,最大 30 mm,在 2 m^2 内缝宽 30 mm 的缝不得超过总缝长的 30%。

坝面洞:每围长 10 m 取 1 个检测点,在 2 m^2 内严禁出现面积大于 0.01 m^2(0.1 m × 0.1 m)的坝面洞,面积在 0.008 ~ 0.01 m^2 的孔洞不超过 3 个。

(七)干丁扣坦石(面石)

干丁扣面石施工应遵守的原则和要求如下:

面石应从乱石中选出。每块石块要用手锤加工,打击口面,并大致使其方正。如石块中间有裂缝,则必须打开,否则不得使用。长度在 300 mm 以下的石块,连续使用不得超过 4 块,且两端须加丁字石。一般长条形应丁向砌筑,不得顺长使用。

石料:质地坚硬,单块质量不小于 20 kg,厚度不小于 200 mm。

基层砌筑:无淤泥杂质,乱石铺底大石排紧,小石填严。

面石:禁止使用小石、重垫子,不得出现通天缝、对缝、虚棱石、燕子窝。

铺底高程:每围长 10 m 取 1 个检测点,坝前头,坝上、下跨角,坝起止处应分别取 1 个检测点,允许偏差 -50 ~ +100 mm。

砌体顶高程:每围长 10 m 取 1 个检测点,坝前头,坝上、下跨角,坝起止处应分别取 1 个检测点,允许偏差 -100 ~ +100 mm。

铺底宽:每围长 10 m 取 1 个检测点,坝前头,坝上、下跨角,坝起止处应分别取 1 个检测点,允许偏差 -100 ~ +100 mm。

砌体顶宽:每围长 10 m 取 1 个检测点,坝前头,坝上、下跨角,坝起止处应分别取 1 个检测点,允许偏差 -50 ~ +50 mm。

坡度:每围长 10 m 取 1 个检测点(总数不小于 3 个),允许偏差 ±3%。

缝宽:每围长 10 m 取 1 个检测点(总数不小于 3 个),缝宽要求 10 mm,最大 15 mm,在 2 m² 内缝宽 15 mm 的缝不得超过总缝长的 30%。

咬牙缝:每围长 10 m 取 1 个检测点(总数不小于 3 个),在 2 m² 内不得超过 1 条。

坝面洞:每围长 10 m 取 1 个检测点(总数不小于 3 个),严禁出现面积大于 0.003 m²(相当于 5.47 cm × 5.47 cm)的坝面洞,面积为 0.002 5(5 cm × 5 cm) ~ 0.003 m² 的坝面洞在 2 m² 内不得超过 3 个。

悬石:每围长 10 m 取 1 个检测点(总数不小于 3 个),每 2 m² 不得超过 1 块。

(八)干丁扣坦石(腹石)

干填腹石施工应遵守以下一般原则和要求:

干填腹石要通过抛石槽投放。面石每扣砌 1 ~ 2 层投入 1 次,随砌随填,腹石应低于面石尾部。禁止倾倒成堆;干填腹石要逐层填实,用大石排紧,小石塞严,以脚踏不动为准,其空隙直径不超过 110 mm,并把较大石块排放在前面,较小石块排放在后面。

上下坯结合:每 2 m² 内设 1 立石,立石应高出平面 200 mm。

密实情况:空隙直径不大于 110 mm。

腹石牢固情况:无活石。

面石与腹石结合:咬茬严密,连接牢固。

铺底高程:每围长 10 m 取 1 个检测点,坝前头,坝上、下跨角,坝起止处应分别取 1 个检测点,允许偏差 -50 ~ +100 mm。

砌体顶高程:每围长 10 m 取 1 个检测点,坝前头,坝上、下跨角,坝起止处应分别取 1 个检测点,允许偏差 -100 ~ +100 mm。

铺底宽:每围长 10 m 取 1 个检测点,坝前头,坝上、下跨角,坝起止处应分别取 1 个检测点,允许偏差 -100 ~ +100 mm。

砌体顶宽:每围长 10 m 取 1 个检测点,坝前头,坝上、下跨角,坝起止处应分别取 1 个检测点,允许偏差 -50 ~ +50 mm。

(九)砌体挡土墙

1. 基本要求

(1)石料的强度、规格和质量应符合有关规范和设计要求。

（2）砂浆所用的水泥、砂、水的质量应符合有关规范的要求，按规定的配合比施工。

（3）地基承载力必须满足设计要求，基础埋置深度应满足施工规范要求。

（4）砌筑应分层错缝。浆砌时坐浆挤紧，嵌填饱满密实，不得有空洞；干砌时不得松动、叠砌和浮塞。

（5）沉降缝、泄水孔、反滤层的设置位置、质量和数量应符合设计要求。

2. 实测项目

砌体挡土墙实测项目见表6-5。

表6-5 砌体挡土墙实测项目

项次	检查项目		规定值或允许偏差	检查方法（工具）和频率
1	砂浆强度（MPa）		在合格标准内	每工作班制1组试件
2	平面位置（mm）		50	经纬仪：每20 m检查墙顶外边线3点
3	顶面高程（mm）		±20	水准仪：每20 m检查1点
4	竖直度或坡度（%）		0.5	吊垂线：每20 m检查2点
5	断面尺寸（mm）		不小于设计	尺量：每20 m量2个断面
6	底面高程（mm）		±50	水准仪：每20 m检查1点
7	表面平整度（mm）	块石	20	2 m直尺：每20 m检查3处×3尺
		片石	30	
		料石	10	

（十）散抛根石

石料：质地坚硬，单块质量应大于25 kg。

坝坡保护：抛石过程中应有保护措施，不得损坏坝坡。

坡度：坡面平顺，无明显的凸肚凹坑。

坦石排拣：里外石块咬茬，大石在外，小石在内，无孤石、游石、小石。

铺底高程：每围长25 m取1个检测点（总数不得少于3个），允许偏差水上 +100 mm、水下 +200 mm。

根石顶高程：每围长25 m取1个检测点（总数不得少于3个），允许偏差水上 +100 mm、水下 +250 mm。

铺底宽：每围长25 m取3个检测点（总数不得少于3个），允许偏差水上 +100 mm、水下 +200 mm。

根石顶宽：每围长25 m取3个检测点（总数不得少于3个），允许偏差0 ~ +100 mm。

（十一）连坝路、防汛路路面硬化

土料：塑性指数大于4，不含腐殖质或树根、杂草。

石灰：Ⅲ级以上，用量不小于10%。

碎石：强度3级以上，长条扁平石料不超过10%，最大粒径为70 mm，干压碎石密度不小于 2 250 kg/m³。

厚度:每100 m 每车道检1点,允许偏差 – 12 mm。

宽度:每100 m 检1点,允许偏差 ±30 mm。

横坡度:每200 m 测4个断面,允许偏差 ±0.5。

压实度:每200 m 每车道测2处,不小于95%。

路缘石基本要求如下:预制缘石的质量应符合设计要求,每工作班制1组试件。安砌稳固,顶面平整,缝宽均匀,勾缝密实,线条直顺,曲线圆滑美观。槽底基础和后背填料必须夯打密实。路缘石铺设实测项目见表6-6。

表6-6 路缘石铺设实测项目

项次	检查项目		规定值或允许偏差	检查方法(工具)和频率
1	直顺度(mm)		10	20 m 拉线:每200 m 测4处
2	铺设	相邻两块高差(mm)	3	水平尺:每200 m 测4处
		相邻两块缝宽(mm)	±3	尺量:每200 m 测4处
3	顶面高程(mm)		±10	水准仪:每200 m 测4点

(十二)排水沟

断面尺寸:每20 m 取1个检测点,允许偏差为设计值的 ±10%。

砌体厚度:每20 m 取1个检测点,允许偏差为设计值的 ±10%。

(十三)植树

株距:每长50 m 取3个测点,允许误差为设计值的 ±5%。

行距:每长50 m 取3个测点,允许误差为设计值的 ±5%。

(十四)植草

植草密度:每长50 m 取3个测点,允许误差为 ±1 墩。

三、相关名词解释

沿子石:简称沿石,指扣、砌坝(垛)岸表面的一层石料。通常由大块石中挑选,形状比较规则,有两个以上平面,扣砌时需专门加工。因砌排紧密,又称"镶面石"或"护面石"。

小石:即比较小的石块。多指厚度小于10 cm、宽度小于20 cm 的石块。丁向坝内长度小于25 cm 的沿子石也称小石。

垫子石:支垫沿子石中后部的小石块,受压承重。

坝面洞:因沿子石边角残缺,立缝与平缝相交处,出现的空间洞。

通天缝:上下相邻三条或三条以上对缝或咬牙缝所构成的贯通缝。

对缝:也叫"直缝",上下两相邻立缝齐对。

咬牙缝:上下两相邻缝错宽小于4 cm 的缝。

重垫子:使用两块或两块以上重叠的垫子石。

虚棱石:上下两层沿子石前端接触深度不足一般沿子石宽度的1/2,同层相邻两沿子石侧面接触小于上层石压盖 3 cm 的现象。

燕子窝:沿子石后尾直径大于 5 cm、腹石直径大于 10 cm 的空洞。

悬石:上下两层相邻沿子石悬空高度大于 1.5 cm,深度大于 10 cm,宽度累计大于石块 1/2 的空隙,叫做"悬石"。

第五节　护岸工程

一、根石加固护岸

根石加固工程质量控制项目主要包括淤泥清除、抛筑根石、抛筑铅丝笼、人工根石排整。

(一)原材料控制

石料:抗风化性能好,冻融损失率小于 1%,新鲜完整,质地坚硬,密度在 2.6 t/m³ 以上的块石(石灰岩、砂岩、花岗岩)均可使用。无风化石、山皮石、分层易碎石,单块质量应控制在 30～150 kg,质量不够 30 kg 的石块在根石工程中不得使用。大块石每块质量75～150 kg,主要用于坝垛靠大溜的部分。

铅丝:用于铅丝笼的编织。一般采用 8#～10# 铅丝,铅丝质量要符合国家标准(GB 3081—82)的规定,韧性适中,表面镀锌不低于 GB/T 15393—94 中 D 级标准。

铅丝笼:根石护脚除散抛乱石外,配以铅丝笼护脚,铅丝笼用量按总抛石量的 30% 控制。铅丝笼内石块应大小搭配,填塞大石块间的空隙,提高防护效果。

(二)根石加固工程施工

1.散抛根石质量控制

清除淤土:采用合适的机具,不得扰动地基、损坏相邻建筑物,将根石表面杂物、淤泥清除干净,露出新茬。

石料:质地坚硬,单块质量应大于 30 kg,质量小于 30 kg 的石料禁止使用。

坝坡保护:抛石过程中应有保护措施,设置抛石排,不得损坏坝坡。

坡度:坡面平顺,无明显的凸肚凹坑。

根面排拣:里外石块咬茬,大石在外,小石在内,无孤石、游石、小石。

2.抛铅丝笼质量控制

石料:质地坚硬,抗风化性能良好,无风化石、山皮石、分层易碎石。

网片编制:网眼每边长度不大于 15 cm,大小适中均匀,打结处结合良好,无折断。

装笼:乱石装笼后,要求达到大石排紧,小石填严,大石在外,小石在内,大小搭配。铅丝网片缝合良好,尺寸符合设计要求,石笼填石饱满,外形方正,无散漏石块。单体铅丝笼总体质量不小于 350 kg,其尺寸为 0.8 m×0.8 m×0.8 m。

(三)质量检测、评定标准

1.进场原材料

石料:抗风化性能好,冻融损失率小于 1%,新鲜完整,质地坚硬,密度在 2.6 t/m³ 以上的块石(石灰岩、砂岩、花岗岩)均可使用。无风化石、山皮石、分层易碎石,单块质量应控制在 30~150 kg,质量不够 30 kg 的石块在根石工程中不得使用。大块石每块质量75~150 kg,主要用于坝垛靠大溜的部分。

铅丝:铅丝主要用于编制铅丝笼,可采用 8#~10# 铅丝,铅丝质量符合国家标准(GB 3081—82)的规定,韧性适中,表面镀锌标准不得低于 GB/T 15393—94 中的 D 级标准,表面镀锌均匀,无锈蚀。进料时要逐批检验合格证,否则不能使用。

现场监理必须检验合格证与实物是否相符,并检验有无锈蚀及其程度,镀锌是否均匀。认可后方可使用。

2. 散抛根石

清除淤土:采用合适的机具,不得扰动地基、损坏相邻建筑物,将根石表面杂物清除干净,露出新茬。

石料:质地坚硬,单块质量应大于 30 kg,质量小于 30 kg 的石料禁止使用。

坝坡保护:抛石过程中应有保护措施,不得损坏坝坡。

坡度:大致平整顺直,无明显的凸肚凹坑现象。

坦面排拣:里外石块咬茬,大石在外,小石在内,无孤石、游石、小石。

铺底高程:每围长 10 m 取 3 个检测点(总数不得少于 3 个),允许误差水上 0~0.1 m、水下 0~0.2 m。

铺底宽:每围长 10 m 取 3 个检测点(总数不得少于 3 个),允许误差水上 0~0.1 m、水下 0~0.2 m。

根石顶高程:每围长 10 m 取 3 个检测点(总数不得少于 3 个),允许误差水上 0~0.1 m、水下 0~0.25 m。

根石顶宽:每围长 10 m 取 3 个检测点(总数不得少于 3 个),允许误差 0~0.1 m。

3. 抛铅丝笼

石料:质地坚硬,抗风化性能良好,无风化石、山皮石、分层易碎石。

网片编制:网眼每边长度不大于 15 cm,大小适中均匀,打结处结合良好,无折断。

装笼:乱石装笼后,要求达到大石排紧,小石填严,大石在外,小石在内,大小搭配。铅丝网片缝合良好,尺寸符合设计要求,石笼填石饱满,外形方正,无散漏石块。单体铅丝笼总体质量不小于 350 kg,其尺寸为 0.8 m×0.8 m×0.8 m。

铺底高程:每围长 10 m 取 1 个测点(总数不得少于 3 个),允许误差 ±0.2 m。

铺底宽:每围长 10 m 取 1 个测点(总数不得少于 3 个),允许误差 0~0.3 m。

顶高程:每围长 10 m 取 1 个测点(总数不得少于 3 个),允许误差 ±0.3 m。

顶宽:每围长 10 m 取 1 个测点(总数不得少于 3 个),允许误差 0~0.3 m。

裹护长:于顶部丈量出裹护长度,大于设计值为合格点次。

4. 工程量控制

为了控制工程量,要求施工方对坝(岸)进行断面测量,一般坝(岸)每围长 10 m 测 1 个断面,但每一坝(岸)不应少于 3 个断面。量好坝(岸)围长,并绘出断面图(比例为 1:100),按设计边线计算出工程量。为加快施工进度、早日开工,测量成果可按每一单位工程于开工前一次报监理机构,亦可测量一处险工、控导(一个分部工程)报一处测量成果,由监理机构按 1/3 抽检(每段坝不少于一个断面),确认后方可施工(或由监理机构与施工方共同测量）。

二、水下抛石护岸工程

水下抛石护岸工程施工过程控制应实行现场旁站监理。工程质量控制应实行以工序质量控制为基础的程序化和量化管理。

(一)施工准备

1.施工设备进场查验

承包人必须根据施工强度和航运路线条件选用合适的运输机械,按合同文件要求组织施工设备进场,并向监理机构报送进场设备报验单。监理工程师应检查施工设备是否符合航区和作业区相应的船级规定,是否满足施工工期、施工强度和施工质量的要求,检查同一抛区所用抛石船的有效载石长度是否一致,严禁使用一次抛投量大的对开驳或底开驳。未经监理工程师检查批准的设备不得在工程中使用。

2.石料场检查

施工前,承包人应对选定的石料场进行自检,并向监理报送自检报告(附上石材质量检验报告)。监理工程师应对石料场开采条件、材料数量和质量进行检查。未经监理工程师检查批准的材料不得在工程中抛投。

3.审批石料抛填试验成果

在试验前14 d,承包人应向监理递交石料现场抛填试验方案和计划,经批准后方可实施。试验应根据水下地形图选取有代表性的并经监理认可的抛填区,进行与实际施工条件相仿的现场生产性试验,以便取得最终的施工参数。试验包括定位船定位和抛石船定位、移位及不同水深、流速条件下的漂距试验,必要时可配置潜水员到河底摸测抛投石料的实际落地部位。监理工程师应对试验进行全过程旁站,以获得生产试验的第一手资料。承包人应分别对定位船和抛石船定位方式、抛石船移位的大小(挡位)和不同水深、流速条件下的漂距等提出试验成果,并将全部成果整理成正式报告(包括将采用的施工方法和施工参数)递交监理批准。

(二)施工过程

在施工过程中,监理工程师应督促承包人按照批准的施工措施计划和合同技术规程规范按章作业,严格执行工序质量“三检”制,上道工序未经监理工程师检验签证,下一道工序严禁开工。监理工程师还应对作业工序进行巡视、跟踪、检查和记录,发现违反技术规程规范作业,可采取口头违规警告、书面违规警告,直至指令返工、停工等方式予以制止。

1.石料质量控制

(1)石料质量要求:块石要求石质坚硬,遇水不易破碎或水解,湿抗压强度大于50 MPa,软化系数大于0.7,密度不小于2.65 t/m³;不允许使用薄片、条状、尖角等形状的块石。风化石、泥岩等亦不得用做抛填石料;抛填块石料粒径、质量应符合设计要求,一般采用粒径0.15~0.50 m的块石抛投,单块质量不得小于10 kg。

(2)由于工程施工需要,承包人要改变或增加石料场,或在抛石现场购买石料,应报监理工程师审批,并提交石料质量检测报告。

(3)在施工过程中,监理工程师可根据石料质量情况,督促承包人定期或不定期地对石料质量进行检验,并对其石料检测进行见证取样、送样,必要时进行监理抽检。

（4）对少量（小于15%）的超径、逊径或薄片、条状、尖角等形状的石料,应在量方、抛投后予以扣方,否则应予以退船;风化石、泥岩则不得进场。

2.船只定位

（1）现场监理工程师根据该抛区抛石船的有效载石长度,核查抛投网格划分是否正确;监督承包人测定抛区流速,根据水下地形图核查水深,确定合格石料的漂距;再根据抛石船的前仓距、合格石料的漂距核定抛区定位船的定位断面及坐标。

（2）承包人应在堤岸适当位置设置岸上标位,作为定位船定位放样使用。监理工程师根据抛区定位船的定位断面及坐标,监督承包人按批准的定位船定位程序进行岸上测量放样,并在定位船定位记录上签证;监理工程师则对定位船的抛锚定位顺序进行监理。定位船定位记录未经测量监理工程师签证的抛投均是无效的,不予计量。

3.石料收方控制

1）收方小组人员组成

承包人应由质检负责人、质检员、量方员、记录员4人参加,监理机构应由现场监理工程师和监理员2人参加。现场丈量计方时收方小组中的承包人质检负责人、监理机构的现场监理工程师均应在场,并应在收方记录上现场签证,否则收方无效。

2）收方地点

每个标段应统一在一个地点进行,以便于统一管理和相互监督。

3）抛石验方

抛石验方以船上量方为主。现场丈量计方时,视船的大小,在长、宽、高方向选择不同部位量测料石堆码尺寸。对堆码较平整的,长、宽、高方向量测数据的次数应分别不少于1、3、4次,求出平均值后算出计算方量;对堆码成多个"山形"的船只,不予验方。在量方监理工作中,监理机构应每船全过程旁站监理。承包人质检负责人、质检员、量方员、记录员现场量方,现场监理工程师跟尺验证,监理员记录。

4）扣方

现场量方后应视材质、粒径和堆码空隙情况确定扣方比率。对材质和超、逊径超过规定的情况,则应退船;对堆码空隙扣方,初期量方后,可采用称重方式确定扣方空隙率,或依上年度经验空隙率实施扣方（石料供应商若有不同意见,采用称重方式核实）。对恶意码空的料船,承包人应不予验方,或采取惩罚扣方。

5）料船验方记录

量方、扣方时由量方员填写收方五联单（五联单上应标明时间、船号、船主姓名、量方尺寸、计算方量、扣除方量、收方量、抛投区域）。经质检负责人、现场监理工程师签字后,施工方、监理方、石料供应方各1份,另2份由石料供应方随船交抛填区旁站监理和施工员。抛完后,抛石区监理和抛石施工员在五联单上签字,其间如发现恶意码虚方和不合格石料,应在联单上标明扣除方量和核定方量,作为抛投计量和结算的原始依据。

4.抛投控制

（1）石料抛投开工前,承包人的施工员、质检员应到岗,否则,现场监理机构可指示暂缓开工。

(2)抛投顺序:抛石应按要求从上游向下游依次抛石。

(3)定位船上的挡位核定与抛石船定位控制:在定位船上或挂挡缆绳上应按批准的挡长确定挂挡标记,抛石船应按确定的抛投挡位挂挡定位。旁站监理应对挂挡标记与抛石船定位进行核定。

(4)抛量控制:施工网格抛投方量应依据设计方量进行控制,按照"总量控制、局部调整"的原则监督施工。在施工控制中,应贯彻"接坡石抛蹲,皮面石抛匀,备填石抛准,对突出坡嘴处控制方量,对崩窝回流区适当加抛,尽量保证水下近岸水流平顺"的设计意图。实抛过程中,现场监理工程师应严格按每个网格的设计抛量一次抛足控制(允许偏差为 0 ~ 10%),不允许欠抛。浅水区岸坡抛石宜采用民船转运抛投。

(5)抛投作业控制:在抛投中,现场监理工程师应对抛投过程进行旁站,检查定位船上的挡位移动记录和抛石船的移位记录。对于机械抛投,应监督挖掘机手严格按挡区设计抛量确定的船上抛填层厚标记分层挖抛,保证抛撒幅面和平缓移车,严禁沿船舷推抛块石入水;对于人工抛投,应事先在抛石船上划定挡区抛投量标记,严格控制超抛或欠抛现象。对因船型不一致(主要是前舱距不一致)或抛石船搭接不好而产生的漏抛区位,以及现场观察分析有欠抛现象的部位,应及时采取措施补抛。

5.不良情况处理

(1)施工过程中发现工程地质、水文地质条件变化或其他实际条件与设计条件不符时,承包人应及时将有关资料报监理核查并转达设计单位,供变更或修改设计参考。如遇水流变向和其他未料想的情况,应采取有效措施,并报监理工程师批准。

(2)承包人应设专人观测堤岸稳定情况,如施工过程中发生塌滑现象,需经过处理后再进行抛填作业。

6.施工进度

当施工进度拖延时,监理工程师应按合同文件规定,要求承包人调整施工进度计划,采取赶工措施,增加设备、人员、材料等资源投入,确保工程按期完工。

7.安全文明生产

(1)为便于通航,应设置水面浮标,以示出抛石作业区范围及施工船舶和航行船舶的航道。

(2)水上运输必须设有醒目的符合航道及水上作业规程规定的各种标志,并有安全指挥艇负责水上安全。

(3)所有船上施工人员与监理人员应穿戴救生衣上船,严禁无关人员上船。

(三)质量检验

(1)在每个水下抛石分部工程施工过程中,承包人应在有代表性的水域,分别对不同粒径、不同质量的块石在不同的水位、不同流速下的漂距和水下成型的情况提出实测资料,据以不断调整水上定位并分析相关关系,指导下一阶段施工。

(2)在抛投施工前期,每个单元工程抛投结束后,承包人应在监理工程师的指示下,进行由测量监理工程师见证的水下断面测量(断面间距为 20 ~ 40 m)。水下测量后,应分析抛投结果,以便及时调整抛投施工参数和水上作业定位的位置。

(3)当发生作业效果不符合设计或施工技术规范要求时,承包人应及时修订施工技术措施和调整抛填施工参数,并报送监理批准后执行。

(4)除承包人的日常质量检查外,在必要时,监理工程师可对有怀疑部位和为质量检查进行的试验项目(包括水下地形测量并采用水下摸深或摄像,以便复核水下块石抛填区域边线和坡度),进行监理见证复查。若见证复查资料表明该区域抛投作业不能满足设计要求,承包人应按监理工程师的指示对工程缺陷部分进行返工、补抛。

(5)抛石体体积以量方检测为主,抛投的均匀性由抛投位置和数量控制,实际抛投厚度由水下地形测量断面测点与原地形比较确定,每个单元工程检测断面不少于2个,每个断面不少于8个测点。

(6)全部石料抛填工程完成后,监理工程师应督促承包人按照合同的规定和要求编制包括竣工图在内的工程验收资料。工程验收资料中应附有全部质量检查记录和文件以及工程缺陷的处理资料。

三、沉树石、沉柴枕护岸工程

沉树石、沉柴枕护岸工程施工过程控制应实行现场旁站监理。工程质量控制应实行以工序质量控制为基础的程序化和量化管理。

(一)施工准备

1. 施工设备进场查验

承包人必须根据施工强度和航运路线条件选用合适的施工设备,按施工承包合同要求组织施工设备进场,并向监理工程师报送进场设备报验单。监理工程师应检查施工设备是否符合航区和作业区相应的船级规定,是否满足施工工期、施工强度和施工质量的要求。未经监理工程师检查批准的设备不得在工程中使用。

2. 材料储备检查

在施工前,承包人应按设计图纸或监理指示的位置,分种类、分批备足符合用料性能的各种树木、芦柴、树枝、芦苇,符合设计要求的各种不同粒径的块石,连接树木与块石的铅丝、藤条等连接物,并向监理工程师报送备料报告(附上石材质量检验报告),监理工程师应对材料数量、质量进行检查签证。

3. 审批抛沉试验成果

在试验前14 d,承包人应向监理工程师递交沉树石或沉柴枕现场抛沉试验方案和计划,经批准后方可实施。试验应根据水下地形图选取有代表性的并经监理工程师认可的抛沉区,进行与实际施工条件相仿的现场生产性试验,以便取得最终的施工参数。试验包括必要时配备潜水员到河底摸测抛沉体的实际落底部位等。监理工程师应对试验进行全过程旁站,以获得生产试验的第一手资料。承包人应分别对定位船和料船的定位方式、料船移位的大小(挡长),不同水深、流速条件下抛沉体的漂距等提出试验成果,并将全部成果整理成正式报告(包括将采用的施工方法和施工参数),递交监理工程师批准。

(二)施工过程控制

在施工过程中,监理工程师应督促承包人按照批准的施工措施计划和合同技术规程规范按章作业,严格执行工序质量"三检"制,上道工序未经监理工程师检验签证,下一道工序严禁开工。监理工程师还应对作业工序进行巡视、跟踪、检查和记录,发现违反技规程规范作业,可采取口头违规警告、书面违规警告直至指令返工、停工等方式予以制止。

1. 材料质量控制

树木的质量要求:质新、树质坚硬又富有弹性,树枝比较均匀;长度、直径应符合设计要求。

树枝排制作技术要求:树枝排的制作应按设计要求进行,铁丝绑扎须牢固,每根树枝都应采用铁丝绑扎,不得漏扎;每组树枝排的压重石应按设计要求夹在绑扎的木棍铁丝与树枝交叉点之间,其质量不能小于设计要求。

块石料质量控制:

(1)块石要求石质坚硬,遇水不易破碎或水解,硬度 3～4,密度不小于 2.65 t/m³,岩石的湿抗压强度应大于 60 MPa;块石粒径应在 20～40 cm 范围内,单块质量不小于 25 kg;不允许使用薄片、条状、尖角等开头的块石和风化石、泥岩等石料。

(2)由于工程施工需要,承包人要改变或增加石料场,或在抛沉现场购买石料,应报监理工程师审批,并提交石料质量检测报告。

(3)在施工过程中,监理工程师可根据石料质量情况,督促承包人定期或不定期地对石料质量进行检验,并对其石料检测进行见证取样、送样,必要时进行监理抽检。

2. 沉树石或沉柴枕计量

(1)在沉树石施工之前,承包人应将沉树石施工所需树木、石料、铅丝或藤条等分类装船,并依据施工强度和施工进度要求,组织熟练技术人员,按设计图示要求,在船上进行树木和石料的捆绑。柴枕应在岸上按设计图示要求捆扎。监理工程师应对捆绑过程进行旁站,对所用材料和柴枕中所裹的石块数量及质量、捆绑方式进行监督检查,对沉树石或柴枕的捆绑尺寸、型式进行检测。未经监理工程师检查认可的沉树石或柴枕不得进行抛沉,否则不予计量。

(2)沉树石或柴簇(个)为计量单位,监理工程师应严格控制沉树石或柴枕的捆绑尺寸、型式。计量应在抛沉体船上由承包人质检员、监理工程师现场签证。

3. 水上作业的定位

(1)水上作业应根据设计沉树石或柴枕范围、允许误差和批准的施工程序,将每一序平面范围和分层高程预先划分成抛投网格,然后分网格根据水深、流速、料船的前仓距、漂距等参数拟定水面定位坐标。

(2)现场监理工程师应监督承包人测定抛区流速,根据水下地形图核查水深,根据抛沉试验成果确定抛沉体的漂距。

(3)承包人应在堤段岸坡适当位置设置岸上标位,作为定位船定位放样使用。测量监理工程师根据抛区定位船的定位断面及坐标,监督承包人按批准的定位船定位程序进行测量放样,并在定位船定位记录上签证;现场监理工程师则对定位船的抛锚定位顺序进行监理。定位船定位记录未经测量监理工程师签证的抛沉是无效的,不予计量。

4. 抛沉控制

抛沉应按设计分层次序要求从下游向上游,先远岸后近岸,先深槽后浅槽,依次抛沉。

抛沉作业必须在下述工作完成以后进行:

(1)抛沉单元工程原水下地形已进行了实测。

（2）已进行过生产性试沉。

（3）水上作业定位的工作签证完毕。

（4）施工员、质检员和监理工程师已到位。

抛柴枕时，两柴枕间不需搭接，但应靠紧，柴枕轴线应与水流方向保持一致。如遇水流变向和其他未料到的情况，应采取有效措施，并报监理工程师批准。

5. 不良情况处理

（1）施工过程中发现工程地质、水文地质条件变化或其他实际条件与设计条件不符时，承包人应及时将有关资料报送监理工程师核转设计单位，供变更或修改设计参考。

（2）承包人应设专人观测堤岸稳定情况，如施工过程中发生塌滑现象，需经过处理后再进行抛沉作业。

6. 安全文明生产

（1）为便于通航，应设置水面浮标，以示出抛沉作业区范围及施工船舶和航行船舶的航道。

（2）水上运输必须设有醒目的符合航道及水上作业规程规定的各种标志，并有安全指挥艇负责水上安全。

（3）所有船上施工与监理人员应穿戴救生衣上船，严禁无关人员上船。

（三）质量检验

（1）在施工过程中，承包人应选派有经验的工程技术人员在施工现场进行监督和指导。承包人的施工、质检人员应密切配合监理工程师的工作，及时向监理工程师报告检查中发现的问题，并及时向监理工程师提供必要的资料。

（2）在沉树石或沉柴枕施工过程中，每道工序完工后，承包人应及时报请监理工程师进行检查签证。

（3）在每个沉树石或沉柴枕分部工程施工过程中，承包人应在有代表性的水域，分别对不同水位、不同流速下的抛沉体漂距和水下成型的情况提出实测资料，据以调整水上定位并分析水上定位与水下成型的相关关系，指导下一阶段施工。

（4）抛沉应按报经批准的网格抛沉到位。每一单元工程抛投结束后，承包人应在监理工程师的指示下，进行由测量监理工程师见证的水下断面测量（断面间距为 20 ~ 40 m）。水下测量后，应分析抛投结果，以便及时调整抛沉施工参数和水上作业定位的位置。若发现少沉或抛沉不到位，应立即补抛。

（5）当发生抛沉作业效果不符合设计或合同技术规范要求时，承包人应及时修订施工技术措施和调整抛沉施工参数，并报送监理批准后执行。

（6）除施工单位的日常质量检查外，在必要时，监理工程师应对有怀疑部位和为质量检查进行的试验项目（包括水下地形测量并采用水下摸深，以便复核水下抛沉体抛填区域边线和坡度），进行监理见证复查。若见证复查资料表明该区域抛沉体不能满足设计要求，承包人应按监理工程师的指示对工程缺陷部分进行返工、补抛。

（7）抛沉体以水上检测计量为主，抛投的均匀性由抛沉位置和数量控制，实际抛沉厚度由水下地形测量断面测点与原地形比较确定，每个单元工程检测断面应不少于 2 个，每个断面应不少于 8 个测点。

第七章 护坡工程

护坡工程包括砌石护坡、混凝土护坡及土工合成材料护坡,护坡工程施工监理应以施工过程现场控制为重点。工程质量控制应实行以单元工程和工序质量控制为基础的标准化、程序化和量化管理。

第一节 削坡与垫层

一、土方削坡

(一)机械土方开挖验收

在人工削坡前,为防止坡面超、欠挖,监理工程师应督促承包人对坡面机械开挖工序进行全过程的监控,在承包人自检合格后,才允许其进行人工削坡。

(二)人工削坡控制

(1)在测量监理工程师和承包人测量人员的测控下,在坡上放样桩和样坡。削坡时,承包人质检人员应进行过程监测,测量员则应对削坡后的坡面位置、高程等控制参数进行及时检查,防止坡面超、欠挖。

(2)当原坡面较低或坡面属整修加固工程,原护坡面存在局部塌陷、跌窝、吊坎、滑挫及松动等,需少量填方时,应首先清除表面腐殖土、草根、杂物等,待监理工程师对基面验收签证后,再用指定的土料分层(松土20 cm)回填夯实。回填应稍高于削坡面,再用人工削整到设计位置。

(3)削坡时,如发现流动粉细砂层,且地下水比较丰沛时,承包人应做好记录,即时报监理工程师核转发包人或设计单位,联系进行局部换基处理。

(4)削坡弃土定期要运到指定弃土场,严禁向江河中堆弃。

(5)对坡面上设置的脚槽、导滤层、排水沟等基槽,应在削坡时一次挖成。基槽开挖前应按设计要求放线,并报经监理工程师校验。挖后经自检合格,应及时通知监理工程师组织进行隐蔽工程验收签证。

(三)质量检查

(1)在施工过程中,承包人应对工序质量进行"三检",合格后填报工序质量检验合格证,报监理工程师现场检验签证。检验内容包括:坡面削整边界控制点、线位置,坡度,平整度,基槽基面开挖位置、高程、断面尺寸,曲面、曲线的几何尺寸与坡面平顺情况等。检测数量为:每个单元工程的每个检测项目沿堤轴线方向每10～20 m应不少于1个点次。未经监理工程师签证的基槽、坡面不得进行下道工序的施工。

(2)在削坡过程中,现场监理机构应巡回检查,督促承包人质检负责人、质检员、施工员加强现场质量管理,做好质量检查工作。监理机构应对前款检验内容进行抽查,发现问题及时向承包人指出,并督促其处理。

二、砂石垫层铺设

(一)垫层基面验收

在垫层铺设前,垫层基面表层的腐殖土、草皮、杂物、垃圾等均应清除,基面应平整,并应按设计要求进行夯实。上道工序削坡、开槽等的设计位置、高程、断面尺寸应已经监理工程师验收合格。在基面未得到监理工程师验收签证之前,不得进行垫层施工。

(二)砂石垫层材料签证

承包人应对砂石垫层材料进行监理工程师见证下的检测(每 1 000 m³ 取样 1 组),必要时,监理工程师应进行监理抽样送检。砂石的料径、级配应符合设计要求。垫层材料未经监理工程师签证不得用于工程施工。

(三)垫层铺设

(1)垫层应按设计图示的厚度、范围和材料要求分层铺设。垫层料铺设应平整、密实、厚度均匀。当设计图对垫层料没有明示时,垫层应按15 cm厚,粒径5~20 mm的砂石铺设。

(2)排水孔下的垫层应严格按设计图示要求分层铺筑。当设计图纸没有明确要求时,承包人应按反滤层设计,报监理工程师审签后实施。

(3)垫层铺设前,应做好场地排水,设好样桩,备足垫层料;应由坡底逐层向上铺设,不得从高处顺坡倾倒;已铺筑好的垫层料应及时进行上层护坡施工,严禁人车通行。

(4)铺设大面积坡面的砂石垫层时,应自下而上,分层铺设,并随砌石面的增高分段上升,分段进行检查签证。

(四)质量检查

(1)在施工过程中,承包人应对工序质量进行"三检",合格后填报工序质量检验合格证,报监理工程师现场检验签证。检验内容包括:铺设垫层的位置、高程、铺设方法、铺设厚度(每20 m²设1个测点),施工中垫层保护情况等。垫层未经监理工程师的签证不得进行下道工序的施工。

(2)在垫层铺设过程中,现场监理机构应巡回检查,做好质量检查工作。监理机构对垫层厚度应随时进行抽检,发现问题及时向承包人指出,并督促其处理。

第二节　干砌石护坡

一、基面验收

在干砌石砌筑前,上道工序垫层和墙类砌体的基槽面应已经监理工程师验收签证,否则,不得进行干砌石砌筑施工。

二、块石质量控制

块石料必须选用质地坚硬、不易风化、没有裂缝且大致方正的岩石,不允许使用薄片状石料。石料最小尺寸应不小于 20 cm,单块质量应不小于 25 kg。石料抗水性、抗冻性、抗压强度等均应符合合同技术要求的规定。用于砌体表面的石料必须有一个用做砌体表面的平整面,以保证砌体表面的平整。

石料场选定后,承包人应通知监理工程师到料场进行考察。各选定石料场的块石均应进行进场前的材质检验,必要时,监理工程师应进行见证取样、见证送样或监理抽检。未经监理工程师审签批准的块石料不得进场使用。

三、干砌石砌筑

(1)砌筑前,应在坡面上设置纵向和横向砌体坡面线,以保证砌体的厚度和表面平整度符合设计要求。

(2)面石砌筑禁止使用小块石,不得有通缝、对缝、浮石、空洞。无缝宽在 1.5 cm 以上、长度在 50 cm 以上的连续缝。

(3)砌筑块石应经敲打修整使之与已砌块石面基本吻合后才能使用。块石砌体的缝口应挤靠紧密,上、下错缝,底部应垫稳填实,严禁架空。

(4)不得使用一边厚一边薄的石块和边口很薄而未修整掉的石料。

(5)宜采用立砌法,不得叠砌和浮塞,石料最小边厚度不应小于 20 cm。

(6)砌体石块间较大的空隙应用合适的石块嵌实,不得随便倒入碎石或留着空洞不予处理。

(7)墙内砌体的基础第一皮石块应选较大块石,并将大面朝下,有基础扩大部位时,如做成阶梯形,上级阶梯的石块应至少压砌下级阶梯石块的 1/2。相邻阶梯的毛石应相互错缝搭砌。

(8)墙体型构筑物不得采用外面侧立石块、中间填心的砌筑方法。

四、质量检查

(1)在施工过程中,承包人应对砌石工序质量进行"三检",合格后填报工序质量检验合格证,报监理工程师现场检验签证。检验内容包括:面石用料、腹石砌筑和面石砌筑质量,砌石面的缝宽、高程、厚度、表面平整度,坡面的坡度、整体平顺情况等。其中,在每个砌石护坡单元工程中,砌石厚度和坡面平整度质量检测的数量为:沿堤轴线方向每 10 ~ 20 m 应不少于 1 个点次。未经监理工程师签证的砌石坡面不得进行计量支付。

(2)在砌石过程中,现场监理机构应巡回检查,督促承包人质检负责人、质检员、施工员加强现场质量管理,做好质量检查工作。监理机构应对上述检验内容进行抽查,发现问题及时向承包人指出,并督促其处理。

(3)现场监理工程师指示返工的部位,都要拆除,待监理工程师复查签证后,才可重新砌筑。对于返工整改通知下达后,不认真执行的,监理工程师应及时向总监理工程师报告,请示发包人批准签发停工整改令。

五、干砌块石工程技术要求

(1)干砌石过程中应采取相应保护措施,不得损坏土胎、土工膜和堤坡。碎石粒径

2~4 cm 的垫层,随砌石随填,厚度 10 cm。

（2）施工位置准确,砌石厚度均匀一致,砌护尺寸符合设计要求。

（3）要逐坯排整,做到里外石块的咬茬,厚度均匀一致,大石在外,小石在内,不准有凸肚凹坑。坡面平顺,不得有突出无靠的孤石和易滑动的游石。

（4）干砌块石砌筑单元工程质量检查、检测内容和标准应符合表 7-1、表 7-2 的规定。

表 7-1　工程质量检查项目和标准

项次	检查项目	质量标准
1	石料	质地坚硬,单块质量应符合设计,但最小不应小于规范要求的 25 kg
2	坡度	平顺,无明显凸凹现象
3	坡面排整	无游石、孤石、小石

表 7-2　工程质量检测项目和标准

项次	检测项目	允许误差(mm)	
		设计值	实测值
1	铺底高程		50
2	砌筑高		50
3	铺底宽		50
4	砌体顶宽		50

第三节　浆砌石护坡

一、基面验收

在浆砌石砌筑前,上道工序垫层和墙类砌体的基槽面应已经过隐蔽工程验收签证,否则,不得进行浆砌石砌筑施工。

二、原材料质量控制

（一）石料

块石必须选用质地坚硬、不易风化、没有裂缝且大致方正的岩石。石料抗水性、抗冻性、抗压强度等均应符合合同技术要求的规定。用于砌体表面的石料必须有一个用做砌体表面的平整面。石料场选定后,承包人应通知监理工程师到石料场进行考察。各选定石料场的块石均应进行进场前的材质检验,必要时,监理工程师应进行见证取样、见证送样或监理抽检。未经监理工程师审签批准的块石料不得进场使用。

（二）水泥

所选水泥品种及其强度等级应符合设计要求。每批进场水泥必须有产品出厂合格证、检验报告单。每批次进场水泥都必须取样抽检,若同一批次进量较大时,每200 t水泥应送检1组。必要时,监理工程师应对水泥检验进行见证取样、见证送样或监理抽检。每批进场水泥使用前,承包人应向监理报送进场水泥报验单,待监理工程师审签后,才能用于工程。

(三)水

水必须满足《混凝土拌和用水标准》(JGJ 63—89)的规定。

(四)砂

砂应符合水工混凝土用砂的规定。

三、浆砌石砌筑

(1)砌筑前,应在坡面上设置纵向和横向砌体坡面线,以保证砌体的厚度和表面平整度符合设计要求。

(2)浆砌块石体必须采用铺浆法砌筑。砌筑时,应先铺砂浆后砌筑,石块应分层砌筑,上下错缝,内外搭砌,砌立稳定。相邻工作段的砌筑高差应不大于1.2 m,每层应大体找平,分段位置应尽量设在沉降缝或伸缩缝处。

(3)在铺砂浆之前,石料应洒水湿润,使其表面充分吸水,但不得有残留积水。砌体基础的第一层石块应将大面向下。砌体的第一层及其转角、交叉与洞穴、孔口等处,均应选用较大的平整毛石。

(4)所有的石块均放在新拌的砂浆上,砂浆缝必须饱满、无缝隙,石缝间不得直接紧靠,不得先摆石块后塞砂浆或干填碎石,不允许采用外面侧立石块、中间填心的方法砌石。灰缝厚度一般为20～35 mm,较大的空隙应用碎石填塞,但不得在底座上或石块的下面用高于砂浆层的小石块支垫。

(5)砌缝应饱满,勾缝自然,无裂缝、脱皮现象,匀称美观,块石形态突出,表面平整。砌体外露面溅染的砂浆应清除干净。

(6)砌体的结构尺寸、位置、外观和表面平整度,必须符合设计规定。

(7)砌体外露面应在砌筑后12 h左右,安排专人及时洒水养护,养护时间14 d,并经常保持外露面的湿润。

四、质量检查

在施工过程中,承包人应对各工序质量进行"三检",合格后填报工序质量检验合格证,报监理工程师现场检验签证。检验内容包括:砂浆配合比、强度及拌制方法,面石用料、砌筑方法,砂浆饱满度、勾缝质量、养护情况,砌体的结构尺寸、表面平整度,坡面的坡度、坡面整体平顺情况等。其中,在每个浆砌石护坡单元工程中,砌石厚度和坡面平整度质量检测的数量为:沿堤轴线方向每10～20 m应不少于1个点次。未经监理工程师签证的浆砌石工程不得进行计量支付。

在砌石过程中,现场监理机构应巡回检查,督促承包人质检负责人、质检员、施工员加强现场质量管理,做好质量检查工作。监理机构应对上述检验内容进行抽查,发现问题及时向承包人指出,并督促其处理。

五、浆砌块石工程技术要求

浆砌石厚度及碎石垫层厚度符合设计要求。工程砌筑采用坐浆法施工,砂浆强度应符合设计要求。

砂浆拌和应用机械拌和。砂浆应随拌随用。因故停歇过久,砂浆达到初凝时当做废料处理。

面石勾缝,所有水泥砂浆应采用较小的水灰比。勾缝前剔缝,缝深 20～30 mm,清水洗净,不得有泥土、灰尘杂物,缝内砂浆要分次填充、压实,然后抹光、勾齐。洒水养护不少于 7 d。

浆砌、勾缝检查、检测项目应符合表 7-3、表 7-4 的规定要求。

表 7-3　浆砌、勾缝检查项目及质量标准

项次	检查项目	质量标准
1	原材料	符合规范标准
2	砂浆配合比	符合设计要求
3	砂浆抗压强度	符合设计要求
4	勾缝	无裂缝、脱皮现象
5	浆砌	空隙要先填浆后用片石塞满

表 7-4　浆砌石检测项目及标准

项次	检查项目	允许误差
1	铺底高程	+100 ～ -50 mm
2	砌体总高	+100 ～ -50 mm
3	铺底高	+100 ～ -50 mm
4	砌体顶高	+50 ～ -50 mm
5	坡度	+3% ～ -3%
6	缝宽(块石)	要求横缝宽 20 mm,最大 25 mm,竖缝 20～40 mm
7	咬牙缝	尽量避免,2 m² 内不得超过 1 条
8	面洞	严禁出现大于 0.003 m² 的面洞,面积 0.002 5～0.003 m² 的洞在 2 m² 内不得超过 3 个
9	悬石	不得存在

浆砌石单元工程质量检查数量应符合下列要求:

(1)砂浆质量检查。每 100 m³ 砂浆取成型试件 1 组 3 个,进行砂浆抗压强度试验。

(2)单元工程质量检测位置和数量。沿齿墙 15 m 长不少于 1 个点次,每单元检测点次不少于 3 个。

第四节　混凝土护坡

一、混凝土预制块预制

承包人应建立原材料进场、检验和使用记录制度。混凝土原材料质量控制、预制按有关规定执行。

二、混凝土预制块砌筑

(一)基面验收

在预制块砌筑前,上道工序垫层(含导滤沟等)应已经过隐蔽工程验收签证,否则不得进行预制块砌筑施工。

(二)混凝土预制块铺设

(1)铺设前,应在坡面上设置纵向、横向、斜向的砌体坡面控制线,以保证预制块铺设的整齐和表面平整度符合设计要求。

(2)为保证大面积的整体平整度和外观质量,预制块铺设应在较大面积上同时进行。一般同一分隔构造区内应一次开工,或80~100 m长为1段,不可分段太窄。铺设应按从下往上的顺序进行,铺设缝宽2~3 cm。铺后的预制块应平整、稳定,纵、横、斜各方向的缝线应整齐划一。

(3)铺设时,凡发现预制块边角破损或有裂缝,一律不得使用。在坡面上应采用人工搬运的方法,不得从坡上往下滚,以免造成人身安全事故和预制块的破裂。

(4)在预制块铺设完毕后,承包人应进行分块(在一个单元范围内)检验。自检合格后,报监理工程师现场检验签证。预制块铺设未经监理工程师检验签证,不得对预制块间的缝隙进行砂浆封填。

(三)砂浆质量控制

(1)砂浆的配合比应在工程开工前经试验确定,并报经监理工程师批准。配合比应采用重量比。在拌和场,配合比要有明显的标牌,便于执行和检查。在现场应备磅秤,便于对使用的容器进行率定。

(2)砂浆一般规定用砂浆搅拌机搅拌,搅拌时间不少于2 min。砂浆数量很少时,才允许人工拌和。砂浆应拌和均匀,一次拌料应在其初凝之前使用完毕。

(3)砂浆强度试件取样:规定承包人每工作班应至少取一组试件,试件在搅拌机出料口随机取样制作。监理工程师应进行监理抽样检测,其数量以不超过承包人取样的10%控制。

(四)砂浆封填和勾缝

(1)封填和勾缝前应将铺设好的预制块坡面清扫干净,清除预制块间预留缝内的杂物、泥土或过厚的砂石;湿润预制块坡面,特别是预留缝要充分湿润。

(2)封填应按计划从下到上或从一侧到另一侧,有组织地进行。砂浆应填满,不得有空、松或用砂、石代填的现象。填满后应勾缝,勾缝应自然,缝面清洁平整,不应超出预制块平面,勾缝表面应无裂缝。

砂浆应用灰桶一类容器盛用,不得将砂浆散落在坡面上,更不得在坡面上拌浆。

(3)养护。砂浆勾缝12 h左右后应及时养护。养护时间不应少于3 d,养护期间应保证砌体和缝面湿润。

三、质量检查

在施工过程中,承包人应对各工序质量进行"三检",合格后填报工序质量检验合格证,报监理工程师现场检验签证。检验内容包括:混凝土和砂浆配合比、强度、浇注方法及振捣,混凝土预制块的密实程度,表面有无蜂窝、麻面、漏浆、几何尺寸、表面光滑度及平整度情况,混凝土预制块铺砌的稳定性、勾缝质量、缝线规则及养护情况,混凝土预制块坡面的结构尺寸、坡比、表面平整度、坡面整体平顺情况等。其中,在每个混凝土预制块护坡单元工程中,坡面平整度质量检测的数量为:沿堤轴线方向每10~20 m应不少于1个点次。未经监理工程师签证的预制块护坡工程不得进行计量支付。

在施工过程中,现场监理机构应巡回检查,督促承包人质检负责人、质检员、施工员加强现场质量管理,做好质量检查工作。监理机构应对上述检查内容进行抽查,发现问题及时向承包人指出,并督促其处理。

现场监理工程师指示返工的部位拆除后,承包人应通知监理工程师进行拆除范围复查。复查经签证后,才可重新砌筑。对于返工整改通知下达后,承包人不认真执行的,监理工程师应及时向总监理工程师报告,请示发包人批准签发停工整改令。

第五节　土工合成材料护坡

常见的土工合成材料由聚丙烯、聚酯、尼龙、聚氯乙烯等聚合物组成,在水利工程中的作用主要有防渗、排水、隔离等,是护坡工程中的主要材料。护坡工程中选择土工合成材料时要考虑其防渗能力、材料本身的拉伸能力、抗穿刺能力、单位质量及抗老化能力。

土工合成材料施工监理应以现场控制为重点。工程质量控制应实行以工序质量控制为基础的程序化和量化管理。

一、施工准备

(一)原材料进场控制

承包人应按设计文件要求的技术指标联系材料生产厂家,除检查其产品规格、性能指标外,还应向厂家索取样品(一般长度大于2 m),委托有资质、资格的检测单位检测。检测项目应按设计要求确定,通常有:单位面积质量、抗拉强度、土工膜渗透系数、土工织物垂直渗透系数和透水率、等效孔径、粘接剂的可靠性等。检验合格后,报经监理工程师审查批准。监理工程师审查时,应检查检测单位的检测试验报告、粘接剂的可靠性试验报告、土工膜粘接试验报告、生产厂家、产品标签、生产日期、编号及产品规格等,未经监理工程师审查批准的材料不得在工程上使用。

(二)原材料储存

原材料在运输过程中,不得直接受阳光照射,应有篷盖或包装;在储存时,应避免阳光照射,远离火种,存放期不得超过产品的有效期;各类产品应分类存放,粘接剂、脱膜剂应与土工膜、土工布分开存放。

二、土工膜铺设

(一)基面验收

在土工膜铺设前,基面上的杂物应清除干净,基面尺寸、平整度、压实度以及垫层铺设、排渗设施、土工膜固定沟等均应经监理工程师检查签证,未经检查签证不得进行土工膜铺设。

(二)土工膜连接

土工膜连接包括土工膜与垂直防渗墙的连接、土工膜自身粘接、土工膜上部与堤顶封顶平台或钢筋混凝土防洪墙的连接。土工膜连接应先进行土工膜与垂直防渗墙的连接,再进行土工膜上部与堤顶封顶平台或钢筋混凝土防洪墙的连接。已施工好的土工膜接头应妥善保护,避免人为因素或机械破坏。

1. 土工膜底部连接

(1)土工膜底部与垂直防渗墙相接时,承包人应待此段墙体施工完毕并经监理人验收批准后方能进行接头处理施工。

(2)土工膜底部与墙体嵌固连接时,在防渗墙墙体附近的土工膜应折叠10 cm以防地基不均匀变形的影响。

(3)土工膜伸缩节底部连接时,承包人应在其接头边界上另贴宽20 cm的土工膜条带加强结构,以防漏水。

2. 自身粘接

(1)土工膜自身粘接应经现场试验检验。粘接后的土工膜强度应不降低,粘接剂遇水浸泡后粘接强度不应低于设计强度。检验合格,并报经监理工程师批准后,才能进行施工。

(2)土工膜粘接施工前,应检查是否有破损,发现破损应立即修缮。应准备好刨光木板,粘接施工时,将木板预垫在土工膜下部,摊平膜体,在接口处用电吹风吹去灰尘后涂抹粘接剂,根据粘接剂的性能要求进行粘接,并不断用棉纱擦压。土工膜自身粘接缝宽度一般为10 cm,并应保证最小粘接宽度不小于8 cm。

(3)土工膜自身粘接应先在室内进行,拼接车间应有顶棚防雨,自然通风,易于粘接剂等有机溶剂的挥发,并应加强职工劳保措施。

(4)现场粘接时,承包人应根据不同气候条件,采取不同的施工措施。晴天需勤揩擦,防止尘土和杂物落到粘接面上;阴雨天务应架雨篷,必须保持粘接面干燥和粘胶干后才粘(或按厂方规定的使用条件及要求粘接),已粘好的土工膜必须用雨布盖好,防止受损,已拼接好的土工膜预留边接口,应用薄膜保护好,防止接口地土工膜被污染。

3. 土工膜接缝检测

目测:观察有无漏接,接缝是否无烫损、无磨皱,是否拼接均匀等。

现场检漏:应对全部焊接缝进行检测。常用的有真空法和充气法:

(1)真空法。利用包括吸盘、真空泵和真空机的一套设备。检测时将待测部位刷净,涂肥皂水,放上吸盘,压紧,抽真空至负压 0.02~0.03 MPa,关闭气泵。静观约 30 s,看吸盘顶部透明罩内有无肥皂水泡产生,真空度有无下降。如有,表示漏气,应予补救。

(2)充气法。焊缝为双条,两条之间留有约 10 mm 的空腔。将待测段两端封死,插入气针,充气至 0.05~0.20 MPa(视膜厚选择)。静观 0.5 min,观察真空表,如气压不下降,表明不漏,接缝合格,否则应及时修补。

抽样测试:约 1 000 m² 取 1 试件,作拉伸强度试验,要求强度不低于母材的 80%,且试样断裂不得在接缝处,否则接缝质量不合格。

4.土工膜铺设

(1)土工膜铺设应选在干燥、温暖天气进行。

(2)铺设过程中,为了缓解膜体受力条件,适应堤基变形变位,沿铺设轴线每隔 100 m 设 1 伸缩节,在土工膜与其他防渗体接头部位附近及铺设拐角、折线等处亦需设置伸缩节,伸缩节应按设计图示的要求制作。

(3)铺设时不应过紧,应留足余幅(大约 1.5%),一般采用波浪形松弛铺设型式,要求随堤基填筑时协调施工。

5.土料回填

(1)土工膜铺设检查合格后,应按设计文件要求及时回填保护土料。对于土工膜两侧的填料应严格控制粒径组成,一般采用黏土,并不允许内含尖角碎石或块石,以防刺破膜体。

(2)承包人应规划好施工期施工道路,采取可靠的车辆等机械设备跨越土工膜,设置可靠的施工区工程保护措施(如设置保护架),协调组织好回填保护土料和土工膜铺设施工。

(3)施工过程中应避免施工机械或人为破坏土工膜,一旦发现土工膜被破坏,应立即向监理人报告并按监理人的指示更换破损部分或进行补修。

三、土工布铺设

(一)基面验收

在土工布铺设前,基面上的杂物应清除干净,基面尺寸、平整度、压实度以及垫层铺设、土工布固定沟等均应经监理工程师检查签证,未经检查签证不得进行土工布铺设。

(二)土工布连接

(1)相邻土工布块拼接可用搭接或缝接。平地搭接宽度取 30 cm,不平地面或极软土地面应不小于 50 cm,水下铺设应适当加宽。

(2)预计土工布在工作期间可能发生较大位移而使土工布拉开时,应采用缝接。

(3)与岸坡结构物的连接处,应按设计文件要求连接稳妥,不得留空隙,应结合良好,上部铺至马道处,要求做好保护,防止人畜破坏。

(三)土工布铺设

(1)土工布应按工程要求裁剪、拼幅,要避免土工布被损伤,保持其不受脏物污染。

发现土工布有损坏时应立即修补或更换。

（2）铺设要求平顺、松紧适度，不得绷拉过紧，织物应与基面密贴，不留空隙。

（3）坡面铺设应自下而上进行，坡顶、坡脚应以锚固沟或其他可靠方法固定，防止其滑动，锚固长度应大于 50 cm。与岸坡结构物的连接处，不得留空隙，应结合良好。

（4）铺设工人应穿软底鞋，以免损伤布。

（5）土工布铺好后，应避免受日光直接照射。随铺随填，或采取保护措施。

（6）土工布铺设施工过程中，承包人要在现场做好"三检"工作，监理工程师应进行旁站监理，土工布铺设查验应进行现场签证。签证后，才能实施覆盖。

（7）施工过程中应避免施工机械或人为破坏土工布，一旦发现土工布被破坏，应立即向监理人报告并按监理人的指标更换破坏部分或进行补修。

四、质量检验

在施工过程中，承包人应对各工序质量进行"三检"，合格后填报工序质量检验合格证，报监理工程师现场检验签证。检验内容包括原材料、现场试验、基面验收、材料连接、接缝检测、土工膜及土工布铺设、土料回填等。承包人对原材料的抽样率应不少于供货卷宗数的 5%，最少不应小于 1 卷；对铺设、回填、锚固、连接的检验，沿堤轴线方向每 10 ～ 20 m 应不少于 1 个点次。

在施工过程中，现场监理机构应巡回检查和旁站，督促承包人质检负责人、质检员、施工员加强现场质量管理，做好质量检查工作。监理机构应对上述检查内容进行抽查，决不允许不合格残、次品上堤，对在施工中发现的土工膜有裂口、针眼、空穴，接头处脱离或起皱等问题，及时向承包人指出，并督促其处理。

第八章 灌浆工程

灌浆施工次序的原则是逐序缩小孔距,即钻孔逐步加密。灌浆的施工方法可分全孔一次灌浆和全孔分段灌浆。灌浆方法的选用主要根据地质条件,施工程序一般是:钻进(一段)、冲洗、简易压水试验、灌浆、待凝、钻进(下一段)。

第一节 锥探灌浆

锥探灌浆施工监理应以施工过程现场控制为重点。工程质量控制应实行以单元工程和工序质量控制为基础的标准化、程序化和量化管理。

一、施工准备

(一)施工设备进场查验

承包人必须按合同要求组织施工设备进场,并向监理报送进场设备报验单。监理工程师检查施工设备是否配套和完好:检查运至施工现场用于锥探灌浆作业的各种机械设备、仪器仪表、计量观测装置和其他辅助设备是否经过检查、率定,并安装调试合格;检查进场设备数量、型号、技术性能、台时生产率能否满足施工技术和进度的要求。未经监理工程师签证批准的设备不得在工程中使用。

(二)灌浆材料进场检验

在生产试验和施工使用前,承包人应向监理报送灌浆材料进场报验单。监理工程师检查用于灌浆工程的黏土、膨润土、水泥、外加剂、掺合料等材料的性能指标(第一次还应检查产品生产许可证),承包人的复检报告和检测单位的资质、资格,必要时还应进行见证取样、送样或监理抽样检测。

(三)审批浆材配比和灌浆生产性试验成果

在灌浆作业开始前,应督促承包人做好浆材配比的试验工作,试验成果报告应报送监理工程师审批。试验方案未经审签批准,不得进行试验;试验成果未经审签批准,工程不得开工。

二、施工过程控制

在施工过程中,监理工程师应督促承包人按照批准的施工措施计划和合同技术规范作业,严格执行工序质量"三检"制,上道工序未经监理工程师检验签证,下一道工序严禁开工。监理工程师还应对作业工序进行巡视、跟踪、检查和记录,发现违反技术规程规范作业,可采取口头违规警告、书面违规警告直至指令返工、停工等方式予以制止。

(一)灌浆材料、制浆和设备控制

在施工过程中,承包人应建立原材料进场、检验和使用记录制度。承包人应对所有材料,包括配制的浆材,进行周期性检测试验以及监理工程师指示的质量抽检试验。必要时,监理工程师应进行见证取样、送样或监理抽样检测,并留下见证记录。未经监理工程师签证批准的材料不得在工程中使用。

1. 灌浆材料

(1)黏土:应选取用浆率较高、体缩率较小、稳定性较好的粉质黏土或重粉质壤土,在隐患严重或裂缝较宽、吸水量大的堤段,可适当选用中粉质壤土或少量砂壤土。灌浆土料物理力学性能应符合设计要求。

(2)膨润土:使用时必须通过试验确定。

(3)水玻璃:模数为 2.4 ~ 3.0,浓度宜为 30 ~ 40 波美度。

(4)灭蚁药物:掺量为每立方米浆液 0.2 kg,使用时应注意安全防护。

(5)水:灌浆用水一般为不含过量杂质的淡水。

2. 制浆

(1)制浆材料必须称量,称量误差应小于 5%,黏土等固相材料宜采用重量称量法。

(2)泥浆浆液物理力学性能应符合设计要求:密度为 1.3 ~ 1.6 t/m³;黏度为 30 ~ 100 s;稳定性 < 0.1 g/m³;胶体率 > 80%;失水量为 10 ~ 30 cm³/min。

(3)浆液应采用专用机械制浆,搅拌应均匀并测定浆液密度。

(4)浆液各项指标应按设计要求控制。灌浆过程中浆液密度和输浆量应每小时测定 1 次并记录,浆液的稳定性和自由析水率 10 d 测 1 次。如浆料发生变化,应随时加测。

(5)为了加速浆液凝固和提高后期强度,或为提高泥浆的流动性,或为提高泥浆的稳定性,经监理工程师批准可掺入适量水泥或少量的水玻璃或适当的膨润土;如结合灌浆消灭白蚁,在浆液中可掺入少量灭蚁药物,但要防止污染水源;各种掺料的最佳掺量应通过试验确定并报监理工程师批准。

3. 设备

(1)灌浆孔钻孔可采用各式合适的锥探钻机和钻头。对先导孔、质量检查孔应采用回转钻探的设备;软土地层宜采用螺旋钻探芯样钻探设备,采用合适的螺旋钻头、勺形钻头和芯样钻头;硬岩地层应采用芯样钻探设备,使用合适的芯样钻头。

(2)承包人应提供足够的双缸泥浆泵和泥浆搅拌机。灌浆泵性能应与浆液类型、浓度相适应,容许工作压力大于最大灌浆压力的 1.5 倍,并应有足够的排浆量和稳定的工作性能。搅拌机的转速和拌和能力应分别与所搅拌浆液类型及灌浆泵排浆量相适应,并能保证均匀、连续地拌制浆液。

(3)灌浆管路应保持浆液畅通,并能承受 1.5 倍的最大灌浆压力。

(4)灌浆泵和灌浆孔口处均应安装压力表,进浆管路也宜安装压力表。所选用的压力表应能使灌浆压力在其最大标值的 1/4 ~ 3/4 之间,压力表在使用前应进行率定,使用过程中应经常检查核对,误差不应大于 5%,不合格和已损坏的压力表严禁使用。压力表和管路之间应设有隔浆装置。

(5)承包人应准备足够的流量表、压力表、压力软管、供水管及必要的阀门等设备,并有必需的备用量。

(6)施工现场应配备比重计、比重秤、黏度计、温度计、测斜仪等质量检验仪器。

（7）灌浆宜配备自动记录仪。

（二）钻孔作业控制

1. 造孔

（1）造孔必须分序进行，一般要求分2～3序。其中1/10的1序孔应作为先导孔。先导孔中选1/10的孔进行钻孔取样，以探明堤身情况。

（2）灌浆孔布置应满足设计文件要求，隐患严重、吃浆量大的堤段应加密布孔。所有钻孔的开孔位置与孔位误差应不大于10 cm，如有特殊原因，需调整孔位时，应报监理工程师批准。所有钻孔应编序号与孔号。

（3）孔径应符合设计文件要求，设计文件无规定时选用孔径应在25～35 mm间，造孔深度应超过隐患1～2 m。

（4）造孔应保证铅直，偏斜不得大于孔深的2%。应采用干法造孔，不得用清水循环钻进。

（5）在造孔作业中，承包人应对孔斜、孔深及时进行检查，并认真填写造孔报表。如发现特殊情况时，应详细记录并分析处理。各孔终孔前，应通知监理工程师参加终孔检查签证。造孔结束后，应及时做好孔口保护直至灌浆完成。

2. 取样先导孔、质量检查孔

（1）钻孔孔径应在70～110 mm之间选用，钻孔取样应符合合同技术规范的要求。

（2）钻孔和芯样记录应按钻进回次逐段填写，分层应另记，不得将若干回次合并记录和事后追记。否则，可认为钻孔不合格。

（3）钻孔编写内容除一般性要求外，应着重描述软土的湿度、状态、有机质和腐殖质含量、臭味、含砂量（夹砂厚度）、包含物、结构特征、钻进难易程度、提土情况等。

（4）对于检查孔及其他重要的钻孔，应详细描述土样结构或分段拍摄土样（芯样）照片，并应保存芯样。

（三）灌浆与封孔

（1）在灌浆施工中，应先对第一序孔轮灌，采用"少灌多复"、"先稀后浓"的方法。为减少堤身出现裂缝和冒浆，应先灌迎水侧临水排孔，再灌背水侧排孔，最后灌中间排孔。锥孔应当天锥，当天灌，防止搁置时间长，孔隙堵塞，影响灌浆效果。

（2）每孔每次最大灌浆量应按设计要求控制，灌浆时必须一次灌满，每孔灌浆次数应通过试验确定，一般为5次，两次灌浆间隔时间不应少于5 d。对吸浆量大的灌浆孔每次吸浆量每米孔深应控制在0.5～1.0 m³，以延长灌浆期。若已知洞穴很大，可适当增加灌浆量和提高浆液稠度。

（3）灌浆时孔口压力应控制在0.049 MPa左右，最大灌浆压力应由试验确定。

（4）灌浆综合控制是保证灌浆期间堤身安全和灌浆质量的重要措施。综合控制包括灌浆量控制、灌浆压力控制、横向水平位移控制、裂缝开展宽度控制。综合控制措施应实施于灌浆过程的始终。

（5）终孔标准：浆液升至孔口，经连续复灌3次不再吃浆即可终止灌浆。

（6）封孔：当每孔灌完后，对于孔径大于35 mm的孔，待孔周围泥浆不再流动时，将孔内浆液取出，扫孔到底，用直径2～3 cm、含水量适中的黏土球分层回填捣实；孔径小于35

mm 的孔,可用密度大于 1.6 g/cm³ 的浓浆,或掺加 10% 水泥的浓泥浆封孔;封孔后缩浆空孔应复封。

(7)灌浆终孔和封孔时,承包人应通知监理工程师检查签证,否则按不合格孔处理。

(四)不良问题的处理

施工过程中,裂缝、冒浆、串浆时,可采取下述措施处理并记录。必须采取特殊措施时,应报监理工程师批准,并在监理工程师现场监控下实施。

(1)裂缝处理:应尽可能地加大浆液浓度,采用慢灌、停停灌灌的办法。如遇裂缝中积水排不出,要设法挖沟引水。灌浆结束后,裂缝表面要加土回填夯实。

(2)冒浆处理:对堤顶和堤坡冒浆,应立即停灌,挖开冒浆出口,用黏性土料回填夯实;对白蚁洞冒浆,可先在冒浆口压砂堵塞洞口,再继续灌浆;对水下堤坡或土堤与其他建筑物接触带冒浆,可采用稠浆间歇灌注。

(3)串浆处理:当第一序孔灌浆时,发现相邻孔串浆,应加强观测、分析,确认对土堤安全无影响后,灌浆孔、串浆孔可同时灌注。如不宜同时灌注,可用木塞堵住串浆孔,然后继续灌浆。对吸浆量大的孔眼,经检查无漏浆地点后,可用浓度较大的浆液灌注。如果浆液串入测压管或浸润线管,在灌浆结束后,应补设测压管或浸润线管。

(五)灌浆观测

在灌浆期间,承包人应进行灌浆观测以及各项观测资料的整理分析。

(1)灌浆观测项目主要包括表面变形、土堤堤身位移、灌浆压力、裂缝、冒浆及泥浆固结观测等。

(2)在灌浆过程中,承包人应设专业人员负责观测工作,及时发现和解决问题。

(3)灌浆观测与灌浆控制应密切配合、协调一致,观测资料应及时整理,随时掌握灌浆期间土堤的情况。

(4)观测点的设置及观测方法等应按照《土坝坝体灌浆技术规范》(SD 266—88)、《水工建筑物观测工作手册》(水利电力出版社,1978 年)有关规定进行。

(六)环保

在施工过程中和竣工验收前,监理工程师应督促承包人做好施工现场的各项清理作业:

(1)各项工程中埋入的钢筋、钢管、木塞及其他辅助设施,均应清除或切割与地面平齐;各类不要求永久保留的钻孔、探井,应按灌浆孔封孔的要求回填。

(2)各项作业的废料、废渣、工作台等均应清除。

(3)钻孔灌浆作业排放的污水、废浆应做沉渣处理后排出。

(4)处理其他必需清理的废物。

废料、废渣、不需保留的其他弃物,应运至图示或监理工程师指定的地点。

有毒的污水应经处理后排放,有毒物质(如化学灌浆材料、凝固的浆体等)必须按监理工程师指定地点埋入地下,防止人畜中毒和污染水源及污染环境。

三、质量检验

(1)在施工过程中,监理工程师应按设计要求检查布孔、造孔、工艺操作、浆液性能及综合控制情况,各孔终止灌浆达到的标准,灌浆中出现的问题和处理情况等。发现问题及时向承包人指出,并督促其处理。

(2)灌浆施工中,监理工程师可根据施工的实际情况,在其指定的位置,要求承包人按合同要求或规范规定的数量布置探坑和检查孔,对已灌区域分块进行监理工程师监督下的质量检查。

(3)堤身灌浆完工后,应对堤身内部的质量(密度、连续性、均匀性)、堤面裂缝、浸润线出逸点、渗流量变化情况等进行检验。质量检查主要以分析资料、观测并配合钻孔、探井取样测定为主。检查孔的数量为灌浆孔数量的1%,检查孔孔深为检查孔部位紧邻的灌浆孔深度;探井为每500 m堤段长度布设1个(不足500 m也应布设1个),探井断面3~4 m^2,探井深度为1~1/5堤身高度。取样数量为每个检查孔、每个探井取样1~2组,做试样密度、灌入浆体固结体密度、试样渗透性能测试。所有的钻孔芯样、探井需做外观检测描述。

(4)承包人应为质量检验提供全套的灌浆资料及质量检查报告,必要时,对有怀疑的部位和资料,在监理工程师监督下,由承包人进行复查。

第二节 水泥灌浆

一、施工准备

(1)工程承包人应在灌浆工程实施的28 d前,根据设计文件和合同技术规范要求,选择与实施灌浆工程项目岩层以及施工条件相似的地区或部位完成灌浆试验。灌浆试验地区或部位、试验大纲均应事先报经监理机构批准。

(2)灌浆试验结束后,承包人应及时整理试验成果报告报送监理机构审批。其内容应包括:作业工序、方法与采用的设备,材料及品质、浆材的可灌性、浆液配比及开灌水灰比,根据各类岩性地质构造及渗透性等确定的随孔深而增加的灌浆压力,及其他有关建议。

(3)承包人应做好各种灌浆材料的检测和浆材配比的试验工作,并于灌浆作业开始前将试验成果报送监理机构批准。

二、施工过程

(1)承包人必须按设计要求按序次施放孔位,并在实地注明各孔序号。承包人应凭证开钻,即在钻孔前8 h,由承包人技术员签发"钻孔生产任务通知单",并及时通知监理工程师。钻孔应按设计序次进行,未经设计修改或监理工程师的同意,承包人不得随意改变钻孔序次。

(2)钻孔作业中,承包人应对孔斜、孔深及时进行检查,保证钻孔质量,并认真填写钻孔班报。

各孔终孔前4 h,承包人应通知监理工程师参加终孔检查。检查时必须有钻孔原始记录,对于取芯钻孔(先导孔、检查孔),承包人还应及时填写"岩芯相关表",并出示保存完整的岩芯。

钻孔结束后，承包人应及时将钻孔冲洗干净，并做好孔口保护直至灌浆完成。

（3）对于取芯钻孔，承包人必须将取出的岩芯统一编号、妥善保存，对于软弱与破碎带岩芯，还必须用石蜡封存，待竣工验收时移交给发包人。

在取芯钻孔完成后，承包人应及时向监理机构提供2份钻孔柱状图，其格式与内容，也可由承包人提出报监理机构确定。

（4）承包人必须对基础岩基灌浆安设抬动监测装置，对水工隧洞灌浆安设变形监测装置，并派专人与灌浆作业同步进行观测和做好记录。

（5）灌浆前，承包人必须按技术规范要求先做钻孔冲洗及压水试验。

压水试验应包括所有检查孔，其他孔、段由监理工程师指定，各检查孔的压水试验工作要有监理工程师在场时进行。压水时应保证栓塞位置准确，孔口、管道及接头等处不得有任何漏水现象，否则应暂停本段压水试验，将设备整修合格后再继续进行。

钻孔冲洗与压水试验过程中，承包人应认真做好钻孔冲洗和压水试验记录，并在作业结束后，及时向监理机构(处)报送作业记录成果。

（6）承包人应凭证开灌，即在灌浆前8 h，由承包人技术员签发灌浆任务书，并及时通知监理工程师，施工作业人员应根据灌浆任务书进行灌浆作业。

（7）灌浆段长和压力必须符合设计要求与规范规定，不允许超长、超压或欠压。孔口压力表必须有专人看管并认真填写"灌浆孔口压力记录表"。若检查发现记录压力与实际压力不符，施工作业人员应及时检查分析原因，进行调整，并在记录上注明。

对于违章操作或经发现弄虚作假者，监理工程师将作违规处理，情节特别严重的孔、段必须重扫重灌。

（8）各孔段的灌浆必须连续进行。开灌前必须根据压水试验成果备足灌浆材料。若因故中断必须按规定要求进行处理，并如实记录中断灌浆的时间、原因、处理措施、处理效果以及对灌浆质量的影响程度等情况。

（9）浆液变换和结束标准必须符合设计文件和技术规范要求。各孔段灌浆结束前，应报请监理工程师检查确认，每段灌浆结束后，要及时整理灌浆记录成果，并按各孔、段将记录表格分别装订成册。

（10）灌浆结束后，必须采用"机械压浆封孔法"封孔，并有闭浆措施。封孔作业中，应认真记录封孔情况。凡封孔不密实或发现有涌水处，监理工程师有权指令返工扫孔，重灌重封。

（11）承包人必须每月对灌浆材料的质量进行检验，包括水泥标号、细度和灌浆中所采用的砂及外加剂，并及时将检验情况提交监理机构审核。

（12）在钻孔与灌浆作业过程中，承包人必须认真做好原始记录。原始记录资料应真实、齐全、清晰、准确，严禁重抄或擦改，其内容应包括：钻孔、冲洗、压水、灌浆以及必要的取岩芯和观测记录。监理工程师可对原始记录随时进行检查。

（13）承包人必须严格按设计要求和技术规范规定，按报经批准的灌浆工程施工措施计划进行灌浆工程的施工。若有违反现象，监理工程师将发出违规警告通知，情节严重者，将指令其停工整顿或返工处理，因此造成的损失由承包人承担合同责任。

（14）灌浆施工中，承包人可根据施工的实际情况，按合同要求或规范规定的数量布置检查孔（其位置由设计或监理工程师发出通知指定），对已灌区或分块进行质量检查，检查方法必须报经监理机构（处）批准。

承包人必须向监理机构（处）提交灌浆工程原始记录成果一览表、地质柱状图、岩芯相关表等资料，以便于检查孔的布设。

检查孔的施工必须有监理工程师在场，按监理机构（处）同意的时间进行，无正当理由不得提前或推迟施工。

三、施工质量控制

同一地段的基岩灌浆应按先固结后帷幕的顺序进行。

坝基固结灌浆应在趾板或坝基覆盖混凝土浇注 14 d 后或其强度达到设计强度的75%以后进行。趾板或坝基下面的帷幕灌浆应在固结灌浆完成至少 7 d 之后才能进行。

隧洞回填灌浆应在初砌混凝土达到 70%设计强度后尽早进行。灌浆宜分为两个序次按分序加密的原则进行，各次序灌浆的间隙时间不得小于 48 h。水工隧洞洞内的固结灌浆应在回填灌浆完成 7 d 后进行。

帷幕灌浆孔钻孔孔位偏差不得大于 10 cm，孔壁应平直完整。当孔深小于或等于60 m 时，其孔向偏差不得大于 1.5%；孔深大于 60 m 时，其孔向偏差不得大于 2.0%。

施工中应注意进行孔向测量，测斜宜在钻进 5～10 m 量测一次，发现钻孔偏斜误差超过误差限值，承包人应及时予以校正或重新钻孔。

终孔段必须报请监理工程师参加测斜与方位角测定，并做好记录。

钻孔遇有洞穴、塌孔或掉块难以钻进时，可先进行灌浆待凝处理后继续钻进。如发现集中漏水，应查明漏水部位、漏水量和漏水原因，经处理后再行钻进。

除指定情况外，所有的钻孔完成后，应立即用不大于灌浆压力的 80%，也不大于1 MPa 的压力水，或采用风水轮换法进行裂隙冲洗，直到冲洗的回水清净时止。在岩溶、断层、大裂隙等地质条件复杂地区，帷幕灌浆孔（段）是否需要进行裂隙冲洗以及采用何种冲洗方法，应通过现场灌浆试验或由设计确定。

压水试验应分段进行，除监理工程师指定的情况外，每段试验段的长度不超过 5 m。压水试验的总压力值一般采用 1 MPa。对于基岩帷幕灌浆，当灌浆压力小于 1 MPa 时，宜为 0.3 MPa；灌浆压力小于 0.3 MPa 时，采用灌浆压力。

灌浆泵性能应与浆液类型、浓度相适应，容许工作压力应大于最大灌浆压力的 1.5倍，并应有足够的排浆量和稳定的工作性能。灌浆管路力求短、直，确保浆液流动畅通，并能承受 1.5 倍最大灌浆压力。

承包人在现场应有足够数量已校准的流量计、压力计和抬动观测的千分表等测量计，避免灌浆作业因缺乏测量计而受阻。压力计的精度应为 ±3%，使用压力宜在压力表最大标值的 1/4～3/4。

各种测量计要求加强维护保养，定期校正。不合格的和已损坏的压力表与千分表严禁使用。压力表与管路之间还应设有隔浆装置。

灌浆塞应和采用的灌浆方式、方法、灌浆压力及灌区地质条件相适应。胶塞（球）应具有良好的膨胀性和耐磨性能,在最大灌浆压力下能可靠地封闭灌浆孔段,并且易于安装和拆除。

灌浆工程所采用的水泥品种,一般情况下应采用普通硅酸盐或硅酸盐大坝水泥,其品质应符合下列要求:

(1)回填灌浆所用的水泥标号不应低于 325 号。

(2)帷幕和固结灌浆所用的水泥标号不应低于 425 号。对于坝基帷幕灌浆,当可灌性较差时,应通过灌浆试验研究采用磨细水泥。

(3)接触灌浆所用的水泥标号不应低于 525 号。

(4)所有灌浆用水泥必须符合质量标准,不得使用受潮结块或过期的水泥。采用细水泥时,应严格防潮和缩短存放时间。

水泥灌浆一般使用纯水泥浆液,如需要掺入其他掺合物或外加剂时,必须事先报经监理工程师批准。

对于帷幕灌浆、固结灌浆、接触灌浆,应采用孔内循环式灌浆方法,射浆管距孔底不得大于 50 cm。基岩灌浆段长宜采用 5 ~ 6 m,特殊情况下可适当调整,但不得超过 10 m。

隧洞顶拱回填灌浆,应采用填压法分区段进行,每区段长度不宜大于 50 m,区段端部必须封堵严密,施工时应自较低的一端开始,向较高的一端推进。

灌浆压力应符合设计要求,并应通过灌浆试验确定。只要不会引起混凝土或岩体变形超过设计允许值,应尽可能使用较高的灌浆压力。

帷幕灌浆浆液的浓度应由稀到浓,逐级变换。帷幕灌浆浆液变换原则如下:

(1)当某一比级浆液的注入量已达 300 L 以上或灌浆时间已达 1 h 而灌浆压力和注入率均无改变或改变不显著时,应改浓一级。

(2)当注入率大于 30 L/min 时,可根据具体情况越级变浓。

固结灌浆浆液变换可参照上述规定,根据工程具体情况确定。

灌浆过程中,灌浆压力或注入率突然改变较大,或当采用最大浓度浆液灌浆吸浆量很大而不见减少时,应立即查明原因,采取相应的措施处理。

各类灌浆结束标准如下:

(1)帷幕灌浆采用自上而下分级灌浆法时,在规定压力下,灌浆段的注入率不大于 0.4 L/min 时,继续灌浆 60 min;或其注入率不大于 1 L/min 时,继续灌注 90 min。采用自下而上分段灌浆法时,继续灌浆时间相应地减少为 30 min 和 60 min。

(2)固结灌浆在规定的压力下,注入率不大于 0.4 L/min 时,继续灌注 30 min。

(3)回填灌浆与接触灌浆在规定的压力下,灌浆孔停止吸浆后,延续灌注 5 min。

灌浆过程中,发现冒浆、漏浆、串浆、涌水等情况,应及时向监理工程师报告,并提出处理措施报监理工程师批准后实施。

灌浆作业必须连续进行,若因故中断,可按照下述原则进行处理:

(1)应及早恢复灌浆,否则应立即冲洗钻孔,而后恢复灌浆。若无法冲洗或冲洗无效,则应先进行扫孔,而后恢复灌浆。

(2)恢复灌浆时,应使用开灌比级的水泥浆继续灌注。如注入率与中断前的相近,即可改用中断前比级的水泥浆继续灌注;如注入率较中断前的减少较多,则浆液应逐级加浓继续灌注。

（3）恢复灌浆后，如注入率较中断前减少很多，且在短时间内停止吸浆，应采取补救措施处理。

灌浆段注入量大，灌浆难以结束时，可选用下列措施处理：

（1）低压、浓浆、限流、限量、间歇灌浆。

（2）浆液中掺加适量细砂或速凝剂。

（3）灌注稳定浆液或混合浆液。

该段经处理后仍应扫孔，重新按照技术要求进行灌浆直至结束。

灌浆过程中如回浆变浓，宜换用相同水灰比的新浆进行灌注。若效果不明显，延续灌注 30 min 后，即刻停止灌注。

帷幕灌浆检查孔应在下述部位布置：

（1）岩石破碎、断层、大孔隙等地质条件复杂的部位。

（2）注入量大的孔段附近。

（3）钻孔偏斜较大、灌浆情况不正常以及经分析资料认为对帷幕灌浆质量有影响的部位。

帷幕灌浆检查孔压水试验应在该部位灌浆结束 14 d 后，采用自上而下分段卡塞法进行压水试验。试验结束后，应按技术要求进行灌浆和封孔。固结灌浆质量压水试验检查、岩体波速检查、静弹性模量检查，应分别在灌浆结束 3～7 d、14 d、28 d 后进行。

灌浆作业结束后应排除孔内积水和污物，视情况采用机械或压力灌浆封孔并抹平。

第九章　防渗墙工程

防渗墙工程是修建在挡水建筑物和透水地层中防止渗透的地下连续墙,防渗墙的基本形式是槽孔型,它是由一段段槽孔套接而成的地下墙。其施工过程主要包括:造孔前的准备工作、泥浆固壁进行造孔、终孔验收和清孔换浆、修筑防渗墙和全墙质量验收等。

第一节　塑性混凝土防渗墙

一、开工前准备工作

承包人应依据设计文件、合同文件和有关规程、规范的要求,在防渗墙轴线上打先导孔,取得先导孔钻孔柱状图和防渗墙轴线地质剖面图,报监理工程师审核。如果先导孔揭示的地质资料与原设计资料基本符合,由监理工程师确定防渗墙槽孔终孔深度;如果先导孔揭示的地质资料与原设计资料相差较大,则由监理工程师转请发包人和设计人员确定防渗墙槽孔终孔深度。

防渗墙轴线上的地质资料,应对下列项目作比较详细的描述:

(1)覆盖层的分层情况、厚度、颗粒组成及透水性。

(2)地下水的水位,承压水层资料。

(3)基岩的地质构造、透水性、风化程度与深度。

(4)可能存在的孤石、反坡、深槽、断层破碎带等情况。

承包人应选择地质条件类似的地点或在防渗墙轴线上进行生产性施工试验,取得造孔、泥浆护壁、墙体浇注等有关参数资料,并报监理工程师批准确认后,方可正式开展防渗墙施工作业。

承包人应做好防渗墙塑性混凝土的配合比试验、护壁泥浆浆材配合比试验,并于防渗墙施工开始前将试验成果报送监理机构批准。

承包人应在开工前完成防渗墙施工的准备工作,并报监理工程师查验。检查应包括以下主要内容:

(1)造孔与成槽设备及其数量是否满足施工要求。

(2)泥浆拌制系统和净化回收系统应满足高峰期用料要求。

(3)塑性混凝土拌和系统及其运输能力应满足拌制质量和高峰供料强度。

(4)与防渗墙施工配套的有关机械设备(抓斗、吊车、出渣和混凝土运输车辆、泥浆泵、水泵等)应满足防渗墙施工高峰的要求。

(5)供电、供水、供浆系统应满足施工高峰时段供电、供水和供浆的要求。

(6)制备防渗墙体和泥浆的原材料(砂石料、水泥、土料、外加剂等)的储备量应满足施工用料量的要求。

二、测量放样

承包人应对防渗墙轴线、槽孔孔位进行实地放样,并将放样成果报监理机构审核。为确保放样质量,避免造成重大失误,必要时,监理工程师可直接监督承包人进行对照检查。

塑性混凝土防渗墙的中心线偏差应小于 3 cm;成墙厚度应满足设计要求,槽孔壁应平整垂直,防止偏斜,孔斜率不得大于 0.4%。一、二期槽孔搭接的两次孔位中心在任一深度的偏差值,应能保证搭接墙厚的要求。

防渗墙的中心线及高程,应依据设计文件,根据测量基准点进行控制。确定孔口高程时,应考虑以下问题:

(1)施工期的最高水位。

(2)可顺畅排除废浆、废水、废渣。

(3)尽量减少施工平台的挖填方量。

(4)孔口应高出地下水位 2 m。

三、造孔

建造槽孔前应修筑导墙,导墙宜采用现浇混凝土。当地基土较松散时应对地基土采取加密措施,其加密深度以 5~6 m 为宜。

造孔中,孔内泥浆面应保持在导墙顶面以下 30~50 cm。固壁泥浆原材料应进行物理试验、化学分析和矿物鉴定,并满足以下要求:

(1)黏土。密度 1.1~1.2 g/cm³,漏斗黏度 18~25 s,含砂量小于 5%。

(2)膨润土。密度小于 1.1 g/cm³,漏斗黏度 30~90 s,含砂量小于 5%。

固壁泥浆拌制应按监理机构批准的配合比配制,加量误差值不得大于 5%,泥浆性能应满足设计文件及技术规范的要求。拌制膨润土泥浆应用高速搅拌机,新浆经 24 h 水化溶胀后方可使用。储浆池内的泥浆应经常搅动,保持泥浆性能指标均一。

漏失地层应采取预防措施。发现泥浆漏失应立即堵漏和补浆。

造孔过程中,如果地层中存在孤石,使得造孔无法继续进行,在保证孔壁安全的前提下,可采取小钻孔爆破或定向聚能爆破的方法处理。

防渗墙深度应满足设计要求,一般应插入相对不透水层 0.5~1 m,特殊地层由监理工程师组织设计人员及地质工程师共同确定。

四、清孔

造孔结束后,应对造孔质量进行全面检查,经承包人自检和监理工程师复检合格后,方可进行清孔换浆。清孔换浆一般采用泵吸法或气举法。

清孔换浆结束后 1 h,应达到下列标准:

(1)孔底淤积厚度不大于 10 cm。

(2)当使用黏土泥浆时,孔内泥浆的密度不大于 1.30 g/cm³,黏度不大于 30 s,含砂量不大于 10%。

(3)当使用膨润土泥浆时,孔内泥浆的密度不大于 1.10 g/cm³,黏度不大于 35 s,含砂量不大于 3%。

二期槽孔清孔换浆结束前,应清除接头混凝土孔壁上的泥皮,常用钢丝刷子钻头进行分段刷洗。刷洗的合格标准是:刷子钻头上基本不带泥屑,孔底淤积不再增加。

五、墙体浇注

清孔合格后,应在 4 h 内浇注混凝土。如因故延长时间,应经监理工程师批准,并采取其他防止淤积的措施,但待浇时间不得超过 8 h,否则应重新清孔。

防渗墙槽段各孔位、孔深、孔斜及槽孔宽度、清孔换浆等工序的检验,应在承包人"三检"合格的基础上,报监理工程师检验认证,此后方可进行墙体浇注工序作业。

混凝土墙体材料入孔时坍落度应为 18～24 cm,扩散度应为 35～40 cm,坍落度保持 15 cm 以上的时间应不小于 1 h;初凝时间不宜大于 24 h。

墙体混凝土物理力学控制指标应以设计文件为准,一般按下列标准控制(指标保证率 95%):

抗压强度:$R_{28} \geqslant 2.0$ MPa。

弹性模量:$E < 1\,000$ MPa。

渗透系数:$K < i \times 10^{-7}$ cm/s($1 < i < 10$)。

允许渗透比降:$[J] > 60$。

墙体混凝土浇注应采用直升导管法,导管内径以 200～250 mm 为宜。槽孔内使用两套以上导管时,间距不得大于 3.5 m。一期槽孔两端的导管距孔端或接头管宜为 1.0～1.5 m;二期槽孔两端的导管距孔端宜为 1.0 m。当槽底高差不大于 25 cm 时,导管应布置在其控制范围的最低处。导管的连接和密封必须可靠,每套导管的顶部和底节管以上应设置数节长度为 0.3～1.0 m 的短管。导管底口距槽应控制在 15～25 cm 范围内。

墙体浇注过程中,应遵守下列规定:

(1)导管埋入混凝土的深度不得小于 1 m,不宜大于 6 m。

(2)混凝土面上升速度不应小于 2 m/h,应均匀上升,各处高差应控制在 0.5 m 以内,至少每隔 30 min 测量一次槽孔内混凝土面深度,至少每隔 2 h 测量 1 次导管内混凝土面深度。

(3)混凝土终浇顶面宜高于设计高程 50 cm。

(4)墙体浇注时,严禁不合格料进入槽孔内。如发现导管漏料或混凝土内混入泥浆或发生其他异常情况,应及时向监理工程师报告。

墙体浇注施工过程中,监理工程师有权对承包人现场作业记录和原始资料进行检查。监理工程师还将对重要作业工序进行巡视、跟踪检查或旁站监理,发现违反技术规程规范作业的,监理工程师有权采取口头违规警告、书面违规警告直至指令返工、停工等方式予以制止。由此而造成的经济损失与施工延误,由承包人承担合同责任。

六、质量检查

(一)槽孔造孔质量检查

槽孔的造孔质量检查主要包括以下内容:

（1）孔位、孔深、孔斜和槽宽。

（2）槽孔嵌入相对不透水层的深度。

（3）一、二期槽孔间接头的套接厚度。

（二）槽孔清孔质量检查

槽孔的清孔质量检查主要包括以下内容：

（1）孔内泥浆性能。

（2）孔底淤积。

（3）接头孔壁刷洗质量。

（三）墙体混凝土浇注质量检查

墙体混凝土浇注质量检查主要包括以下内容：

（1）导管间距。

（2）浇注混凝土面的上升速度及导管埋深。

（3）混凝土的终浇。

（4）浇注混凝土的原材料检验。

（5）混凝土机口取样的物理力学指标及数理统计分析结果。

（四）墙身质量检查

墙身质量检查应在成墙一个月后进行，检查内容为墙体均匀性、可能存在的缺陷和墙段接缝。检查可采用钻孔取芯、墙体开挖和其他无损检测方法。

第二节　振动切槽防渗墙

一、开工前准备

承包人应根据设计文件、合同文件和有关规范的要求，在防渗墙轴线上打先导孔，取得先导孔钻孔柱状图和防渗墙轴线地质剖面图，报监理工程师审核。如果先导孔揭示的地质资料与原设计资料基本符合，由监理工程师确定防渗墙槽孔终孔深度；如果先导孔揭示的地质资料与原设计资料相差较大，则由监理工程师转请发包人和设计人员确定防渗墙槽孔终孔深度。

防渗墙轴线上的地质资料，应对下列项目作比较详细的描述：

（1）覆盖层的分层情况、厚度、颗粒组成及透水性。

（2）地下水的水位，承压水层资料。

（3）基岩的地质构造、岩性、透水性、风化程度与埋藏深度。

（4）可能存在的孤石、反坡、深槽、断层破碎带等情况。

承包人应选择地质条件类似的地点或在防渗墙轴线上对防渗墙造孔、注浆、成墙以及设备与施工作业措施等，进行生产性施工试验。试验结束后，承包人应及时将试验成果进行整理，提出用于实施的生产工艺、设备和相关参数，报监理机构审核批准后，方可用于工程施工作业。

承包人应做好振动切槽防渗墙防渗砂浆的配合比试验工作，并于防渗墙施工开始前将试验成果报送监理机构批准。

承包人应在施工前完成防渗墙工程施工的准备工作,并报监理机构查验。检查应包括以下内容:

(1)开槽设备及其数量是否能满足施工要求。

(2)护壁泥浆拌制系统及输送能力是否满足需要,其能力能否满足高峰期用料要求。

(3)砂浆拌和系统及输送能力是否满足拌制质量及高峰期供料强度要求。

(4)与防渗墙施工配套的有关机械设备是否满足墙体施工高峰要求。

(5)供电、供水系统是否满足施工高峰时段供电、供水容量要求。

(6)制备防渗墙体浆液的原材料(砂、水泥、土料、外加剂等)的储备量是否满足施工用料量的要求。

二、施工过程监理

承包人应对防渗墙轴线、槽孔孔位进行实地放样,并将放样成果报监理工程师审核。为确保放样质量,避免造成重大失误,必要时,监理工程师可直接监督承包人进行对照检查。

振动切槽机轨道铺设应平行于防渗墙的中心线,平行度偏差小于 3 cm;地基不得产生不均匀沉陷,两轨道顶高差 5 mm。轨道铺设过程中,枕木放置必须整齐、稳固,且枕木间距宜小,不得过大。

防渗墙墙体浆液配合比、原材料选用及其配制方法和拌制工艺流程均应经现场施工试验验证,并报监理机构批准后实施。

防渗墙墙体浆液原材料应进行物理、化学分析和矿物鉴定,并应满足设计要求。一般应满足以下要求:

(1)水泥。C32.5 级普通硅酸盐水泥。

(2)黏土。黏粒含量大于 50%,塑性指数大于 20,含砂量小于 5%。

(3)砂。细砂,应符合设计和有关技术规范要求。

(4)水。符合拌制混凝土用水要求。

(5)膨润土。质量标准应符合石油工业部颁标准《钻进液用膨润土》。

防渗浆液拌制应按监理机构批准的配合比配制,加量误差值不大于 5%,防渗浆液性能应满足设计文件和合同技术规范要求。

防渗墙施工前,承包人应选择地质条件类似的地点或在防渗墙轴线上进行生产性施工试验。取得造孔、注浆、成墙等有关参数资料,并报监理工程师批准确认后,方可正式开展防渗墙施工作业。

振动切槽防渗墙成槽过程中,遇孤石等地下障碍物时,在确保施工质量和安全的情况下,可采取综合措施处理。必须采取特殊措施时,应报监理工程师批准,并在监理工程师现场监控下实施。

防渗墙成墙厚度应满足设计要求,槽孔壁应平整垂直,孔位允许偏差不大于 3 cm,孔斜率不大于 0.3%。施工过程中应随时用水平尺、吊锤法检查插板的偏斜度,发现偏斜时,应及时纠偏处理。

在施工过程中,承包人应对振动切槽防渗墙各墙段的孔深、孔斜、槽孔间搭接宽度、槽板起拔速度、注浆压力等工序质量控制点进行严格的控制和检查。监理工程师在承包人"三检"合格证基础上,对防渗墙施工全过程进行跟踪监理,督促、检查承包人落实各项质量保证及控制措施,并对各工序质量控制点进行随时检查。

振动切槽板插入预定深度后,应缓慢上拔插板,其提升速度应小于 4 m/min,同时,插板底部注浆管开始喷注浆液。应控制注浆压力大于 0.1 MPa,浆液密度大于 1.70 g/cm³,注浆量大于 150 L/min。

对单插板振动切槽机两相邻槽孔接头处,应保证搭接长度(重复插入)大于 1/3 插板宽度。对双插板振动切槽机两相邻槽孔接头处,应保证双插板阴阳槽相互嵌堑,总保证一个插板插入槽孔中。

墙体注浆时,如发现严重漏浆或塌孔等异常情况,应及时向监理工程师报告。对防渗墙施工中出现的质量问题、中断事故等的处理,应按监理工程师批准的方案进行。

施工过程中,监理工程师有权对承包人现场作业记录和原始资料进行检查。监理工程师还将对重要作业工序进行旁站、跟踪和检查,发现违反技术规程规范作业,监理工程师有权采取口头违规警告、书面违规警告直至指令返工、停工等方式予以制止。由此而造成的经济损失与施工延误,由承包人承担合同责任。

施工过程中,承包人应加强技术管理,做好原始资料记录、整理工作,做到文字、数据清晰、准确,资料齐全。应包括以下主要内容:

(1)各种原材料试验、检测记录。

(2)墙体防渗浆液配比及其物理力学性能指标检验记录。

(3)各工序和工艺作业记录。

(4)防渗墙每个槽孔的详细作业记录及插板提升速度、注浆压力、浆液密度、注浆量等记录。

(5)各项观测设施的埋设、观测、测量记录。

(6)各项中断、事故、特殊情况处理等记录。

(7)各项质量检查记录。

(8)其他各项必需的记录。

第三节　深层搅拌防渗墙

深层搅拌防渗墙施工监理应实行施工全过程巡视旁站。工程质量控制实行以单元工程和工序质量控制为基础的标准化、程序化和量化管理。

一、检查施工条件

施工设备进场查验。承包人必须按施工承包合同要求组织施工设备进场,并向监理报送进场设备报验单。监理工程师应检查施工设备是否配套和完好、完整(包括深层搅拌机、灰浆拌制机、集料斗、灰浆泵、输浆管路,并应配备流量计、压力表、配电装置等设备和水、浆流量与压力的自动记录仪及相应的转速、提升速度自动记录仪),检查施工设备的计量、钻机的垂直度校准装置是否经过率定,检查进场设备数量、型号、技术性能、台时生产率能否满足施工技术和进度的要求。未经监理工程师签证批准的设备不得在工程中使用,未经监理工程师的书面批准,施工设备不得撤离施工现场。

原材料进场检验。在生产试验和施工使用前,承包人应向监理报送水泥进场报验单。监理工程师应检查水泥出厂检验报告(第一次还应检查水泥产品生产许可证)、承包人的复检报告和检测单位的资质、资格,必要时还应进行见证取样、送样或抽样检测。未经监理工程师签证批准的材料不得在工程中使用。

审批生产试验成果。在施工前,不掌握地层性状及防渗墙底高程,承包人应沿防渗墙轴线每间隔 50 m 布设 1 个先导孔,局部地段地质条件变化较大的部位尚应适当加密。先导孔应取芯样进行鉴定,并绘制出地质剖面图报监理审查;根据探明的地质情况,确定搅拌生产试验方案(包括浆液水灰比、搅拌成墙工艺、水泥掺入量、搅拌机下沉及提升速度、桩间套接长度等),报监理审批;根据试验方案进行生产性试验,确定施工控制参数和检测方法,提交试验结果报告,报监理批准。监理工程师应对先导孔和搅拌生产试验进行旁站监理,以获得地质和生产试验的第一手资料;监理工程师在审批生产试验方案和生产试验成果报告时,应对浆液水灰比、单桩搅拌次数、水泥掺入量、搅拌机下沉及提升速度、桩间套接长度等影响施工质量的主要参数严格审查。

二、施工过程控制

(一)桩位、桩径及桩机架倾斜度控制

承包人应向监理报送防渗墙体轴线和桩位放样成果单,监理工程师对测量放样成果进行审查和现场校验。校验桩位时应重点检查桩间套接长度是否满足设计最小墙厚的要求(桩间套接长度应考虑桩位偏差和桩倾斜对墙厚的影响)。校验合格后,监理工程师予以签证,准予下道工序施工。

机具就位、试运转或开机生产前,承包人机组负责人(机长)、各操作工和质检人员必须上岗到位,否则,监理机构可现场指示不予开工。

每天开机生产前,承包人应对施工设备进行保养,发现问题及时处理或更换备品。每个班次应对搅拌轴外径进行检测,凡桩径负偏差大于3%的必须予以更换,对生产不到一个班次就磨损达4%的搅拌头,不得使用。

每次桩机移位时,桩位偏差应小于 5 cm,桩机架倾斜率小于 0.5%,否则,不得进行搅拌施工。

(二)浆液质量控制

1. 原材料质量控制

深层搅拌压浆用的浆液主要材料为水泥。水泥应采用普通硅酸盐水泥,标号不低于425 号(强度等级为 C32.5)。搅拌水泥浆液所用的水应符合混凝土拌和用水的标准。压浆用水泥浆液可根据工程需要加入适量的外加剂及掺合料。外加剂及掺合料应符合现行规程规范的要求。

承包人应建立原材料进场、检验和使用记录制度。水泥按每批 200 ~ 400 t 取样复检1 次,每批量不足 200 t 的也应进行 1 次复检。水泥应新鲜无结块,储存期超过 3 个月的

不得进入工地。监理工程师可对承包人的复检见证记录。任何未按合同规定的程序、方法、检测内容与检查频率进行检验的材料和经检验不合格的材料,均不得使用。

2.浆液性能控制

水泥浆液应按生产试验确定的经监理批准的水灰比配制。每次配浆均须用比重计测量浆液比重,并做好记录。无论采用何种水灰比的水泥浆,应保证桩墙的水泥平均掺入比达15%。

水泥浆液应做到随配随用。为防止水泥浆液离析,灰浆搅拌机应不断搅动。水泥浆液存放的有效时间和浆液温度应符合以下规定:

(1)当气温在10 ℃以下时,不宜超过5 h。

(2)当气温在10 ℃以上时,不宜超过3 h。

(3)浆液存放时应控制浆液温度在5~40 ℃范围内。

如超出上述规定应按废浆处理。

承包人对不同批号的水泥及各种不同配比的浆液均应留样制作试件进行浆液性能试验和浆液凝固体的力学性能试验。浆液性能试验内容为比重、黏度、稳定性和初凝、终凝时间;浆液凝固体的力学性能试验内容为抗压和抗折强度。水泥浆液检查用标准试模采集试样,其数量每种主要地层不应少于6组,每组3件。

3.搅拌施工工艺控制

(1)深层搅拌机下沉和提升速度、搅拌次数应符合生产试验确定的经监理批准的施工工艺要求。

(2)当深层搅拌机下沉到设计深度后,应在桩底喷浆30 s,使浆液完全达到桩端;当喷浆口提升到达设计桩顶时,应停止提升,搅拌5 s,以保证桩头搅拌均匀密实。施工停浆面必须高出桩顶设计标高0.5 m,在墙体凝固后将高出部分挖除。

(3)水泥浆液应严格过滤,供浆必须连续。一旦供浆中断,应将喷管下沉至停供点以下0.5 m,待恢复供浆时再旋喷提升。当因故停机超过0.5 h时,应对泵体和输浆管路妥善清洗。

(4)当采用悬挂式搅拌桩成墙时,桩深不得小于设计深度;当采用阻断式搅拌桩成墙时,桩深嵌入相对隔水层或设计地层内的深度应达到设计要求,偏差应小于10 cm。

(5)在施工作业中,现场监理机构应对施工全过程进行旁站监理。监理机构将随时检查浆液质量、桩径及桩位偏差、机架垂度、桩深、各自动记录仪记录数据的真实性及准确性和施工人员施工记录的及时性、真实性、完整性。

(6)现场操作人员进入施工现场,必须佩戴安全帽。上、下立架时必须佩带安全带。

(7)督促承包人按批准的环境保护措施施工,严格控制弃浆和污水的排放。

4.防渗墙接头部位和施工不良情况处理

(1)对于要求搭接的桩,桩与桩的搭接间歇时间不应大于24 h,如因特殊原因超过上述时间,应对最后一根桩先进行空钻,留出榫头以待下一批搭接。如间歇时间过长,与后续桩无法搭接,承包人应在监理工程师和设计人员认可后,采取局部补桩或注浆措施。

(2)在成桩过程中,遇到地下埋设的涵洞、涵管、钢管、电缆等穿堤构筑物或漂石、木头、砾石等障碍物时,应查明该构筑物或障碍物的尺寸及埋设高程,在其两侧的搅拌桩完成后,采用高喷注浆或其他措施对其周边及上下地层进行封闭处理。

(3)在施工过程中出现溢浆量过大时,在保证水泥掺入量的前提下,应适当变动水灰比和搅拌、压浆参数。如经上述调试仍不能达到要求,承包人应及时报告监理机构,必要时由设计方提出处理方案。

(4)承包人在搅拌桩成桩施工作业过程中出现搅拌头未到底、提升过快、旋转过快或过慢等任何一种不良情况,应视为不合格桩墙。完成的搅拌桩应补孔重新搅拌压浆。补浆措施和补桩情况资料应及时报监理工程师审批。

(5)承包人无论何种原因造成的成桩偏差超过规定值都必须加补搅拌桩或采用其他方法补桩,以确保搅拌桩墙的墙厚满足设计要求。加补措施应报监理工程师审批。

5.施工及监理记录

在施工过程中,承包人应按监理统一制发或批准使用的施工记录表格于施工现场及时真实地填写施工记录。其中,桩深度记录误差不得大于 10 cm,搅拌机下沉和提升的时间记录误差不得大于 5 s。

现场监理机构应及时将现场质量检查情况按监理记录表格格式记录在案,并在承包人填写的施工记录上进行监理抽检内容签证。

承包人应每 7 d 向监理机构报送一次本周的施工资料,包括以下内容:

(1)已完成防渗墙剖面图。

(2)生产原始记录复印件。

(3)试验、检测成果资料。

(4)质量与安全问题及其处理记录。

(5)工程进度完成情况与下周工程进度计划。

6.施工进度控制

当施工进度拖延时,监理工程师应按合同文件规定,要求承包人调整施工进度计划,采取赶工措施,增加设备、人员、材料等资源投入,确保工程按期完工。

7.违规处理

施工过程中,承包人若出现以下情况,监理工程师应采取口头违规警告、书面违规警告,直到返工、停工整改等方式予以制止。

(1)不按批准的施工措施计划实施。

(2)不按合同技术要求和劳动保护条件施工。

(3)出现安全、质量事故等情况。

(4)有其他违反工程承建合同文件的情况。

三、成墙质量检验

(一)成墙技术指标

施工作业形成的防渗墙厚度不应小于设计值,且各项指标应满足设计要求。

(二)成墙质量检验

搅拌桩成墙后其墙体质量检验方法主要有钻孔取芯检查、开挖检查和钻孔注水试验。

(1)钻孔取芯检查:在施工28 d后,采用钻机取芯描述芯样的完整性、均匀性,检验水泥的单轴抗压强度、渗透系数。钻机取芯沿堤轴线每300 m抽检1孔，不足300 m也应布设1孔，每孔取样2组，取样部位为钻孔的中部和底部。钻孔必须用水泥砂浆回填密实。每标段钻孔不少于3个。取样试验组数为得到试验数据的有效样品数。当检测不合格时，应加倍增加检查部位数量。

（2）开挖检查：沿堤线每隔0.5 km开挖1处，不足0.5 km时也应布1处，每处长3～5 m，深2.5～4 m。要求墙体的外观质量好，无蜂窝、孔洞；桩间塔接和墙厚满足设计要求；防渗墙整体性好，墙体倾斜度不大于0.5%。若开挖检查发现水泥强度不足，应将软弱部分挖除回填混凝土或砂浆。

（3）钻孔注水试验：利用取芯孔每600 m作1组注水试验，检测渗透系数。

第四节　高压喷射灌浆防渗墙

一、开工准备

高压喷射防渗墙作业施工之前，承包人应按合同文件、技术规范和设计文件要求，完成现场高压喷射生产性试验。在满足设计要求的条件下，模拟实际施工条件，通过试验调整优化和确定高压喷射施工相关参数和施工工艺。生产试验部位、试验大纲均应事先报经监理机构批准。现场试验中监理工程师应实施旁站监理。试验结束后，承包人应将高压喷射试验成果及高压喷射设备的详细资料报送监理机构审批。

承包人应在开工前完成高压喷射灌浆防渗墙施工的原材料等准备工作，并报监理工程师查验，包括以下主要内容：

（1）原材料（包括水泥、外加剂等）及供料平衡计划。各种材料需有生产厂家的出厂合格证、试验报告、使用说明书等和承包人按合同或规范要求对上述材料进行抽样检测的资料。

（2）施工程序（包括放样、造孔、终孔、测斜、制浆、高压喷射作业等）。

（3）通过现场试验确定的高压喷射施工参数（包括高压喷射设备、浆材配比、进浆比重、回浆比重、风压、风量、浆压、进浆流量、水压、水流量、回浆流量、定摆喷角度、旋喷角度、提升速度等）。

二、施工过程控制

（一）钻孔

承包人应依据设计文件、合同文件和有关规程、规范的要求，在高压喷射防渗墙轴线上打先导孔，取得先导孔钻孔柱状图和防渗墙轴线地质剖面图，报监理工程师审核。如果先导孔揭示的地质资料与原设计资料基本符合，由监理工程师确定防渗墙终孔深度；如果先导孔揭示的地质资料与原设计资料相差较大，则由监理工程师转请发包人和设计方确定防渗墙终孔深度。

钻孔前，承包人应按照设计文件和测量基准点进行高压喷射防渗轴线、孔位和孔口高程的测量放样，并将孔位与孔号平面图和剖面图报监理工程师审核，同时在高压喷射防渗墙轴线上标明各孔序号与孔号。

钻孔开孔位置与设计位置偏差不得大于 5 cm。因故变更孔位时,应征得监理工程师和设计方的同意。钻孔孔径应与喷射管外径相适应,钻孔的有效深度应超过设计墙度深度 0.3 ~ 0.5 m。

钻孔钻进过程中,出现泥浆严重漏失、孔口不返浆时,可采取加大泥浆浓度、泥浆中掺砂或填充堵漏材料等措施,直至孔口返浆后再继续钻进。

钻孔施工时应采取预防孔斜措施,应按设计要求测量孔斜。孔深小于 30 m 时,孔底偏斜率不应超过 1.5%。钻孔过程中,施工人员应认真填写钻孔班报表,详细记录孔位、孔深、地层变化和漏浆、掉钻等特殊情况。

钻孔暂停或终孔待喷时,承包人应做好孔口加盖保护;若时间较长,应采取措施防止塌孔。

承包人在钻孔经现场监理工程师验收合格后,方可进行高压喷射作业。

(二)高压喷射灌浆

高压喷射灌浆应分排、分序进行,每排孔宜分两序施工,相邻孔高压喷射灌浆间隔时间不宜少于 24 h。

下喷射管前,应进行地面试喷并调整喷射方向。下入、拆卸喷射管时,应采取措施防止喷嘴堵塞。

当喷头下至设计深度时,应先按规定参数送浆、水、气进行静喷,待浆液返出孔口、情况正常后方可开始高压喷射灌浆。

高压喷射浆材水泥浆的搅拌时间,高速搅拌不应少于 30 s;普通搅拌应不少于 90 s。浆液自制备至用完的时间不能超过 4 h,否则应按废浆处理。高压喷射浆液应在过筛后使用,温度应控制在 5 ~ 40 ℃。

高压喷射浆材、配合比及高压喷射施工工艺必须严格按设计文件、有关规程规范及监理机构签审认可的相关文件执行。施工过程中,应特别注意对水泥、浆材配合比、进回浆比重、水压、风压、浆压、流量、单位进尺水泥耗量、回浆性状等项目的质量控制。

高压喷射灌浆应全孔连续作业,每当拆卸喷射管后,应进行复喷,其长度不小于 0.2 m。

在高压喷射灌浆过程中,出现压力突降或骤增、孔口回浆深度或回浆量异常等情况时,应查明原因,及时处理。

孔内严重漏浆,可采取以下措施进行处理:降低喷射管提升速度或停止提升;降低喷水压力、流量,进行原地灌浆;喷射水流中掺加速凝剂;加大浆液浓度或灌注水泥砂浆、水泥黏土浆;向孔内冲填砂、土等堵漏材料。

供浆正常情况下,孔口回浆密度变小且不能满足设计要求时,应加大进浆密度或进浆量。在富水地层,宜适当减小风量或降低风压。若发生串浆,应填堵被串孔,待灌浆孔高压喷射结束后,应尽快进行被串孔的扫孔、灌浆或继续钻进。

承包人在现场应有足够的备用设备,以便在设备出现故障时,高压喷射作业连续进行或在设计文件允许的施工中断时段内施工。承包人应有足够数量的计量仪器、仪表(包括压力表、流量计、比重计、称量设备等)。各种计量仪器、仪表应定期校准且经国家计量认证部门认可合格。

高压喷射灌浆因故中断后恢复施工时,应进行复喷,其复喷深度不小于 0.5 m。

高压喷射墙质量技术指标应以设计文件为准。一般单排旋喷孔成墙的有效厚度不应小于 40 cm,最小墙厚不小于 20 cm;摆喷墙体有效厚度不应小于 20 cm,最小墙厚不小于 12 cm。且必须满足下列要求(保证率 95%):抗压强度 $R_{28}\geqslant 4.0$ MPa,墙体渗透系数 $K < i\times 10^{-7}$ cm/s$(1 < i < 10)$,允许渗透比降$[J] > 60$。

高压喷射灌浆结束后,应利用孔口回浆或水泥浆液及时回灌,直至浆液面不下降为止。

高压喷射灌浆宜采用自动记录仪。自动记录仪应具有监测提升速度、高压喷射压力、浆液流量和密度等 4 个参数功能。

高压喷射灌浆施工,应采取必要措施保证孔内浆液上返畅通,避免造成地面劈裂和地面抬动。承包人必须定期分批对高压喷射灌浆材料的质量进行检查,包括水泥标号和高压喷射作业中采用的外加剂,并及时将检验情况提交监理机构审签。

承包人在高压喷射作业过程中,应认真详细填写跟班记录,并由承包人现场负责人签证。跟班记录至少应包括:各孔序号、孔号和孔深,进浆水灰比及比重,回浆比重及性状描述,水压、气压、浆压;摆喷角度(旋喷角度)与提升速度,高压喷射施工中断原因及处理措施,施工过程中的其他记录。所有记录应真实、齐全、清晰、准确,严禁重抄和涂改。监理工程师可对原始记录随时进行检查。

承包人必须严格按设计要求和技术规范规定,按经现场试验确定的报经批准的高压喷射施工组织设计进行施工。若有违反现象,监理工程师将发出违规警告通知,情节严重者,将指令其停工整顿,或返工处理,因此而造成的损失由承包人承担合同责任。

三、质量检查

高压喷射施工结束后,承包人应根据施工的实际情况,按合同要求或规范规定的数量对高压喷射墙进行质量检查。检查方法应根据高压喷射墙的结构型式和深度选用围井试验检查、墙体钻孔检查、开挖检查或其他检查方法,检查部位及方案须报监理工程师批准。高压喷射墙的质量检查施工必须有监理工程师在场,按监理机构同意的时间进行,无正当理由不得提前或推迟施工。

围井试验宜在高压喷射灌浆结束 7 d 后进行,墙体钻孔检查宜在该部位完成高压喷射 28 d 后进行。高压喷射墙体质量检查,主要检查墙体的连续性、厚度和抗压强度、渗透系数等指标是否满足设计文件和有关规程、规范的要求。

当发现高压喷射墙抽检不合格时,由监理机构重新核定抽检范围,对不合格墙体,承包人应及时进行补喷,补喷作业施工方案应报监理机构签审,并在监理工程师指定时间进行质量检查,由此造成的工期延误及损失由承包人承担合同责任。

第十章　道路工程

第一节　沥青碎石(沥青混凝土)堤防道路

一、原材料控制

(一)路基处理土方的土质要求

最大干密度、最佳含水量、颗粒分析、液塑限、有机质含量等均应符合要求,黏土颗粒含量应高于3%。

(二)灰土基层

石灰有效CaO + MgO含量、未消解残渣含量、最大干密度、最佳含水量、颗粒分析、液塑限、有机质含量、塑性指数等均应符合要求。

(三)沥青路面

沥青路面原材料控制主要包括以下几项:

细集料:级配、含泥量。

粗集料:压碎值、磨粒值(磨耗层)、级配、针片状颗粒含量、含泥量、视密度、吸水率、石料与沥青的黏结力。

矿粉:通过0.075 mm筛孔的细颗粒含量、含水量、亲水系数、比重。

沥青:针入度、软化点、延度加热损失量、密度、闪点、含水量、溶解度、黏度、含蜡量。

(四)路缘石

路缘石的原材料控制主要包括以下几项:

(1)水泥要三证齐全(厂家资格证、每批水泥出厂合格证、水泥复检证明)。

(2)细集料:级配、含泥量。

(3)粗集料:压碎值、磨粒值(磨耗层)、级配、针片状颗粒含量、含泥量、视密度、吸水率。

二、各种配合比控制

灰土基层的配比,应按设计严格控制石灰含量,施工人员将土和石灰折算成体积,按设计配比拌和;拌和均匀后由现场监理机构指定承包人在现场取样制作试件,在试验监理机构监督下由承包人试验室进行试验来确定石灰土的7 d无侧限抗压强度。

沥青混合料配合比控制,包括各类沥青混合料的各种矿料比例、集料级配、沥青含量、马歇尔试验的稳定度、流值、密度、空隙率及饱和度等的确定。施工过程中的现场混合料取样由承包人在现场监理机构监督下进行,混合料的集料及沥青含量试验应在试验监理机构监督下由承包人试验室进行;马歇尔试验由现场监理机构指定承包人在现场取样制作试件,在试验监理机构监督下由承包人试验室进行。

路缘石制作严格按照设计标号和水泥、砂、碎石配合比来控制,现场监理机构指定承包人在现场取样制作试件,在试验监理机构监督下由承包人试验室确定试件的抗压强度。

若承包人没有资质进行检测,必须委托有资质的检测部门检测。

三、路基处理

对路槽下 30 cm 厚堤土翻松并经压实,使其压实度按重型击实标准达到 93%,开挖总宽度为 6.8 m。

路槽开挖及路槽下 30 cm 厚堤土翻松压实完成后,应测量槽底表面横坡及高程是否符合设计要求,高程误差允许为 +10 mm 及 -30 mm,不符合要求时应重新进行修整,直至满足规定。

四、灰土底基层

10% 灰土作为路面的底基层,对路面稳定起到重要作用。石灰土施工易出现层皮、弹簧、开裂等质量问题,如果控制不好易造成返工、浪费。故此阶段监理工作实施,事前控制尤为突出。

(一)施工前准备工作

(1)石灰必须经过试验工程师抽检合格,并进行挂牌标明数量、厂家,已检或未检。

(2)石灰堆放场地要进行硬化,四周应有完善的排水体系,要用彩条布进行覆盖。

(3)石灰必须充分消解(一般需 7 d 以上),并进行过筛处理。

(4)应对取土坑的塑性指数进行测定,试验室进行击实试验,取得 10% 灰土的最大干密度和最佳含水量。

(5)机械设备应满足施工要求,一般配有稳定土拌和机(宝马)1 台、压路机(振动压路机 1 台、三轮 2 台)、推土机 2 台、平地机 1 台、洒水车 2 辆、运输车若干辆。

(6)灰土施工前应对路基进行验收,验收内容包括高程、压实度、宽度、横坡、灰剂量、平整度、弯沉值、中线偏位等。

(7)灰土承包人应进行技术交底。

(8)灰土施工前必须路基稳定,沉降符合要求。

(二)施工过程控制

10% 灰土底基层在大面积施工前必须先试铺 100~200 m 路段作为试铺段。试铺段应解决以下几个问题:

(1)确定松铺系数。

(2)验证施工工艺。

(3)确定施工机械和人员的数量。

(4)组织协调与配合。

试验路段铺好后,督促承包人及时上报试铺总结。如果试铺不成功,监理机构应要求承包人认真分析和总结后找出解决办法,并充分准备第二次试铺。

必须按计算的面积画格子上土、上石灰。

（1）碾压前必须对灰剂量、含水量严格控制，灰剂量不足要加灰重拌，含水量过大要进行翻晒。

（2）路拌法施工必须用宝马稳定土拌和机拌和，拌和必须均匀，防止素土夹层。

（3）碾压要一次成型。

（4）检验合格后要进行覆盖养生直至基层施工时。

（5）高程应控制在规范允许范围内。

（三）试验

（1）进行标准击实试验。

（2）检查含水量、灰剂量、压实度。

路面基层是沥青结构的主要承重层，在施工过程中要注意防止出现原材料质量不合格、配合比不准确、拌和不均匀、摊铺不平整、粗细集料离析、碾压不密实、接缝不平整等质量问题，避免形成起皮、松散、裂缝、弹簧、翻浆、强度不合格等质量缺陷。

五、水泥、石灰、碎石稳定土基层

（一）施工准备工作

（1）监理工程师应认真检查承包人配备的主要机械设备的数量、型号、性能以及配套施工能力，使之满足最少配置要求和工程进度要求；如果不能满足，应及时要求承包人增加或更换设备。

（2）监理机构要检查承包人的试验室和试验检测设备，使之满足工程施工质量和施工进度的要求。

（3）监理机构对原材料进行源头控制，并督促承包人按规定频率进行自检。自检合格后，监理工程师对原材料按规定频率进行抽检，不合格材料不允许进场。

（4）检查承包人拌和场的粗、细集料的存放场地是否进行了硬化处理、隔仓并设有良好的排水设施。细集料要求有防雨措施。

（5）对承包人提出的配合比进行验证试验，确定最佳配合比。

（6）进场的原材料必须进行明显标识，主要包括原材料名称、产地、进场日期、数量、检验是否合格等。

（7）拌和场要有明确的混合料配合比牌子。

（8）水泥稳定碎石、混合料组成配合比设计的审查和验证。

（9）承包人必须进行混合料的组成设计。混合料组成设计包括：根据稳定的材料指标要求，通过试验选取合适的材料，确定合格的配合比、水泥剂量和混合料的最佳含水量。合理的水泥稳定碎石组成必须达到强度要求，施工和易性好（粗集料离析较小）。承包人形成最佳配合比设计的文件，报监理机构审查，监理工程师要对承包人提交的最佳配合比进行验证，并形成验证报告，监理机构批复后，报总监理工程师批准。

（二）试铺试验路段

水泥稳定碎石基层铺筑前，现场监理应对灰土下基层的表面进行检查。对表面的浮土、积水等应清除干净。施工前，应保证作业面表面的湿润。

最佳配合比得到发包人确认后，承包人可以铺筑基层试验段，但必须报试验段申请。

监理机构及时审查承包人的试铺申请,当使用原材料、施工机械、检测设备、测量放样及施工方案均能满足要求时,监理机构签认后即可进行试铺。

通过试铺确定以下内容,为正式施工提供依据:

(1)验证用于施工的集料配合比比例及拌和时间。

(2)确定一次铺筑的合适厚度和松铺系数。

(3)确定标准施工方法。例如:碾压机械组合、顺序、速度、遍数,养生的方法、时机及洒水间隔时间。

(4)确定每一作业段的合适长度。

(5)严格组织拌和、运输、碾压等工序,缩短延迟时间。

试铺结束后,经检验各项技术指标符合要求,承包人立即提交试铺总结,经监理工程师审查,报总监批准确认,作为正式开工依据。

(三)施工过程检查

1.施工现场的检查

(1)监理机构应在水泥稳定碎石摊铺前,对沿线的导线点、水准点进行复核,检查施工段钢丝绳的高程及边线宽度。

(2)现场监理对施工段的作业面进行检查,表面要干净、无浮土、无积水,洒水润湿。

2.摊铺过程检查

摊铺采用钢丝引导的高程控制方式。导向控制支架布设间隔直线为10 m,平曲线上为5 m,钢丝控力不小于800 N。摊铺机宜连续摊铺,不得随意变换速度或中途停顿。摊铺过程中始终保持螺旋布料器应有2/3埋入混合料。基层摊铺应采用2台摊铺机,梯形作业,一前一后保证速度一致,摊铺厚度一致,松铺系数一致,路拱坡度一致,摊铺平整度一致,振动频率一致等,两机摊铺接缝平整。现场监理要检查摊铺机后粗、细集料分布是否均匀,主要是厚度是否符合要求。如出现细集料离析现象或局部粗集料"窝",应要求专人适当处理。

3.运输过程检查

运输车要用篷布覆盖,既可减少水分损失,也可夏天防雨。料车进场后,要有专人指挥停放、卸料。

4.碾压过程检查

现场监理应对混合料的碾压进行全过程旁站监理,碾压段落必须层次分明,设置明显的分界标志,遵循生产试验段确定的程序与工艺。严禁压路机在已完成的或正在碾压的路段上调头和急刹车。拌和好的混合料要及时摊铺碾压完成,要做到一次性碾压成型,并达到要求压实度,同时没有明显的轮迹。

5.养生期间检查

现场监理督促承包人每一段碾压完成后立即开始覆盖养生。养生方法:采用草袋或麻布湿润,然后人工覆盖在碾压完成的基层表面。在7 d内应始终保持基层处于湿润状态,28 d内正常养护。养生期间应封闭交通,不允许任何车辆通行。

6.施工结束检查

施工结束后,应对以下内容进行检查:

（1）督促承包人对已经成型的段落进行自检。

（2）监理工程师对已经成型的段落的厚度、压实度、平整度进行抽检，并出具抽检报告。

（3）监理机构应逐层对中线平面偏位、纵断高程、宽度、横坡度进行抽检，并出具抽检报告。

7. 试验

（1）按规定频率抽检水泥剂量、级配、含水量。

（2）抽检现场成型的段落的压实度、厚度。

（3）混合料的强度试验。

（4）水泥及粗、细集料的质量抽检。

六、沥青路面

沥青面层是位于基层上最重要的路面结构层，是直接承受车轮荷载和大气自然因素作用的结构层，应具有平整、坚实、耐久及抗车辙、抗裂、抗滑、抗水害等方面的综合性能。

（一）施工前准备工作

（1）监理工程师对原材料进行源头控制并督促承包人按规定频率自检，同时对进场原材料进行抽检，不合格材料应立即清场。

（2）监理工程师应认真检查承包人配备的主要机械数量、性能及配套施工能力，使之至少能满足一个作业点每日连续施工作业及施工质量和工期要求。如果不能满足，应及时要求承包人增加或更换设备。

（3）监理工程师要检查承包人的检测设备，使之满足工程施工质量和施工进度的要求，同时要维护和保养监理机构的检测设备，以满足日常工作需要。

（4）承包人拌和场的粗、细集料的存放场地必须进行硬化处理，并设有排水设施，细集料要求备有防雨措施，填料要堆放在仓库内，并有防潮措施。

（5）进场的原材料必须插有标签进行识别，主要包括原材料名称、产地、进场日期、数量、检验是否合格等。

（6）拌和场的沥青混合料配合比牌子应明确设计配合比。

（7）沥青混凝土应采用间歇式拌和机拌和，并配有拌和过程中能逐盘打印沥青及各种矿料用量和拌和温度的装置。

（8）承包人必须进行完善的沥青混凝土配合比设计，热拌沥青混合料的配合比设计应遵循目标配合比设计、生产配合比设计、生产配合比验证三个阶段进行。承包人在按上述三个步骤进行配合比设计外，还应形成目标配合比和生产配合比设计的文件，报监理机构审查。监理工程师要对承包人提交的目标配合比和生产配合比进行验证试验，形成目标配合比设计和生产配合比设计验证报告，报总监理工程师批复。

（二）试铺试验路段

沥青下面层铺筑前，现场监理应对下封层的完整性和清扫工作进行检查。局部基层外露和下封层宽度不足的部分应按下封层施工要求进行补铺，表面泥土、砂浆、杂物及浮动矿料、灰尘亦应清扫干净。沥青中、上面层施工前，现场监理应督促承包人将下、中面层清扫干净,完工相隔时间较长的,清扫干净后可根据发包人要求喷洒适量的粘层沥青。各面层施工前,应保持施工摊铺段表面干燥。

目标配合比和生产配合比得到确认后,承包人可以铺筑面层试验段,但必须报试验段申请。监理工程师及时审查承包人的试铺申请,当使用的原材料、施工机械、检测设备、测量放样以及施工方案均能满足要求时,监理工程师签认后可进行试铺。

通过试铺应确定以下内容,为正式施工提供依据:

(1)混合料的配合比;

(2)混合料的松铺系数;

(3)摊铺机的摊铺速度;

(4)碾压段落的长度以及碾压顺序和方法;

(5)施工组织以及管理体系和质保体系;

(6)前、后场通信联系方式。

试铺结束后,经检验各项技术指标符合要求,承包人立即提交试铺总结报告,并上报《分项工程开工申请》,经监理工程师审查报总监理工程师批准认可,作为正式开工依据。

(三)施工过程检查

监理工程师应在沥青混凝土摊铺前,对沿线的导线点、水准点进行复核,检查施工段钢丝绳的高程及边线宽度。

现场监理对施工段的下承层进行检查,表面要干净、无浮灰、无积水、干燥。中、下面层摊铺宜采用钢丝绳引导的高程控制方式,钢丝拉力应大于 800 N;上面层宜采用摊铺层前后保持相同高差的雪橇式摊铺厚度控制方式。

沥青混凝土面层施工宜采用两台性能良好的摊铺机一前一后相距 10 ~ 30 m 梯队作业,相邻两幅的摊铺应有 5 ~ 10 m 宽度重叠。

每天施工前,摊铺机的振动熨平板要预热至少 30 min。施工缝立面要涂有乳化沥青以利于混合料的黏结。

沥青混合料必须缓慢、均匀、连续不间断地摊铺。摊铺过程中不得随意变换速度或中途停顿。摊铺机螺旋送料器应匀速转动,与摊铺机前进的速度一致,始终使熨平板前面的混合料保持在送料器高度的 2/3。

现场监理要检查摊铺后粗、细集料分布均匀性和松铺厚度,如果出现少量局部混合料离析现象,应派专职人员进行处理;较多时应及时分析原因予以纠正。同时,严禁无关人员在摊铺后热料上行走。

运输车要用篷布覆盖,用以保温、防雨、防污染,并检查料车进场、摊铺、初压、复压、终压时的温度,使之符合有关规范或指导意见的要求。料车进场后,要有专职人员指挥停放、卸料。料车卸料时严禁撞击摊铺机,应将料车在摊铺机前 10 ~ 30 cm 处停稳并挂空挡,靠摊铺机推力前进。为减少摊铺后混合料离析,卸载后空车和料车交换要迅速及时,摊铺机前料斗中不能空料。

检查摊铺机的振级及碾压的方式、方法,并注意振动压路机的振幅频率。碾压段落要有明显的标志,如有粘轮现象时,可向碾压轮洒少量水和加洗衣粉水,严禁洒柴油,压路机在碾压过程中,应将驱动轮面向摊铺机,并严禁使用刹车。

摊铺遇雨时,应立即停止施工,并清除未压成型的混合料。遭受雨淋的混合料应废弃,不得用于施工,当气温低于 10 ℃时不宜摊铺热料沥青混凝土。

沥青拌和场(后台)是控制沥青混合料质量的关键,为确保每一盘生产的混合料都符合质量要求,监理机构在每一个拌和楼都安排一名试验员,注意检查以下内容:

(1)密切注意承包人在拌和过程中的进料情况,并按规定频率抽检,发现问题应及时向试验工程师报告。

(2)按有关要求,严格控制沥青、集料的加热温度,控制混合料的拌和时间,记录和检查料车出场的料温。

(3)为保证沥青混合料质量,拌和机回收的粉料不得采用,并注意清理和堆放。

(4)拌和场混合料的储料仓要有一定容量,且储料时间不得超过 72 h。

(5)注意检查混合料拌和的均匀性和色泽,并按规定频率做马歇尔试验和抽提筛分试验。

施工结束后,应对以下内容进行检查:

(1)督促承包人对已成型的段落进行自检。

(2)试验工程师应对已成型的段落的厚度、压实度、平整度进行抽检,并出具抽检报告。

(3)监理工程师应逐层对中线平面偏位、纵段高程、宽度、横坡度进行检查,并出具抽检报告。

(四)试验

(1)按规定频率现场采样进行马歇尔试验及抽检筛分试验。

(2)抽检现场成型路段的压实度、厚度。

(3)沥青、粗细集料、填料的质量抽检。

七、路缘石

(一)施工前准备工作

(1)原材料在承包人自检合格后进行抽检,其中试验工程师对进场的水泥必须采用同一批次、同一品牌、质量稳定的产品,保证路缘石外观色泽一致;对砂石料细度模数、级配要检查,保证拌制具有良好的和易性。

(2)复核审核承包人提供的混凝土配合比及其施工工艺流程。

(3)现场监理根据质量要求,检查压制机械及模板,满足光洁度及几何尺寸要求,对粗糙、变形的严禁使用。

(二)施工过程控制

(1)检查承包人是否按施工配合比施工及砂石料的清洁度。

(2)施工过程中,经常检查混凝土坍落度及压制机性能。

(3)在浇注过程中经常检查路缘石成型外观,做到光洁顺直。

(4)督促承包人做好养护工作,并提醒承包人注意运输、搬运方式,防止缺角、破坏。

(5)监理工程师应对安放现场轴线进行测量放样检查,确认合格后方可安装。

(6)在安装路缘石前,现场监理应检查到场的路缘石是否符合要求,不得有缺角、少边等缺陷。

(7)安装过程中,现场严格控制接缝机安装顺直度。

(三)试验

(1)现场监理按规定检查混凝土质量,按每台班进行试块抽检工作,进行室内养护,做好强度试验报告。

(2)完整记录路缘石施工的各项记录报告。

八、乳化沥青下封层

(一)施工准备工作

1. 原材料抽检

试验监理工程师对承包人自检合格后的原材料进行抽检,不合格的材料应立即清场。

(1)对乳化沥青的蒸发残留物含量及残留物针入度、延度(25 ℃)、软化点每 5 车检验一次。

(2)对集料的粒径及粒径小于 0.6 mm 粉料的含量应按面层细集料的检验频率进行抽检。

(3)监理机构对承包人的主要施工机械及检测仪器的检查,必须符合施工进度及质量的要求。

2. 下封层的检查

(1)水泥稳定碎石基层必须洒水养生 7 d 后才能施工下封层。

(2)基层表面应无浮灰、泥浆,尽量使基层顶面集料颗粒能部分外露。

3. 试铺段控制

在沥青下封层正式施工前必须作试铺段,试铺段应选择在主线上,长度不应小于 300 m,通过试铺段需要确定以下内容:

(1)基层表面浮灰清除方法。

(2)乳化沥青的喷洒方法及用量的掌握。

(3)起步、终止的横向及纵向喷洒幅搭接工序等。

(4)集料撒布方法及用量控制。

(5)碾压工艺。

(6)确定施工产量及作业段长度,修订施工组织计划。

(7)全面检查材料质量及试铺层的施工质量是否符合要求。

(8)确定施工组织和管理体系、质保体系、人员、机械设备、检测设备、通信及指挥方式等。

试铺段结束后,经检验各项技术指标符合要求,承包人应立即提交试铺总结报告,并作分项工程开工申请,经驻地监理工程师审查,报总监理工程师批准后作为正式开工依据。

（二）施工过程中检查

（1）测量工程师应检查沿线导线点、水准点及边线宽度和高程。

（2）现场监理对施工段落的下承层进行检查，裂缝应按要求处理，表面干净、无浮灰和泥浆。

（3）现场监理要控制沥青洒布。在晒干的基层均匀喷洒乳化沥青，含量 1 kg/m²。局部喷洒过多的地方应刮除，漏洒的地方应手工补洒。

（4）现场监理检查集料撒布均匀，数量控制在（5~8）m³/100 m²，同时控制集料撒布在乳化沥青破孔前完成。

（5）集料撒完后即可进行碾压。此时检查碾压的压路机型号及遍数。

（6）碾压完毕后应封闭交通 2~3 d，养护 7 d 后方可进行面层施工。

（三）质量检验

在施工过程中及施工结束后，监理机构应对下封层施工乳化沥青喷洒量、集料喷洒量、下封层渗水试验及外观进行检查，并完成抽检报告。

（四）质量检验标准

沥青路面下封层施工质量检查标准见表 10-1。

表 10-1　沥青路面下封层施工阶段的质量检查标准

项目	检查频率	质量要求或允许偏差	试验方法
乳化沥青	每半天 1 次	纯沥青量 0.2 kg/m²	称定面积收取沥青量
集料量	每半天 1 次	在规定范围内	用集料总量与撒布面积算得
渗水试验	1 处/1 000 m²	渗水量 5 m³/min	渗水仪、每处 2 点
刹车试验	1 处/1 000 m²（仅试铺段做）	沥青层不破裂	7 d 后用 BZZ-60 标准车以 50 km/h 车速急刹
外观检查	随时、全面	外观均匀一致，用硬物刮开下封层观察，与基层表面黏结，不起皮，无油包和基层外露等现象，无多余乳化沥青	

九、培路肩

（1）路面两侧各设 75 cm 宽的土路肩，路肩之外距堤顶边缘的部分为堤顶边部。

（2）路面基层施工完毕后，在路面面层施工之前，应将基层以外的路肩和堤顶边部用符合要求的黏性土进行培土回填并碾压至基层顶部高程，待沥青面层施工完成后，将其剩余高差用黏土继续回填压实，并与路面平顺连接，形成 3% 排水横坡。

（3）路基和路面以外的路肩培土压实度均按 93%（重击）控制，堤顶边部培土压实度可适当降低，但不应低于 92%。对于强度指标不作要求。

（4）培土所用的黏性土应无草根、砖瓦等杂质，塑性指数应为 10~18，黏土含量宜为 15%~30%。

(5)在进行路肩部分碾压时,碾压机应离开路缘石 100 mm,避免碰撞造成路缘石损坏。但应用小型平板夯或振动夯对这部分进行补压,并保证压实度达到要求。

第二节　混凝土道路

一、施工准备监理

(1)审核承包人选择的商品混凝土拌和站资质,负责水泥石粉渣稳定层的检验与整修工作。

(2)稳定层的宽度与标高、表面平整度、厚度和压实度等,必须检查其是否符合设计及规范要求。

二、测量放样

(1)首先应根据设计图纸放出中心线及边线,设置胀缝、缩缝、曲线起讫和纵坡转折点等桩位,同时根据放好的中心线及边线,在现场核对施工图纸的混凝土分块线。

(2)监理对测量放样必须经常进行抽检,包括在浇捣混凝土过程中,要做到勤抽测、勤审核、勤纠偏。

三、安设模板

(1)基层检验合格后,开始安设模板。模板采作钢模,长度 3 ~ 4 m,接头处应有牢固拼装配件,装拆应简易。模板高度与混凝土面层板厚度相同。模板两侧铁钎打入基层固定。模板的顶面与混凝土板顶面齐平,并与设计高程一致,模板底面应与基层顶面紧贴,局部低洼处(空隙)要事先用水泥浆铺平并充分夯实。

(2)模板安装完毕后,检查模板相接处的高差和模板内侧是否有错位和不平整等情况,高差大于 3 mm 或有错位和不平整的模板应拆去重新安装。

四、混凝土运输

为保证混凝土的性能,在运输中应考虑蒸发失水和水化失水,其关键是缩短运输时间,并采取适当措施防止水分损失和离析。

五、摊铺

现场监理在摊铺混凝土前,对模板的间隔、高度、润滑、支撑稳定情况和基层的平整、润湿情况,以及钢筋的位置和传力杆装置等进行全面抽查。

摊铺时应人工找补均匀,如发现有离析现象,应用铁锹翻拌。

六、振捣

摊铺好的混凝土混合料,迅即用平板振捣器和插入式振捣器均匀地振捣。振捣混凝土混合料时,首先,应用插入式振捣器在模板边缘角隅等平板振捣器振捣不到之处振 1 次。插入式振捣器移动间距不大于其作用半径的 1.5 倍。其次,再用平板振捣器全面振捣。振捣时应重叠 10 ~ 20 cm。同一位置振捣时,当水灰比小于 0.45 时,振捣时间不少于 30 s;水灰比大于 0.45 时,不宜少于 15 s,以不再冒气泡并泛出水泥浆为准。

混凝土在全面振捣后,再用振动梁进一步拖拉振实并初步整平。振动梁往返拖拉 2 ~ 3 遍,使表面泛浆,赶出气泡。振动梁移动的速度要缓慢而均匀,前进速度以 1.2 ~ 1.5 m/min 为宜。

最后,再用平直的滚杠进一步滚揉表面,使表面进一步提浆并调匀。滚杠一般是挺直的、直径 75 ~ 100 mm 的无缝钢管,在钢管两端加焊端头板,板内镶配轴承,管端焊有两个弯头式的推拉定位销,伸出的牵引轴上穿有推拉杆。

七、表面整修和防滑处理

(一)机械抹光

圆盘抹光机粗抹或用振动梁复振一次能起匀浆、粗平及表面致密作用,在 3 m 直尺检查下进行。通过检查,采取高处多磨、低处补浆(原浆)的方法边抹光边找平,用 3 m 直尺纵横检测,保证其平整度不大于 1 cm。

(二)精抹

精抹是路面平整度的把关工序。在粗抹后用包裹铁皮的木搓或小钢轨(或滚杠)对混凝土表面进行拉锯式搓刮,一边横向搓、一边纵向刮移。每抹一遍,都得用 3 m 直尺检查,反复多次检查直至平整度满足要求为止。

(三)面板整修

用大木抹多次抹面至表面无泌水为止。修整时,每次要与上次抹过的痕迹重叠一半。在板面低洼处要补充混凝土,并用 3 m 直尺检查平整度。抹面结束后,可用尼龙丝刷(或拉槽器)在混凝土面层表面横向拉毛(槽)。

八、接缝施工

(一)缩缝

混凝土混合料做面后,立即用振动压缝刀压缝。当压至规定深度时,提出压缝刀,用原浆修平缝槽。然后,放入铁制或木制嵌条,再次修平缝槽,待混凝土混合料初凝前泌水后,取出嵌条,形成缝槽。

(二)胀缝

胀缝与路中心线垂直,缝壁必须平直,缝隙宽度必须一致,缝中不得连浆。缝隙下部设胀缝板,上部灌胀缝填缝料。传力杆的活动端,设在缝的一边或交错布置,固定后的传力杆必须平行于板面及路面中心线,其误差不得大于 5 mm。传力杆的固定,采用顶头木模固定或支架固定安装两种方法。

(三)接缝填封

混凝土板养护期满后及时填封接缝。填缝前保持缝内清洁,防止砂石等杂物掉入缝内。常用的填缝方法有灌入式和预制嵌缝条填缝两种。

九、养生及拆模

(一)养生

混凝土表面修整完毕后,要及时进行养生,使混凝土板在开放交通前具备足够的强度和质量。

(二)拆模

拆模时间根据气温和混凝土强度增长情况确定,拆模应仔细,不得损坏混凝土板的边、角,尽量保持模板完好。

拆模后不能立即开放交通,只有混凝土板达到设计强度时,才允许开放交通。

第十一章　涵闸工程

第一节　水工建筑物

一、基槽开挖

采用机械开挖至设计高程以上 20 cm，然后人工清理至设计高程，防止基础扰动。

边坡同样如此，先用机械挖成大体坡度，然后放出坡度线，人工整坡至设计坡度。完成后的基坑应底部平整、坡面平顺、坑内不存杂物。要确保排水效果，基坑开挖后，底部不允许出现明水；弃土应按设计要求地点堆放。

对于垫梁槽开挖宜采用人工开挖，主要控制开挖后成型尺寸（长、宽、高），开挖后不要形成上宽下窄的情况。

二、确保土质

根据设计，黏土环等用黏土，基槽回填、大堤填筑采用壤土。其黏粒含量、塑性指数按设计要求严格控制。并根据设计单位的试验资料及现场监理工程师对土料的土质试验，确保用土质量，同时土的含水量应严格控制在试验确定的允许范围之内。监理工程师根据各个土场的实际情况及不同的时段，制定不同的控制方案，采用平面开挖、立体开挖、分层开挖、土场晾晒、工段晾晒等，对含水量较低的土场，应采用洒水或洇地等手段，确保土料含水量。对土块超规程要求的必须用旋耕犁等机具打碎，保证土料符合要求。

三、黏土、壤土填筑压实

首先分层填筑，逐坯压实，为此控制每层土虚坯厚度不得超过规程规定，在具体操作时可按每方土覆盖 4 m² 左右来控制倒土量。铺土面应尽量平整，经过推土机及人工整平后，按规范要求压实，以防漏压、过压、欠压。对机械压不到的靠近洞身边墙处，应采取人工或机械夯实。按规范要求碾压，用核子密度仪检测干密度、压实度，确保达到设计要求。为保证新旧大堤结合严密，应将原大堤边坡逐坯开蹬形成台阶，并在结合面处设置见证点来控制质量。

在填筑碾压过程中，注意保护沥青麻布、沉陷杆、测压管等设施，防止撕裂沥青麻布，碰弯沉陷杆、测压管。

四、砌石工程

砌石工程的石料、水泥、砂子等材料，必须事先经过检验，未经检验合格并得到监理工程师确认的材料不得使用。砂浆配合比等，应按设计标号通过试验确定，施工中应在砌筑现场随机制取试件。

对于丁扣坦石工程,石料必须质地坚硬,面石(坦石)质量不小于 25 kg,厚度不小于 20 cm,最小边长不小于 30 cm。

对于散抛乱石护坡工程,除石料须坚硬外,单块质量不小于 25 kg,厚度不小于 15 cm。

石方工程施工中如发现下列问题,必须严格、及时处理:

(1)对于丁扣坦石工程,使用的面石不合格;面石砌筑中,出现使用重垫子、悬石、对缝、咬牙缝、通天缝、虚棱石、燕子窝等情况;填腹石排列不紧,空隙直径超过 11 cm,立石使用不够,"二脖石"不合格。

(2)对于浆砌面石,采用坐浆法施工,灰浆标号和灰缝饱满程度超出规范或设计文件。

(3)对于乱石粗排坦石工程,使用质地、大小不合要求的石料或有通天缝大于 0.01 m² 的坝面洞。

(4)对于散抛乱石护坡工程及根石工程,使用单块质量小于 25 kg 的石料或抛石中损坏黏土胎或土工膜。

五、钢筋工程

(一)钢筋加工前检查

首先检查钢筋的规格型号与设计图是否相符,外观检查钢筋的数量是否满足要求,检查外观是否有锈蚀、裂缝等问题。

根据规范要求取试件,到有质量检查资质的单位对试件进行试验。取样时一定要在监理机构现场旁站监理下随机抽取足够数量的样品。按各种型号钢筋原材料分别取样,对焊、搭接焊等也要分别取样试验。

确认质量全部合格,符合设计及合同标准时才准许使用。

(二)钢筋加工

加工前一定要填写出钢筋加工表,表中要填写钢筋使用部位、何种型号、数量、下料成型长度、形状,在计算下料长度时要考虑钢筋的延伸率,确保成型尺寸符合设计规范要求。随时由质检人员检查,确保进入现场的钢筋符合设计规范要求。

(三)钢筋安装

安装过程中要确保钢筋规格、尺寸、数量、安装的位置符合设计要求,钢筋焊接长度、宽度,焊接质量要满足相应技术标准,施焊人员的技术等级也要满足相应要求。在混凝土浇注前,要对钢筋规格尺寸、安装质量、钢筋的相应位置、数量、间距、保护层、焊点数量进行严格的检查,监理抽查合格后,方能进行浇注。

由于钢模板有节省木材、周转率高、变形小、易加工安装等优点,所以在工程中得到越来越多的应用。在涵闸大面积的模板工程中,如在底板及洞身立模,定型模板主要采用钢模板,而在闸首、机架桥等处,由于异形模板较多,且预埋件也较多,在施工时可根据情况采用木模板。

在木模板加工时,首先选用符合质量要求的木材,按事先设计好的模板图制作,模板尺寸、平整度、相邻两板高差,都要按规范制作;安装位置、预埋件位置准确,支撑加固牢固。模板缝必须经过处理,严禁跑、冒、滴、漏现象发生。

六、混凝土工程

(一)原材料控制

(1)水泥:进场水泥必须有厂家的"三证",并在监理机构的监督下随机抽取样品,到有资质的质量检测部门检测,确认符合要求后,才准许使用。

如水泥用量较大,分批进场时,要多次检验,确保进场水泥质量全部合格,水泥存放时要注意防潮。

(2)砂子、碎石:对于砂石料,承包人必须向监理工程师递交准备进场使用的样品,经检验符合设计要求时,准予大量进场;并经常性地对所进砂石料进行现场试验,如发现砂石料中含有泥团,砂料中泥含量大于2%,硫化物的硫酸盐含量(按硫化物中含 SO_3 质量折算)大于1%,石料中硫酸盐及硫化物含量大于5%,软弱颗粒含量大于5%,针片状颗粒含量大于15%,直接影响工程质量的情况,坚决予以退回,以确保满足设计规范要求。

(二)混凝土配合比控制

混凝土浇注施工前一个月,承包人将准备用于工程的砂石料、水泥到有资质的试验部门作标准配合比试验。

施工时,承包人应根据现场条件及时作现场砂石料试验,监理机构也应不定期抽查,以便及时调整配合比。由于砂石料分批进料,每批进料的级配情况、超逊径情况不同,或者在长时间的施工期内可能会遇有雨天,这样砂石料尤其是砂子的含水量变化大,配合比应随时调整,使塌落度、强度达到设计要求。

(三)浇注

混凝土浇注时,严格控制浇注顺序、振捣时间、模板缝的封堵、止水、伸缩缝的制作安装,承包人要严格自检并向监理机构报验,监理机构对承包人检查数量的1/3进行抽查。

在浇注时,严禁出现混凝土表面漏筋,累计超过面积0.5%以上的蜂窝、麻面或有平整度要求的部位不符合设计和规范要求的情况,一旦发现要报有关单位,视情节轻重,或返工处理或限期整改。

第二节 金属结构和启闭机制造及安装

一、施工准备

明确监造例行程序,下发监造作业表格,明确工程质量、进度、投资监造签证的程序,明确监造工程师与制造单位之间函件、文件、报表等公文手续,明确工程例会召开的地点、时间、会议议程等。

监理工程师应督促制造单位按合同的规定提交金属结构或启闭机的施工图样和技术文件,供工程设计单位主持审查(发包人、监造工程师参加审查)。制造单位应按审查意见修改设计并备案。未经设计审查通过,设备不得投产制造。在施工设计中,涉及对合同文件、设备布置及主要技术参数的修改,制造单位应提出报告,经监造工程师和工程设计单位审查,并报发包人批准后方可实施。

监造工程师应督促制造单位提交制造工艺措施计划,并应从制造设备、材料供应、制造工艺、制造质量保证体系和保证措施、制造进度、装运方式等方面检查其是否满足制造合同的技术和进度要求;金属结构与启闭机的结构拼装型式尺寸、质量,是否符合国家关于铁路、公路及水路运输的有关规定以及工区现场道路、桥梁的通行条件,最大吊装单元是否满足设备现场的吊装条件等。

制造工艺措施计划应包括以下内容:

(1)制造工艺流程和采用的主要设备。

(2)质量保证体系文件及人员组织。

(3)零部件的加工工艺流程文件、质检程序、厂内组装和连接方案。

(4)质量保证措施。

(5)制造进度计划。

(6)金属结构或启闭机的装运方式。

金属结构在制造前应在制造现场进行焊接工艺评定试验。焊接工艺评定试验方案由制造单位报监造工程师审批后,在监造工程师到场的情况下,按试验方案进行试件焊接。焊接完的试件应送有相应资质的单位进行检验。检验合格的焊接工艺经监造工程师批准后,才能作为制造焊接工艺,否则应重新编制焊接工艺并评定。

金属结构或启闭机正式制造前 7 d,制造单位应将用于金属结构、启闭机制造的所有材料、外购件的出厂合格证和有资质单位出具的试验报告,参加该金属结构、启闭机制造的机加工、钳工、电工、焊工和质检人员名册及其资格证,铸件、锻件检验报告,金属结构或启闭机制造开工申请单,报监造工程师审查签证。

若监造工程师尚未批准开工制造,认为制造单位报批的制造工艺措施计划和原材料质量不符合合同技术要求,或焊工、机加工和质检人员的资格条件不具备时,制造单位应立即补充和完善,否则所延误工期的责任由制造单位承担。

二、制造过程监造

在金属结构和启闭机制造过程中,监造工程师应督促制造单位按照批准的制造工艺措施计划和合同技术规程规范的要求,加强技术管理,严格执行工序质量"三检"制,上道工序不合格,下道工序严禁开工,以保证所有部件尺寸和公差及焊接质量符合有关规定的要求;制造单位质检人员应及时向监造工程师报告检查中发现的问题,并提出处理方案和记录,发现违反技术规程规范的作业,监造工程师可采取口头违规警告、书面违规警告、对已制造的部件或构件指令进行全面检查,直至指令返工、停工等方式予以制止。

(一)材料质量控制

监造工程师对制造单位报送的制造所用的材料质量保证资料,应检查其是否具有国家标准或部颁标准的材质证明或出厂合格证,是否按合同技术规程规范的规定进行了复查检验,承担复查检验的检测单位是否具备相应的资质等。对无出厂合格证、标识不清、数据不全有疑问的材料应督促制造单位逐个进行复查试验;在试验合格并取得监造工程师的认证前,制造单位不得将此类材料运进加工场。

材料品种、规格必须符合设计图样要求,如因某种原因不能使用设计图样规定的材料而需代用时,制造单位应在该项目制造前 14 d,向监造工程师提交"材料代用申请单"。经监造工程师核转工程设计单位书面同意后,才能代用。

制造单位外购标准件(系指各种标准零件、组件及专业厂生产的标准设备)应符合施工型号、技术参数、性能指标等要求,并应进行检验及测试,认定合格后才能采购。采购的标准件应有出厂合格证明。

专门指定的特殊产品,制造单位应在合同中指定的生产厂或专业配套厂采购,否则,监造工程师将不予验收签证。

铸钢件的化学成分和机械性能应符合 GB 11352—89 或 JB/ZQ 4297—1986 的规定,热处理后相应指标符合施工图样要求。

(二)制造工艺控制

监造工程师应督促制造单位严格按照合同所规定的技术参数、指标和要求,以及规定或指明的工艺、工艺流程进行设计和制造。制造单位对上述技术参数、指标和要求,以及规定或指明的工艺、工艺流程的任何修改,均必须书面提出详细的技术说明和解释、相关的计算和例证,经监造工程师批准后,才能实施。制造单位采用新技术、新工艺应事先征得监造工程师的批准。

制造单位如需对审定后的施工图样和文件进行修改,应向监造工程师提出专项报告,监造工程师核转工程设计单位审定。制造单位所作的任何修改不得降低合同规定的金属结构、启闭机设备的性能和其应承担的全部责任和义务。

从事一、二类焊缝焊接的焊工必须持有有效期内的劳动人事部门签发的锅炉、压力容器焊工考试合格证书或水利部签发的水工钢结构焊工考试合格证书;焊工焊接的钢材种类、焊接方法和焊接位置等,均应与焊工本人考试合格的项目相符。

构件的焊接应按施工图样和规范 DL/T 5018—94 的规定执行。钢板的拼焊接头应避开构件应力最大断面,还应避免十字焊缝。相邻平行焊缝的间距不小于 100 mm。

二类焊缝和构件组装完毕,焊前应经监造工程师检查签证后,方可施焊。

当铸件的缺陷在允许焊补范围内时,制造单位应制定可行的焊补措施,并得到监造工程师的同意后才能焊补。焊补后的质量应符合设计要求,否则应予报废。吊具、吊轴、轮轴等锻件不得焊补。

在开始无损探伤前 14 d,制造单位应将载明探伤人员资格证、射线探伤设备、超声波探伤设备、准备进行探伤的部位和探伤方式等情况的详细报告提交监造工程师批准。未经监造工程师批准,不得开展无损探伤工作。必要时监造工程师应对探伤进行见证。

零部件的加工组装,按施工图样和合同技术规范的规定执行。金属结构、机械设备在工厂内进行组装时,各部分尺寸、形状、位置必须与施工图一致,全部组装合格并经必要的厂内试验,得到监造工程师检查签证后,才允许除锈、涂装。在开始除锈和涂装前 14 d,制造单位应将该工艺措施和拟采用的防腐材料的产品型号、性能质量、产品说明书等资料报监造工程师批准后,才能进行除锈和涂装。

所有涂装表面在喷砂或喷丸除锈前必须清除一切焊渣、焊瘤、焊疤、毛刺、油污等杂物,表面必须洁净,不允许出现可溶解的盐类和非溶解性的残留物;喷砂或喷丸除锈的砂或丸选择及经喷砂或喷丸除锈后的构件表面清洁度应符合合同技术要求;经喷砂后的基体表面应尽快进行喷涂,其间隔时间,在晴天或不太潮湿的天气,不可超过 12 h,在雨天、潮湿或含盐雾气氛下,不可超过 2 h,任何情况下都不允许出现再次氧化的现象;当构件表面温度在露点以上 3 ℃或相对湿度高于 85% 时,应采取保温除湿措施后才能施工,否则不得进行喷砂、喷锌和涂装涂料;涂料的涂装应采用高压无气喷涂;每道工序需经制造单位质检人员和监造工程师认可后,才能进行下道工序施工。

三、监造验收

(一)出厂验收

金属结构、启闭机制造合同规定的工程量实施完毕,满足全部竣工验收或部分竣工验收条件时,制造单位质检部门应首先根据施工图样和有关规范进行自检。自检合格后,应向监造工程师提交设备出厂验收的申请,并提交验收报告及资料。报告内容应反映详细的施工过程和最终结果。报告包括以下内容:

(1)设备的制造设计说明书。

(2)质量控制和检测记录。

(3)竣工图。

(4)重要零部件、标准件、外购件的出厂合格证。

(5)质量事故及处理记录。

(6)安装图及安装手册。

(7)设备安装、使用说明书(包括安装、操作、维护、检修、备件及易损件等)。

(8)设备负荷试验调试大纲。

(9)设备出厂验收大纲。

监造工程师应对出厂验收报告和资料进行审查,必要时进行设备抽检,抽检合格后,将制造单位的出厂验收申请核转发包人主持出厂验收。发包人将会同工程设计单位、监造工程师及制造单位共同组成验收小组进行出厂验收工作。

设备出厂验收合格后,监造工程师对制造单位出具的设备出厂合格证进行签证。设备的出厂验收不作为设备的最终验收,监造工程师对设备出厂合格证的签署并不免除制造单位应负的责任和义务。

制造单位在收到监造工程师签署的设备出厂合格证后,在合同规定的交货日期前的适当时间,经监造工程师同意即可将设备装箱发运。

(二)安装过程中的技术服务

(1)制造单位应按合同规定派技术人员在工程现场,配合金属结构、启闭机的安装、试验工作,提供技术服务。

(2)监造工程师应督促检查制造单位现场技术人员的技术服务工作。

(三)工地验收

在工地验收前,监造工程师应对设备的状态进行确认,设备只有在被认定具备验收条件时,才能进行验收。

工地验收试验大纲由制造单位依据合同技术标准编写,并报请监造工程师核转发包人批准后,方能实施。

金属结构、启闭机设备工地验收由发包人主持,并会同工程设计单位、监造工程师和安装单位及制造单位组成验收小组进行。

工地验收时,应至少进行如下的设备工地调试和试验:

(1)设备的功能与动作调试。

(2)空负荷试验。

(3)负荷试验。

设备工地验收合格后,监造工程师签发设备工地验收签证。

四、安装准备

(一)施工设备进场查验

安装单位应按施工承包合同要求组织施工设备进场,并向监理工程师报送进场设备报验单。监理工程师应检查施工设备是否满足施工工期、施工强度和施工质量的要求。未经监理工程师检查批准的设备不得在工程中使用。

(二)焊接工艺试验评定

若合同要求金属结构在安装前应进行焊接工艺试验评定的,安装单位应在安装前14 d内将焊接工艺评定试验方案报监理工程师审批。在监理工程师到场的情况下,安装单位按批准的试验方案进行试件焊接。焊接完的试件应送有相应资质的单位进行检验。检验合格的焊接工艺经监理工程师批准后,才能作为金属结构安装焊接工艺,否则应重新编制焊接工艺并评定。

(三)安装资料、人员审核

在安装前7 d,安装单位应将用于安装工程的所有材料和外购件的出厂合格证、由有相应资质的单位出具的试验报告、参加该工程安装的技术人员和质检人员名册及其资格证、金属结构或启闭机安装开工申请单,报监理工程师审查签证。

五、安装过程监理

在金属结构和启闭机安装过程中,监理工程师应督促安装单位按照批准的安装施工措施计划和合同技术规程规范的要求,加强技术管理,严格执行工序质量"三检"制,上道工序不合格,下道工序严禁开工,以保证所有部件安装尺寸和公差及焊接质量符合有关规定的要求;安装单位质检人员应及时向监理工程师报告检查中发现的问题,并提出处理方案和提供必要的资料,报监理工程师审批。监理工程师应对安装作业工序进行巡视、跟踪、检查和记录,发现违反合同技术规程规范的作业,监理工程师可采取口头违规警告、书面违规警告、对已安装的部件指令进行全面检查,直至指令返工、停工等方式予以制止。

(一)材料质量控制

监理工程师对安装单位报送的安装所用的材料质量保证资料,应检查其是否具有国家标准或部颁标准的材质证明或出厂合格证,是否按合同技术规程规范的规定进行了复查检验,承担复查检验的检测单位是否具备相应的资质等。对无出厂合格证、标识不清、数据不全或有疑问的材料应督促制造单位逐个进行复查试验;在试验合格并取得监理工程师的认证前,安装单位不得将此类材料运进安装场。

材料品种、规格必须符合设计图样要求,如因某种原因不能使用设计图样规定的材料而需代用时,制造单位应在该项目安装前 14 d,向监理工程师提交"材料代用申请单"。经监理工程师核转设计单位书面同意后,才能代用。

安装单位外购的标准件(系指各种标准零件、组件及专业厂生产的标准设备)应符合施工图样的型号、技术参数、性能指标等要求,并应进行检验及测试,认定合格后才能采购。采购的标准件应有出厂合格证明。

专门指定的特殊产品,安装单位应在合同中指定的生产厂或专业配套厂采购,否则,监理工程师将不予验收签证。

(二)焊工资格

从事一、二类焊接焊缝的焊工必须持有在有效期内的劳动人事部门签发的锅炉、压力容器焊工考试合格证书或水利部签发的水工钢结构考试合格证书;焊工焊接的钢材种类、焊接方法和焊接位置等,均应与焊工本人考试合格的项目相符。

(三)金属结构和启闭机安装过程监理

金属结构和启闭机安装及试验期间,监理工程师应督促制造单位按合同规定派技术人员在工程现场配合金属结构或启闭机安装、试验工作。

金属结构、启闭机的工地交接:金属结构或启闭机到货后,监理工程师接到制造单位要求进行工地交接的申请后,应组织制造单位向安装单位进行工地交接。在监理工程师在场的情况下,由制造单位、安装单位的代表共同进行检查、清点,并办理移交签证手续。移交工作主要为检查清点设备和构件型号、规格、数量(装箱件只点箱数,待安装时由制造单位现场服务人员与安装单位代表共同清点)与到货清单是否相符。若发现损坏、丢失或变形情况,应由制造单位修理或更换。修复或更换后是否合格应经监理工程师复检认可。在工地交接完成后,安装单位应负责在工地范围内安装前的运输、贮存、维护与保养。

安装单位自购件、自制件的验收签证:安装单位按照施工详图、合同技术规程规范的技术要求,完成各阶段的预埋件采购、制作后,应及时通知监理工程师进行检查签证。采购、制作的埋件未经监理工程师检查签证,不得用于工程埋设。

埋件、结构件和设备的存放与保护:埋件在埋设之前、结构件在安装之前,应分别按不同种类分类存放,垫离地面并采取有效的措施防止锈蚀以及油脂和各类有机物的污染,避免发生变形,并作出明显标记;设备应入库保管。

安装工作面交接:监理工程师应主持由土建承包人和安装单位参与的安装工作面交接签证。安装单位应对工作面进行复检,其内容包括:安装基准点及其位置、一般混凝土预留槽尺寸和由土建完成的预埋件、插筋等。

安装前的准备工作检查主要有以下几方面:

(1)安装单位应对所使用的各种测试、测量工具和仪器按合同技术规范的要求进行校验或率定,并报监理工程师核备。

(2)安装单位应将门槽等埋设件安装使用的基准线的测量放样成果报监理工程师审批。门槽等埋设件安装使用的基准线,除应能控制门槽各部位构件的安装尺寸及精度外,还应能控制门槽的总尺寸及安装精度。

（3）在进行闸门、门槽等埋设件安装，或启闭机安装时，必要时应对该扇闸门或门槽埋件、启闭机的全部构件、结构总成或机械总成等进行拼装检查：检查该闸门或门槽、启闭机的零部件是否齐全，各部件在运输、存放过程中是否有损伤，各种埋件及插筋表面的浮锈、油渍、浮皮或油漆等是否清除干净；检查各部件在拼接处的安装标记是否属于本套闸门或门槽埋件、启闭机的部件，凡不属于本扇闸门、门槽埋件、启闭机的部件或总成，不允许组装到一起，不论这种组装是否合适，必须找到属于本扇闸门、门槽埋件、启闭机的部件或总成，才能进行安装。在组装检查中发现损伤、缺陷或零件丢失等，应进行修整，补齐零件，对到货的设备总成进行必要的解体清洗，对应该注润滑油脂的部位，应注满润滑油脂，才允许进行安装。

（4）所有的一期混凝土与二期混凝土的结合面，应在门槽埋件安装之前进行深凿毛，并用高压水将碎屑、浮尘清理干净。

埋件安装后混凝土浇注之前的检查签证：一期、二期埋件的埋设位置、临时支撑、加固措施、埋设公差经安装单位自检合格后，在混凝土浇注之前应通知监理工程师检查签证。

混凝土浇注之后的埋件检查签证：安装单位应对埋件安装公差进行复核，并将埋件工作面上的连接焊缝打磨平整，打磨后的表面光洁度应与焊接的构件相一致。复核和打磨合格后，安装单位应通知监理工程师进行埋件检查验收签证。

焊接质量控制：构件的焊接应按施工图样和合同技术规范的规定执行。一、二类焊缝和构件组装完毕，焊前应经监理工程师检查签证后，方可施焊。对现场安装焊缝，安装单位应按合同技术规范的规定采用超声波方法进行检查，在超声波检查过程中发现有缺陷的部位，如不能判断是否需返工处理，应再使用射线探伤检查。

在开始无损探伤前14 d，安装单位应将载明进行无损探伤人员资格证、射线探伤设备、超声波探伤设备、准备进行探伤的部位和探伤方式等情况的详细报告提交监理工程师批准。未经监理工程师批准，不得开展无损探伤工作。必要时监理工程师应对探伤进行见证。

金属结构、机械设备组装后，各部分尺寸、形状、位置必须与施工图一致。全部组装经检测试验合格，并得到监理工程师检查签证后，才允许除锈、涂装。在开始除锈和涂装前14 d，安装单位应将该工艺措施和拟采购的防腐材料的产品型号、性能质量、产品说明书等资料报监理工程师批准后，才能进行材料采购和涂装部位的除锈和涂装。金属结构和启闭机安装工程的除锈和涂装应按合同技术规定进行施工。表面处理、涂装施工的每道工序应经安装单位质检员和监理工程师检查签证后，才能进行下道工序施工。

六、安装工程完工验收

在金属结构或启闭机安装完毕，并已通过了合同技术规范所规定的试验和检测，安装单位应向监理工程师递交安装完工验收申请，并提供安装完工验收报告及资料。监理工程师应对完工验收报告和资料进行审查，认定具备完工验收条件时，将安装单位完工验收申请核转发包人主持完工验收。发包人将会同监理工程师、设计单位、安装单位，必要时还应包括制造单位共同组成验收小组，进行安装工程完工验收工作。验收合格后，验收小组应对各安装项目进行签证。

安装单位提供的金属结构完工验收资料应包括以下内容：

（1）主要材料出厂合格证、复检试验报告和标准件及外协件的出厂合格证。

（2）闸门或其他金属结构构件的出厂合格证。

（3）焊缝质量检测报告。

（4）表面防腐蚀质量检验报告。

（5）制造、安装最终检查记录和试验报告。

（6）重大缺陷记录报告。

（7）设计通知单和有关会议纪要。

（8）竣工图。

（9）试运行记录和报告。

（10）设备出厂装箱资料。

安装单位提供的启闭机安装完工验收资料应包括以下内容：

（1）竣工图。

（2）设计修改通知单。

（3）安装尺寸的最后测定和调试记录。

（4）安装焊缝的检验报告及有关记录。

（5）安装重大缺陷的处理记录。

（6）机械设备的出厂合格证。

（7）重要零部件的出厂合格证。

（8）试运转及负荷试验报告。

（9）设备出厂装箱资料。

金属结构及其埋件有关验收项目及验收标准应按 DL/T 5018—94 执行。

启闭机及其埋件有关验收项目及验收标准应按照 DL/T 5019—94 执行。启闭机验收前必须至少通过以下试验：

（1）设备各组成部分的分部功能与动作调试。

（2）设备功能与动作联合调试。

（3）设备空载试验。

（4）设备负荷试验。

第三节　机电设备埋件及安装

机电埋件工程项目由接地工程、供电及照明埋件工程、控制和拖动部分电气埋件工程、通信埋件工程、消防及给排水埋件工程和空调埋件工程等部分组成。

一、施工过程监理

施工作业开始前 28 d,监理机构应督促承包人按合同文件规定及监理机构指示,向监理机构送交负责自购的材料材质证明,包括出厂合格证、材料样品和试验报告。

预埋件应严格按照合同文件中关于水系统管道弯制、水系统管件制作、电缆管的制作等技术要求进行加工制作，不得出现弯曲半径不够、有显著凹瘪等常见病。

监理机构应督促承包人对购进的所有材料和制作的预埋件按照合同文件规定或设计技术指标要求进行检查和试验检测，结果报监理机构批准后方可埋设。

监理机构应督促承包人对发包人或埋件供应商提供的预埋件质量进行验收，并在通过验收之后承担相应的合同责任。

监理机构应督促承包人在预埋件埋入施工前完成工程施工准备工作，并报监理机构检查。施工准备检查主要内容如下：

（1）预埋件质量和数量应满足合同文件规定和设计技术指标要求。

（2）预埋安装施工技术交底已经进行。

（3）预埋件安装和埋入工作所需设备、材料和劳力配备满足开工后施工质量和施工强度要求。

（4）其他必需的辅助作业设施安排就绪。

（5）质量保证措施落实，施工质检人员配置满足跟班监督要求。

（6）安全措施落实并满足安全生产要求。

预埋件埋入前，监理机构应督促承包人对预埋件埋设部位进行实地放样，并将放样成果报监理机构（处）审核。为确保放样质量，避免造成重大失误，必要时监理工程师可直接监督承包人进行对照测量检查。

施工过程中，监理机构应督促承包人建立健全三级质检体系，实行质量跟班监督制度，按照报经批准的作业措施计划作业、文明施工，操作工人应经技术培训，技术熟练，并挂牌上岗。

施工过程中，不允许使用不合格的或未经批准使用的材料，也不允许不合格预埋件成品进场。一旦发现工程中使用不合格材料和不合格成品，监理工程师应予以制止，承包人应按监理工程师指示立即更换，并承担其合同责任。

钢管焊接和管材质量应经现场有压管路打压试验进行验证，并报经监理机构批准后实施。有压管路打压试验要求如下：

（1）有压管路打压试验一般用水进行，如用气体进行打压试验，必须另行报监理机构批准。

（2）试验方法、步骤均应报监理机构批准，试验设备准备、管材连接等作业过程均应通知监理工程师到场。

（3）试验压力和保压时间应严格按照设计提供的压力值和时间进行控制。如遇特殊情况必须调整，须报经监理机构批准。

（4）试验记录必须完整、详尽，并报监理工程师签字确认。

机电埋件安装前，应按照合同规定分别涂上醒目标记。预埋件安装位置、安装材料与规格、安装数量与工程量及安装工序的检查与检验应在承包人质检部门三级自检合格的基础上，填写施工质量终检合格（开工、仓）证，报经监理工程师检验合格并签证后，方可进行下一道工序和混凝土浇注作业。

施工过程中，监理工程师应对承包人现场作业记录和原始资料进行检查。监理工师还应对重要作业工序进行巡视、跟踪和检查监督,发现违反技术规程规范作业,监理工程师应采取口头违规警告、书面违规警告,直至指令返工、停工等方式予以制止。由此而造成的经济损失与工期延误,由承包人承担合同责任。

施工过程中,监理机构应督促承包人加强技术管理,做好原始资料的记录、整理和工程总结。并按合同文件和监理机构(处)要求于每月25日向监理机构(处)报送作业月报。

二、施工质量控制

接地体的搭接、敷设、连接、过缝处理和接地井的施工按《电气装置安装工程接地装置施工及验收规范》(GB 50169—92)有关规定和合同技术规范执行,且必须符合设计单位编制并经监理机构审批的有关设计技术要求。

电气埋件含电线管的埋设,按《电气装置安装工程电气照明装置施工及验收规范》(GB 50259—96)和《电气装置安装工程1 kV及以下配线工程施工及验收规范》(GB 50258—96)有关规定和合同技术规范执行,且必须符合设计图纸、技术文件以及设计单位编制并经监理机构批准的有关设计技术要求。

给排水和消防工程的埋管及其埋件的埋设,按《采暖与卫生工程施工及验收规范》(GBJ 242—82)有关规定和合同技术规范执行,且必须符合相关设计图纸及技术文件要求。对有压管路应严格按技术规范和设计要求进行水压试验,试验压力值与保压时间按设计相应要求执行。

通风与空调工程的埋管及其埋件按《通风与空调工程施工及验收规范》(GB 50243—97)有关规定和合同技术规范执行,且必须符合相关设计图纸和技术文件要求。

三、安装过程

安装过程中,监理机构应督促承包人按已报批的安装措施计划进行安装,并加强技术管理,做好原始资料的记录和整理。当发现问题时,应及时与现场监理工程师联系,找出原因,研究措施解决。若一时难以解决,应调整施工计划并报监理机构批准。

机电设备必须依照有关机电安装规程和厂家说明书的要求及顺序进行安装。对重要工序监理工程师应旁站检查。

电气试验是电气设备安装过程中的重要工序,调试前监理机构应督促承包人编制调试大纲,按大纲有序进行。对于合同中规定应由厂方进行或在厂方指导下进行的调试工作,应在厂方到场后进行。电气调试时应注意检查:试验方法及接线是否正确;采用的仪器仪表精度是否达到要求;注意防止强电窜入弱电控制回路;耐压试验前应首先进行绝缘检查,在满足绝缘要求的条件下进行,凡无特殊说明者,耐压时间均为1 min。检查、调试、试验的记录内容应能满足单元工程质量评定的要求。

四、安装质量控制

运到工地的所有机电设备应与设计要求及合同文件相符,应有产品合格证、出厂日期、厂家试验报告、产品说明书及图纸等资料(注意保存好这些资料)。设备的到货、开箱、清点、检查、保管和领用,应做好详细记录。

监理机构应督促承包人对发包人或供应商提供的设备质量进行验收,并在通过验收之后承担相应的合同责任。

设备安装质量必须符合有关机电规程规范要求。安装过程中,监理机构应督促承包人实行质检跟班监督制度,按照报经批准的施工措施计划按章作业、文明施工。操作工人应技术熟练,并经技术培训合格后挂牌上岗。监理可随时审查承包人的质量保证体系及三检(初检、复检及终检)制度的落实情况。

安装过程中,监理工程师应对承包人现场作业记录和原始资料进行检查。监理工程师还应对重要作业工序进行巡视、跟踪和检查督促,发现违反技术规程规范作业,监理工程师应采取口头违规警告、书面违规警告,直至指令返工、停工等方式予以制止。由此引起的经济损失与工期延误,由承包人承担合同责任。

加强质量意识的宣传,严格按设计和有关规程规范的要求进行质量评定。监理机构应督促承包人按合同规定履行其安全职责,加强施工作业管理,制定安全操作规程,并经常对职工进行施工安全教育。

第四节　远程涵闸现地站

一、进场设备、构配件、材料控制

凡运到施工现场的材料、构配件、设备或器材,应有产品出厂合格证及技术说明书。设备或器材到场后,承包人(订货方)应按订货合同或协议以及供货方提供的技术说明书和质量保证文件进行检查验收,承包人检验人员对其质量检查确认合格后,予以签署验收单,报监理机构审核;若检验发现设备质量不符合要求,监理机构不予以验收。由承包人向供货方予以更换或进行处理。

运到施工现场的材料、构配件、设备或器材,承包人应根据其防潮、防晒、防锈、防腐蚀、通风、隔热以及温度、湿度等方面的不同要求,安排适宜的存放地点,以保证其质量。

二、设备安装、配线、调试的质量控制

设备到位后,在调试条件具备的情况下,在监理机构的监督检查下,承包人应安排施工技术人员指导施工队伍,按照安装技术规程、施工设计详图,有序地进行正确安装、配线、调试,确保安装质量达到设计要求。

三、系统试运行与验收

监理机构根据合同进度要求,在系统调试完工后,做好系统试运行和组织验收工作。

第十二章　橡胶坝工程

一、确保原材料质量

砌石所用石料有粗料石和块石两种,石料质地应坚硬、无裂纹,风化石不得使用。

砌筑用的水泥砂浆应符合下列规定:

(1)配制砂浆应满足设计要求。

(2)应具有适宜的和易性,水泥砂浆的稠度用标准圆锥沉入度表示,以 4～7 cm 为宜。

二、碎石垫层

铺碎石垫层前要将坡面修整到符合设计要求,碎石、粒径、级配、不均匀系数、含泥量等符合设计要求。

三、填腹石

腹石要求排列紧密,符合设计要求,上下层使用立石结合。

四、砌石工程

(一)一般规定

(1)砌石工程应在基础验收及结合面处理检验合格后方可施工。

(2)砌筑前,应放样立标,拉线砌筑。

(3)砌石要求平整、稳定、密实和错缝。

(二)浆砌石

砌筑前,应将石料刷洗干净,并保持湿润。砌体的石块间应有胶结材料粘接、填实。浆砌石砌筑应符合下列要求:

(1)砌筑应分层,各砌层均应坐浆,随铺浆随砌筑。

(2)每层应依次砌角石、面石,然后砌腹石。

(3)块石砌筑,应选择较平整的大块石经修整后作面石,上下两层石块应骑缝,内外石块应交错搭接。

(4)料石砌筑,按一顺一丁或两顺一丁排列,砌缝应横平竖直,上下层竖缝错开距离不小于 10 cm,丁石的上下方不得有竖缝。

(5)砌体应均衡上升。

(三)干砌石

面石砌筑应符合下列要求:

(1)砌体面石质地坚硬,并应大致方正,如中间有裂缝,则必须打开,否则不得使用;

一般长条形应丁向砌筑,不得顺长使用;缝口应砌紧,底部应垫稳填实,严禁架空。

(2)不得使用翘口石、飞口石及小石、重垫子,不得出现通天缝、对缝、虚棱石、燕子窝。

(3)宜采用立砌法,不得叠砌和浮塞;石料最小边厚不宜小于 15 cm。

干填腹石砌筑应符合下列要求:

(1)干填腹石要通过抛石槽投放,面石每扣砌 1～2 层投入 1 次,随砌随填,腹石应低于面石尾部,禁止倾倒成堆。

(2)干填腹石要逐层填实,用大石排紧,小石塞严,以脚踏不动为准,其缝隙直径不超过规定标准,并把大石块排放在前面,较小石块排放在后面。

(3)上下坯应很好地结合,每 2 m² 内安 1 立石;立石可高出平面 20 cm。

(4)腹石与面石咬茬应严紧,连接牢固。

(四)垫层、反滤层、预制块、土工布

垫层、反滤层、预制块、土工布均要符合设计图纸及有关规范的要求。

(五)粗料石清打

护坡、平坡等砌石工程,所有裸露的砌石表面均要经过处理,表面形成45°斜纹,整齐美观。

五、混凝土工程施工质量主要控制点

(一)材料要求

1. 水泥

(1)混凝土所用水泥应符合设计要求。

(2)水泥应符合现行国家标准化的有关要求。水泥进场时必须附有制造厂的试验报告等证明文件,并按品种、标号和试验编号进行检验。

(3)监理工程师对水泥质量有怀疑或出厂日期超过 3 个月时,使用前承包人应进行试验。

(4)承包人应承担试验的全部费用。当试验的水泥不符合要求时(不论厂商试验单如何记载),该样品所属的全部进场水泥由监理工程师批准处理。

(5)承包人应在工地储存足够水泥以满足工程进度要求。承包人应在适当地点建造干燥、通风良好、防雨防水并有足够容量的工棚用来储存水泥。

2. 骨料

(1)细骨料应为清洁、坚硬、坚韧、耐久无包裹层的均质的砂,结块、软弱或针片状颗粒、黏土、云母、有机物或其他有害物质含量不超过标准规定值。细骨料应由级配良好的天然砂组成。

(2)粗骨料应采用坚硬的碎石,应按规格等分批进行检验。粗骨料的颗粒级配应与设计要求相符。

(二)混凝土的拌制

(1)应按批准的配合比拌和混凝土。称重和配水机械装置,应维持良好工作状态。必要时,监理工程师应以精确的质量和体积对比进行精度校核,其允许偏差为:水泥

±1%,水±1%,骨料±2%。

(2)骨料含水量应经常检测,以便调整加水量和骨料质量;特殊情况如雨天施工时,应增加检测次数。承包人应在即将开始拌和前,按监理工程师批准的方法测定集料的含水量。

(3)混凝土应按工程当时需要的数量拌和,已初凝的混凝土不得使用。不允许用加水或其他办法来改变混凝土的稠度。浇注时坍落度不在规定界限之内的混凝土不得使用,并按监理工程师的指示处理。

(4)混凝土应搅拌至各种组成材料混合均匀、颜色一致。

(5)除非监理工程师批准,混凝土不得使用人工拌和。

(三)混凝土的浇注

(1)浇注混凝土前,全部模板和钢筋应清洗干净,不得留有积水,所有锯末、施工碎屑和其他附着物都应予以清除。模板如有缝隙或孔洞应予以嵌塞。

(2)混凝土应按一定厚度、顺序和方向分层浇注,浇注面大致水平,上下两层同时浇注时,前后距离不宜小于1.5 m。

(3)浇注混凝土应连续进行。如因故必须停歇,应不超过允许的间歇时间,以便在前层混凝土初凝以前将续层混凝土振捣完毕;否则应按施工缝处理。

(4)混凝土初凝之后,模板不得振动,伸出的钢筋端部不得承受外力。在混凝土的浇注过程中,应随时检查预埋构件(螺栓、锚固筋等);如有任何位移,应及时校正。

(5)混凝土浇注中或凝结前遇雨时,应将倾入模内混凝土全部振实,并采取防雨措施。

(四)混凝土的振捣

(1)所有混凝土,一经浇注,应立即进行全面的捣实,使之形成密实均匀的整体。

(2)振捣应在浇注点和新浇注混凝土面上进行,振捣器插入混凝土或拔出时速度要慢,以免产生空洞。

(3)振捣器要垂直地插入混凝土内,并要插至前一层混凝土,以保证新浇混凝土与先浇混凝土结合良好,插入深度为5~10 cm。

(4)振捣点要均匀,间隔距离不得超过有效振动半径的2倍。

(5)振动应保持足够时间和强度,以彻底捣实混凝土。但时间不能持续太久,否则会造成混凝土离析。振动亦不应在任一点上持续太久,否则局部会形成多浆。

(6)当使用插入式振捣器时,应尽可能地避免与钢筋和预埋构件相接触。

(7)不能在模板内利用振捣器使混凝土长距离流动或运送混凝土,否则会产生离析。

(五)施工缝

(1)如果图纸上未作详细规定,或灌注作业发生事故而中断,应按监理工程师的指示设置施工缝。

(2)在灌注混凝土前应凿除施工缝处前层混凝土表层的水泥砂浆和松弱层,并经监理工程师认可。

(3)经凿毛处理的混凝土表面,应用水冲洗干净,但不得留下积水;在灌注新混凝土前,垂直缝应刷一层净水泥浆,水平缝应在全部连接面上铺一层厚为1~2 cm的1:2的水泥砂浆。

(4)施工缝处理后,待处理层混凝土达到一定强度后才能继续浇注混凝土。

(六)混凝土的养护

(1)混凝土浇注完成后,应进行养护,应养护7昼夜或按监理工程师的指示办理。

(2)洒水养护应包括对未拆模板洒水和混凝土无模表面严密地覆盖一层麻袋、草帘、砂或能延续保持湿润的吸水材料。

(3)每天浇水次数,以能保持混凝土表面经常湿润状态为度。

(4)养护用水的质量与拌制混凝土用水相同。

(5)当采用其他养护方法时,应按监理工程师的指示办理。

(七)缺陷修整

结构或构件表面缺陷的修整应遵循下列规定:

(1)数量不多的小蜂窝和露石子的混凝土表面,可在凿毛冲洗净后以(1:2)~(1:2.5)的干稠水泥砂浆抹平。

(2)蜂窝和露筋应按其全部深度,凿除薄弱的混凝土层和个别突出的石子,然后用钢丝刷或加压清水清洗混凝土表面,再用细骨料拌制的混凝土(比原标号高一级但较干稠)填实、捣实。

(3)对于影响结构性能的缺陷,如空洞和严重的蜂窝、裂纹等,须报请监理工程师、设计代表、发包人研究处理。

六、坝袋安装

(一)坝袋、底垫片、垫平片要求

(1)坝袋、底垫片应由工厂按设计图纸进行制作,出厂前必须检查其尺寸并画出锚固线和锚固中心线;应在醒目位置标出上下游标记。

(2)坝袋制作必须严格保证质量要求,出厂时必须附有通过国家计量认证的检测机构出具的有关参数检验报告。

(3)垫平片宜采用与坝袋相同厚度或稍厚一些的橡胶片。

(4)坝袋及底垫片在搬运过程中应避免发生变形和损伤。

(二)坝袋安装前的检查

(1)基础底板及岸墙混凝土的强度必须达到设计要求。

(2)坝袋与底板及岸墙接触部位应平整光滑。

(3)充排管道应畅通,无渗漏现象。

(4)预埋螺栓、垫板、压板、螺帽、进出水(气)口、排气孔、超压溢流孔的位置和尺寸应符合设计要求。

(5)坝袋和底垫片运到现场后,应结合就位安装,首先复查其尺寸和搬运过程中有无损伤,如有损伤应及时修补或更换。

(三)坝袋安装程序

(1)在底板上分别标出坝轴线、中心线。

(2)底垫片就位;在底垫片上分别标出中心线和锚固线。

（3）在伸入坝袋内的充排水（气）管、测压管和超压溢流管等管口四周的底垫片上，宜粘上一层橡胶片作补强处理。

（4）在底垫片上画出水帽、测压管和超压溢流管位置，复测无误后在各管口处挖孔并固定。

（5）止水海绵（止气布）可粘在底垫片相应位置上。

（6）使坝袋中心线和锚固线与基础底板及底垫片上的对应线重合。

（7）坝袋锚固顺序，端部为固定式的，按先下游，后上游，最后岸墙的顺序进行。从坝袋底板中心线开始，向两侧同时进行安装。锚固岸墙（坡）时，先将胶布挂起，撑平，再从下部往上部锚固。两侧岸墙拐角处，袋布要折叠、理顺、垫平，不得用剪口补强处理。

七、交通桥工程监理

交通桥工程涉及材料多，工序复杂，施工难度较大，该工程的监理工作同样应着重抓好两个关键因素：一是安全，二是质量。

开工前，监理机构要对承包人进行安全生产教育，同时要求承包人拿出安全生产保证措施报送监理机构，监理机构审查措施合理可行后批复实施。施工过程中，监理机构要加强巡视，及时发现不安全因素及时解决，以保证工程顺利进行。

在交通桥工程的施工中，质量控制是工程控制的关键，监理机构应重点控制交通桥工程各工序的施工质量。质量控制要点如表 12-1 所示。

表 12-1　交通桥工程质量控制要点

质量控制要点	监理预控和控制措施
原材料检验	派监理机构现场监督承包人按规定随机取样，送有资质的质检部门进行检验
施工放样	派监理机构现场监督和同步复核承包人控制点、轴线、标高及施工放线成果
土方回填工序控制	土方回填严格控制铺料厚度、夯实遍数及压实度，逐层土进行检验，确保回填质量
灌注桩钻孔	灌注桩钻孔要满足设计有关的孔深、孔径和垂直度要求
混凝土灌注桩和灌注桩钢筋	派监理机构现场旁站监督承包人的混凝土灌注桩和灌注桩钢筋按设计和规范要求进行施工，确保质量
混凝土桥台基础、桥柱、桥梁、桥面铺装	派监理机构现场旁站监督承包人的混凝土桥台基础、桥柱、桥梁、桥面的现场浇注和铺装施工
现浇混凝土和钢筋混凝土的工序控制	施工前预先检查材料（水泥、砂、石子、钢筋等）出厂质量合格证，并对混凝土配合比和强度进行试验；混凝土和钢筋混凝土的施工实行开仓证制度，开仓前未经验收合格，不准发放开仓证，否则不予计量
混凝土构件的预制装配工序控制	混凝土构件的预制采用开仓证制度，安装采用工序报验制度，上道工序不合格不予签字，下道工序不准开工

八、质量检查与验收

(一)砌石质量标准和检验

砌体尺寸的允许偏差不得超过表 12-2 的规定。

表 12-2　砌体尺寸的允许偏差

项次	项目	允许偏差(mm)
1	墙面垂直度 (1)浆砌料石墙 (2)浆砌块石墙临水面	 墙高的 0.5% 且不大于 20 墙高的 0.5% 且不大于 30
2	护底海漫高程	+50 ~ -100
3	护坡坡面平整度 (每 10 m 长范围内)	100
4	护底、海漫、护坡砌石厚度	厚度的 15%
5	垫层厚度	厚度的 20%
6	齿坎深度	±50

砌体的质量检验内容如下:

(1)材料和砌体的质量规格应符合要求;

(2)砌缝砂浆应密实,砌缝宽度、错缝距离应符合要求;

(3)砂浆配合比应正确,试件强度不低于设计强度。

(二)混凝土工程质量控制

1.模板及支架

模板及支架应符合下列要求:

(1)模板的型式应与结构特点和施工方法相适应。

(2)具有足够的强度、刚度和稳定性。

(3)保证浇注后结构物的形状、尺寸和相互位置符合设计规定,各项误差在允许范围之内。

(4)模板表面光洁平整、接缝严密。

(5)制作简单、装卸方便,尽量做到系统化、标准化。

(6)模板、支架及脚手架应进行设计并提出对选材、制作、安装、使用及拆除工艺等的要求。

(7)模板和支架宜选用钢材、木材或其他新型材料制作,并尽量少用木材。

2.混凝土

(1)混凝土所用水泥品种应符合国家标准,并应按设计要求和使用条件选用适宜的品种。

(2)水泥标号应与混凝土设计强度相适应,每一分部工程所用水泥品种不宜太多。未经试验论证,不同品种的水泥不得混合使用。

（3）粗骨料宜用质地坚硬，粒形、级配良好的碎石，不得使用未经分级的混合石子。

（4）细骨料宜采用质地坚硬、颗粒洁净、级配良好的天然砂。

（5）混凝土的水灰比和坍落度，应通过试验确定，并符合规范规定。

（6）拌制混凝土时，应严格按照工地试验室签发的配料单配置，不得擅自更改。

（7）水泥、砂、石子、混合料均以质量计。各种衡器应定期校验，称重偏差不得超过规定要求。

（8）混凝土应搅拌至组成材料混合均匀，颜色一致。加料程序和搅拌时间应通过试验确定。

（9）应以最少的转运次数，将拌成的混凝土运至浇注仓内；在常温下运输的延续时间，不宜超过半小时。混凝土的自由下落高度，不宜大于 2 m；超过时，应采用溜管、串管或其他缓降设备。

（10）浇注前，应对仓内清理、模板、钢筋、预埋件、永久缝等进行报验，经监理工程师验收后方可浇注。

（11）混凝土应按一定厚度、顺序和方向，分层浇注，浇注面应大致水平，混凝土应随浇随平，不得使用振捣器平仓。

（12）混凝土浇注应连续进行，如因故中断，且超过允许的间歇时间，应按施工缝处理。施工缝的处理应符合规范要求。

（13）混凝土浇注完毕后，应及时覆盖，面层凝结后，应洒水养护，使混凝土面和模板经常保持湿润状态。

（14）为了掌握结构物的拆模、吊运时的强度情况，应成型一定数量试件，与结构物同条件进行养护。

第十三章　水利工程专业质量控制案例

一、××人工湖监理控制要点

工程主要有坝体土方填筑、湖底防渗复合土工膜、岸坡防渗、浆砌石等工程组成。

(一)土方填筑工程

土方填筑工程质量监理控制要点如下:

(1)土料试验:击实等(设计干密度 1.67 g/cm³)。

(2)按设计要求进行清基和基底处理,基底压实度(同填筑)。

(3)填筑前,进行碾压试验,经监理批准。

(4)根据清基压实后的高程,由低处向高处逐层找平填筑(水平分层)。

(5)施工单位每单元工程自检合格及资料齐全后向监理报验,监理审查资料完善后再去抽检。

(6)监理到现场后首先检查下列项目:

①土料土质是否合格,无未风化黏土块、杂质、弹簧土等。

②开蹬高度是否大于每层填筑高度。

③两工接头及搭接坡度(缓于 1:5)是否符合设计要求。

(7)检测项目如下:

①每层一测高程,计算压实厚度是否合格(按碾压试验结果)。不合格不检验压实度。每 50 m 检测 1 断面。

②用核子仪法检测含水量、干密度、压实度,用环刀对比(核子仪需率定)。每 150 m³ 填筑量检测 1 点次。

③每 3 层抽检一次铺工宽度。每 50 m 检测 1 断面。

(二)湖底防渗复合土工膜工程

1. 支持层(湖底)

(1)开挖部位:开挖到设计底高程后,压实,粉质黏土压实度不小于 0.96(设计干密度 1.67 g/cm³,取样进行击实试验),砂砾料相对密度不小于 0.85,压实厚度不小于 50 cm。

(2)填方部位:排除积水,清除淤泥,清理各种杂物,按土方填筑要求分层填筑到设计高程。压实度同开挖部位。

2. 排水排气层

(1)粗砂质量:满足设计要求。

(2)压实厚度 15 cm,允许偏差 ±1.5 cm。

(3)压实相对密度:0.8。

(4)φ100 mm 塑料排水管,φ200 mm 逆止阀,铺设符合设计要求。

3.防渗层:复合土工膜

材料检验:检查出厂合格证、出厂检验报告、产品标签(标明生产厂、编号、生产日期及产品规格等)。

质量检验:每1 000 m² 卷材抽样一次,取5个试样,有2个试样不合格则双倍取样,仍不合格,则该批产品退货。

运输、储存要求如下:

(1)运输时应盖篷,防止日晒雨淋,防止重压,避免损伤。

(2)储存在仓库内,防火、防紫外线辐射、防化学药剂、防重压;堆放层数按厂家规定;注意有效期。

4.现场检验(全过程旁站)

支持层验收合格,排水、排气系统验收合格。

铺设过程监理控制要点:

(1)坡面自上而下铺设,湖底自下游向上游铺设,随铺随压重。

(2)不应过紧,留温度变形余幅(一般1.5%),在适当位置做成小曲率弧状折叠。

(3)接缝应与最大拉力方向平行。

(4)发现损伤,及时修复。

(5)坡顶、坡底埋入固定沟。

拼接过程监理控制要点:

(1)现场拼接工艺试验。

(2)用热合焊接机焊接,温度250～300 ℃,行速2～3 m/min。

(3)通常为两平行焊缝。焊缝宽10～18 mm,两缝间不焊部分宽10～20 mm。焊接面保持清洁。

(4)接缝检验:

①目测外观。无熔损点、无漏接、平整无皱折,允许丁字缝,不允许十字缝,与结构物连接处应密封可靠。

②检漏试验。用真空法和抽气法,检验全部焊缝。

③接缝强度试验。每1 000 m² 取一次试样做拉伸强度试验,要求强度不低于母材的80%,且试样断裂不得在接缝处,否则不合格。

5.保护层

随铺随填,当日铺当日填。土料中不得有损伤膜的杂物(旁站)。

下层:素土,湖底厚550 mm,允许偏差±55 mm,无杂物。压实度不小于0.9(设计干密度1.67 g/cm³)。

上层:200 mm厚卵砾石,允许偏差±20 mm,平整压实。

(三)岸坡防渗(GCL)工程

1.支持层(岸坡50.0 m以上)

(1)压实整平至设计坡度:1:4,允许偏差0～0.05。

(2)平整度要求:2 m直尺检测,不大于5 mm。

(3)压实度要求:不小于0.9(设计干密度1.67 g/cm³)。

（4）无带尖角的碎石和其他杂物，基本干燥，无明显积水。

2. 防渗层：GCL

1）材料检验

（1）检查出厂合格证。出厂检验报告和产品标签（标明生产厂、编号、生产日期及产品规格等）。

（2）质量检验：每 1 000 m² 卷材应抽样 1 次，取 5 个试样，有 2 个试样不合格则双倍取样，仍不合格，则该批产品退货。

（3）检查 GCL 遇水是否发生前期水化。

（4）GCL 的运输和储存应满足施工技术要求。

2）现场检验（全过程旁站）

（1）支持层验收合格。

（2）铺设过程监理控制要点：

①GCL 原包装应在马上要铺时再打开。

②发现损伤，及时修复。

③无纺布面朝下。

④铺设平整、无皱折，不得拖拉，沿坡的方向安装。

⑤卷材只应横向切割，严禁纵向切割。

⑥坡顶按设计要求锚固。

（3）搭接过程监理控制要点：

①纵横向搭接长度不小于 300 mm，接缝允许丁字缝，不允许十字缝。

②搭接时先在下片 GCL 顶面上涂抹一层 1∶6 稀膨润土膏，涂抹宽度为 400 mm，其中搭接线内 300 mm，搭接线外 100 mm。上片 GCL 涂抹一层厚 10 mm 的 1∶4 稠膨润土膏，涂层宽度同下片 GCL。最后用无纺织物条覆盖在膨润土膏上。

3. 保护层

（1）GCL 铺设检查完毕后的 1 个工作日内铺设保护层。

（2）下层保护层采用素土，最大粒径不超过 10 mm，厚度不低于 300 mm，压实度不低于 0.9（设计干密度 1.67 g/cm³）。上层采用砂砾土，厚度不低于 20 cm，整平压实。

岸坡复合土工膜与 GCL 搭接按设计要求施工。

（四）浆砌石工程

1. 检查项目

（1）水泥：普通硅酸水泥，附出厂合格证及品质试验报告。同厂家、同品种、同强度（国家标准）每 200 t 检验 1 次。

（2）砂子：每 1 000 m³ 为 1 批，细度模数 2.2～3.0，含泥量≤3%。

（3）石料：块石，上下两面平行，大致平整，无尖角、薄边，块厚大于 20 cm。

（4）砂浆：设计强度 M7.5，进行配合比试验。每 250 m³ 砌体抽检 1 组试件（3 件），平均值≥设计强度，最小组平均值≥0.75 设计强度。

（5）拌制：机械拌制，搅拌时间不少于 2 min。

（6）砌筑：用坐浆法施工，坐浆饱满，无空隙。空隙用小石填塞，不得用砂浆充填。

(7)勾缝:勾缝前,先剔缝,缝深 2~4 cm,用清水洗净,洒水养护不少于 3 d,无裂缝、脱皮现象。

2.检测项目

(1)砌石厚度:允许偏差为设计厚度的 ±10%。每 20 延米检验 1 处。

(2)表面平整度:2 m 靠尺检测凹凸不超过 25 mm,每 20 延米检测 1 处。

(3)顶面、底面高程:顶面 0 ~ +40 mm,底面 −20~0 mm,每 50 延米检测 1 处。

(4)垂直度:0.5%,每 50 延米检测 1 处。

二、××龙潭水库混凝土板预制、护砌、泄水闸工程监理控制要点

(一)预制板工程

1.材料控制

1)水泥

(1)水泥宜选用满足设计要求的普通硅酸盐水泥、硅酸盐水泥、矿渣硅酸盐水泥、火山灰质硅酸盐水泥和粉煤灰硅酸盐水泥。

(2)水泥的各项指标应分别符合《硅酸盐水泥、普通硅酸盐水泥》(GB 175—85)标准和《矿渣硅酸盐水泥、火山灰质硅酸盐水泥和粉煤灰硅酸盐水泥》(GB 1344—92)标准要求。

(3)水泥进场时,应有出厂合格证或试验报告,并要核对其品种、标号、包装重量和出厂日期。使用前若发现受潮或过期,应重新取样试验。包装重量不足的另行堆放,做出处理。

(4)水泥质量证明书各项品质指标应符合标准中的规定。品质指标包括氧化镁含量、三氧化硫含量、烧失量、细度、凝结时间、安定性、抗压和抗折强度。

(5)混凝土的最大水泥用量不宜大于 550 kg/m³。

2)砂

(1)砂宜优先选用坚硬、不含杂质、有棱的硅质砂粒。

(2)砂按其细度模数分为粗、中、细。混凝土工程应优先选用粗中砂。

(3)砂的含泥量(按质量计),当混凝土强度等级高于或等于 C30 时,不大于 3%;低于 C30 时,不大于 5%。对有抗渗、抗冻或其他特殊要求的混凝土用砂,其含泥量不应大于 3%,对 C10 或 C10 以下的混凝土用砂,其含泥量可酌情放宽。

3)石子(碎石或卵石)

(1)石子宜选用花岗岩。其余石灰岩、砂岩、页岩或其他水成岩必须取样做石材强度检定。同时,应根据混凝土建筑物或构筑物的使用情况和强度要求,决定能否使用或有限制性使用。

(2)石子最大粒径不得大于结构截面尺寸的 1/4,同时不得大于钢筋间最小净距的 3/4。混凝土实心板骨料的最大粒径不宜超过板厚的 1/2,且不得超过 50 mm。

(3)石子中的含泥量(按质量计),当混凝土强度等级等于或高于 C30 时,不大于 1%;低于 C30 时,不大于 2%;对有抗冻、抗渗或其他特殊要求的混凝土,石子的含泥量不大于 1%;对 C10 和 C10 以下的混凝土,石子的含泥量可酌情放宽。

(4)石子中针、片状颗粒的含量(按质量计),当混凝土强度等级等于或高于 C30 时,不大于 15%;低于 C30 时不大于 25%;对 C10 和 C10 以下,可放宽到 40%。

4)水

(1)符合国家标准的生活饮用水可拌制各种混凝土,不需再进行检验。

(2)若采用非饮用的天然水、受污染的湖泊水、地下水等,应先经检验符合《混凝土拌合用水标准》(JGJ 63—89)的规定才能使用。

5)外加剂和掺合料

外加剂和掺合料符合有关规定的要求。

2. 机具

(1)移动式混凝土搅拌机按进料额定容量有 250 L 和 400 L 两种,按搅拌方式有自落式和强制式两种。自落式的型号应采用 JZ、JD、JS 型系列产品。

(2)振动器分插入式振动器、平板式振动器、附着式振动器和振动台。

(3)台秤,能称量 200 kg 以上材料,且有 CMC 标志。

(4)斗车(手推车)。

3. 作业条件

(1)基础工程应先将基坑内积水抽干或排除,坑内浮土、淤泥和杂物要清理干净。

(2)墙、柱、梁等模板内的木屑、杂物要清除干净,模板缝隙应严密不漏浆。

(3)复核模板、支顶、预埋件、管线钢筋等符合施工方案和设计图纸,并办理隐蔽验收手续。

(4)脚手架架设要符合安全规定;楼板浇捣时应架设运输桥道,桥道下面要有遮盖,浇注口应有专用槽口板。

(5)水泥、砂、石子及外加剂、掺合料等经检查符合有关标准要求,试验室已下达混凝土配合比通知单。

(6)台秤经计量检查准确,振动器经试运转符合使用要求。

(7)根据施工方案对班组进行全面施工技术交底,包括作业内容、特点、数量、工期、施工方法、配合比、安全措施、质量要求和施工缝设置等。

4. 操作工艺

(1)浇注前应对模板浇水湿润,墙、柱模板的清扫口应在清除杂物及积水后再封闭。

(2)根据配合比确定的每盘(槽)各种材料用量要过秤。

(3)装料顺序:一般先装石子,再装水泥,最后装砂子。如需加掺合料时,应与水泥一并加入。

(4)混凝土搅拌的最短时间(自全部材料装入搅拌筒中起至开始卸料止):

①掺有外加剂时,搅拌时间应适当延长。

②粉煤灰混凝土的搅拌时间宜比基准混凝土延长 10~30 s。

③轻骨料混凝土加料顺序:当轻骨料在搅拌前预湿时,先加粗、细骨料和水泥搅拌 30 s,再加水继续搅匀。未经预湿的轻骨料先加 1/2 用水量,然后加粗细骨料搅拌 60 s,再加水泥和剩余水量继续搅拌均匀。

(5)混凝土运输:

①混凝土现场运输工具有手推车、吊斗、滑槽、泵等。

②混凝土自搅拌机中卸出后，应及时运到浇注地点。在运输过程中，要防止混凝土离析、水泥浆流失、坍落度变化以及产生初凝等现象。如混凝土运到浇注地点有离析现象时必须在浇灌前进行二次拌和。

③混凝土从搅拌机中卸出后到浇注完毕的延续时间，不宜超过规定。

（6）掺用外加剂的混凝土，其运输延续时间应由试验确定。

混凝土运输道路应平整顺畅。楼板施工时，应铺设专用桥道，严禁手推车和人员踩踏钢筋。

（7）混凝土浇注的一般要求：

①混凝土自吊斗口下落的自由倾落高度不得超过 2 m，如超过 2 m 必须采取措施。

②浇注竖向结构混凝土时，如浇注高度超过 3 m，应采用串筒、导管、溜槽或在模板侧面开门子洞（生口）。

③浇注混凝土时应分段分层进行，每层浇注高度应根据结构特点、钢筋疏密决定。一般分层高度为插入式振动器作用部分长度的 1.25 倍，最大不超过 500 mm。平板振动器的振捣厚度为 200 mm。

④使用插入式振动器应快插慢拔。插点要均匀排列，逐点移动，按顺序进行，不得遗漏，做到均匀振实。移动间距不大于振动棒作用半径的 1.5 倍（一般为 300～400 mm）。振捣上一层时应插入下层混凝土面 50 mm，以消除两层间的接缝。平板振动器的移动间距应能保证振动器的平板覆盖已振实部分边缘。

⑤浇注混凝土应连续进行。如必须间歇，其间歇时间应尽量缩短，并应在前层混凝土初凝之前，将本层混凝土浇注完毕。间歇的最长时间应按所用水泥品种及混凝土初凝条件确定，一般超过 2 h 应按施工缝处理。

⑥浇注混凝土时应派专人经常观察模板钢筋、预留孔洞、预埋件、插筋等有无位移变形或堵塞情况，发现问题应立即停止浇灌并应在已浇注的混凝土初凝前修整完毕。

（8）预制板混凝土浇注要求：

①预制板浇注的虚铺厚度应略大于板厚，用平板振动器垂直浇注方向来回振捣。注意不断用移动标志以控制混凝土板厚度。振捣完毕，用刮尺或拖板抹平表面。

②采用塑料薄膜覆盖时，其四周应压严密，并应保持薄膜内有凝结水。

③养护用水与拌制混凝土用水相同。

（二）预制板砌筑工程

1．材料控制

1）预制板

采用预制混凝土板，板的型号主要有 1 号板和 2 号板。

2）砂

砂浆采用的砂料，粒径为 0.15～5 mm，细度模数为 2.5～3.0。砌筑毛石砂浆的砂，其最大粒径不大于 5 mm；砌筑料石砂浆的砂，最大粒径不大于 2.5 mm。

3）水泥和水

水泥按品种、标号、出厂日期分别堆放；选用适合饮用的水，不使用未经处理的工业废水,采用拌和用水制成的砂浆的抗压强度不低于用标准水制成的砂浆 28 d 龄期抗压强度的 90% 。

4）胶凝材料（用于砌筑工程的水泥砂浆和小骨料混凝土）

胶凝材料的配合比通过试验确定。

拌制胶凝材料,严格按照试验确定的配料单进行配料。允许误差遵循以下规定:水泥为 ±2% ;砂、砾石为 ±3% ;水、添加剂为 ±1% 。

胶凝材料拌和过程中保持粗、细骨料含水率的稳定性,根据骨料含水量的变化情况,随时调整用水量,以保证水灰比的准确性。

胶凝材料拌和时间:机械拌和不少于 2 ~ 4 min。

胶凝材料随拌随用。通过试验确定胶凝材料的允许间歇时间。

2. 预制板砌筑

预制板采用铺浆法砌筑,砂浆稠度为 30 ~ 50 s,气温变化时,适当调整。采用浆砌法砌筑的预制板转角处和交接处同时砌筑,对不能同时砌筑的面,留置临时间断处,并切成斜槎。

3. 水泥砂浆勾缝防渗

采用料石水泥砂浆勾缝作为防渗体时,防渗用的勾缝砂浆采用细砂和较小的水灰比,灰砂比控制在 1:1 至 1:2。

料石砌筑 24 h 后进行清缝,缝宽大于砌缝宽度,缝深不小于缝宽的 2 倍。勾缝前先将槽缝冲洗干净,做到无残留灰渣和积水,并保持缝面湿润。

当勾缝完成的砂浆初凝后,将砌体表面刷洗干净,至少用浸湿物覆盖保持 21 d,在养护期间经常洒水使砌体保持湿润,避免碰撞和振动。

4. 干砌石工程

选用质地坚硬、新鲜、未风化的石料做为护坡石,单块质量不小于 30 kg,最小边长不小于 20 cm。

铺筑时,石块用手锤加工成方块石,长度在 30 cm 以下的石块连续使用不超过 4 块,且两端需加丁字石,一般长条形丁向砌筑,不顺长使用。砌筑缝宽小于 1.0 cm,坡面平整度凹凸不超过 3 cm。

5. 砌体基础准备与反滤层

所有砌体基面应平整,表层的草皮、腐殖土、杂物、垃圾等均进行清除,并按照设计要求进行压实或夯实。基础准备得到监理验收签证后进行反滤层或砌体的施工。

反滤层按照设计的厚度、范围和材料要求分层铺筑,铺设做到平整、密实、厚度均匀。

（三）混凝土工程

1. 模板

模板和支架材料优先选用钢材、钢筋混凝土或混凝土等模板材料。模板的尺寸和相互位置符合设计规定,保证混凝土浇注后结构物的形状;稳定性、刚度和强度符合设计要求;做到标准化、系列化,装拆方便,周转次数高,有利于混凝土工程的机械化施工;模板表面光洁平整,接缝严密,不漏浆,以保证混凝土表面的质量。

模板工程采用的材料及制作、安装等工序的成品经质量检查合格后,再进行下一工序的施工。

按照施工图纸进行模板安装的测量放样,设置必要的控制点,以便检查校正。模板在安装过程中,设置足够的临时固定设施,以防变形和倾覆。

钢模板在每次使用前进行清洗,为防锈和拆模方便,钢模面板涂刷矿物油类的防锈保护涂料。木模板面采用烤涂石蜡。

模板拆除时限,除符合施工图纸的规定外,不承重侧面模板拆除时,在混凝土强度达到其表面及棱角不因拆模而损伤时,再进行拆除,墩、墙部位在其强度不低于 3.5 kPa 时,再进行拆除。

2. 普通混凝土

1）材料

（1）水泥。

水泥品种:各种水泥均符合国家及行业的现行标准。

发货:每批水泥发货时均附有出厂合格证和复检资料。

运输:确保水泥运输过程中其品种和标号不混杂,并采取有效措施防止水泥受潮。

储存:到货的水泥按不同品种、标号、出厂批号、袋装或散装等,分别存放在专用的仓库或储罐中,防止因储存不当引起水泥变质。不使用出厂日期超过 3 个月的袋装水泥和超过 6 个月的散装水泥,袋装水泥的堆放高度不超过 15 袋。

（2）水。

选用适合饮用的水,不使用未经处理的工业废水。

拌和用水所含物质不能影响混凝土和易性和混凝土强度的增长,不会引起混凝土腐蚀。

（3）骨料。

对不同粒径的骨料分别堆存,严禁相互混杂和混入泥土;装卸时,粒径大于 40 mm 的粗骨料的净自由落差不大于 3 m,避免造成骨料的严重破碎。

细骨料的质量技术要求规定如下:

人工砂的细度模数在 2.4 ~ 2.8 范围内,天然砂的细度模数在 2.2 ~ 3.0 范围内。

选用质地坚硬、清洁、级配良好的砂料,使用山砂、特细砂经过试验论证。

天然砂料按粒径分为两级,人工砂可不分级。

砂料中有活性骨料时,进行专门试验论证。

粗骨料的最大粒径,符合以下规定:不超过钢筋最小净间距的 2/3 及构件断面最小边长的 1/4。

施工中将骨料按粒径分成下列几种级配:

二级配。分成 5 ~ 20 mm 和 20 ~ 40 mm,最大粒径为 40 mm。

三级配。分成 5 ~ 20 mm、20 ~ 40 mm 和 40 ~ 80 mm,最大粒径为 80 mm。

2）拌和

拌制现场浇注混凝土时,严格按试验室提供并经监理人批准的混凝土配料单进行配料。

为了使设备生产率满足工程高峰浇注强度的要求,采用 JS2000 型混凝土搅拌机拌和。对所有称量、指示、记录及控制设备都采取防尘措施。确保设备称量准确性,其称量偏差不超过 SDJ 207—82 中的规定值,并按监理人的指示定期校核称量设备的精度。

拌和设备安装完毕后,会同监理人进行设备运行操作检验。

按规定进行混凝土拌和,拌和程序和时间均通过试验确定,且纯拌和时间按表 13-1 中的规定执行。

表 13-1　混凝土纯拌和时间

拌和机容量 $Q(m^3)$	最大骨料粒径(mm)	最少拌和时间(s)	
		自落式拌和机	强制式拌和机
$0.8 \leqslant Q \leqslant 1$	80	90	60
$1 < Q \leqslant 3$	150	120	75
$Q > 3$	150	150	90

注:1. 入机拌和量在拌和机额定容量的 110% 以内。

2. 加冰混凝土的拌和时间延长 30 s(强制式 15 s),出机的混凝土拌和物中不出现冰块。

因混凝土拌和及配料不当,或因拌和时间过长而报废的混凝土弃置在指定的场地。

3)运输

混凝土出拌和机后,迅速运达浇注地点,确保混凝土在运输中不出现离析、漏浆和严重泌水的现象。

混凝土入仓时,防止离析,最大骨料料径 150 mm 的四级配混凝土自由下落的垂直落距按不大于 1.5 m 执行,骨料粒径小于 80 mm 的三级配混凝土,其垂直落距按不大于 2 m 执行。

4)浇注

任何部位混凝土开始浇注前 8 h(隐蔽工程为 12 h),通知监理人对浇注部位的准备工作进行检查。检查内容包括地基处理、已浇注混凝土面的清理以及模板等设施的安装等,在监理人检验合格后再进行混凝土浇注。

任何部位混凝土开始浇注前,将该部位混凝土浇注的配料单提交给监理人审核,经监理人同意后,再进行混凝土浇注。

(1)基础面混凝土浇注。建筑物基础验收合格后,再进行混凝土浇注。

软基在立模扎筋前处理好地基临时保护层;在软基上操作时,避免破坏或扰动原状土壤;当地基为湿陷黄土时,在监理人指示下采取专门处理措施。

(2)混凝土分层浇注作业。根据监理人批准的浇注分层分块和浇注程序进行施工。在竖井、廊道周边浇注混凝土时,要使混凝土均匀上升,在斜面上浇注混凝土时,从最低处开始,直至保持水平面。

禁止不合格的混凝土入仓,已入仓的不合格混凝土必须予以清除,并运至指定地点放置。

浇注混凝土时,严禁在仓内加水,如发现混凝土和易性较差,采取加强振捣等措施,以保证质量。

（3）浇注的间歇时间。混凝土浇注应保持连续性,浇注混凝土允许间隙时间按试验确定。若超过允许间歇时间,则按工作缝处理。

除经监理人批准外,两相邻块浇注间歇时间不得小于72 h。

（4）浇注层厚度。混凝土浇注层厚度,根据搅拌、运输和浇注能力、振捣器性能及气温因素确定,一般情况下,不超过表13-2中规定。

表13-2 混凝土浇注层的允许最大厚度

捣实方法和振捣器类别		允许最大厚度（mm）
插入式	软轴振捣器	振捣器头长度的1.25倍
表面式	在无筋或少筋结构中	250
	在钢筋密集或双层钢筋结构中	150
附着式	外挂	300

（5）浇注层施工缝面的处理。在浇注分层的上层混凝土浇注前,按监理人批准的方法对下层混凝土的施工缝面进行冲毛或凿毛处理。

5）养护

采用洒水养护,混凝土浇注完毕后12～18 h内开始进行,其养护时间按表13-3执行,在干燥、炎热气候条件下,养护至少28 d以上。

表13-3 混凝土养护时间

混凝土所用的水泥种类	养护时间（d）
硅酸盐水泥和普通硅酸盐水泥	14
火山灰质硅酸盐水泥、矿渣硅酸盐水泥、粉煤灰硅酸盐水泥、硅酸盐大坝水泥	21

薄膜养护:在混凝土表面涂刷一层养护剂,形成保水薄膜,涂料以不影响混凝土的质量为宜;在狭窄地段施工时,使用薄膜养护液注意防止工人中毒。采用薄膜养护的部位,报监理人批准。

（四）泄水闸

所有工序,所有单元工程,严格按施工规范和技术指标控制。

（1）土方开挖、填筑:土方开挖按照设计的尺寸、高程,采用挖掘机、推土机等机械设备进行施工,施工中经常对开挖边线和高程进行检测,杜绝超挖、欠挖。土方回填前将建筑垃圾等清除干净,确保回填土的质量,采用挖掘机、推土机、内燃夯实机、人工夯等机械设备施工,施工过程中技术人员经常测量边坡坡度,严格控制铺土厚度、边线,用核子密度仪检测压实后的干密度,对土石结合部等重要部位,加强检测。

(2)砌石工程:砌筑前,人工开挖保护层并按设计要求进行地基平整,石料由三轮车运至现场,砂浆用滚筒式搅拌机拌和。砌筑采用坐浆法分层砌筑,做到平铺卧砌、大面朝下、上下错缝、内外搭接、砂浆饱满。施工中,技术人员经常测量砌体断面尺寸,严格按照配合比拌和砂浆,安排人员对砌体进行养护。

(3)混凝土工程:素混凝土浇注前,按照设计图纸对标高、尺寸及模板进行检查,合格后再进行浇注;钢筋混凝土首先按照设计图纸检查钢筋的数量、间距、长度、钢筋保护层以及模板,合格后方可浇注。混凝土全部采用商品混凝土,主要由混凝土运输车运至现场,用混凝土输送泵车浇注到仓面。采用插入式和平板式振捣器进行振捣,做到不漏振、不过振。浇注完毕及时覆盖,洒水养护。

三、南水北调××干渠监理控制要点

(一)测量与铺工放样

(1)根据设计文件提供的输水渠设计中心线成果、控制点及有关测量资料进行施工测量,并根据铺工表提供的渠道、堤防有关参数进行放样,对堤外有排水沟的渠段,应同时定出排水沟的沟口线。

(2)输水渠基线相对于邻近基本控制点,平面位置允许误差为 ±3 cm,高程允许误差为 ±3 cm。

(3)输水渠基线的永久标石埋设必须牢固,施工中须严加保护,并及时检查维护,定时核查、校正。

(二)渠道开挖

渠道开挖要严格按照设计要求进行,做到够宽、够深、够坡度,底平、坡顺、弯道圆滑。

渠道断面尺寸按下列标准控制:

(1)机械施工,渠底高程要求按设计从严控制,最大欠挖量、超挖量不得人于 3 cm,渠口和渠底脚的平面尺寸误差不宜超过 ±3 cm。

(2)施工分界处衔接要顺直,不允许出现折线,不允许出现施工界墙;渠坡不得出现凹凸不平等现象。

(3)运土道路一律做成斜坡道。开挖土方按设计要求全部运往规定地点,零星散土应随时清除干净。

(4)设立开挖标志,标出渠道中心线、渠底线、渠口开挖线的位置。

(三)排水沟开挖

(1)排水沟开挖要严格按照设计要求进行,做到够宽、够深、够坡度,底平、坡顺。

(2)排水沟开挖时,最大欠挖量不得大于 5 cm,沟口和沟底脚的平面尺寸误差不宜超过 ±(5~10) cm。

(3)施工分界处衔接要顺直,不允许出现折线,不允许出现施工界墙。

(四)堤防填筑

1.筑堤材料

根据设计,筑堤应采用黏土和壤土。其黏粒含量、塑性指数等各项指标应按设计要求

严格控制。并根据设计单位的勘察资料及在现场监理人员监督下施工单位对土料的土质试验,确保筑堤用土质量,同时土的含水量应严格控制在试验确定的的允许范围之内。监理人员要严格监督承建单位根据各段挖渠土和远调土的实际情况,制订不同的控制方案。对含水量较高的土,及时进行晾晒;对含水量较低的土,应采用洒水或泅地等手段,确保土料含水量。土料使用前,必须按设计要求对土块超规程要求的用旋耕犁等机具打碎,保证土料粒径块度符合要求。

2. 堤基清理

渠道开挖土方筑堤施工前,必须将施工范围内的草皮、树根、石子、淤泥、腐殖土等杂物一律清除,尤其是树根应彻底清除,树坑、淤泥坑等施工范围内的坑、槽、沟应将杂物清除干净后,按照土堤填筑要求进行分层回填处理。清基深度不小于0.2 m,清理边界应超出设计线0.3~0.5 m;清基后,将清基表面耙松2~3 cm并压实。如发现有淤泥等软弱地基,施工单位应及时与设计单位、建设单位及监理单位会商处理,所有回填土方一律按大堤施工质量标准执行。不得将任何影响堤防安全的杂物留置于堤身内。清基宽度、压实干密度应不小于设计值。

隐蔽工程须验收签证后才能进行下步填筑。

3. 堤身填筑压实

堤身填筑工程开工前,承包人在监理人员现场旁站监督下,按照规范规定的方法进行碾压试验,验证土料的压实质量能否达到设计干密度和压实度。根据试验结果确定施工压实参数,包括铺土厚度、压实后土层厚度、含水量的适宜范围、碾压机械类型及重量、压实遍数、压实方法等。

堤身填筑土方施工时必须由低处开始水平分层填筑,逐坯压实,回填土料控制干密度不小于$1.5\ t/m^3$,压实度不小于0.94。为此,控制每层土虚坯厚度不得超过规程规定的厚度。铺土面应尽量平整,再经过推土机及人工整平后,按规范要求压实。分区段填筑时上下层分段位置要错开。对各段土层之间要设立标志,以防漏压、过压、欠压。对机械压不到的死角应采取人工或机械夯实。若发现局部"弹簧土"、层间光面、层间中空、剪切破坏等质量问题,应及时处理,并经监理检验合格后,方准铺填新土。按规范要求进行碾压,用核子密度仪及环刀法检测干密度、压实度,确保达到设计要求,并在结合面处设置见证点来控制质量。

(五)监理质量控制点及监理预控和控制措施

1. 渠道、堤防、排水沟及路涵工程监理

由于渠道堤防工程战线长,内容多,工程量较大,机械化程度高,因此该工程的监理工作应着重抓好两个关键因素:一是安全,二是质量。开工前,监理人员要对承包人进行安全生产教育,同时要求承包人拿出安全生产保证措施报送监理部,监理部审查措施合理可行后批复实施。施工过程中,监理人员要加强巡视,及时发现不安全因素,及时解决,以保证工程顺利进行。

在渠道、堤防、排水沟及路涵工程的施工中,质量控制是工程控制的关键点,监理人员应重点控制渠道、堤防、排水沟及路涵工程各工序的施工质量,质量控制要点见表13-4。

表 13-4　　渠道、堤防、排水沟及路涵工程质量控制要点

质量控制要点	监理预控和控制措施
原材料检验	派监理人员现场监督施工单位按规定随机取样,送有资质的质检部门进行检验
施工放样	派监理人员现场监督和同步复核施工单位控制点测量与施工放线成果。要求如下:输水渠基线相对于邻近基本控制点,平面位置允许误差 ±3 cm,高程允许误差 ±3 cm
土、石方开挖和回填工序控制	土、石方严格按设计边坡、宽度和底高程开挖;回填严格控制铺料厚度,夯实遍数及压实度,逐层土进行检验,确保回填质量
堤防填筑工序控制	堤防填筑施工严格按设计要求实施,严格控制几何尺寸,铺料厚度、压实遍数及压实度,逐层进行检验,确保每层质量。施工中采用工序报验制度,合格签字,不合格不准进行下道工序施工,并将本道工序返工处理
排水路涵砌石施工工序控制	砌石前重点检查块石、料石和砂浆配比及强度是否满足设计和规范要求,施工中采用工序报验制度,合格签字,不合格不准进行下道工序的施工,并将本道工序返工处理

2. 交通桥工程监理

交通桥工程涉及材料多,工序复杂,施工难度较大,该工程的监理工作同样应着重抓好两个关键因素:一是安全,二是质量。

开工前,监理人员要对承包人进行安全生产教育,同时要求承包人拿出安全生产保证措施报送监理部,监理部审查措施合理可行后批复实施。施工过程中,监理人员要加强巡视,及时发现不安全因素,及时解决,以保证工程顺利进行。

在交通桥工程的施工中,质量控制是工程控制的关键点,监理人员应重点控制交通桥工程各工序的施工质量,质量控制要点如表 13-5 所示。

(六)质量问题控制

施工中可能出现的质量问题和监理质量提示、预控、控制措施见表 13-6。

表 13-5　　交通桥工程质量控制要点

质量控制要点	监理预控和控制措施
原材料检验	派监理人员现场监督施工单位按规定随机取样,送有资质的质检部门进行检验

续表13-5

质量控制要点	监理预控和控制措施
施工放样	派监理人员现场监督和同步复核施工单位控制点、轴线、标高及施工放线成果
土方回填工序控制	土方回填严格控制铺料厚度，夯实遍数及压实度，逐层土进行检验，确保回填质量
灌注桩钻孔	灌注桩钻孔要满足设计有关的孔深、孔径和垂直度要求
混凝土灌注桩和灌注桩钢筋	派监理人员现场旁站监督施工单位的混凝土灌注桩和灌注桩钢筋按设计和规范质量要求进行施工，确保质量
混凝土桥台基础、桥柱、桥梁、桥面铺装	派监理人员现场旁站监督施工单位的混凝土桥台基础、桥柱、桥梁、桥面的现场浇注和铺装施工
现浇混凝土和钢筋混凝土的工序控制	施工前预先检查材料（水泥、砂、石子、钢筋等）出厂质量合格证，并对混凝土配合比和强度要进行试验；混凝土和钢筋混凝土的施工建立开仓证制度，开仓前未经验收合格，不准发放开仓证，否则不予计量
混凝土构件的预制装配工序控制	混凝土构件的预制采用开仓证制度，安装采用工序报验制度，上道工序不合格不予签字，下道工序不准开工

表13-6　质量问题及相应控制措施

工程项目	施工中可能出现的质量问题	监理质量提示、预控和控制措施
铺工放线	各断面桩号标记不清 各断面控制桩保护问题	各断面桩用红油漆标记清楚各桩号 采取预防补救措施（如在作业安全地带增加引桩、灰桩等）来保护各断面控制桩
土场土料	土料场清基不彻底（清基深度不够、草根、树根、杂物等没清净）	督促施工单位对土料场清基情况进行检查验收
	土料不合格（土块颗粒粒径超限，淤泥、腐殖土、冻土未处理含杂草、杂物，含水量过大或过湿等）	不合格土料不准运输筑堤
堤基处理	堤基铺工范围内基面清基不彻底（清基深度不够，草根、树根、杂物、淤泥等没清净）	督促、检查施工单位堤基铺工范围内基面清基情况，不合格的单元段落不予验收签证
	清基宽度不够	督促、检查施工单位保证清基宽度

续表 13-6

工程项目	施工中可能出现的质量问题	监理质量提示、预控和控制措施
堤防土方填筑	虚铺土超厚、铺土边线不到位、两工接头处理不合格、碾压遍数不够、干密度及压实度达不到要求	督促、检查、检测施工单位虚铺土厚度、铺土边线、两工接头处理情况、碾压遍数、干密度及压实度指标，必须满足设计和规范要求；否则，对该段落施工的单元工程坯土质量不予验收签证，直至施工单位按质量标准整改合格为止
	作业面出现弹簧土(橡皮土)	作业面出现弹簧土(橡皮土)时，要求施工单位按质量标准及时整改合格
渠道、排水沟开挖	渠道、排水沟开挖边坡、宽度和底高程不符合设计尺寸要求	要求施工单位严格按设计的渠道和排水沟边坡、宽度和底高程进行开挖： (1)渠道尺寸要求。机械施工，渠底高程要求按设计从严控制，最大欠挖量、超挖量不得大于 3 cm，渠口和渠底脚的平面尺寸误差不宜超过 ± 3 cm。 (2)排水沟尺寸要求：排水沟开挖时，最大欠挖量不得大于 5 cm，沟口和沟底脚的平面尺寸误差不宜超过 ± (5 ~ 10) cm
交通桥混凝土施工	组成混凝土的材料：水泥、砂、石子、外加剂等的材质检验和出厂质量合格证件不全	监督检查组成混凝土的材料：水泥、砂、石子、外加剂等的材质检验和出厂质量合格证件是否齐全，否则，不允许下道工序施工
	混凝土的配合比不当	混凝土配合比严格按照设计试验和监理批准要求进行控制(混凝土的坍落度和强度须符合规定)
	混凝土的拌和、浇注、振捣密实、养护不够	混凝土的拌和要均匀，浇注振捣密实、充分，养护按要求进行
	钻孔灌注桩坍孔和断桩	严格施工操作程序和组织管理，防止钻孔灌注桩坍孔和断桩
	T 形梁和桥墩、台、柱钢筋混凝土预制和浇灌外观出现麻面、蜂窝、孔洞、露筋、缺棱掉角等	严格施工操作程序和组织管理，防止钢筋混凝土预制和浇灌外观出现麻面、蜂窝、孔洞、露筋、缺棱掉角等

第十四章 安全控制的职责和措施

第一节 监理职责和监督保证措施

一、监理职责

(1)协助发包人对承包人安全资质、安全保证体系、安全施工技术措施、安全操作规程、安全度汛措施等进行审批,并监督检查实施情况。

(2)负责施工现场的安全生产监督管理工作,参与指导和处理施工过程中急需解决的安全问题,并监督承包人落实必要的安全施工技术措施。

(3)当承包人安全生产严重失控时,建议发包人下令进行停工整改。

(4)协助对各类安全事故的调查处理工作,定期向发包人报告安全生产情况。

二、监理安全生产监督保证体系

(1)总监理工程师参加工程安全生产委员会,这是安全管理的高层机构,由参建各方和有关部门主要领导组成,负责安全生产工作的领导、监督与协调。

(2)在监理机构内部建立以总监理工程师为责任人,各部部长分管一块,专职、兼职监理工程师参加的三级安全生产监督管理体系,实行全方位、全过程的安全监督管理机制。

三、安全生产监督措施

(1)贯彻执行"安全第一,预防为主"的方针,监督承包人认真执行国家现行有关安全生产的法律、法规,建设行政主管部门有关安全生产的规章和标准。

(2)督促承包人落实安全生产组织保证体系,建立健全安全生产责任制。

(3)审查施工方案及安全技术措施。

(4)督促承包人对施工人员进行安全生产教育及分部、分项工程的安全技术交底。

(5)检查并督促承包人按照建筑施工安全技术标准和规范要求,落实分部、分项工程或各工序、关键部位的安全防护措施。

(6)督促检查承包人现场的消防、冬季防寒、夏季防暑、文明施工、卫生防疫等项工作。

(7)不定期地组织安全综合检查,按《建筑施工安全检查评分标准》进行评价,提出处理意见并限期整改。

（8）发现违章作业要责令其停止作业，发现隐患要责令其停工整顿。

第二节　施工准备阶段的安全控制

一、安全生产文件

在工程开工前，承包人应向发包人、监理机构上报有关安全生产的文件，主要有以下几种：

（1）安全资质及证明文件（含分包单位）。

（2）安全生产保证体系。

（3）安全管理组织机构及安全专业人员配备。

（4）安全生产管理制度、安全检查制度、安全生产责任制。

（5）实施性安全施工组织设计，专项安全生产技术措施、安全度汛措施、安全操作规程。

（6）主要施工机械设备的技术性能及安全条件。

（7）特种作业人员资质证明。

（8）职工安全教育、培训记录、安全技术交底记录。

二、文件审查

根据承包人上报的有关文件，监理机构配合发包人进行审查，经检查并具备以下条件后才能开工：

（1）承包人（含分包单位）的安全资质应符合有关法律、法规及工程施工合同的规定，并建立、健全施工安全保证体系。

（2）建立相应的安全生产组织管理机构，并配备各级安全管理人员，建立各项安全生产管理制度、安全生产责任制。

（3）编制实施性安全施工组织设计，编制并落实技术措施、安全度汛措施和防护措施。

（4）检查开工时所必须的施工机械、材料和主要人员是否到达现场，是否处于安全状态，施工现场的安全设施是否已经到位，避免不符合要求的安全设施和设备进入施工现场，造成人身伤亡事故。

（5）特种作业人员必须具备相应的资质及上岗证。

（6）对所有从事管理和生产的人员，施工前应进行全面的安全教育，重点对专职安全员、班组长和从事特殊作业的操作人员进行培训教育，加强职工安全意识。

（7）分部工程开工前应严格执行安全技术交底制度。

（8）在施工开始之前，应了解现场的施工环境、人为障碍等因素，以便掌握有关资料，及时提出防范措施。

（9）掌握新技术、新材料的施工工艺和技术标准，在施工前对作业人员进行相应的培训、教育。

第三节 施工阶段的安全控制

施工阶段的安全控制要点如下：

（1）施工过程中，承包人应贯彻执行"安全第一、预防为主"的方针，严格执行国家现行有关安全生产的法律、法规，建设行政主管部门有关安全生产的规章和标准，发包人有关安全生产的规定和有关安全生产的过程文件。

（2）施工过程中应确保安全保证体系正常运转，全面落实各项安全管理制度、安全生产责任制。

（3）全面落实各项安全生产技术措施及安全防护措施，认真执行各项安全技术操作规程，确保人员、机械设备及工程安全。

（4）认真执行安全检查制度，加强现场监督与检查，专职安全员应每天进行巡视检查，每旬进行一次全面检查，视工程情况在施工准备前，施工危险性大、季节性变化、节假日前后等组织专项检查，对检查中发现的问题，按照"三不放过"的原则制定整改措施，限期整改和验收。

（5）接受监理机构和发包人的安全监督管理工作，积极配合监理机构和发包人组织的安全检查活动。

（6）安全监理机构对施工现场及各工序安全情况进行跟踪监督、检查，发现违章作业及安全隐患应要求承包人及时进行整改。

（7）加强安全生产的日常管理工作，并于每月25日前将承包项目的安全生产情况以安全月报的形式报送监理机构和发包人。

（8）按要求及时提交各阶段工程安全检查报告。

（9）组织或协助对安全事故的调查处理工作，按要求及时提交事故调查报告。

施工过程中，项目法人、设计单位、监理单位及施工单位应按各自职责完善安全管理，由相关单位填写安全管理检查表并存档。黄河防洪工程安全管理检查表见附表二。

第十五章　安全控制的内容

第一节　土石方工程

一、基本规定

（1）进行土石方开挖施工前，应掌握必要的工程地质、水文地质、气象条件、环境因素等勘测资料，根据现场的实际情况，制订施工方案。施工中应遵循各项安全技术规程和标准，按施工方案组织施工，在施工过程中注重加强对人、机、料、法、环等因素的安全控制，保证作业人员、设备的安全。

（2）开挖施工前，应根据设计文件复查地下构造物（电缆、管道等）的埋设位置和走向，并采取防护或避让措施。施工中如发现危险物品及其他可疑物品，应立即停止开挖，报请有关部门处理。

（3）开挖过程中应充分重视地质条件的变化，遇到不良地质构造和存在事故隐患的部位应及时采取防范措施，并设置必要的安全围栏和警示标志。

（4）开挖过程中，应采取有效的截水、排水措施，防止地表水和地下水影响开挖作业和施工安全。

（5）开挖程序应遵循自上而下的原则，并采取有效的安全措施。

（6）合理确定开挖边坡坡比，及时制订边坡支护方案。

二、土方明挖

（一）边坡开挖

1. 人工挖掘土方

（1）开挖土方的操作人员之间，应保持足够的安全距离，横向间距不小于 2 m，纵向间距不小于 3 m。

（2）开挖应遵循自上而下的原则，不得掏根挖土和反坡挖土。

2. 高陡边坡处作业

（1）作业人员应按规定系好安全带。

（2）边坡开挖中如遇地下水涌出，应先排水，后开挖。

（3）开挖工作面应与装运作业面相互错开，应避免上、下交叉作业。

（4）边坡开挖影响交通安全时，应设置警示标志，严禁通行，并派专人进行交通疏导。

（5）边坡开挖时，应及时清除松动的土体和浮石，必要时应进行安全支护。

施工过程当中应密切关注作业部位和周边边坡、山体的稳定情况，一旦发现裂痕、滑动、流土等现象，应停止作业，撤出现场作业人员。

　　滑坡地段的开挖,应从滑坡体两侧向中部自上而下进行,不得全面拉槽开挖,弃土不得堆在滑动区域内。开挖时应有专职人员监护,随时注意滑动体的变化情况。已开挖的地段,不得顺土方坡面流水,必要时坡顶设置截水沟。

　　在靠近建筑物、设备基础、路基、高压铁塔、电杆等构筑物附近挖土时,应制定防坍塌的安全措施。开挖基坑(槽)时,应根据土壤性质、含水量、土的抗剪强度、挖深等要素,设计安全边坡及马道。

　　在不良气象条件下,不得进行边坡开挖作业。当边坡高度大于 5 m 时,应在适当高程设置防护栏栅。

(二)支撑开挖

　　有支撑的挖土,应遵守下列规定:

　　(1)挖土不能按规定放坡时,应采取固壁支撑的施工方法。

　　(2)在土壤正常含水量下所挖掘的基坑(槽),如系垂直边坡,其最大挖深,在松软土质中不得超过 1.2 m,在密实土质中不得超过 1.5 m,否则应设固壁支撑。

　　(3)操作人员上下基坑(槽)时,不得攀登固壁支撑,人员通行应设通行斜道或搭设梯子。

　　(4)雨后、冻融以及爆破区放炮以后,应对支撑进行认真检查,发现问题,及时处理。

　　(5)拆除支撑前应检查基坑(槽)帮情况,并自上而下逐层拆除。

(三)土方挖运

　　土方挖运,应遵守下列规定:

　　(1)人工挖运时,工具应安装牢固。开挖土方作业人员之间的安全距离,不得小于 2 m。在基坑(槽)内向上部运土时,应在边坡上挖台阶,其宽度一般不小于 0.7 m,不得利用挡土支撑存放土、石、工具或站在支撑上传运。

　　(2)人工挖土、配合机械吊运土方时,机械操作人员应遵守 DL/T 5373—2007 的规定,并配备有施工经验的人员统一指挥。

　　(3)采用大型机械挖土时,应对机械停放地点、行走路线、运土方式、挖土分层、电源架设等进行实地勘察,并制定相应的安全措施。

　　(4)大型设备通过的道路、桥梁或工作地点的地面基础,应有足够的承载力。否则,应采取加固措施。

　　(5)在对铲斗内积存料物进行清除时,应切断机械动力,清除作业应有专人监护,机械操作人员不得离开操作岗位。

(四)土方爆破开挖

　　土方爆破开挖,应遵守下列规定:

　　(1)土方爆破开挖作业,应制订爆破设计方案,并遵守有关规范规定。

　　(2)松动或抛掷大体积的冻土时,应合理选择爆破参数,并制定安全控制措施和确定控制范围。

(五)土方水力开挖

　　土方水力开挖,应遵守下列规定:

　　(1)开挖前,应对水枪操作人员、高压水泵运行人员,进行冲、采作业安全教育,并对全体作业人员进行安全技术交底。

（2）利用冲采方法形成的掌子面不宜过高，最终形成的掌子面高度一般不宜超过5 m，当掌子面过高时可采用爆破法或机械开挖法，先使土体坍落，再布置水枪冲采。

（3）水枪布置的安全距离（指水枪喷嘴到开始冲采点的距离）一般不小于3 m，同层之间距离保持20～30 m，上、下层之间枪距保持10～15 m。

（4）冲土应充分利用水柱的有效射程（一般不超过6 m）。作业前，应根据地形、地貌合理布置输泥渠槽、供水设备、人行安全通道等，并确定每台水枪的冲采范围、冲采顺序，并制定相应安全技术措施。

（5）冲采过程要求如下：

①水枪设备要平稳牢固，不得倾斜；转动部分应灵活，喷嘴、稳流器不得堵塞。

②枪体不得靠近输泥槽，分层冲土的多台水枪应上下放在一条线上；与开采面应留有足够的安全距离，防止坍塌。

③水枪不得在无人操作的情况下启动。

④水枪射程范围内，不得有人通行、停留或工作。

⑤冲采时，水柱不得与各种带电体接触。

⑥结冰时，一般应停止冲采施工。

⑦每台水枪应由两人轮换操作，其中一人观察土体崩坍、移动等情况，并随时转告上、下、左、右枪手，一人离岗情况下，另一人不得作业。

⑧冲采时，应有专职安全人员进行现场监护。

⑨停止冲采时，应先停水泵，然后将水枪口向上停置。

三、土方暗挖

土方暗挖作业，应遵守下列规定：

（1）按施工组织设计和安全技术措施规定的开挖顺序进行施工。

（2）作业人员到达工作地点时，应首先检查工作面是否处于安全状态，并检查支护是否牢固，如有松动的石、土块或裂缝应先予以清除或支护。

（3）工具应安装牢固。

土方暗挖的洞口施工，应遵守下列规定：

（1）有良好的排水措施。

（2）应及时清理洞脸，及时锁口。在洞脸边坡外侧应设置挡渣墙或积石槽，或在洞口设置钢或木结构防护棚，其顺洞轴方向伸出洞口外长度不得小于5 m。

（3）洞口以上边坡和两侧应采用锚喷支护或混凝土永久支护措施。

土方暗挖应遵循"管超前、严注浆、短开挖、强支护、快封闭、勤量测、速反馈"的施工原则。开挖过程中，如出现整体裂缝或滑动迹象，应立即停止施工，将人员、设备尽快撤离工作面，视开裂或滑动程度采取不同的应急措施。土方暗挖的循环控制在0.5～0.75 m范围内，开挖后及时喷素混凝土加以封闭，尽快形成拱圈，在安全受控的情况下，方可进行下一循环的施工。

站在土堆上作业时，应注意土堆的稳定，防止滑坍伤人。土方暗挖作业面应保持地面平整、无积水,洞壁两侧下边缘应设排水沟。

洞内使用内燃机施工设备,应配有废气净化装置,不得使用汽油发动机施工设备。进洞深度大于洞径 5 倍时,应采取机械通风措施,送风能力应满足施工人员正常呼吸需要(每人每分钟 3 m³),并能满足冲淡、排除燃油发动机产生的废气和爆破烟尘的需要。

四、石方明挖

(1)机械凿岩时,应采用湿式凿岩,或装有捕尘效果能够达到国家工业卫生标准要求的干式捕尘装置。否则,不得开钻。

(2)开钻前,应检查工作面附近岩石是否稳定、有无瞎炮,发现问题应立即处理,否则不得作业。不得在残眼中继续钻孔。

(3)供钻孔用的脚手架,应搭设牢固的栏杆。开钻部位的脚手板应铺满绑牢,板厚不小于 5 cm,架子本身结构要求应符合有关规范规定。

(4)开挖作业开工前应将设计边线外至少 10 m 范围内的浮石、杂物清除干净,必要时坡顶设截水沟,并设置安全防护栏。

(5)对开挖部位设计开口线以外的坡面、岸坡和坑槽开挖,应进行安全处理后再作业。

(6)对开挖深度较大的坡(壁)面,每下降 5 m,应进行一次清坡、测量、检查。对断层、裂隙、破碎带等不良地质构造,应按设计要求及时进行加固或防护,避免在形成高边坡后进行处理。

(7)进行撬挖作业时,应遵守下列规定:严禁站在石块滑落的方向撬挖或上下层同时撬挖;在撬挖作业的下方严禁通行,并应有专人监护。

(8)撬挖人员应保持适当间距。在悬崖、35°以上陡坡上作业,应系好安全绳、佩戴安全带,严禁多人共用一根安全绳。撬挖作业宜白天进行。

(9)露天爆破,参照爆破作业的有关规定。

(10)高边坡开挖,应遵守以下规定:

①高边坡施工搭设的脚手架、排架平台等应符合设计要求,满足施工载荷,操作平台满铺、牢固,临空边缘应设置挡脚板,并经验收合格后,方可投入使用。

②上下层垂直交叉作业,中间应设有隔离防护棚,或者将作业时间错开,并有专人监护。

③高边坡开挖每梯段开挖完成后,应进行一次安全处理。

④对断层、裂隙、破碎带等不良地质构造的高边坡,应按设计要求及时采取锚喷或加固等支护措施。

⑤在高边坡底部、基坑施工作业上方边坡上应设置安全防护设施。

⑥高边坡施工时应有专人定期检查,并对边坡稳定进行监测。

⑦高边坡开挖应边开挖边支护,确保边坡稳定性和施工安全。

(11)石方挖运,应遵守下列规定:

①挖装设备的运行回转半径范围以内严禁人员进入。

②电动挖掘机的电缆应有防护措施,人工移动电缆时,应戴绝缘手套和穿绝缘靴。

③爆破前,挖掘机应退出危险区避炮,并做好必要的防护。

④弃渣地点靠边沿处应有挡轮木或渣坝和明显标志,并设专人指挥。

五、石方爆破作业

(一)现场运送

现场运送、运输爆破器材,应遵守下列规定。

1. 在竖井、斜井运输爆破器材

(1)事先通知卷扬司机和信号工。

(2)在上下班或人员集中的时间内,不得运输爆破器材。

(3)除爆破人员和信号工外,其他人员不得与爆破器材同罐乘坐。

(4)用罐笼运输炸药,装载高度不得超过车厢厢高;运输雷管,不得超过两层,层间应铺软垫。

(5)用罐笼运输炸药或雷管时,升降速度不得超过 2 m/s;用吊桶或斜坡卷扬机运输爆破器材时,速度不得超过 1 m/s;运输电雷管时应采取绝缘措施。

(6)爆破器材不得在井口房或井底车场停留。

2. 矿用机车运输爆破器材

(1)机车前后设"危险"警示标志。

(2)采用封闭型的专用车厢,车内应铺软垫,运行速度不超过 2 m/s。

(3)在装爆破器材的车厢与机车之间,以及装炸药的车厢与装起爆器材的车厢之间,应用空车厢隔开。

(4)用架线式电力机车运输,在装卸爆破器材时,机车应断电。

3. 在斜坡道上用汽车运输爆破器材

(1)行驶速度不超过 10 km/h。

(2)不得在上、下班或人员集中时运输。

(3)车头、车尾应分别安装特制的蓄电池红灯作为危险警示标志。

(4)应在道路中间行驶,会车让车时应靠边停车。

4. 人工搬运爆破器材

(1)在夜间或井下,应随身携带完好的矿用蓄电池灯、安全灯或绝缘手电筒。

(2)不得一人同时携带雷管和炸药;雷管和炸药应分别放在专用背包(木箱)内,不得放在衣袋里。

(3)领到爆破器材后,应直接送到爆破地点,不得乱丢乱放。

(4)不得提前班次领取爆破器材,不得携带爆破器材在人群聚集的地方停留。

(5)一人一次运送的爆破器材数量不超过:雷管,5 000 发;拆箱(袋)搬运炸药,20 kg;背运原包装炸药,1 箱(袋);挑运原包装炸药,2 箱(袋)。

(6)用手推车运输爆破器材时,载重量不应超过 300 kg,运输过程中应采取防滑、防摩擦和防止产生火花等安全措施。

(二) 露天爆破

1. 基本要求

露天爆破,应遵守下列规定。

(1)在爆破危险区内有两个以上的单位(作业组)进行露天爆破作业时,应由监理、建设单位或发包方组织各施工单位成立统一的爆破指挥部,指挥爆破作业。各施工单位应建立起爆掩体,并采用远距离起爆。

(2)同一区段的二次爆破,应采用一次点火或远距离起爆。

(3)松软岩土或砂床爆破后,应在爆区设置明显标志,并对空穴、陷坑进行安全检查,确认无塌陷危险后,方准恢复作业。

(4)露天爆破需设避炮掩体时,掩体应设在冲击波危险范围之外并构筑坚固紧密,位置和方向应能防止飞石和炮烟的危害;通达避炮掩体的道路不应有任何障碍。

2. 裸露药包爆破

裸露药包爆破安全控制要点如下:

(1)在人口密集区、重要设施附近及存在气体、粉尘爆炸危险的地点,不得采用裸露药包爆破。

(2)裸露药包爆破,应使炸药与被爆体有较大接触面积,炸药裸露面用水袋或黄泥土覆盖,覆盖材料中不得含有碎石、砖瓦等容易产生远距离飞散的物质。

(3)安排裸露药包起爆顺序时,应保证先爆药包产生的飞石空气冲击波不致破坏后爆药包,否则应采用齐发爆破。

(4)除非采取可靠的安全措施,并经爆破工作负责人批准,否则不得将药包直接塞入石缝中进行爆破。

(5)在旋回、漏斗等设备、设施中的裸露药包爆破,应在停电、停机状态下进行,并应采取相应的安全措施。

(6)在沟谷中及特殊气象条件下进行裸露爆破时,应考虑空气冲击波反射、绕射的影响,加大相应方向的安全距离。

3. 浅孔爆破

浅孔爆破安全控制要点如下:

(1)露天浅孔爆破宜采用台阶法爆破。

(2)在台阶形成之前进行爆破应加大警戒范围。

(3)采用导火索起爆、非电导爆管雷管秒延时起爆,应保证先爆炮孔不会显著改变后爆炮孔的最小抵抗线,否则应采用齐爆或毫秒延时爆破。

(4)装填的炮孔数量,应以一次爆破为限。

(5)在高坡和陡坡上不宜采用导火索点火起爆。

(6)露天采区二次爆破,起爆前应将机械设备撤至安全地点。

4. 深孔爆破

深孔爆破安全控制要点如下:

(1)验孔时,应将孔口周围0.5 m范围内的碎石、杂物清除干净,孔口岩壁不稳时,应进行维护。

（2）水孔应使用抗水爆破器材。

（3）深孔验收标准是：孔深为 ±0.5 m，间距为 ±0.3 m，方位角和倾角为 ±1°30′；发现不合格时应酌情采取补孔、补钻、清孔、填塞孔等处理措施。

（4）应采用非电导爆管雷管或导爆索起爆；采用地表延时非电导爆管网路时，孔内宜装高段位雷管，地表用低段位雷管。

（5）爆破工程技术人员在装药前应对第一排各钻孔的最小抵抗线进行测定，对形成反坡或有大裂隙的部位应考虑调整药量或间隔填塞。底盘抵抗线过大的部位，应及时清理，使其符合设计要求。

（6）爆破员应按爆破设计说明书的规定进行操作，不得自行增减药量或改变填塞长度；如确需调整，应征得现场爆破工程技术人员同意并做好变更记录。

（7）在装药和填塞过程中，应保护好起爆网路；如发生装药阻塞，不得强力捣捅药包。

5. 预裂爆破、光面爆破

预裂爆破、光面爆破安全控制要点如下：

（1）邻近永久边坡、堑沟、基坑、基槽爆破，应采用预裂爆破或光面爆破技术，并在主炮孔和预裂孔（光面孔）之间布设缓冲孔；运用该技术时，验孔、装药等应在现场爆破工程技术人员指导监督下由熟练爆破员操作。

（2）预裂孔、光面孔应按照设计图纸的要求钻凿在一个布孔面上，钻孔偏斜误差不超过 1°。

（3）布置在同一平面上的预裂孔、光面孔，宜用导爆索连接并同时起爆，如环境限制单段药量时，也可以分段起爆。

（4）预裂爆破、光面爆破均应采用不耦合装药，缓冲炮孔可采用不耦合装药和间隔装药；若采用药串结构药包，在加工和装药过程中应防止药卷滑落；若设计要求药包装于孔轴线上，则应使用专门的定型产品。

（5）预裂爆破、光面爆破都应按设计进行填塞。

6. 药壶爆破、蛇穴爆破

药壶爆破和蛇穴爆破安全控制要点如下：

（1）扩壶爆破和药壶、蛇穴爆破，应由有经验的爆破员操作。

（2）扩壶时，应清除孔口附近的碎石、杂物。

（3）用硝铵类炸药扩壶，每次爆破后应等待 15 min 或满足设计确定的等待时间，才准许重新装药；用导火索引爆扩壶药包时，导火索的长度应保证作业人员撤到 50 m 以外所需的时间；深孔扩壶时，不应向孔内投掷起爆药包；孔深超过 5 m 时，不应使用导火索引爆扩壶药包。

（4）扩壶完成后，应实测最小抵抗线及药壶间距，计算每个药壶的爆破方量和装药量，不应超量装药。

（5）蛇穴爆破应实测最小抵抗线，按松动爆破设计药量，每个蛇穴的装药量应控制在200 kg 之内，并应按设计的位置和药量装药。

（6）药壶及蛇穴爆破，应严格按设计要求进行填塞。

（7）两个以上药壶爆破或蛇穴爆破，应采用齐发爆破或毫秒延时爆破；如用导火索起爆或毫秒延时雷管起爆,先爆药包不应改变后爆药包最小抵抗线的方向与大小。

(8)起爆网路连接应由有经验的爆破员和爆破工程技术人员进行,并经现场爆破和设计负责人检查验收。

(9)爆破有害效应的监测除按有关规定执行外,对于 B 级及其以下级别工程爆破可能引起民房及其他建(构)筑物损伤时,应做相关有害效应的监测工作。

(三)洞室爆破

1. 基本要求

洞室爆破的基本要求如下:

(1)洞室爆破的设计,应按设计委托书的要求,并按规定的设计程序、设计深度分阶段进行。

(2)洞室爆破设计应以地形测量和地质勘探文件为依据。

(3)洞室爆破设计文件由设计说明书和图纸组成。

(4)洞室爆破工程开工之前,应由施工单位根据设计文件和施工合同编制施工组织设计。

(5)参加爆破工程施工的临时作业人员,应经过爆破安全教育培训,经口试或笔试合格后,方准许参加装药填塞作业。但装起爆体及敷设爆破网路的作业,应由持证爆破员操作。

(6)A 级、B 级、C 级洞室爆破和爆破环境复杂的 D 级洞室爆破,洞室开挖施工期间应成立工程指挥部,负责开挖工程和爆破准备工作;爆破之前应成立爆破指挥部。

(7)洞室爆破使用的炸药、雷管、导爆索、导爆管、连接头、电线、起爆器、量测仪表,均应经现场检验合格方可使用。

(8)不应在洞室内和施工现场加工或改装起爆体和起爆器材。

(9)在爆破作业场地附近,应按 GB 6722—2003 的要求设置爆破器材临时存放场地,场内应清除一切妨碍运药和作业人员通行的障碍物。

(10)爆破指挥部应了解当地气象情况,使装药、填塞、起爆的时间避开雷电、狂风、暴雨、大雪等恶劣天气。

2. 掘进施工

洞室在掘进施工中,应遵守下列规定:

(1)在开始掘进前,应做好防止落石及塌方的施工准备工作。

①小井开挖前,应将井口周围 1 m 以内的碎石、杂物清除干净;在土质疏松或比较破碎的地表掘进小井,应支护井口,支护圈应高出地表 0.2 m。

②平洞开挖前,应将洞口周围的碎石清理干净,并清理洞口上部山坡的石块和浮石;在破碎岩层处开洞口,洞口支护的顶板至少应伸出洞口 0.5 m。

(2)导洞及小井掘进每循环进深在 5 m 以内,爆破时人员撤离的安全允许距离,应由设计确定。

(3)小井掘进超过 3 m 后,应采用电力起爆或导爆管起爆,爆破前井口应设专人看守。

(4)每次爆破后再进入工作面的等待时间不应少于 15 min;小井深度大于 7 m,平洞掘进超过 20 m 时,应采用机械通风;爆破后无论时隔多久,在工作人员下井之前,均应用仪表检测井底有毒气体的浓度,浓度不超过地下爆破作业点有害气体允许浓度规定值,才准许工作人员下井。

(5)掘进工程通过岩石破碎带时,应加强支护;每次爆破后均应检查支护是否完好,清除井口或井壁的浮石,对平洞则应检查清除顶板、边壁及工作面的浮石。

(6)掘进工程中地下水量过大时,应设临时排水设备。

(7)小井深度大于 5 m 时,工作人员不准许使用绳梯上下。

3. 混制炸药

洞室爆破现场混制炸药,应遵守下列规定:

(1)在爆破现场混制炸药,应事先征得主管部门同意,并办理必要的审批手续。

(2)爆破现场混制炸药的品种,应限于多孔粒状铵油炸药和重铵油炸药。

(3)现场混制炸药原料的质量要求如下:

①)多孔粒状硝酸铵:堆密度 $0.8 \sim 0.85$ g/cm^3,吸油率≥7%,净含量(以干基计)≥99.5%。

②柴油:应采用国家标准 GB 252—2000 所规定的适合当地环境温度要求的轻柴油。

③乳胶基质:应采用取得生产许可证的乳化炸药生产厂家生产的有产品合格证的乳胶基质。

④现场混制场地应选择周围 200 m 内无居民区及铁路、公路、高压线路、重要公共设施及特殊建(构)筑物、文物等需要保护的场所。

⑤混制场地内应分为原料库区、混制区和成品库区,其间距不应小于 20 m。

⑥多孔粒状硝酸铵与柴油应分开存放。

⑦混制场地 50 m 范围内,应设置 24 h 警戒,非操作人员不得随意进入。

⑧混制的主体设备应布置在不易燃的工作间内。

⑨混制工棚(房)应有防雷和防风雨设施,场内有消防水源和灭火器等消防设施。

⑩库区和生产区应设排水沟,以保证混制场地内不积水。

(4)混制场地应配有有经验的工程技术人员,负责正常的生产及管理;同时应设安全员,负责检查加工场地的安全设施并对操作人员进行安全教育。

(5)混制设备要求如下:

①工作间内的照明灯具、电气开关和混制设备所用电动机,均应采用防爆型。

②电气设备应设保护接地系统,并应定期检查其是否完好、接地电阻是否合格;不符合要求的应及时处理。

③检修设备前应切断电源并将残药彻底清洗干净。

④新混制设备和检修后的设备投入生产前,应清除焊渣、毛刺及其他杂物。

(6)采用人工搅拌混制炸药时,不应使用能产生火花的金属工具。

(7)混制场内严禁吸烟,严禁存在明火;同时,严禁将火柴、打火机等火种带入加工场。

(8)起爆体应在专门的场所,由熟练的爆破员加工;加工起爆体时,应一人操作,一人监督,在周围 50 m 以外设置警戒,无关人员不得进入。

(9)加工起爆体使用的雷管应逐个挑选;装入起爆体内的电雷管脚线长度应为20～30 cm,起爆体加工完后应重新测量电阻值;加工好的起爆体上应标明药包编号、雷管段别和电雷管起爆体装配电阻值。

(10)置于起爆体内的电雷管与连接线接头,应严密包扎,不应有药粉进入接头中,接头不应在搬运和连线时承受拉力。

4.爆破作业

洞室爆破作业应遵守下列规定:

(1)药室的装药作业,应由爆破员或由爆破员带领经过培训的人员进行。安装、连接起爆体的作业,应由爆破员进行,安装前应再次确认起爆体的雷管段别是否正确。

(2)洞室装药,应使用36 V以下的低压电源照明,照明线路应绝缘良好,照明灯应设保护罩,灯泡与炸药堆之间的水平距离不应小于2 m。装药人员离开洞室时,应将照明电源切断。装有电雷管的起爆药包或起爆体运入前,应切断一切电源,拆除一切金属导体,并应采用蓄电池灯、安全灯或绝缘手电筒照明。装药和填塞过程中不得使用明火照明。

(3)夜间装药,洞外可采用普通电源照明。照明灯应设保护罩,线路应采用绝缘胶线,灯具、线路与炸药堆和洞口之间的水平距离应大于20 m。

(4)洞室内有水时,应进行排水或对非防水炸药采取防水措施。潮湿的洞室,不应散装非防水炸药。

(5)洞室装药应将炸药成袋(包)码放整齐,相互密贴,威力较低的炸药放在药室周边,威力较高的炸药放置在正、副起爆体和导爆索的周围,起爆体应按设计要求安放。

(6)用人力往导洞或小井口搬运炸药时,每人每次搬运量不应超过2箱(袋),搬运工人行进中,应保持1 m以上的间距,上下坡时应保持5 m的间距。往洞室运送炸药时,不应与雷管混合运送;起爆体、起爆药包或已经接好的起爆雷管,应由爆破员携带运送。

(7)填塞工作开始前,应在导洞或小井口附近备足填塞材料。

(8)平洞填塞,应在导洞内壁上标明设计规定的填塞位置和长度。

(9)填塞时,药室口和填塞段各端面应采用装有砂、碎石的编织袋堆砌,其顶部用袋料码砌填实,不应留空隙。

5.爆破检查

洞室爆破后,应检查以下内容:

(1)是否完全起爆,洞室爆破发生盲炮的表征是:爆破效果与设计有较大差异,爆堆形态和设计有较大的差别,现场发现残药和导爆索残段,爆堆中留有岩坎陡壁。

(2)有无危险边坡、不稳定爆堆、滚石和超范围塌陷。

(3)最敏感、最重要的保护对象是否安全。

(4)爆区附近有隧道、涵洞和地下采矿场时,应对这些部位进行毒气检查,在检查结果明确之前,应进行局域封锁。

(5)如果发现或怀疑有拒爆药包,应向指挥长汇报,由其组织有关人员做进一步检查;如果发现有其他不安全因素,应尽快采取措施进行处理;在上述情况下,不应发出解除警戒信号。

(四)水下岩塞爆破

水下岩塞爆破,应遵守下列规定:

(1)应根据岩塞爆破产生的冲击波、涌水等对周围需保护的建(构)筑物的影响进行分析论证。

(2)岩塞厚度小于10 m时,不宜采用洞室爆破法。

(3)导洞开挖要求如下:

①每次循环进尺不应超过0.5 m,每孔装药量不应大于150 g,每段起爆药量不应超过1.5 kg;导洞的掘进方向朝向水体时,超前孔的深度不应小于炮孔深度的3倍。

②应用电雷管或非电导爆管雷管远距离起爆。

③起爆前所有人员均应撤出隧洞。

④离水最近的药室不准超挖,其余部位应严格控制超挖、欠挖。

⑤每次爆破后应及时进行安全检查和测量,对不稳围岩进行锚固处理,只有确认安全无误,方可继续开挖。

(4)装药工作开始之前,应将距岩塞工作面50 m范围内的所有电气设备和导电器材全部撤离。

(5)装药堵塞时,照明要求如下:

①药室洞内只准用绝缘手电照明,应由专人管理。

②距岩塞工作面50 m范围内,应用探照灯远距离照明。

③距岩塞工作面50 m以外的隧洞内,宜用常规照明。

(6)装药堵塞时应进行通风。

(7)电爆网络的主线,应采用防水性能好的胶套电缆,电缆通过堵塞段时,应采用可靠的保护措施。

六、施工支护

(一)基本要求

(1)施工支护前,应根据地质条件、结构断面尺寸、开挖工艺、围岩暴露时间等因素进行支护设计,制定详细的施工作业指导书,并向施工作业人员进行安全技术交底。

(2)施工人员作业前,应认真检查施工区的围岩稳定情况,需要时应进行安全处理。

(3)作业人员应根据施工作业指导书的要求,及时进行支护。

(4)开挖期间和每茬炮后,都应对支护进行检查,必要时进行维护。

(5)对不良地质地段的临时支护,应结合永久支护进行,即在不拆除或部分拆除临时支护的条件下,进行永久性支护。

(6)施工人员作业时,应佩戴防尘口罩、防护眼镜、防尘帽、安全帽、雨衣、雨裤、长筒胶靴和乳胶手套等劳保用品。

(二)锚喷支护

锚喷支护,应遵守下列规定:

(1)施工前,应通过现场试验或依工程类比法,确定合理的锚喷支护参数。

(2)锚喷作业的机械设备,应布置在围岩稳定或已经支护的安全地段。

（3）喷射机、注浆器等设备，应在使用前进行安全检查，必要时在洞外进行密封性能和耐压试验，满足安全要求后方可使用。

（4）喷射作业面，应采取综合防尘措施降低粉尘浓度，采用湿喷混凝土。有条件时，可设置防尘水幕。

（5）岩石渗水较强的地段，喷射混凝土之前应设法把渗水集中排出。喷后钻排水孔，防止喷层脱落伤人。

（6）凡锚杆孔的直径大于设计规定的数值时，不得安装锚杆。

（7）锚喷工作结束后，应指定专人检查锚喷质量，若喷层厚度有脱落、变形等情况，应及时处理。

（8）砂浆锚杆灌注浆液时，作业前应检查注浆罐、输料管、注浆管是否完好。注浆罐有效容积应不小于 0.02 m^3，其耐压力不应小于 $0.8 \text{ MPa}(8 \text{ kg/cm}^2)$，使用前应进行耐压试验。作业开始（或中途停止时间超过 30 min）时，应用水或 $0.5 \sim 0.6$ 水灰比的纯水泥浆润滑注浆罐及其管路。注浆工作风压应逐渐升高。输料管应连接紧密、直放或大弧度拐弯，不得有回折。注浆罐与注浆管的操作人员应相互配合，连续进行注浆作业，罐内储料应保持在罐体容积的 1/3 左右。

（9）喷射机、注浆器、水箱、油泵等设备，应安装压力表和安全阀，使用过程中如发现破损或失灵时，应立即更换。

（三）构架支护

构架支护，应遵守下列规定：

（1）构架支撑包括木支撑、钢支撑、钢筋混凝土支撑及混合支撑，其架设应遵守下列规定：采用木支撑的应严格检查木材质量。支撑立柱应放在平整岩石面上，必要时应挖柱窝。支撑和围岩之间，应用木板、楔块或小型混凝土预制块塞紧。危险地段，支撑应跟进开挖作业面；必要时，可采取超前固结的施工方法。预计难以拆除的支撑应采用钢支撑。支撑拆除时应有可靠的安全措施。

（2）支撑应经常检查，发现杆件破裂、倾斜、扭曲、变形及其他异常征兆时，应仔细分析原因，采取可靠措施进行处理。

七、土石方填筑

土石方填筑应按施工组织设计进行施工，不得危及周围建筑物的结构或施工安全，不得危及相邻设备、设施的安全运行。

填筑作业时，应注意保护相邻的平面、高程控制点，防止碰撞造成移位及下沉。夜间作业时，现场应有足够照明，在危险地段设置明显的警示标志和护栏。

陆上填筑，应遵守下列规定：

（1）用于填筑的碾压、打夯设备，应按照厂家说明书规定操作和保养，操作者应持有效的上岗证件。进行碾压、打夯时应有专人负责指挥。

（2）装载机、自卸车等机械作业现场应设专人指挥，作业范围内不得进行其他作业。

（3）电动机械运行，应严格执行"三级配电两级保护"和"一机、一闸、一漏、一箱"要求。

（4）人力打夯精神要集中，动作应一致。

（5）基坑（槽）土方回填时，应先检查坑、槽壁的稳定情况，用小车卸土不得撒把，坑、槽边应设横木车挡。卸土时，坑槽内不得有人。

（6）基坑（槽）的支撑，应根据已回填的高度，按施工组织设计要求依次拆除，不得提前拆除坑、槽内的支撑。

（7）基础或管沟的混凝土、砂浆应达到一定的强度，当其不致受损坏时方可进行回填作业。

（8）已完成的填土应将表面压实，且宜做成一定的坡度以利排水。

（9）雨天不应进行填土作业。如需施工，应分段尽快完成，且宜采用碎石类土和砂土、石屑等填料。

（10）基坑回填应分层对称，防止压力失衡，破坏基础或构筑物。管沟回填，应从管道两边同时进行填筑并夯实。填料超过管顶 0.5 m 厚时，方准用动力打夯，不宜用振动碾压实。

第二节　　地基与基础工程

一、基本规定

（1）凡从事地基与基础工程的施工人员，应经过安全生产教育，熟悉本专业和相关专业安全技术操作规程，并自觉遵守。

（2）钻场、机房不得单人开机操作。

（3）经常检查机械及防护设施，确保安全运行。

（4）在得到 6 级以上大风或台风的报告后，应迅速做好以下工作：卸下钻架布并妥善放置，检查钻架，做好加固。在不能进行工作时，应切断电源，盖好设备，工具应装箱保管，封盖孔口。

（5）受洪水威胁的施工场地，应加强警戒，并随时掌握水文及气象资料，做好应急措施。

（6）对特殊处理的工程施工，应根据实际情况制定相应的单项安全措施和补充安全规定。

二、混凝土防渗墙工程

（一）吊装钻机

钻机施工平台应平整、坚实。枕木放在坚实的地基上。道轨间距应与平台车轮距相符。

吊装钻机应遵守下列规定：

（1）吊装钻机的吊车，宜选用起吊能力 16 t 以上的吊车，严禁超负荷吊装。

（2）吊装用的钢丝绳应完好，直径不小于 16 mm。

（3）套挂应稳固，经检查可靠后方可试吊。

(4)吊装钻机应先行试吊,试吊高度为离地 10～20 cm,同时检查钻机套挂是否平稳、吊车的制动装置以及套挂的钢丝绳是否可靠。只有在确认无误的情况下,方可正式起吊。下降应缓慢,装入平台车时应轻放就位。

钻机就位后,应用水平尺找平后方可安装。钻机桅杆升降应注意的事项有:检查离合器、闸带是否灵活可靠;检查钢丝绳、蜗轮、销轴是否完好;警告钻机周围人员散开,严禁有人在桅杆下面停留、走动;随着桅杆的升起或落放,应用桅杆两边的绷绳,或在桅杆中点绑一保险绳,两边配以同等人力拉住,以防桅杆倾倒。立好桅杆后,应及时挂好绷绳。

(二)开机准备

开机前的准备工作如下:

(1)检查地锚,埋深不能少于 1.2 m,引出绳头应用钢丝绳,不宜用脆性材料。

(2)稳好钻机,塞垫好三角木,收紧绷绳,紧固所有连接螺丝;检查钻具重量是否与钻机性能参数相符,所有钻头、抽筒均应焊有易拉、易挂、易捞装置。

(3)检查并调整各操纵系统,使之灵活可靠,离合器间隙应调至适当位置,不能过紧或太松,紧圈上的 3 个扒爪应均匀压紧在压力盘上,使压力盘与摩擦带受力均匀。检查制动闸,调整摩擦带间隙,一般保持在 1.5～2 mm,使闸带在松开情况下不与制动轮轮缘接触。

(4)按钻机保养、使用规程检查各润滑部位的加油情况。

(5)钻机上应有的安全防护装置应齐全、可靠。

(6)检查冲击臂缓冲弹簧,其两边压紧程度应保持一致,否则应进行调整。

(7)检查电气部分,三相按钮开关应安装在操纵手把附近以方便操作。

(三)冲击钻进

冲击钻进,应遵守下列规定:

(1)开机前应拉开所有离合器,严禁带负荷启动。

(2)开孔应采用间断冲击,直至钻具全部进入孔内且冲击平稳后,方可连续冲击。

(3)钻进中应经常注意和检查机器运行情况,如发现轴瓦、钢丝绳、皮带等有损坏或机件操作不灵等情况,应及时停机检查修理。

(4)钻头距离钻机中心线 2 m 以上,钻头埋紧在相邻的槽孔内或深孔内提起有障碍,钻机未挂好、收紧绷绳,孔口有塌陷痕迹时,严禁开车。

(5)遇到暴风、暴雨和雷电时,严禁开车,并应切断电源。

(6)钻机移动前,应将车架轮的三角木取掉,松开绷绳,摘掉挂钩,钻头、抽筒应提出孔口,经检查确认无障碍后,方可移车。

(7)电动机运转时,不得加注黄油,严禁在桅杆上工作。

(8)除钻头部位槽板盖因工作打开外,其余槽板盖不得敞开,以防止人或物件掉入槽内。

(9)钻机后面的电线宜架空,以免妨碍工作及造成触电事故。

(10)钻机桅杆宜设避雷针。

(11)孔内发生卡钻、掉钻、埋钻等事故,应摸清情况,分析原因,然后采取有效措施进行处理,不得盲目行事。

（四）制浆及输送

制浆及输送,应遵守下列规定:

（1）搅拌机进料口及皮带、暴露的齿轮传动部位应设有安全防护装置。否则,不得开机运行。

（2）当人进入搅拌槽内之前,应切断电源,开关箱应加锁,并挂上"有人操作,严禁合闸"的警示标志。

（五）导管安装

浇注导管安装及拆卸工作,应遵守下列要求:

（1）安装前认真检查导管是否完好、牢固。吊装的绳索挂钩应牢固、可靠。

（2）导管安装位置应垂直于槽孔中心线,不得与槽壁相接触。

（3）起吊导管时,应注意天轮不能出槽,由专人拉绳;人的身体不能与导管靠得太近。

三、基础灌浆工程

（一）吊装钻机

钻机平台应平整、坚实、牢固,满足最大负荷 1.3～1.5 倍的承载安全系数,钻架脚周边宜保证有 50～100 cm 的安全距离,临空面应设置安全防护栏杆。

安装、拆卸钻架,应遵守下列规定:

（1）立、拆钻架工作应在机长或其指定人员统一指挥下进行。

（2）应严格遵守先立钻架后装机、先拆机后拆钻架、立架自下而上、拆架自上而下的原则。

（3）立、放架的准备工作就绪后,指挥人员应确认各部位人员已就位、责任已明确和设施完善牢固,方可发出信号。

钻架腿应使用坚固的杉木或相应的钢管制作。在深孔或处理故障时,若负载过大,架腿应安装在地梁上,并用夹板螺栓固定牢靠。

钻架正面(钻机正面)两支腿的倾角以 60°～65°为宜,两侧斜面应对称。

钻架立完毕后,应做好下列加固工作:

（1）腿根应打有牢固的柱窝或其他防滑设施。

（2）至少应有两面支架绑扎加固拉杆。

（3）至少加固对称缆绳 3 根,缆绳与水平夹角不宜大于 45°;特殊情况下,应采取其他相应加固措施。

移动钻架、钻机应有安全措施。若以人力移动,支架腿不应离地面过高,并注意拉绳,抬动时应同时起落,并清除移动范围内的障碍物。

（二）机电设备拆装

机电设备拆装,应遵守下列规定:

（1）机械拆装解体的部件,应用支架稳固垫实,回转机构应卡死。

（2）拆装各部件时,不得用铁锤直接猛力敲击,可用硬木或铜棒承垫。铁锤活动方向不得有人。

（3）用扳手拆装螺栓时,用力应均匀对称,同时应一手用力,一手做好支撑防滑。

(4)应使用定位销等专用工具找正孔位,不得用手伸入孔内试探;拆装传动皮带时,不得将手指伸进皮带里面。

(5)电动机及启动、调整装置的外壳应有良好的保护接地装置;有危险的传动部位应装设安全防护罩;照明电线应与铁架绝缘。

扫孔遇阻力过大时,不得强行开钻。

(三)升降钻具

升降钻具过程中,应遵守下列规定:

(1)严格执行岗位分工,各负其责,动作一致,紧密配合。

(2)认真检查塔架支腿、回转、给进机构是否安全稳固。确认卷扬提引系统符合起重要求。

(3)提升的最大高度,以提引器距天车不得小于1 m为宜;遇特殊情况时,应采取可靠安全措施。

(4)操作卷扬机时,不得猛刹猛放;任何情况下都不得用手或脚直接触动钢丝绳,如缠绕不规则时,可用木棒拨动。

(5)使用普通提引器倒放或拉起钻具时,开口应朝下,钻具下面不得站人。

(6)起放粗径钻具,手指不得伸入下管口提拉,亦不得用手去试探岩芯,应用一根有足够拉力的麻绳将钻具拉开。

(7)跑钻时,严禁抢插垫叉,抽插垫叉应提持手把,不得使用无手把垫叉。

(8)升降钻具时,若中途发生钻具脱落,不得用手去抓。

(四)水泥灌浆

水泥灌浆,应遵守下列规定:

(1)灌浆前,应对机械、管路系统进行认真检查,并进行10~20 min该灌注段最大灌浆压力的耐压试验。高压调节阀应设置防护设施。

(2)搅浆人员应正确穿戴防尘保护用品。

(3)压力表应经常校对,超出误差允许范围不得使用。

(4)处理搅浆机故障时,传动皮带应卸下。

(5)灌浆中应有专人控制高压阀门并监视压力指针摆动情况,避免压力突升或突降。

(6)灌浆栓塞下孔途中遇有阻滞时,应起出后扫孔处理,不得强下。

(7)在运转中,安全阀应确保在规定压力时动作;经校正后不得随意调节。

(8)对曲轴箱和缸体进行检修时,不得一手伸进试探,另一手同时转动工作轴,更不得两人同时进行此动作。

(五)孔内事故处理

孔内事故处理,应遵守下列规定:

(1)事故发生后,应将孔深、钻具位置、钻具规格、种类和数量、所用打捞工具及处理情况等详细填入当班报表。

(2)发现钻具(塞)被卡时,应立即活动钻具(塞),严禁无故停泵。

(3)钻具(塞)在提起中途被卡时,应用管钳搬扭或设法将钻具(塞)下放一段,同时开泵送水冲洗,上下活动、慢速提升,不得使用卷扬机和立轴同时起拔事故钻具。

（4）使用打吊锤处理事故时，要求如下：由专人统一指挥，检查钻架的绷绳是否安全牢固；吊锤处于悬挂状况打吊锤时，周围不得有人；不应在钻机立轴上打吊锤，必要时，应对立轴做好防护措施。

（5）用千斤顶处理事故时，要求如下：操作时，场地应平整坚实，千斤顶应安放平稳，并将卡瓦及千斤顶绑在机架上，以免顶断钻具时卡瓦飞出伤人。不得使用有裂纹的丝杆、螺母。使用油压千斤顶时，不得站在保险塞对面。装紧卡瓦时，不得用铁锤直接打击，卡瓦塞应缠绑牢固，受力情况下不得面对顶部进行检查。扳动螺杆时，用力应一致，手握杆棒末端。使用管钳或链钳扳动事故钻具时，严禁在钳把回转范围内站人，也不得用两把钳子进行前后反转。掌握限制钳者，应站在安全位置。

四、化学灌浆

（一）施工准备

施工准备，应遵守下列规定：

（1）查看工程现场，搜集全部有关的设计和地质资料，搞好现场施工布置与检修钻灌设备等准备工作。

（2）材料仓库应布置在干燥、凉爽和通风条件良好的地方；配浆房的位置宜设置在阴凉通风处，距灌浆地点不宜过远，以便运送浆液。

（3）做好培训技工的工作。培训内容包括化学灌浆基本知识、作业方法、安全防护和施工注意事项等。

（4）根据施工地点和所用的化学灌浆材料，设置有效的通风设施。尤其是在大坝廊道、隧洞及井下作业时，应保证能够将有毒气体彻底排出现场，引进新鲜空气。

（5）施工现场应配备足够的消防设施。

（二）灌浆

灌浆应遵守下列规定：

（1）灌浆前应先行试压，以便检查各种设备仪表及其安装是否符合要求，止浆塞隔离效果是否良好，管路是否通畅，有无渗漏现象等。只有在整个灌浆系统畅通无泄漏的情况下，方可开始灌浆。

（2）灌浆时严禁浆管对准工作人员，注意观测灌浆孔口附近有无返浆、跑浆、串漏等异常现象，发现异常应立即处理。

（3）灌浆结束后，止浆塞应保持封闭不动，或用乳胶管封口，以免浆液流失和挥发。施工现场应及时清理，用过的灌浆设备和器皿应用清水或丙酮及时清洗。灌浆管路拆卸时，应同时检查其腐蚀堵塞情况并予处理。

（4）清理灌浆时，落弃的浆液可使用专用小提桶盛装，妥善处理。严禁废液流入水源，污染水质。

（三）施工现场安全控制

施工现场应遵守下列规定：

（1）易燃药品不允许接触火源、热源和靠近电器设备，若需加温可用水浴等方法间接加热。

（2）不得在现场大量存放易燃品；施工现场严禁吸烟和使用明火，严禁非工作人员进入现场。

（3）加强灌浆材料的保管，按灌浆材料的性质，采取不同的存储方法，防暴晒、防潮、防泄漏。

（4）遵守环境保护的有关规定，防止化学灌浆材料对环境造成污染，尤其应注意施工对地下水的污染。

（5）施工中的废浆、废料及清洗设备、管路的废液应集中妥善处理，不得随意排放。

（四）劳动保护

劳动保护应遵守下列规定：

（1）化学灌浆施工人员，应穿防护工作服，根据浆材的不同，酌情佩戴橡胶手套、眼镜、防毒口罩。

（2）当化学药品溅到皮肤上时，应用肥皂水或酒精擦洗干净，不得使用丙酮等渗透性较强的溶剂洗涤。

（3）当浆液溅到眼睛里时，应立即用大量清水或生理盐水彻底清洗，冲洗干净后迅速到医院检查治疗。

（4）严禁在施工现场进食。

（5）对参加化学灌浆工作的人员，应根据有关规定，定期进行健康检查。

（五）事故处理

事故处理应遵守下列规定：

（1）运输中若出现盛器破损，应立即更换包装、封好，液体药品用塑料盛器，粉状药物和易溶药品应分开包装。

（2）出现溶液药品黏度增大，应首先使用，不宜再继续存放。

（3）玻璃仪器破损，致人体受伤，应立即进行消毒包扎。

（4）试验设备仪器发生故障，应立即停止运转，关掉电源，进行修复处理。

（5）发生材料燃烧或爆炸时，应立即拉掉电源，熄灭火源，抢救受伤人员，搬走余下药品。

五、灌注桩基施工

（一）吊装钻机

吊装钻机应遵守下列规定：

（1）吊装钻机的吊车，应选用大于钻机自重 1.5 倍以上起重量的型号，严禁超负荷吊装。

（2）起重用的钢丝绳应满足起重要求。

（3）吊装时先进行试吊，距地面高度一般 10～20 cm，检查确定牢固平稳后方可正式吊装。

（4）钻机就位后，应用水平尺找平。

（二）开钻准备

开钻前的准备工作，应遵守下列规定：

(1)塔架式钻机,各部位的连接应牢固、可靠。

(2)有液压支腿的钻机,其支腿应用方木垫平、垫稳。

(3)钻机的安全防护装置,应齐全、灵敏、可靠。

供水、供浆管路安装时,接头应密封、牢固,各部分连接应符合压力和流量的要求。

(三)钻进操作

钻进操作时,应遵守下列规定:

(1)钻孔过程中,应严格按工艺要求进行操作。

(2)对于有离合器的钻机,开机前拉开所有离合器,不得带负荷启动。

(3)开始钻进时,钻进速度不宜过快。

(4)在正常钻进过程中,应保持钻机不产生跳动,振动过大时应控制钻进速度。

(5)用人工起下钻杆的钻机,应先用吊环吊稳钻杆,垫好垫叉后,方可正常起下钻杆。

(6)钻进过程中,若发现孔内有异常,应停止钻进,分析原因;或起出钻具,处理后再行钻进。

(7)孔内发生卡钻、掉钻、埋钻等事故,应分析原因,采取有效措施后方可进行处理,不得随意行事。

(8)突然停电或其他原因停机且短时间内不能送电时,应采取措施将钻具提离孔底5 m 以上。

(9)遇到暴风、雷电时,应暂停施工。

(四)钢筋笼搬运、下设

钢筋笼搬运和下设,应遵守下列规定:

(1)搬运和吊装钢筋笼应防止其发生变形。

(2)吊装钢筋笼的机械应满足起吊的高度和重量要求。

(3)下设钢筋笼时,应对准孔位,避免碰撞孔壁,就位后应立即固定。

(4)钢筋笼安放就位后,应用钢筋固定在孔口的牢固处。

六、振冲法施工

(一)组装振冲器

组装振冲器,应遵守下列规定:

(1)组装振冲器应有专业人员负责指挥,振冲器各连接螺丝应拧紧,不得松动。

(2)射水管插入胶管中的接头不得小于 10 cm,并应卡牢,不得漏水,达到与胶管同等的承拉力。

(3)在组装好的振冲器顶端,应绑上一根长 1.2 m、直径 10 cm 的圆木,将电缆和水管固定在圆木上,以防电缆和水管与吊管顶口摩擦漏电漏水而引发事故。

(4)起吊振冲器时,振冲器各节点应设保护设施,以防节点折弯损坏。

(5)振冲器潜水电动机尾线与橡皮电缆接头处应用防水胶带包扎,包扎好后用胶管加以保护,以防漏电。

(二)开机检查

开机前的检查,应遵守下列规定:

（1）各绳索连接处是否牢固,各部分连接是否紧固,振冲器外部螺丝应加有弹簧垫圈。

（2）配电箱及电器操作箱的各种仪表应灵敏、可靠。

（3）吊车运行期间,行人不得在桅杆下通行、停留。

（三）造孔

造孔应遵守下列规定:

（1）电动机启动前,应有专人将振冲器防扭绳索拉紧并固定。

（2）造孔过程中不得停水停电,水压应保持稳定。

（3）振冲器进行工作时,操作人员应密切注视电气操作箱仪表情况,如发生异常情况立即停止贯入,并应采取有效措施进行处理。

（四）施工过程

施工中应注意的事项如下:

（1）振冲器严禁倒放启动。

（2）振冲器在无冷却水情况下,运转时间不得超过 1～2 min。

（3）振冲加密过程中电动机提出孔口后,应使电动机冷却至正常温度。

（4）在造孔或加密过程中,导管上部拉绳应拉紧,防止振冲器转动。

（5）振冲器工作时工作人员应密切观察返水情况,若发现返水中有蓝色油花、黑油块或黑油条,可能是振冲器内部发生故障,应立即提出振冲器进行检修。

（6）在造孔或加密过程中,突然停电应尽快恢复或使用备用电源,不得强行提拔振冲器。

（7）遇有 6 级以上大风或暴雨、雷电、大雾时,应停止作业。

七、高喷灌浆工程

（1）施工平台应平整坚实,其承载安全系数应达到最大移动设备荷载 1.5 倍以上。

（2）施工平台、制浆站和泵房、空气压缩机房等工作区域的临空面应设置防护栏杆。

（3）风、水、电应设置专用管路和线路;不得使输电线路与高压管或风管等缠绕在一起。专用管路接头应连接可靠牢固、密封良好,且耐压能力满足要求。

（4）施工现场应设置废水、废浆处理回收系统。此系统应设置在钻喷工作面附近,并避免干扰喷射灌浆作业的正常操作场面和影响交通。

（5）高喷台车桅杆升降作业,应遵守下列规定:

①底盘为轮胎式平台的高喷台车,在桅杆升降前,应将轮胎前后固定以防止其移动或用方木、千斤顶将台车顶起固定。

②检查液压阀操作手柄或离合器与闸带是否灵活可靠。

③检查卷筒、钢丝绳、蜗轮、销轴是否完好。

④除操作人员外,其他人员均应离开台车及其前方,严禁有人在桅杆下面停留和走动。

⑤在桅杆升起或落放的同时,应用基本等同的人数拉住桅杆两侧的两根斜拉杆,以保证桅杆顺利达到或尽快偏离竖直状态;立好桅杆后,应立即用销轴将斜拉杆下端固定在台

车上的固定销孔内。

（6）开钻、开喷前的准备，应遵守下列规定：

①在砂卵石、砂砾石地层中以及孔较深时，开始前应采取必要的措施以稳固、找平钻机或高喷台车，可采用的措施有增加配重、镶铸地锚、建造稳固的钻机平台等；对于有液压支腿的钻机，将平台支平后，宜再用方木垫平、垫稳支腿。

②检查并调试各操作手把、离合器、卷扬机、安全阀，确保灵活可靠。

③皮带轮和皮带上的安全防护装置、高空作业用安全带、漏电保护装置、避雷装置等，应齐备、适用、可靠。

（7）喷射灌浆，应遵守下列规定：

①喷射灌浆前应对高压泵、空气压缩机、高喷台车等机械和供水、供风、供浆管路系统进行检查。下喷射管前，宜进行试喷和 3～5 min 管路耐压试验。对高压控制阀门宜安设防护罩。

②下喷射管时，应采用胶带缠绕或注入水、浆等措施防止喷嘴堵塞。

③在喷射灌浆过程中，出现压力突降或骤增，孔口回浆变稀或变浓，回浆量过大、过小或不返浆等异常情况时，应查明原因并及时处理。

④喷射灌浆过程中应有专人负责监视高压压力表，防止压力突升或突降。

⑤下喷射管时，遇有严重阻滞现象，应起出喷射管进行扫孔，不能强下。

⑥高压泵、空气压缩机气罐上的安全阀应确保在额定压力下立即动作，并应定期校验，校验后不得随意调整。

⑦单孔高喷灌浆结束后，应尽快用水泥浆液回灌孔口部位，防止地下空洞给人身安全和交通造成威胁。

八、预应力锚固工程

（1）预锚施工场地应平整，道路应通畅。在边坡施工时，脚手架应满足钻孔、锚索施工对承重和稳定的要求，脚手架上应铺设马道板和设置防护栏杆。施工人员在脚手架上施工时宜系上安全带。

（2）边坡多层施工作业时，应在施工面适当位置加设防护网。架子平台上施工设备应固定可靠，工具等零散件应集中放在工具箱内。

（3）设备安装及拆除应遵守有关规定。

（4）升降钻具参照前述有关规定。

（5）锚孔灌浆参照前述有关规定。

（6）孔内事故处理应遵守前述有关规定。

（7）下索，应遵守下列规定：

①钢绞线下料，应在切口两端事先用火烧丝绑扎牢固后再切割。

②在下索过程中应统一指挥，步调一致。

③锚束吊放的作业区，严禁其他工种立体交叉作业。

（8）张拉、索定，应遵守下列规定：

①张拉操作人员未经培训考核不得上岗；张拉时严禁超过规定张拉值。

②张拉时,在千斤顶出力方向的作业区,应设置明显警示标志,严禁人员进入。

③不得敲击或振动孔口锚具及其他附件。

④索头应做好防护。

九、沉井法施工

(1)沉井施工场地应进行充分碾压,对形成的边坡应做相应的保护。

(2)施工机械尤其是大型吊运设备应在坚实的基础上进行作业。

(3)沉井施工、土石方开挖应遵照有关规定执行。

(4)沉井下沉,应遵守下列规定:

①底部垫木抽除过程中,每次抽去垫木后加强仪器观测,发现沉井倾斜时应及时采取措施调整。

②根据渗水情况,应配备足够的排水设备,挖渣和抽水应紧密配合。

③施工中为解决沉井内上下交通,每节沉井选一隔仓设斜梯一处,以满足安全疏散及填心需要,其余隔仓内应各设垂直爬梯一道。

(5)沉井下沉到一定深度后,井外邻近的地面可能出现下陷、开裂,应经常检查基础变形情况,及时调整加固起重机的道床。

(6)井顶四周应设防护栏杆和挡板,以防坠物伤人。

(7)起重机械进行吊运作业时,指挥人员与司机应密切联系,井内井外指挥和联系信号要明确。起重机吊运土方和材料靠近沉井边坡行驶时,应对地基稳定性进行检查,防止发生塌陷倾翻事故。

(8)井内石方爆破时,起爆前应切断照明及动力电源,并妥善保护机械设备。爆破后加强通风,排除粉尘和有害气体,清点炮数无误后方准下井清渣。

(9)施工电源(包括备用电源)应能保证沉井连续施工。

(10)井内吊出的石渣应及时运到渣场,以免对沉井产生偏压,造成沉井下沉过程中的倾斜。

(11)对装运石渣的容器及其吊具要经常检查其安全性,渣斗升降时井下人员严禁在其下方。

(12)沉井挖土应分层分段对称、均匀进行,达到破土下沉时,操作人员要离开刃脚一定距离,防止突然性下沉造成事故。

十、深层搅拌法施工

(1)施工场地应平整。当场地表层较硬需注水预搅施工时,应在四周开挖排水沟,并设集水井。排水沟和集水井应经常清除沉淀杂物,保持水流畅通。

(2)当场地过软不利于深层搅拌桩机行走或移动时,应铺设粗砂或碎石垫层。灰浆制备工作棚位置宜使灰浆的水平输送距离在 50 m 以内。

(3)深层搅拌时搅拌机的入土切削和提升搅拌,载荷太大及电动机工作电流超过预定值时,应减慢升降速度或补给清水。

第三节　混凝土工程

一、基本规定

（1）施工前，施工单位应根据相关安全生产规定，按照施工组织设计确定的施工方案、方法和总平面布置，制定行之有效的安全技术措施，报合同指定单位审批并向施工人员交底后，方可施工。

（2）施工中，应加强生产调度和技术管理，合理组织施工程序，尽量避免多层次、多单位交叉作业。

（3）施工现场电气设备和线路（包括照明和手持电动工具等）应绝缘良好，并配备防漏电保护装置。

（4）施工现场高处作业应严格遵守 DL/T 5370—2007 的有关规定。

二、模板

（一）木模板

木模板的安全技术要求如下：

（1）支、拆模板时，不应在同一垂直面内立体作业。无法避免立体作业时，应设置专项安全防护设施。

（2）高处、复杂结构模板的安装与拆除，应按施工组织设计要求进行，应有安全措施。

（3）上下传送模板，应采用运输工具或用绳子系牢后升降，不得随意抛掷。

（4）模板不得支撑在脚手架上。

（5）支模过程中，如需中途停歇，应将支撑、搭头、柱头板等连接牢固。拆模间歇时，应将已活动的模板、支撑等拆除运走并妥善放置。

（6）模板上如有预留孔（洞），安装完毕后应将孔（洞）口盖好。混凝土构筑物上的预留孔（洞），应在拆模后盖好孔（洞）口。

（7）模板拉条不应弯曲，拉条直径不小于 14 mm，拉条与锚环应焊接牢固。割除外露螺杆、钢筋头时，不得任其自由下落，应采取安全措施。

（8）混凝土浇注过程中，应设专人负责检查、维护模板，发现变形走样，应立即调整、加固。

（9）拆模时的混凝土强度，应达到规范所规定的强度。

（10）高处拆模时，应有专人指挥，并标出危险区；应实行安全警戒，暂停交通。拆除模板时，严禁操作人员站在正拆除的模板上。

（二）钢模板

钢模板的安全技术要求如下：

（1）安装和拆除钢模板，参照有关规定。

（2）对拉螺栓拧入螺帽的丝扣应有足够长度，两侧墙面模板上的对拉螺栓孔应平直相对，穿插螺栓时，不得斜拉硬顶。

（3）钢模板应边安装边找正，找正时不得用铁锤猛敲或撬棍硬撬。

（4）高处作业时，连接件应放在箱盒或工具袋中，严禁散放；扳手等工具应用绳索系挂在身上，以免掉落伤人。

（5）组合钢模板装拆时，上下应有人接应，钢模板及配件应随装拆随转运，严禁从高处扔下。中途停歇时，应把活动件放置稳妥，防止坠落。

（6）散放的钢模板，应用箱架集装吊运，不得任意堆捆起吊。

（7）用铰链组装的定型钢模板，定位后应安装全部插销、顶撑等连接件。

（8）架设在钢模板、钢排架上的电线和使用的电动工具，应使用安全电压电源。

（三）大模板

大模板的安全技术要求如下：

（1）各种类型的大模板，应按设计制作，每块大模板上应设有操作平台、上下梯道、防护栏杆以及存放小型工具和螺栓的工具箱。

（2）放置大模板前，应进行场内清理。长期存放应用绳索或拉杆连接牢固。

（3）未加支撑或自稳角不足的大模板，不得倚靠在其他模板或构件上，应卧倒平放。

（4）安装和拆除大模板时，吊车司机、指挥、挂钩和装拆人员应在每次作业前检查索具、吊环。吊运过程中，严禁操作人员随大模板起落。

（5）大模板安装就位后，应焊牢拉杆、固定支撑。未就位固定前，不得摘钩，摘钩后不得再行撬动；如需调正撬动，应重新固定。

（6）在大模板吊运过程中，起重设备操作人员不得离岗。模板吊运过程应平稳流畅，不得将模板长时间悬置空中。

（7）拆除大模板，应先挂好吊钩，然后拆除拉条和连接件。拆模时，不得在大模板或平台上存放其他物件。

（四）滑动模板

滑动模板的安全技术要求如下：

（1）滑升机具和操作平台，应按照施工设计的要求进行安装。平台四周应有防护栏杆和安全网。

（2）操作平台应设置消防、通信和供人上下的设施，雷雨季节应设置避雷装置。

（3）操作平台上的施工荷载应均匀对称，严禁超载。

（4）操作平台上所设的洞孔，应有标志明显的活动盖板。

（5）施工电梯，应安装柔性安全卡、限位开关等安全装置，并规定上下联络信号。

（6）施工电梯与操作平台衔接处，应设安全跳板，跳板应设扶手或栏杆。

（7）滑升过程中，应每班检查并调整水平、垂直偏差，防止平台扭转和水平位移。应遵守设计规定的滑升速度与脱模时间。

（8）模板拆除应均匀对称，拆下的模板、设备应用绳索吊运至指定地点。

（9）电源配电箱，应设在操纵控制台附近，所有电气装置均应接地。

（10）冬季施工采用蒸气养护时，蒸气管路应有安全隔离设施。暖棚内严禁明火取暖。

液压系统如出现泄漏，应停车检修。

平台拆除工作,可参照有关规定。

(五)钢模台车

钢模台车的安全技术要求如下:

(1)钢模台车的各层工作平台,应设防护栏杆,平台四周应设挡脚板,上下爬梯应有扶手,垂直爬梯应加护圈。

(2)在有坡度的轨道上使用时,台车应配置灵敏、可靠的制动(刹车)装置。

(3)台车行走前,应清除轨道上及其周围的障碍物,台车行走时应有人监护。

(六)混凝土预制模板

混凝土预制模板的安全技术要求如下:

(1)预制场地的选择,场区的平面布置,场内的道路、运输和水电设施,应符合规范有关规定。

(2)预制混凝土的生产与浇注,参照前述有关规定。

(3)预制模板存放时应用撑木、垫木将构件安放平稳。

(4)吊运和安装,参照前述有关规定。

(5)混凝土预制模板之间的砂浆勾缝,作业人员宜在模板内侧进行。如确需在模板外侧进行,应遵守高处作业的规定。

三、钢筋

(一)钢筋加工

钢筋加工,应遵守下列规定:

(1)钢筋加工场地应平整,操作平台应稳固,照明灯具应加盖网罩。

(2)使用机械调直、切断、弯曲钢筋时,应遵守机械设备的安全技术操作规程。

(3)切断铁筋时,不得超过机械的额定能力。切断低合金钢等特种钢筋,应用高硬度刀具。

(4)机械弯筋时,应根据钢筋规格选择合适的扳柱和挡板。

(5)调换刀具、扳柱、挡板或检查机器时,应关闭电源。

(6)操作台上的铁屑应在停车后用专用刷子清除,不得用手抹或口吹。

(7)冷拉钢筋的卷扬机前,应设置防护挡板,没有挡板时,卷扬机与冷拉方向应布置成90°,并采用封闭式导向滑轮。操作者应站在防护挡板后面。

(8)冷拉时,沿线两侧各2 m范围为特别危险区,人员和车辆不得进入。

(9)人工绞磨拉直时,不得用胸部或腹部去推动绞架杆。

(10)冷拉钢筋前,应检查卷扬机的机械状况、电气绝缘情况、各固定部位的可靠性和夹钳及钢丝绳的磨损情况,如不符合要求,应及时处理或更换。

冷拉钢筋时,夹具应夹牢并露出足够长度,以防钢筋脱出或崩断伤人。冷拉直径20 mm以上的钢筋应在专设的地槽内进行,不得在地面上进行。机械转动的部分应设防护罩。非作业人员不得进入工作场地。

在冷拉过程中,如出现钢筋脱出夹钳、产生裂纹或发生断裂情况,应立即停车。

钢筋除锈时,宜采取新工艺、新技术,并应采取防尘措施或佩戴个人防护用品(防尘面具或口罩)。

(二)钢筋连接

钢筋连接,应遵守下列规定。

1.电焊焊接

(1)对焊机应指定专人负责,非操作人员严禁操作。

(2)电焊焊接人员在操作时,应站在所焊接头的两侧,以防焊花伤人。

(3)电焊焊接现场应注意防火,并应配备足够的消防器材。特别是高仓位及栈桥上进行焊接或气割时,应有防止火花下落的安全措施。

(4)配合电焊作业的人员应戴有色眼镜和防护手套。焊接时不得用手直接接触钢筋。

2.气压焊焊接

(1)气压焊的火焰工具、设施,使用和操作应参照气焊的有关规定执行。

(2)气压焊作业现场宜设置操作平台,脚手架应牢固,并设有防护栏杆,上下层交叉作业时,应有防护措施。

(3)气压焊油泵、油压表、油管和顶压油缸等整个液压系统各连接处不得漏油,应采取措施防止因油管爆裂而喷出油雾,引起燃烧或爆炸。

(4)气压焊操作人员应佩戴防护眼镜;高空作业时,应系安全带。

(5)工作完毕,应把全部气压焊设备、设施妥善安置,防止留下安全隐患。

3.机械连接

(1)在操作镦头机时严禁戴长巾、留长发。

(2)开机前应对滚压头的滑块、滚轮卡座、导轨、减速机构及滑动部位进行检查并加注润滑油。

(3)镦头机应接地,线路的绝缘应良好,且接地电阻不得大于4 Ω。

(4)使用热镦头机应遵守以下规定:压头、压模不得松动,油池中的润滑油面应保持规定高度,确保凸轮充分润滑。压丝扣不得调解过量,调解后应用短钢筋头试镦。操作时,与压模之间应保持10 cm以上的安全距离。工作中螺栓松动需停机紧固。

(5)使用冷镦头机应遵守以下规定:工作中应保持冷水畅通,水温不得超过40 ℃。发现电极不平、卡具不紧时,应及时调整更换;搬运钢筋时应防止受伤;作业后应关闭水源阀门;冬季宜将冷却水放出,并且吹净冷却水以防止阀门冻裂。

(三)钢筋运输

钢筋运输,应遵守下列规定:

(1)搬运钢筋时,应注意周围环境,以免碰伤其他作业人员。多人抬运时,应用同一侧肩膀,步调一致,上、下肩应轻起轻放,不得投扔。

(2)由低处向高处(2 m以上)人力传送钢筋时,一般每次传送一根。多根一起传送时,应捆扎结实,并用绳子扣牢提吊。传送人员不得站在所送钢筋的垂直下方。

(3)吊运钢筋应绑扎牢固,并设稳绳。钢筋不得与其他物件混吊。吊运中不得在施工人员上方回转和通过,应防止钢筋弯钩钩人、钩物或掉落。吊运钢筋网或钢筋构件前,应检查焊接或绑扎的各个节点,如有松动或漏焊,应经处理合格后方能吊运。起吊时,施工人员应与所吊钢筋保持足够的安全距离。

(4)吊运钢筋,应防止碰撞电线,二者之间应有一定的安全距离。施工过程中,应避免钢筋与电线或焊接导线相碰。

(5)用车辆运输钢筋时,钢筋应与车身绑扎牢固,防止运输时钢筋滑落。

(6)施工现场的交通要道,不得堆放钢筋。需在脚手架或平台上存放钢筋时,不得超载。

(四)钢筋绑扎

钢筋绑扎,应遵守下列规定:

(1)钢筋绑扎前,应检查附近是否有照明、动力线路和电气设备。如有带电物体触及钢筋,应通知电工拆迁或设法隔离;变形较大的钢筋在调直时,高仓位、边缘处作业应系安全带。

(2)在高处、深坑绑扎钢筋和安装骨架时,应搭设脚手架和马道。

(3)在陡坡及临空面绑扎钢筋,应待模板立好,并与埋筋拉牢后进行,且应设置牢固的支架。

(4)绑扎钢筋和安装骨架,遇有支撑模板、拉杆及预埋件等障碍物时,不得擅自拆除、割断。需要拆除时,应取得施工负责人的同意。

(5)起吊钢筋骨架时,下方严禁站人,应待骨架降落到离就位点1 m以内时,方可靠近。就位并加固后方可摘钩。

(6)绑扎钢筋的铅丝头,应弯向模板面。

(7)严禁在未焊牢的钢筋上行走。在已绑好的钢筋架上行走时,宜铺设脚手板。

四、预埋件、打毛和冲洗

(1)吊运各种预埋件及止水、止浆片时,应绑扎牢靠,防止在吊运过程中滑落。

(2)一切预埋件的安装应牢固、稳定,以防脱落。

(3)焊接止水、止浆片时,应遵守焊接作业的有关安全技术操作规程。

(4)多人在同一工作面上打毛时,应避免面对面近距离操作,以防飞石、工具伤人。不得在同一工作面上下层同时打毛。

(5)使用风钻、风镐打毛时,应遵守风钻、风镐安全技术操作规程。

(6)高处使用风钻、风镐打毛时,应用绳子将风钻、风镐拴住,并挂在牢固的地方。

(7)高压水冲毛应在混凝土终凝后进行。风、水管应安装控制阀,接头应用铅丝扎牢。

(8)使用冲毛机前,应对操作人员进行技术培训,合格后方可进行操作;操作时,应穿戴防护面罩、绝缘手套和长筒胶靴。

(9)冲毛时,应防止泥水溅到电气设备或电力线路上。工作面的电线灯头应悬挂在不妨碍冲毛的安全高度。

(10)使用刷毛机刷毛时,操作人员应遵守刷毛机的安全操作规程。

(11)操作人员应在每班作业前检查刷盘与钢丝束连接的牢固性。一旦发现松动应及时紧固,以防止钢丝断丝、飞出伤人。

（12）手推电动刷毛机的电线接头、电源插座、开关按钮应有防水防冻措施。

（13）自行式刷毛机仓内行驶速度应控制在 8.2 km/h 以内。

五、混凝土生产与浇注

（一）螺旋输送机

螺旋输送机的安全技术要求如下：

（1）启动前机械、电器应完好。

（2）机械转动的危险部位，应设防护装置；喂料口周围应设有护栏。

（3）运转中应做到均匀喂料，并应注意机械各部分的声响和温度是否正常。无特殊情况，不得重载停机。

（4）螺旋机中间轴承的磨损情况应每天检查，并清理卡塞杂物。

（5）人工进料时，应防止杂物掉进螺旋机。

（6）处理故障或维修之前，应切断电源，并悬挂警示标志。

（二）水泥提升机

水泥提升机的安全技术要求如下：

（1）开机前，应先搬动联轴节，检查有无卡住现象。试运转正常后，发出信号，方可进料。进料应均匀，以免进料过多发生拉坏翻斗、皮带跑偏、提升机开不动等故障。

（2）人工进料时，应防止拆包小刀、破包片、杂物等掉入机内。

（3）运转中应检查皮带跑偏、跳动而引起斗壁碰撞的现象，必要时应停机检查。

（4）每周应检查一次提升皮带料斗紧固及变形等情况，并按规定做好机械的维护保养工作。

（5）提升机机坑内，不得积水。

（三）制冷机

制冷机的安全技术要求如下：

（1）氨压缩机及有氨的车间内，应有排风设备、消防设备及氨中毒急救药品和解毒饮料。

（2）氨压缩机车间或充氨地点应遵守下列规定：严禁吸烟；车间内空气中含氨量不得大于 30 mg/m³；应具备可靠的水源；应备有防氨面具、橡皮手套、胶靴以及急救药品。

（3）充氨人员开放氨瓶上阀门时，应站在连接管侧面缓慢开启。若氨瓶冻结，应把氨瓶移到较暖地方，也可用热水解冻，但严禁用火烘烤。

（4）氨瓶使用应遵守下列规定：夏季不应放在日光暴晒的地方；不应放于易跌落或易撞击的地方；瓶内气体不能用净，应留有剩余压力；氨瓶与明火安全距离不得小于 10 m，并应有可靠的防护措施。

（5）制冷系统在投入运行前，应进行系统密封性试验，其压力应达到规定值。如出现漏气，应放尽气后方可处理，严禁在带压情况下焊补。

（四）片冰机

片冰机的安全技术要求如下：

（1）启动前，应检查设备是否正常，电源开关是否灵敏，机内是否有人，各孔盖、门是否关闭。确认完好无误后,方可启动。

（2）片冰机上应装有自动报警信号。启动操作人员应先给启动信号,再启动片冰机。

（3）片冰机运转过程中,各孔盖、调刀门不得随意打开。因观察片冰机工作情况确需打开孔盖、调刀门时,严禁观察人员将手、头伸进孔及门内。

（4）片冰机需调节供水量而转动机内水阀时,应先停机。

（5）遇有临时停电,应切断水泵、氨泵及片冰机电源,并关闭来水阀门。

（6）参加片冰机调整、检修工作的人员,不得少于3人:一人负责调整、检修;一人负责组织指挥(若调整、检修人员在片冰机内,指挥人员应在片冰机顶部);另一人负责控制片冰机电源开关,应做到指挥准确,操作无误。

（7）工作人员从片冰机进人孔进、出之前和在调整、检修工作的过程中,应切断片冰机的开关电源,悬挂"严禁合闸"的警示标志,期间片冰机开关控制人员不得擅离工作岗位。

（8）片冰机工作车间,非工作人员严禁入内。

（五）混凝土拌和机

混凝土拌和机的安全技术要求如下:

（1）拌和机应安置在坚实的地方,用支架或支脚筒架稳,不得以轮胎代替支撑。

（2）外露的齿轮、链条等转动部位应设防护装置,电动机应接地良好。

（3）开动拌和机前,应检查离合器、制动器、钢丝绳、倾倒机构是否良好。搅拌筒应用清水冲洗干净,不得有异物。

（4）拌和机操作手在作业期间,不得私自离开工作岗位,不得随意让其他人员操作。

（5）拌和机的机房、平台、梯道、栏杆应牢固可靠,机房内宜配备除尘装置。

（6）拌和机的加料斗升起时,严禁任何人在料斗下通过或停留。工作完毕后应将料斗锁好,并检查保护装置。

（7）运转时,严禁将工具伸入搅拌筒内,不得向旋转部位加油,不得进行清扫、检修等工作。

（8）现场检修时,应固定好料斗,切断电源。进入搅拌筒工作时,外面应有人监护。

（六）混凝土拌和楼（站）

混凝土拌和楼（站）的安全技术要求如下:

（1）混凝土拌和楼（站）机械转动部位的防护设施,应在每班前进行检查。

（2）电气设备和线路应绝缘良好,电动机应接地。临时停电或停工时,应拉闸、上锁。

（3）压力容器应定期进行压力试验,不得有漏风、漏水、漏气等现象。

（4）楼梯和挑出的平台,应设安全护栏;马道板应加强维护,不得出现腐烂、缺损;冬季施工期间,应设置防滑措施以防止结冰溜滑。

（5）消防器材应齐全、良好,楼内不得存放易燃易爆物品,不得明火取暖。

（6）楼内各层照明设备应充足,各层之间的操作联系信号应准确、可靠。

（7）粉尘浓度和噪声不得超过国家规定的标准。

（8）机械、电气设备不得带病和超负荷运行,维修应在停止运转后进行。

（9）检修时,应切断相应的电源、气路,并挂上"有人工作,不准合闸"的警示标志。

（10）进入料仓（斗）、拌和筒内工作时，外面应设专人监护。检修时应挂"正在修理，严禁开动"的警示标志。非检修人员不得乱动气、电控制元件。

（11）在料仓或外部高处检修时，应搭脚手架，并应遵守高处作业的有关规定。

（12）设备运转时，不得擦洗和清理。严禁头、手伸入机械行程范围以内。

（七）混凝土水平运输

混凝土水平运输，应遵守下列规定。

1. 汽车运送

（1）运输道路应满足施工组织设计要求。

（2）驾驶员应熟悉运行区域内的工作环境，应遵守《中华人民共和国道路交通安全法》和有关规定，应谨慎驾驶，车辆不得超载、超速，不得酒后及疲劳驾车。

（3）车辆不得在陡坡上停放，需要临时停车时，应打好车塞，驾驶员不得远离车辆。

（4）驾驶室内不得乘坐无关的人员。

（5）搅拌车装完料后严禁料斗反转，斜坡路面满足不了车辆平衡时，不得卸料。

（6）装卸混凝土的地点，应有统一的联系和指挥信号。

（7）车辆直接入仓卸料时，卸料点应有挡坎，应有安全距离，防止在卸料过程中溜车。

（8）自卸车应保证车辆平稳，观察有无障碍后，方可卸车；卸料后大箱落回原位后，方可起驾行驶。

（9）自卸车卸料卸不净时，作业人员不得爬上未落回原位的车厢上进行处理。

（10）夜间行车，应适当减速，并应打开灯光信号。

2. 轨道运输、机车牵引运输

（1）机车司机应经过专门技术培训，并经过考试合格后方可上岗。

（2）装卸混凝土应听从信号员的指挥，运行中应按沿途标志操作运行。信号不清、路况不明时，应停止行驶。

（3）通过桥梁、道岔、弯道、交叉路口、复线段会车和进站时应加强瞭望，不得超速行驶。

（4）在栈桥上限速行驶，栈桥的轨道端部应设信号标志和车挡等拦车装置。

（5）两辆机车在同一轨道上同向行驶时，均应加强瞭望，特别是位于后面的机车应随时准备采取制动措施，行驶时两车相距不得小于 60 m；两车同用一个道岔时，应等对方车辆驶出并解除警示后或驶离道岔 15 m 以外双方不致碰撞时，方可驶进道岔。

（6）交通频繁的道口，应设专人看守道口两侧，应设移动式落地栏杆等装置防护，危险地段应悬挂"危险"或"禁止通行"警示标志，夜间应设红灯示警。

（7）机车和调度之间应有可靠的通信联络，轨道应定期进行检查。

（8）机车通过隧洞前，应鸣笛警示。

3. 溜槽（桶）入仓

（1）溜槽搭设应稳固可靠，架子应满足安全要求，使用前应经技术与安全部门验收。溜槽旁应搭设巡查、清理人员的行走马道与护栏。

（2）溜槽坡度最大不宜超过 60°。超过 60° 时，应在溜槽上加设防护罩（盖），以防止骨料飞溅。

（3）溜筒使用前，应逐一检查溜筒、挂钩的状况。磨损严重时，应及时更换，溜筒宜采用钢丝绳、铅丝或麻绳连接牢固。

（4）用溜槽浇注混凝土，在得到下方作业人员同意下料信号后方可下料。溜槽下部人员应与下料点有一定的安全距离，以避免骨料滚落伤人。溜槽使用过程中，溜槽底部不得站人。

（5）下料溜筒被混凝土堵塞时，应停止下料，及时处理。处理时应在专设爬梯上进行，不得在溜筒上攀爬。

（6）搅拌车下料应均匀，自卸车下料应有受料斗，卸料口应有控制设施。垂直运输设备下料时不得使用蓄能罐，应采用人工控制罐供料，卸料处宜有卸料平台。

（7）北方地区冬季，不宜使用溜槽（筒）方式入仓。

4.混凝土泵输送入仓

（1）混凝土泵应设置在平整、坚实、具有重型车辆行走条件的地方，应有足够的场地保证混凝土供料车的卸料与回车。

（2）混凝土泵的作业范围内，不得有障碍物、高压电线。

（3）安置混凝土泵车时，应将其支腿完全伸出，并插好安全销。在软弱场地应在支腿下垫枕木，以防止混凝土泵的移动或倾翻。

（4）混凝土输送泵管架设应稳固，泵管出料口不应直接正对模板，泵头宜接软管或弯头。应按照混凝土泵使用安全规定进行全面检查，符合要求后方可运转。

（5）溜槽、溜管给泵卸料时应有信号联系，垂直运输设备给泵卸料时宜设卸料平台，不得采用混凝土蓄能罐直接给料。卸料应均匀，卸料速度应与泵输出速度相匹配。

（6）设备运行人员应遵守混凝土泵安全操作规程，供料过程中泵不得回转，进料网不得拆卸，不得将棉纱、塑料等杂物混入进料口，不得用手清理混凝土或堵塞物。混凝土输送管道应定期检查（特别是弯管和锥形管等部位的磨损情况），以防爆管。

（7）当混凝土泵出现压力升高且不稳定、油温升高、输送管有明显振动等现象，致使泵送困难时，应立即停止运行，并采取措施排除。检修混凝土泵时，应切断电源并有人监护。

（8）混凝土泵运行结束后，应将混凝土和输送管清洗干净。在排除堵塞物、重新泵送或清洗混凝土泵前，混凝土泵的出口应朝安全方向，以防堵塞物或废浆高速飞出伤人。

5.塔（顶）带机入仓

（1）塔带机和皮带机输送系统基础应做专门的设计。

（2）塔带机的运行与维护人员，须经专门技术培训，了解机械构造性能，熟悉操作方法、保养规程和起重作业信号规则，具有相当熟练的操作技能，经考试合格后，方可独立上岗。

（3）报话指挥人员，应熟悉起重安全知识和混凝土浇注、布料的基本知识，做到指挥果断、吐词清晰、语言规范。

（4）机上应配备相应的灭火器材，工作人员应会正确地检查和使用。当发现火情时，应立即切断电源，用适当的灭火器材灭火。

（5）机上严禁使用明火。检修须焊、割时，周围应无可燃物，并有专人监护。

（6）塔带机运行时，与相邻机械设备、建筑物及其他设施之间应有足够的安全距离，无法保证时应采取安全措施。司机应谨慎操作，接近障碍物时减速运行，指挥人员应严密监视。

（7）当作业区的风速有可能连续 10 min 达 14 m/s 左右或有大雾、大雪、雷雨时，应暂停布料作业，将皮带机上混凝土卸空，并转至顺风方向。当风速大于 20 m/s 时，暂停进行布料和起重作业，并应将大臂和皮带机转至顺风方向，把外布料机置于支架上。

（8）应依照维护保养周期表，做好定期润滑、清理、检查及调试工作。

（9）严禁在运转过程中，对各转动部位进行检修或清理。

（10）塔带机在塔机工况下进行起重作业时，应遵守起重作业的安全操作规程。

（11）塔带机和皮带机输送系统各主要部位作业人员，不得缺岗。

（12）开机前，应检查设备的状况以及人员的到岗等情况。如果正常，应按铃 5 s 以上警示后，方可开机。停机前，应把受料斗、皮带上的混凝土卸完，并清洗干净。

6. 胎带机入仓

（1）设备放置位置应稳定、安全，支撑应牢固、可靠。

（2）驾驶、运行、操作与维修人员，须经技术培训，了解机械构造性能，熟悉驾驶规定、操作方法、保养规程和作业信号规则，具有相当熟练的操作技能，经考核合格后，方可操作，严禁无证上岗。

（3）设备从一个地点转移到另一个地点，折叠部分和滑动部分应放回原位，并定位锁紧。不得超速行驶。

（4）在胎带机支腿撑开之前，胎带机应处于"行走状态"（伸缩臂和配重臂都缩回）。

（5）在伸展配重臂和伸缩臂之前，应撑开承力支腿。

（6）胎带机输送机的各部分应与带电体保持一定的距离。

（7）伸缩式皮带机和给料皮带机不得同时启动，辅助动力电动机和盘发动机不得同时启动，以免发电机过载。

（8）胎带机各部位回转或运行时，各部位应有人监护、指挥。

（9）应避免皮带重载启动。皮带启动前应按铃 5 s 以上示警。

（10）一旦有危险征兆（包括雷、电、暴雨等）出现，应即刻中断胎带机的运行。正常停机前，应把受料斗内、皮带上的混凝土卸完，并清洗干净。

7. 布料机入仓

（1）布料机应布置在平整、基础牢固的场地上，安装、运行时应遵守该设备的安全操作技术规程。

（2）布料机覆盖范围内应无障碍物、高压线等危险因素的影响。

（3）布料机的操作控制柜（台）应布置在布料机附近的安全位置，电缆布置应规范、整齐。

（4）布料机下料时，振捣人员应与下料处保持一定距离。待布料机旋转离开后，方可振捣混凝土。

（5）布料机在伸缩或在旋转过程中，应有专人负责指挥。皮带机正下方不得有人活动，以免掉下骨料伤人。

(八)混凝土垂直运输

混凝土垂直运输,应遵守下列规定。

1. 无轨移动式起重机(轮胎式、履带式)

(1)操作人员应身体健康,无精神病、高血压、心脏病等疾病。

(2)操作人员应经过专业技术培训,经考试合格后持证上岗,并熟悉所操作设备的机械性能及相关要求,遵守无轨移动式起重机的安全操作规程。

(3)轮胎式起重机应配备上盘、下盘司机各 1 名。

(4)应保证起重机内部各零件、总成的完整。

(5)起重机上配备的变幅指示器、重量限制器和各种行程限位开关等安全保护装置不得随意拆封,不得以安全装置代替操作机构进行停车。

(6)作业中,司机不得从事与操作无关的事情或闲谈。

(7)夜间浇注时,机上及工作地点应有充足的照明。

(8)遇上 6 级及以上大风或雷雨、大雾天气,应停止作业。

(9)轮胎式起重机在公路上行驶时,应执行汽车的行驶规定。

(10)轮胎式起重机进入作业现场,应检查作业区域和周围的环境。应放置在作业点附近平坦、坚实的地面上,支腿应用垫木垫实。作业过程中不得调整支腿。

(11)变幅应平稳,不得猛起臂杆。臂杆可变倾角不得超过制造厂家的安全规定值;如无规定时,最大倾角不得超过 78°。

(12)应定期检查起吊钢丝绳及吊钩的状况,如果达到报废标准,应及时更换。

2. 轨道式(固定式)起重机(门座式、门架式、塔式、桥式)

(1)轨道式(固定式)起重机的轨道基础应做专门的设计,并应满足相应型号设备的安全技术要求。轨道两端应设置限位装置,距轨道两端 3 m 外应设置碰撞装置。轨道坡度不得超过 1/1 500,轨距偏差和同一断面的轨面高差均不得大于轨距的 1/1 500,每个季度应采用仪器检查一次。轨道应有良好的接地,接地电阻不得大于 4 Ω。

(2)司机应身体健康,经体检合格,证明无心脏病、高血压、精神不正常等疾病,并具备高空作业的身体条件。须经专门技术训练,了解机械设备的构造性能,熟悉操作方法、保养规程和起重工作的信号规则,具有相当熟练的操作技能,并经考试合格后持证上岗。

(3)新机安装或搬迁、修复后投入运转时,应按规定进行试运转,经检查合格后方可正式使用。

(4)起重机不得吊运人员和易燃、易爆等危险物品。

(5)起吊物件的重量不得超过本机的额定起重量,严禁斜吊、拉吊和起吊埋在地下或与地面冻结以及被其他重物卡压的物件。

(6)变幅指示器应灵活、准确。

(7)当气温低于零下 15 ℃或遇雷雨、大雾和 6 级以上大风时,不得作业。大风前,吊钩应升至最高位置,臂杆落至最大幅度并转至顺风方向,锁住回转制动踏板,台车行走轮应采用防爬器卡紧。

(8)机上严禁用明火取暖,用油料清洗零件时不得吸烟。废油及擦拭材料不得随意泼洒。

（9）机上应配置合格的灭火装置。电气设备失火时，应立即切断有关电源，应用绝缘灭火器进行灭火。

（10）各电气设备安全保护装置应处于完好状态。高压开关柜前应铺设橡胶绝缘板。电气部分发生故障，应由专职电工进行检修，维修使用的工作灯电压应在 36 V 以下。各保险丝（片）的额定容量不得超过规定值，不得任意加大，不得用其他金属丝（片）代替。

（11）夜间工作时，机上及作业区域应有足够的照明，臂杆及竖塔顶部应有警戒信号灯。

（12）司机饮酒后和非本机司机均不得登机操作。

（13）设备安装各个结构部分的螺栓扭紧力矩应达到设备规定的要求。焊缝外观及无损检测应满足规范要求。塔机的连接销轴应安装到位并装上开口销。

（14）司机应听从指挥人员（信号员）指挥，得到信号后方可操作。操作前应鸣号，发现停车信号（包括非指挥人员发出的停车信号）应立即停车。

（15）设备应配置备用电源或其他的应急供电方式，以防起重机在浇注过程中突然断电而导致吊罐停留在空中。

（16）两台臂架式起重机同时运行时，应有专门人员负责协调，以免臂杆相碰。

（17）设备安装完毕后应每隔 2～3 年重新刷漆保护一次，以防金属结构锈蚀破坏。

（18）各设备的运行区域应遵守所在施工现场的安全管理规定及其他安全要求。

3. 缆机（平移式、辐射式、摆塔式）

（1）缆机轨道基础应做专门的设计，并应满足相应型号设备的安全技术要求。轨道两端应设置限位器。

（2）司机应经过专门技术培训，熟练掌握操作技能，熟悉机械性能、构造和机械、电气、液压的基本原理及维修要求，经考试合格，取得起重机械操作证，持证上岗。

（3）工作时应精力集中，听从指挥。不得擅离岗位，不得从事与工作无关的事情，不得用机上通信设备进行与施工无关的通话。

（4）严禁酒后或精神、情绪不正常的人员上机工作。

（5）严禁从高处向下丢抛工具或其他物品，不得将油料泼洒在塔架、平台及机房地面上。高空作业时，应将工具系牢，以免坠落。

（6）机上的各种安全保护装置，应配置齐全并保持完好，如有缺损，应及时补齐、修复。否则，不得投入运行。

（7）应定期做好润滑、检查及调试、保养工作。

（8）司机应与地面指挥人员协同配合，听从指挥人员信号。但对于指挥人员违反安全操作规程和可能引起危险、事故的信号及多人指挥，司机应拒绝执行。

（9）起吊重物时，应垂直提升，严禁倾斜拖拉。

（10）严禁超载起吊和起吊埋在地下的重物，不得采用安全保护装置来达到停车的目的。

（11）不得在被吊重物的下部或侧面另外吊挂物件。

（12）夜间照明不足或看不清吊物或指挥信号不清的情况下，不得起吊重物。

4. 吊罐入仓

(1)使用吊罐前,应对钢丝绳、平衡梁(横担)、吊锤(立罐)、吊耳(卧罐)、吊环等起重部件进行检查,如有破损,严禁使用。

(2)吊罐的起吊、提升、转向、下降和就位,应听从指挥。指挥人员应由受过训练的熟练工人担任,指挥人员应持证上岗。指挥信号应明确、准确、清晰。

(3)起吊时,指挥人员应得到两侧挂罐人员的明确信号,才能指挥起吊;起吊应慢速,并应吊离地面 30~50 cm 时进行检查,在确认稳妥可靠后,方可继续提升或转向。

(4)吊罐吊至仓面,下落到一定高度时,应减慢下降、转向,并避免紧急刹车,以免晃荡撞击人体。应防止吊罐撞击模板、支撑、拉条和预埋件等。吊罐停稳后,人员方可上罐卸料,卸料人员卸料前应先挂好安全带。

(5)吊罐卸完混凝土,应随即关好斗门,并将吊罐外部附着的骨料、砂浆等清除后,方可吊离。摘钩吊罐放回平板车时,应缓慢下降,对准并旋转平衡后方可摘钩;对于不摘钩吊罐放回时,挡壁上应设置防撞弹性装置,并应及时清除搁罐平台上的积渣,以确保罐的平稳。

(6)吊罐正下方严禁站人。吊罐在空中摇晃时,不得扶拉。吊罐在仓内就位时,不得斜拉硬推。

(7)应定期检查、维修吊罐,立罐门的托辊轴承、卧罐的齿轮,应定期加油润滑。罐门把手、振动器固定螺栓应定期检查紧固,防止松脱坠落伤人。

(8)当混凝土在吊罐内初凝,不能用于浇注时,可采用翻罐方式处理废料,但应采取可靠的安全措施,并有带班人在场监护,以防发生意外。

(9)吊罐装运混凝土时,严禁混凝土超出罐顶,以防坍落伤人。

(10)气动罐、蓄能罐卸料弧门拉绳不宜过长,并应在每次装完料、起吊前整理整齐,以免吊运途中挂上其他物件而导致弧门打开,引起事故。

(11)严禁罐下串吊其他物件。

(九)混凝土浇注

混凝土浇注,应遵守下列规定:

(1)浇混凝土前,应全面检查仓内排架、支撑、拉条、模板及平台、漏斗、溜筒等是否安全可靠。

(2)仓内脚手架、支撑、钢筋、拉条、埋设件等不得随意拆除、撬动,如果需要拆除、撬动,应经施工负责人同意。

(3)平台上所预留的下料孔,不用时应封盖。平台除出入口外,四周均应设置栏杆和挡脚板。

(4)仓内人员上下应设爬梯,不得从模板或钢筋网上攀登。

(5)吊罐卸料时,仓内人员应注意避开,不得在吊罐正下方停留或工作。接近下料位置时,应减慢下降速度。

(6)在平仓振捣过程中,应观察模板、支撑、拉筋是否变形。如发现变形有倒塌危险时,应立即停止工作,并及时报告有关指挥人员。

(7)使用大型振捣器和平仓机时,不得碰撞模板、拉条、钢筋和预埋件,以防变形、倒塌。

（8）不得将运转中的振捣器，放在模板或脚手架上。

（9）使用电动振捣器时，应有触电保护器或接地装置。搬移振捣器或中断工作时，应切断电源。

（10）湿手不得接触振捣器电源开关，振捣器的电缆不得破皮漏电。

（11）平仓振捣时，仓内作业人员应思想集中，互相关照。浇注高仓位时，应防止工具和混凝土骨料掉落仓外，不得将大石块抛向仓外，以免伤人。

（12）吊运平仓机、振捣臂、仓面吊等大型机械设备时，应检查吊索、吊具、吊耳是否完好，吊索角度是否适当。

（13）冬季仓内用明火保温时，应明确专人管理，谨防失火。

（14）下料溜筒被混凝土堵塞时，应停止下料，立即处理。处理时不得直接在溜筒上攀登。

（15）电气设备的安装、拆除或在运转过程中的故障处理，均应由电工进行。

（十）保护与养护

保护与养护，应遵守下列规定。

1.表面保护

（1）进行混凝土表面保护工作时，作业人员应精力集中，佩戴安全防护用品。

（2）混凝土立面保护材料应与混凝土表面贴紧，并用压条压接牢靠，以防风吹掉落伤人。采用脚手架安装、拆除时，应符合脚手架安全技术规程的规定；采用吊篮安装、拆除时，应符合吊篮安全技术规程的规定。

（3）混凝土水平面的保护材料应采用重物压牢，防止风吹散落。

（4）竖向井（洞）孔口应先安装盖板，然后方可覆盖柔性保护材料，并应设置醒目的警示标志。

（5）水平洞室等孔洞进出口悬挂柔性保护材料应牢靠，并应方便人员和车辆的出入。

（6）混凝土保护材料不宜采用易燃品，在气候干燥的地区和季节，应做好防火工作。

2.养护

（1）养护用水不得喷射到电线和各种带电设备上。移动电线等带电体时，应带绝缘手套，穿绝缘鞋。养护水管应随用随关，不得使交通道转梯、仓面出入口、脚手架平台等处有长流水。

（2）在养护仓面上遇有沟、坑、洞时，应设明显的安全标志，必要时铺设安全网或设置安全栏杆，严禁在施工作业人员不易站稳的位置进行洒水养护作业。

（3）采用化学养护剂、塑料薄膜养护时，接触易燃有毒材料的人员，应佩戴相关防护用品并做好防护工作。

六、水下混凝土

（1）工作平台应牢固、可靠。设计工作平台时，除考虑工作荷重外，还应考虑溜管、管内混凝土以及水流和风压影响的附加荷重。

（2）溜管节与节之间，应连接牢固，其顶部漏斗及提升钢丝绳的连接处应用卡子加固。钢丝绳应有足够的安全系数。

（3）上下层同时作业时，层间应设防护挡板或其他隔离设施，以确保下层工作人员的安全。各层的工作平台应设防护栏杆。各层之间的上下交通梯子应搭设牢固，并应设有扶手。

（4）混凝土溜管底的活门或铁盘，应防止突然脱落而失控开放，以免溜管内的混凝土骤然下降，引起溜管突然上浮。向漏斗内卸混凝土时，应缓慢开启弧门，适当控制下料速度。

七、碾压混凝土

（一）施工准备

碾压混凝土铺筑前，应全面检查仓内排架、支撑、拉条、模板等是否安全可靠。自卸汽车入仓时，入仓口道路宽度、纵坡、横坡以及转弯半径应符合所选车型的性能要求。洗车平台应做专门的设计，满足有关的安全规定。自卸汽车在仓内行驶时，车速应控制在5.0 km/h 以内。

（二）入仓

真空溜管入仓时，应遵守下列规定：

（1）真空溜管应做专门的设计，包括受料斗、下料口、溜管管身、出料口以及各部分的支撑结构，并应满足有关的安全规定。

（2）支撑结构应与边坡锚杆焊接牢靠，不得采用铅丝绑扎。

（3）出料口应设置垂直向下的弯头，以防碾压混凝土料飞溅伤人。

（4）真空溜管盖带破损修补或者更换时，应遵守高处作业的安全规定。

皮带机入仓时应遵守相关规范的有关规定。

（三）无损检测

采用核子水分/密度仪进行无损检测时，应遵守下列规定：

（1）操作者在操作前应接受有关核子水分/密度仪安全知识的培训和训练，合格者方可上岗。应给操作者配备防护铅衣、裤、鞋、帽、手套等防护用品。操作者应在胸前佩戴胶片计量仪，每1~2月更换一次。胶片计量仪一旦显示操作者达到或超过了允许的辐射值，应立即停止操作。

（2）严禁操作者将核子水分/密度仪放在自己的膝部，不得企图以任何方式修理放射源，不得无故暴露放射源，不得触动放射源，操作时不得用手触摸带有放射源的杆头等部位。

（3）应派专人负责保管核子水分/密度仪，并应设立专台档案。每隔半年应把仪器送有关单位进行核泄漏情况检测，仪器储存处应牢固地张贴"放射性仪器"的警示标志。

（4）核子水分/密度仪万一受到破坏，或者发生放射性泄漏，应立即让周围的人离开，并远离事故场所，直到专业人员将现场清理干净。

（5）核子水分/密度仪万一被盗或被损坏，应及时报告公安部门、制造厂家或者代理商，以便妥善处理。

(四)卸料与摊铺

卸料与摊铺应遵守下列规定:

(1)仓号内应派专人指挥、协调各类施工设备。指挥人员应采用红、白旗和口哨发出指令。应由施工经验丰富、熟悉各类机械性能的人员担任指挥人员。

(2)采用自卸卡车直接进仓卸料时,宜采用退铺法依次卸料;应防止在卸料过程中溜车,应使车辆保证一定的安全距离。自卸车在起大箱时,应保证车辆平稳并观察有无障碍后,方可卸车。卸完料,大箱落回原位后,方可起步行驶。

(3)采用吊罐入仓时,卸料高度不宜大于 1.5 m,并应遵守吊罐入仓的安全规定。

(4)搅拌车运送入仓时,仓内车速应控制在 5.0 km/h 以内,距离临空面应有一定的安全距离,卸料时不得用手触摸旋转中的搅拌筒和随动轮。

(5)多台平仓机在同一作业面作业时,前后两机相距不应小于 8 m,左右相距应大于 1.5 m。两台平仓机并排平仓时,两平仓机刀片之间应保持 20～30 cm 间距。平仓前进应以相同速度直线行驶;后退时,应分先后,防止互相碰撞。

(6)平仓机上下坡时,其爬行坡度不得大于 20°;在横坡上作业,横坡坡度不得大于 10°;下坡时,宜采用后退下行,严禁空挡滑行,必要时可放下刀片做辅助制动。

(五)碾压

碾压应遵守下列规定:

(1)振动碾机型的选择,应考虑碾压效率、起振力、滚筒尺寸、振动频率、振幅、行走速度、维护要求和运行的可靠性及安全性。建筑物的周边部位,应采用小型振动碾压实。

(2)振动碾的行走速度应控制在 1.0～1.5 km/h 以内。

(3)振动碾前后左右无障碍物和人员时方可启动。

(4)变换振动碾前进或者后退方向,应待滚轮停止后进行。不得利用换向离合器做制动用。

(5)两台以上振动碾同时作业,其前后间距不得小于 3 m;在坡道上纵队行驶时,其间距不得小于 20 m。上坡时变速,应在制动后进行,下坡时不得空挡滑行。

(6)起振和停振应在振动碾行走时进行;在已凝混凝土面上行走时,不得振动;换向离合器、起振离合器和制动器的调整,应在主离合器脱开后进行,不得在急转弯时用快速挡;不得在尚未起振的情况下调节振动频率。

(六)养护

养护应遵守下列规定:

(1)养护过程中,碾压混凝土的仓面采用柱塞泵喷雾器等设备保持湿润时,应遵守相关安全技术规定;应对电线和各种带电设备采用防水措施进行保护。

(2)其他养护参照有关规定执行。

八、季节施工

(一)冬季施工

冬季施工应遵守下列规定:

(1)冬季施工应做好防冻、保暖和防火工作。

（2）遇有霜雪,施工现场的脚手板、斜坡道和交通要道应及时清扫,并应有防滑措施。

（二）夏季施工

夏季施工应遵守下列规定:

（1）夏季作业可适当调整作息时间,不宜加班加点,防止职工疲劳过度和中暑。

（2）在施工现场和露天作业场所,应搭设简易休息凉棚。生产车间应加强通风,并配备必要的降温设施。

第四节　沥青混凝土工程

一、制备

（一）沥青运输

液态沥青宜采用液态沥青车运送,并应遵守下列规定:

（1）用泵抽送热沥青进出油罐时,工作人员应避让。

（2）向储油罐注入沥青时,当浮标指标达到允许最大容量时,应立即停止注入。

（3）满载运行时,遇有弯道、下坡时应提前减速,避免紧急制动;油罐装载不满时,应始终保持中速行驶。

采用吊耳吊装桶装沥青时,应遵守下列规定:

（1）吊装作业应有专人指挥,沥青桶的吊索应绑扎牢固。

（2）吊起的沥青桶不得从运输车辆的驾驶室上空越过,并应稍高于车厢板,以防碰撞。

（3）吊臂旋转半径范围内不得站人。

（4）沥青桶未稳妥落地前,不得卸、取吊绳。

人工装卸桶装沥青时,应遵守下列规定:

（1）运输车辆应停放在平坡地段,并拉上手闸。

（2）跳板应有足够的强度,坡度不应过陡。

（3）放倒的沥青桶经跳板向上(下)滚动装(卸)车时,应在露出跳板两侧的铁桶上各套一根绳索,收放绳索时要缓慢,并应两端同步上下。

（4）人工运送液态沥青,盛装量不得超过容器的2/3,不得采用锡焊桶装运沥青,并不得两人抬运热沥青。

（二）沥青储存

沥青储存应遵守下列规定:

（1）沥青应储存于库房或者料棚内,露天堆放时应放在阴凉、干净、干燥处,并应搭设席棚或者用帆布遮盖,以免雨水、阳光直接淋晒而影响环保,并应防止砂、石、土等杂物混入。

（2）储存处应远离火源,应与其他易燃物、可燃物、强氧化剂隔离保管,储存处严禁吸烟。

（3）储存沥青的仓库或者料棚以及露天存放处,应有防火设施。防火设备应采用性能相宜的灭火器或砂土等,不得用水喷洒,以免热液流散而扩大火灾范围。

(4)桶装沥青应立放稳妥,以免流失破坏环境。

(三)加热及拌制

沥青、骨(填)料加热及拌制系统布置,应遵守下列规定:

(1)应布置在人员较少、场地空旷的地方,产量较大的拌和设备,应设置除尘设施。

(2)宜布置在工程爆破危险区之外,远离易燃品仓库,不受洪水威胁,排水条件良好。

(3)尽可能设在坝区的下风处,以利于坝区的环境。

(4)远离生活区,以利于防火及环境保护。

(四)预热

蒸气加温沥青时,蒸气管道应连接牢固,妥善保护,在人员易触及的部位,应用保温材料包扎。锅炉运行应遵守锅炉的相关安全规定。

太阳能油池上面的工作梯应具有防滑措施,非作业人员不得攀爬。

远红外加热沥青,应遵守下列规定:

(1)使用前应检查机电设备和短路过载保护装置是否良好,电气设备有无接地,确认符合要求后方可合闸作业。

(2)沥青油泵应进行预热,当用手能转动联轴器时,方可启动油泵送油。输油完毕后应将电动机反转,使管道中余油流回锅内,并应立即用柴油清洗沥青泵及管道。清洗前应关闭有关阀门,防止柴油流入油锅。

导热油加热沥青,应遵守下列规定:

(1)加热炉使用前应进行耐压试验,试验压力应不低于额定工作压力的2倍。

(2)对加热炉及设备应做全面检查,各种仪表应齐全完好。泵、阀门、循环系统和安全附件应符合技术要求,超压、超温报警系统应灵敏可靠。

(3)应经常检查循环系统有无渗漏、振动和异声,定期检查膨胀箱的液面是否超过规定、自控系统的灵敏性和可靠性是否符合要求,并应定期清除炉管及除尘器内的积灰。

(4)导热油的管道应有防护设施。

(五)明火熬制

明火熬制沥青,应遵守下列规定。

1.锅灶设置

(1)支搭的沥青锅灶,应距建筑物至少30 m,距电线垂直下方10 m以上。周围不得有易燃易爆物品,并应备用锅盖、灭火器等防火用具。

(2)沥青锅上方搭设的防雨棚,不得使用易燃材料。

(3)沥青锅的前沿(有人操作的一面)应高出后沿10 cm以上,并高出地面0.8~1.0 m。

(4)舀、盛热沥青的勺、桶、壶等不得锡焊。

2.沥青预热

(1)打开沥青桶上大小盖。当只有一个桶盖时,应在其相对方向另开一孔,以便沥青顺畅流出。桶内如有积水应先予排除。

(2)操作人员应注意沥青突然喷出,如发现沥青从桶的砂眼中喷出,应在桶外的侧面铲以湿泥涂封,不得用手直接涂封。

(3)加热中如发现沥青桶口堵塞,操作人员应站在侧面用热铁棍疏通。

(4)加热时应用微火,不得用大火猛烤。

(5)卧桶加热的油槽应搭设牢固。流向储油锅的通道要畅通。

3.沥青熬制

(1)油锅内不得有水和杂物,沥青投入量不得超过锅容积的2/3,大块沥青应改小,并装在铁丝瓢内下锅。不得直接向锅内抛掷。

(2)预热后的沥青宜用溜槽流下沥青锅;如用油桶直接倒入沥青锅,桶口应尽量放低,防止被热沥青溅伤。

(3)在熬制沥青时,如发现锅泄漏,应立即熄灭炉火。

(4)舀沥青时应用长柄勺,并要经常检查其连接是否牢固。

(5)沥青脱水应缓慢加热,经常搅动,不得用猛火导致沥青溢锅;如发现有漫出迹象,应立即熄灭炉火。

(6)作业人员应随时掌握油温变化情况,当白色烟转为红、黄色烟时,应立即熄灭炉火。

(7)作业现场临时堆放的沥青及燃料不应过多,堆放位置距沥青锅炉应在5 m以外。

(六)骨(填)料加热、筛分及储存

骨(填)料加热、筛分及储存,应遵守下列规定:

(1)骨料的烘干、加热应采用内热式加热滚筒进行,不得用手触摸运行中的加热滚筒及其驱动导轮。

(2)加热后的骨料温度高约200 ℃,进行二次筛分时,作业人员应采取防高温、防烫伤的安全措施;卸料口处应加装挡板,以免骨料溅出。

(3)填料采用红外线加热器进行加热时,使用前应检查机电设备和短路过载保安装置是否良好、电气设备有无接地,确认符合要求后方可合闸作业。

(4)骨(填)料储存仓周围应安装保温隔热材料,仓顶应安装防护栏杆、警示标志等安全设施。

(七)拌和操作

沥青混合料拌和操作,应遵守下列规定:

(1)作业前,热料提升斗、搅拌器及各种称斗内不得有存料。

(2)配有湿式除尘系统的拌和设备,其除尘系统的水泵应完好,并保证喷水量稳定且不中断。

(3)卸料斗处于地下底坑时,应防止坑内积水淹没电器元件。

(4)拌和机启动、停机,应按规定程序进行;点火失效时,应及时关闭喷燃器油门,待充分通风后再行点火。需要调整点火时,应先切断高压电源。

(5)采用液化气加热时,系统应有减压阀及压力表。燃烧器点燃后,应关闭总阀门。

(6)连续式拌和设备的燃烧器熄火时应立即停止喷射沥青;当烘干拌和筒着火时,应立即关闭燃烧器鼓风机及排风机,停止供给沥青,再用含水量高的细骨料投入烘干拌和筒,并应在外部卸料口用干粉或泡沫灭火器进行灭火。

（7）关机后应清除皮带上、各供料斗及除尘装置内外的残余积物，并清洗沥青管道。

（8）拌和设备运转过程中，如发现有异常情况，应报告机长并及时排除故障。停机前应先停止进料，等各部位（拌鼓、烘干筒等）卸完料后，方可停机。再次启动时，不得带负荷启动。

（9）拌和设备运转中人员不得靠近各种运转机构。

（10）搅拌机运行中，不得使用工具伸入滚筒内掏挖或清理。需要清理时应停机。如需人员进入搅拌鼓内工作时，鼓外应有人监护。

（11）料斗升起时，不得有人在斗下工作或通过。检查料斗时应将保险链挂好。

（12）拌和站机械设备经常检查的部位应设置爬梯。采用皮带机上料时储料仓应加防护设施。

二、面板、心墙施工

（一）乳化（稀释）沥青加工

乳化（稀释）沥青加工采用易挥发性溶剂时，宜将熔化的沥青以细流状缓缓加入溶剂中，沥青温度控制在 100 ℃左右，防止溅出伤人，并应特别注意防火。

（二）沥青洒布机作业

沥青洒布机作业，应遵守下列规定：

（1）工作前应将洒布机车轮固定，检查高压胶管与喷油管连接是否牢固，油嘴和节门是否畅通，机件有无损坏。检查确认完好后，再将喷油管预热，安装喷头，经过在油箱内试喷后，方可正式喷洒。

（2）装载热沥青的油涌应坚固不得漏油，其装油量应低于桶口 10 cm；向洒布机油箱注油时，油桶应靠稳，在箱口缓慢向下倒，不得猛倒。

（3）喷洒沥青时，手握的喷油管部分应加缠旧麻袋或石棉绳等隔热材料。操作时，喷头严禁向上。喷头附近不得站人，不得逆风操作。

（4）压油时，速度应均匀，不得突然加快。喷油中断时，应将喷头放在洒布机油箱内，固定好喷管，不得滑动。

（5）移动洒布机时，油箱中的沥青不得过满。

（6）喷洒沥青时，如发现喷头堵塞或其他故障，应立即关闭阀门，修理完好后再行作业。

（三）人工拌和

人工拌和作业应使用铁壶或长柄勺倒油，壶嘴或勺口不应提得过高，防止热油溅起伤人。

（四）沥青混凝土运输

沥青混凝土运输作业，应遵守下列规定：

（1）采用自卸汽车运输时，大箱卸料口应加挡板（运输时挡板应拴牢），顶部应盖防雨布；运输道路应满足施工组织设计的要求；在社会公共道路上行驶时，驾驶员应严格遵守《中华人民共和国道路交通安全法》和有关规定，驾驶员应熟悉运行区域内的工作环境，不得酒后、超速、超载及疲劳驾驶。

（2）在斜坡上的运输，宜采用专用斜坡喂料车；当斜坡长度较短或者工程规模较小时，可由摊铺机直接运料，或者用缆索等机械运输，但均应遵守相应机械设备的安全技术规定。

（3）少量部位采用人工运料时，应穿防滑鞋，坡面应设防滑梯。

（4）斜坡上沥青混凝土面板施工应设置安全绳或其他防滑措施。施工机械由坝顶下放至斜坡时，应有安全措施，并建立安全制度。对牵引机械（可移式卷扬台车、卷扬机等）和钢丝绳、刹车等，应经常检查、维修。卷扬机应锚定牢固，防止倾覆。

（五）沥青混合料摊铺

沥青混合料摊铺作业，应遵守下列规定：

（1）应自下至上进行摊铺。

（2）驾驶台及作业现场应视野开阔，清除一切有碍工作的障碍物。作业时无关人员不得在驾驶台上逗留。驾驶员不得擅离岗位。

（3）运料车向摊铺机卸料时，应协调动作，同步行进，防止互撞。

（4）换挡应在摊铺机完全停止时进行，不得强行挂挡和在坡道上换挡或空挡滑行。

（5）熨平板预热时，应控制热量，防止因局部过热而变形。加热过程中，应有专人看管。

（6）驾驶力求平稳，熨平装置的端头与障碍物边缘的间距不得小于 10 cm，以免发生碰撞。

（7）用柴油清洗摊铺机时，不得接近明火。

（8）沥青混合料宜采用汽车配保温料罐运输，由起重机吊运卸入模板内或者由摊铺机自身的起重机吊运卸入摊铺机内。应严格遵守起重机的安全技术规定。

（9）由起重机吊运卸入模板内的沥青混凝土，应由人工摊铺整平，有防高温、防烫伤措施。

（10）在已压实的心墙上继续铺筑前，应采用压缩空气喷吹清除（风压 0.3 ~ 0.4 MPa）。清理干净结合面时，应严格遵守空气压缩机的安全技术规定。如喷吹不能完全清除，可用红外线加热器烘烤黏污面，使其软化后铲除，应遵守红外线加热器的安全技术规定。

（11）采用红外线加热器加热，沥青混凝土表面温度低于 70 ℃时，应遵守红外线加热器的安全技术规定。采用火滚或烙铁加热时，应使用绝热或隔热手把操作，并应戴手套以防烫伤，不得在火滚滚筒上面踩踏。滚筒内的炉灰不得外泄，工作完毕炉灰应用水浇灭后运往弃渣场。

（六）沥青混凝土碾压

沥青混凝土碾压作业，应遵守下列规定：

（1）不得在振动碾没有熄火、下无支垫三角木的情况下，进行机下检修。

（2）振动碾应停放在平坦、坚实并对交通及施工作业无妨碍的地方。停放在坡道上时，前后轮应置垫三角木。

（3）振动碾前后轮的刮板，应保持平整良好。碾轮刷油或洒水的人员应与司机密切配合，应跟在辗轮行走的后方。

（4）多台振动碾同时在一个工作面作业时，前后左右应保持一定的安全距离，以免发生碰撞。

（5）振动碾碾压时，应上行时振动，下行时不得振动。

（6）机械由坝顶下放至斜坡时，应有安全措施，并建立安全制度。对牵引机械和钢丝绳刹车等，应经常检查、维修。

（7）各种施工机械和电气设备，均应按有关安全操作规程操作和保养维修。

（七）钢模拆除

心墙钢模宜应采用机械拆模，采用人工拆除时，作业人员应有防高温、防烫伤、防毒气的安全防护装置。钢模拆除出后应将表面黏附物清除干净，用柴油清洗时，不得接近明火。

沥青混凝土夏季施工应采取防暑降温措施，合理安排作业时间。

三、其他施工

（一）现浇沥青混凝土施工

现浇沥青混凝土施工，应遵守下列规定：

（1）现浇式沥青混凝土的浇注宜采用钢模板施工，模板的制作与架设应牢固、可靠。

（2）应采用汽车配保温料罐运输沥青混凝土，由起重机吊运卸入模板内。应严格按照保温料罐入仓和起重机吊运的安全技术规定进行操作。

（3）现浇式沥青混凝土的浇注温度应控制在 $140 \sim 160 \, ℃$。应由低到高依次浇注，边浇注边采用插针式捣固器捣实。仓内作业人员应有"三防"措施。

（二）沥青混凝土路面施工

沥青洒布车作业，应遵守下列规定：

（1）检查机械、洒布装置及防护、防火设备是否齐全有效。

（2）采用固定式喷灯向沥青箱的火管加热时，应先打开沥青箱上的烟囱口，并在液态沥青淹没火管后，方可点燃喷灯。加热喷灯的火焰过大或扩散蔓延时应立即关闭喷灯，待多余的燃油烧尽后再行使用。喷灯使用前，应先封闭吸油管及进料口，手提喷灯点燃后不得接近易燃品。

（3）满载沥青的洒布车应中速行驶。遇有弯道、下坡时应提前减速，避免紧急制动。行驶时不得使用加热系统。

（4）驾驶员与机上操作人员应密切配合，操作人员应注意自身的安全。作业时在喷洒沥青方向 10 m 以内不得有人停留。

沥青洒布机、摊铺机作业，应参照有关规定执行。

（三）房屋建筑沥青施工

房屋建筑沥青施工，应遵守下列规定：

（1）房屋建筑屋面板的沥青混凝土施工，属于高处作业，应遵守高处作业的规定。

（2）高处作业、屋面的边沿和预留孔洞施工时，应设置安全防护装置。

（3）屋面板沥青混凝土采用人工摊铺、刮平，用火滚滚压时，作业人员应使用绝热或隔热手把进行操作，并戴好手套、口罩，穿好防护衣、防护鞋。

（4）在坡度较大的屋面运油，应穿防滑鞋，设置防滑梯，清扫屋面上的砂粒。油桶下设桶垫，应放置平稳。

（5）运输设备及工具应牢固，竖直提升时平台的周边应有防护栏杆。提升时应拉牵引绳，防止油桶晃动，吊运时油桶下方 10 m 半径范围内严禁站人。

（6）配置、储存和涂刷冷底子油的地点严禁烟火，周围 30 m 以内严禁进行电焊、气焊等明火作业。

第五节　砌石工程

一、基本规定

（1）施工人员进入施工现场前应经过三级安全教育，熟悉安全生产的有关规定。

（2）施工人员在进行高空作业之前，应进行身体健康检查，查明是否患有高血压、心脏病等其他不宜进行高空作业的疾病，经医院证明合格者，方可进行作业。

（3）进入施工现场应戴安全帽，操作人员应正确佩戴劳保用品，严禁砌筑施工人员徒手进行施工。

（4）非机械设备操作人员，不得使用机械设备。所使用的机械设备应安全可靠、性能良好，同时各种保险装置齐全有效。

（5）脚手架应按 GB 50009—2001、JGJ 130—2001 规定进行设计，未经检查验收不得使用。验收后不得随意拆改或自搭飞跳，如必须拆改时，应制定技术措施，经审批后实施。

（6）砌筑施工时，脚手架上堆放的材料不得超过设计荷载，应做到随砌随运。

（7）运输石料、混凝土预制块、砂浆及其他材料至工作面时，脚手架应安装牢固，马道应设防滑条及扶手栏杆。采用两人抬运的方式运输材料时，使用的马道坡度角不宜大于30°，宽度不宜小于 80 cm；采用四人联合抬运的方式时宽度不宜小于 120 cm；采用单人以背、扛的方式运输材料时，使用的马道坡度角不宜大于 45°，宽度不宜小于 60 cm。

（8）堆放材料应离开坑、槽、沟边沿 1 m 以上，堆放高度不得大于 1.5 m；往坑、槽、沟内运送石料及其他材料时，应采用溜槽或吊运的方法，其卸料点周围严禁站人。

（9）高处作业时，作业层（面）的周围应进行安全防护，设置防护栏杆及张挂安全网。

（10）吊放砌块前应检查专用吊具的安全可靠程度，性能不符合要求的严禁使用。

（11）吊装砌块时应注意重心位置，严禁用起重扒杆拖运砌块，不得起吊有破裂、脱落危险的砌块。严禁起重扒杆从砌筑施工人员的上空回转；若必须从砌筑区或施工人员的上空回转时，应暂停砌筑施工，施工人员离开起重扒杆回转的危险区域。

（12）当现场风力达到 6 级及以上，或因刮风使砌块和混凝土预制构件不能安全就位时，应停止吊装作业，施工人员撤离现场。

（13）砌体中的落地灰及碎砌块应及时清理，装车或装袋进行运输。严禁采用抛掷的方法进行清理。

（14）在坑、槽、沟、洞口等处，应设置防护盖板或防护围栏，并设置警示标志，夜间应设红灯示警。

（15）严禁作业人员乘运输材料的吊运机械进出工作面，不得向正在施工的作业人员或作业区域投掷物体。

（16）搬运石料时应检查搬运工具及绳索是否牢固，抬运石料时应用双绳系牢。

（17）用铁锤修整石料时，应先检查铁锤有无破裂，锤柄是否牢固。击锤时要按石纹走向落锤，锤口要平，落锤要准，同时要查看附近有无危及他人安全的隐患，然后落锤。

（18）不宜在干砌、浆砌石墙身顶面或脚手架上整修石材，应防止振动墙体而影响安全或石片掉下伤人。制作镶面石、规格料石和解小料石等石材时，应在宽敞的平地上进行。

（19）应经常清理道路上的零星材料和杂物，使运输道路畅通无阻。

（20）遇恶劣天气时，应停止施工。在台风、暴风雨之后应检查各种设施和周围环境，确认安全后方可继续施工。

二、干砌

（1）干砌石施工应进行封边处理，应防止砌体发生局部变形或砌体坍塌而危及施工人员安全。

（2）干砌石护坡工程应从坡脚自下而上施工，应采用竖砌法（石块的长边与水平面或斜面呈垂直方向）砌筑，缝口要砌紧，使空隙达到最小。空隙应用小石填塞紧密，防止砌体受到水流冲刷或外力撞击时滑脱沉陷，以保持砌体的坚固性。

（3）干砌石墙体外露面应设丁石（拉结石），并均匀分布，以增强整体稳定性。

（4）干砌石墙体施工时，不得站在砌体上操作和在墙上设置拉力设施、缆绳等。对于稳定性较差的干砌石墙体、独立柱等设施，施工过程中应加设稳定支撑。

（5）卵石砌筑应采用三角缝砌筑工艺，按整齐的梅花形砌法，六角紧靠，不得有"四角眼"或"鸡抱蛋"（即中间一块大石，四周一圈小石）。石块不得前俯后仰、左右歪斜或砌成台阶状。

（6）砌筑时严禁将卵石平铺散放，而应由下游向上游一排紧挨一排地铺砌，同一排卵石的厚度应尽量一致，每块卵石应略向下游倾斜，严禁砌成逆水缝。

（7）铺砌卵石时应将较大的砌缝用小石塞紧，在进行灌缝和卡缝工作时，灌缝用的石子应尽量大一些，使水流不易淘走；卡缝用木榔头或石块轻轻将小石片砸入缝隙中，用力不宜过猛，以防砌体松动。

三、浆砌

（1）砂浆搅拌机械应符合 JGJ 33—2001 及 JGJ 46—2005 的有关规定，施工中应定期进行检查、维修，保证机械使用安全。

（2）砌筑基础时，应检查基坑的土质变化情况，查明有无崩裂、渗水现象。发现基坑土壁裂缝、化冻、水浸或变形并有坍塌危险时，应及时撤退；对基坑边可能坠落的危险物要进行清理，确认安全后方可继续作业。

（3）当沟、槽宽度小于 1 m 时，在砌筑站人的一侧，应预留不小于 40 cm 的操作宽度；施工人员进入深基础沟、槽施工时，应从设置的阶梯或坡道上出入，不得从砌体或土壁支撑面上出入。

（4）施工中不得向刚砌好的砌体上抛掷和溜运石料,应防止砂浆散落和砌体破坏而致使坠落物伤人。

（5）砌筑浆砌石护坡、护面墙、挡土墙时,若石料存在尖角,应使用铁锤敲掉,以防止外露墙面尖角伤人。

（6）当浆砌体墙身设计高度不超过4 m,且砌体施工高度已超过地面1.2 m时,宜搭设简易脚手架进行安全防护,简易脚手架上不得堆放石料和其他材料。当浆砌体墙身设计高度超过4 m,且砌体施工高度已超过地面1.2 m时,应安装脚手架。当砌体施工高度超过4 m时,应在脚手架和墙体之间加挂安全网,安全网应随墙体的升高而相应升高,且应在外脚手架上增设防护栏杆和踢脚板。当浆砌体墙身设计高度超过12 m,且边坡坡率小于1:0.3时,其脚手架应根据施工荷载、用途进行设计和安装。凡承重脚手架均应进行设计或验算,未经设计或验算的脚手架不允许施工人员在上面进行操作施工和承担施工荷载。

（7）防护栏杆上不得坐人,不得站在墙顶上勾缝、清扫墙面和检查大角垂直,脚手板高度应低于砌体高度。

（8）挂线用的线坠、垂体应用线绳绑扎牢固。

（9）施工人员出入施工面时应走扶梯或马道,严禁攀爬架子。在遇霜、雪的冬季施工时,应先清扫干净后再行施工。

（10）采用双胶轮车运输材料跨越宽度超过1.5 m的沟、槽时,应铺设宽度不小于1.5 m的马道。平道运输时两车相距不宜小于2 m,坡道运输时两车相距不宜小于10 m。

四、坝体砌筑

（1）应在坝体上下游侧结合坝面施工安装脚手架。脚手架应根据用途、施工荷载、工程安全度汛、施工人员进出场要求,进行设计和施工。脚手架和坝体之间应加挂安全网,安全网应随坝体的升高而相应升高,安全网与坝体施工面的高差不应大于1.2 m,同时应在外脚手架上加设防护栏杆和踢脚板。

（2）结合永久工程需要,应在坝体左右两侧坝肩处的不同高程上设置不少于两层的多层上坝公路。当条件受限制时,应在坝体的一侧坝肩处的不同高程上设置不少于两层的多层上坝公路,以保证坝体安全施工的基本要求和保证施工人员、机械设备、施工材料进出坝体。

（3）垂直运输宜采用缆式起重机、塔吊、门机等设备,当条件受限制时,应由施工组织设计确定垂直运输方式。垂直运输中使用的吊笼、绳索、刹车及滚杠等,应满足负荷要求,吊运时不得超载,发现问题应及时检修。垂直运送物料时应有联络信号,并有专人指挥和进行安全警戒。

（4）吊运石料、混凝土预制块时应使用专用吊笼,吊运砂浆时应使用专用料斗,吊运混凝土构件、钢筋、预埋件、其他材料及工器具时应采用专用吊具。吊运中严禁碰撞脚手架。

（5）坝面上作业宜采用四轮翻斗车、双胶轮车进行水平运输,短距离运输时宜采用两人抬运的组合方式进行。

(6)运送人员、小型工器具至大坝施工面上的施工专用电梯,应设置限速和停电(事故)报警装置。

(7)立体交叉作业时,严禁施工人员在起重设备吊钩运行所覆盖的范围内进行施工作业;若必须在起重设备吊钩运行所覆盖的范围内作业,当起重设备运行时应暂停施工,施工人员应暂时离开由于立体交叉作业而产生的危险区域。

(8)砌筑倒悬坡时,宜先浇注面石背后的混凝土或砌筑腹石,且下一层面石的胶结材料强度未达到 2.0 MPa 以上时,施工人员不得站在倒悬的面石上作业。当倒悬坡率大于0.3 时,应安装临时支撑。

五、其他砌石

(1)修建石拱桥、涵拱圈、拱形渡槽时,承重脚手架应置于坚实的基础之上。承重脚手架安装完成后应加载进行预压,加载预压荷载应由设计确定,未经加载预压的脚手架不得投入砌筑施工。在砌筑施工中应遵循先砌拱脚,再砌拱顶,然后砌 1/4 处,最后砌筑其余各段和按拱圈跨中央对称的砌筑工艺流程。砌筑石拱时,拱脚处的斜面应修整平顺,使其与拱的料石相吻合,以保证料石支撑稳固。各段之间应预留一定的空缝,待全部拱圈砌筑完毕后,再将预留缝填实。

(2)在浆砌石柱施工中,其上部工程尚未进行或未达到稳定前,应及时进行安全防护。砌筑完成后应加以保护,严禁碰撞,上部工程完工后方可拆除安全防护设施。

第六节　堤防工程

一、基本规定

(1)堤防工程度汛、导流施工,施工单位应根据设计要求和工程需要编制方案报合同指定单位审批,并由建设单位报防汛主管部门批准。

(2)堤防施工操作人员应戴保护手套和其他必要的劳保用品。

(3)度汛时如遇超标准洪水,应启动应急预案并及时采取紧急处理措施。

(4)施工船舶上的作业人员应严格遵守国家有关水上作业的法律、法规和标准。

(5)土料开采应保证坑壁稳定,立面开挖时严禁掏底施工。

二、堤防施工

(一)堤防基础施工

堤防基础施工,应遵守下列规定:

(1)堤防地基开挖较深时,应制定防止边坡坍塌和滑坡的安全技术措施。对深基坑支护应进行专项设计,作业前应检查安全支撑和挡护设施是否良好,确认符合要求后,方可施工。

(2)当地下水位较高或在黏性土、湿陷性黄土上进行强夯作业时,应在表面铺设一层厚 50 ~ 200 cm 的砂、砂砾或碎石垫层,以保证强夯作业安全。

(3)强夯夯击时应做好安全防范措施,现场施工人员应戴好安全防护用品。夯击时所有人员应退到安全线以外。应对强夯周围建筑物进行观测,以指导调整强夯参数。

(4)地基处理采用砂井排水固结法施工时,为加快堤基的排水固结,应在堤基上分级进行压载,加载时应加强现场监测,防止出现滑动破坏等失稳事故的发生。

(5)软弱地基处理采用抛石挤淤法施工时,应经常对机械作业部位进行检查。

(二)吹填筑堤施工

吹填筑堤施工,应参照有关规定执行。

(三)抛石筑堤施工

抛石筑堤施工,应遵守下列规定:

(1)在深水域施工抛石棱体,应通过岸边架设的定位仪指挥船舶抛石。

(2)陆域软基段或浅水域抛石,可采用自卸汽车以端进法向前延伸立抛,重载与空载汽车应按照各自预定路线慢速行驶,不得超载与抢道。

(3)深水域宜用驳船水上定位分层平抛,抛石区域高程应按规定检查,以防驳船移位时出现危险。

(四)砌石筑堤施工

砌石筑堤施工应参照有关规定执行。

(五)防护工程施工

防护工程施工,应遵守下列规定:

(1)人工抛石作业时应按照计划制定的程序进行,严禁随意抛掷,以防意外事故发生。

(2)抛石所使用的设备应安全可靠、性能良好,严禁使用没有安全保险装置的机具进行作业。

(3)抛石护脚时应注意石块体重心位置,禁止起吊有破裂、易脱落、危险的石块体。起重设备回转时,严禁起重设备工作范围或抛石工作范围内进行其他作业和人员停留。

(4)抛石护脚施工时除操作人员外,严禁有人停留。

(六)堤防加固施工

堤防加固施工,应遵守下列规定:

(1)砌石护坡加固,应在汛期前完成;当加固规模、范围较大时,可拆一段砌一段,但分段宜大于 50 m;垫层的接头处应确保施工质量,新、老砌体应结合牢固,连接平顺。确需汛期施工时,分段长度可根据水情预报情况及施工能力而定,防止意外事故发生。

(2)护坡石沿坡面运输时,使用的绳索、刹车等设施应满足负荷要求,牢固可靠,在吊运时不得超载,发现问题及时检修。垂直运送料具时应有联系信号,专人指挥。

(3)堤防灌浆机械设备作业前应检查是否完好,安全设施及防护用品是否齐全,警示标志设置是否标准,经检查确认符合要求后,方可施工。

(4)当堤防加固采用混凝土防渗墙、高压喷射、土工膜截渗或砂石导渗等施工技术时,均应符合相应安全技术标准的规定。

三、防汛抢险施工

（1）防汛抢险施工前,应对作业人员进行安全教育并按防汛预案进行施工。

（2）堤防防汛抢险施工的抢护原则为:前堵后导、强身固脚、减载平压、缓流消浪。施工中应遵守各项安全技术要求,不得违反程序作业。

（3）堤身漏洞险情的抢护,应遵守下列规定:

①堤身漏洞险情的抢护以"前截后导,临重于背"为原则。在抢护时,应在临水侧截断漏水来源,在背水侧漏洞出水口处采用反滤围井的方法,防止险情扩大。

②堤身漏洞险情在临水侧抢护以人力施工为主时,应配备足够的安全设施,确认安全可靠且有专人指挥和专人监护后,方可施工。

③堤身漏洞险情在临水侧抢护以机械设备为主时,机械设备应停站或行驶在安全或经加固可以确认较为安全的堤身上,防止因漏洞险情致设备下陷、倾斜或失稳等其他安全事故。

（4）管涌险情的抢护宜在背水面,采取反滤导渗控制涌水,留有渗水出路。以人力施工为主进行抢护时,应注意检查附近堤段水浸后变形情况,如有坍塌危险应及时加固或采取其他安全有效的方法。

（5）当遭遇超标准洪水或洪水水位可能超过堤坝顶时,应迅速进行加高抢护,同时做好人员撤离安排,及时将人员、设备转移到安全地带。

（6）为削减波浪的冲击力,应在靠近堤坡的水面设置芦柴、柳枝、湖草和木料等材料的捆扎体,并设法锚定,防止其被风浪水流冲走。

（7）当发生崩岸险情时,应抛投物料如石块、石笼、混凝土多面体、土袋和柳石枕等,以稳定基础,防止崩岸进一步发展;应密切关注险情发展的动向,时刻检查附近堤身的变形情况,及时采取正确的处理措施,并向附近居民示警。

（8）堤防决口抢险,应遵守下列规定:

①当堤防决口时,除快速通知危险区域内人员安全转移外,抢险施工人员应配备足够的安全救生设备。

②堤防决口施工应在水面以上进行,并逐步创造静水闭气条件,确保人身安全。

③当在决口抢筑裹头时,应先在水浅流缓、土质较好的地带采取打桩、抛填大体积物料等安全裹护措施,防止裹头处突然坍塌将人员与设备冲走。

④决口较大采用沉船截流时,应采取有效的安全防护措施,防止沉船底部不平整发生移动而给作业人员造成安全隐患。

第七节 疏浚与吹填工程

一、基本规定

（1）在通航航道内从事疏浚、吹填作业,应在开工前与航政管理（海事）部门取得联系,及时申请并发布航道施工公告。

（2）施工船舶应取得合法的船舶证书和适航证书,并获得安全签证。

（3）所有船员必须经过严格培训和学习,熟悉安全操作规程、船舶设备操作与维护规程;熟悉船舶各类信号的意义并能正确发布各类信号;熟悉并掌握应急部署和应急工器具的使用。

（4）船员应按规定取得相应的船员服务簿和任职资格证书。

（5）施工前应对作业区内水上、水下地形及障碍物进行全面调查,包括电力线路、通信电缆、光缆、各类管道、构筑物、污染物、爆炸物、沉船等,查明位置和主管单位并联系处理解决。

（6）施工时按规定设置警示标志:白天作业,在通航一侧悬挂黑色锚球一个,在不通航一侧悬挂黑色十字架一个;夜间作业,在通航一侧悬挂白光环照灯一盏,在不通航一侧悬挂红光环照灯一盏。

（7）陆地排泥场围堰与退水口修筑必须稳固、不透水,并在整个施工期间设专人进行巡视、维护。水上抛泥区水深应满足船舶航行、卸泥、调头需要,防止船舶搁浅。

（8）绞吸式挖泥船伸出的排泥管线（含潜管）的头、尾及每间隔 50 m 位置应显示白色环照灯一盏。

（9）自航式挖泥船作业时,除显示机动船在航号灯外,还应白天悬挂圆球、菱形、圆球号型各一个,夜间设置红、白、红光环照灯各一盏。

（10）拖轮拖带泥驳作业时,应按照《中华人民共和国内河避碰规则》分别在拖轮、泥驳规定位置显示号灯和在航标志。

（11）施工船舶应配置消防、救生、防撞、堵漏等应急抢险器材和设施,并定期进行检查和保养,使之处于适用状态;船队应编制消防、救生、防撞、堵漏等应急部署表,定期组织应急抢险演练;并按不同区域、不同用途在船体适合部位明示张贴警示标志和放置位置分布图。

（12）跨航道进行施工作业应得到航政管理部门同意,并采用水下潜管方式敷设排泥管线;施工中随时注意过往船只航行安全,需要时应请航政部门进行水上交通管制。

（13）同一施工区内有两艘以上挖泥船同时作业时,船体、管线彼此应保持足够的安全距离。

（14）沿海或近海施工作业,应联系当地气象部门的气象服务;随时掌握风浪、潮涌、暴雨、浓雾的动向,提前采取防范措施;风力大于6级或浪高大于1.0 m时,非自航船应停止作业,就地避风;暴雨、浓雾天气应停止机动船作业。

（15）施工船舶在施工期间,还应遵守下列规定:

①船上配置功率足够的无线电通信设备,并保持其技术状态完好。

②机舱内严禁带入火种,排气管等高温区域严禁放置易燃易爆物品。在无安全防护条件下,不得在船上进行任何形式的明火作业。

③施工船舶的工作平台、行走平台及台阶周围的护栏应完整;行走跳板要搭设牢固,并设有防滑条;各类缆绳应保持完好、清洁。

④备用发电机组、应急空气压缩机、应急水泵、应急出口、应急电瓶等应处于完好状态,每周至少检查一次,并将检查结果记入船舶轮机日志;一旦发现问题应及时报

告、处理。

⑤冬季施工应注意设备保温,需要时柴油机应加注防冻液,或打开蒸气管进出阀对循环油柜的润滑油进行加温;各工作平台、行走平台及台阶要增加防滑设施,及时清除表面霜、雪、冰凌;在水上进行作业时必须穿戴救生衣、防滑鞋,并配有辅助船舶协同作业。

⑥夏季施工应注意防暑降温,保持机舱通风设施良好;高温天气在甲板上作业时应穿厚底鞋,以防烫伤;应检查船上避雷装置使其保持有效状态,预防雷电袭击。

⑦台风季节应提前了解、察看、落实避风港或避风锚地,并保持机动船舶及锚具处于完好状态;所有水上管线必须用直径不小于 22 mm 的钢丝绳串联固定。

⑧严禁船员作业时间喝酒,同时禁止船员酒后水上作业。

⑨废弃物品(污油、棉纱、生活垃圾等)不得随意抛弃,应放入指定的容器内,定期处置。

二、排泥管线架设

(1)陆地排泥管线架设管基应稳固、平顺,管件连接应紧固、密闭,保证施工时不漏泥浆。

(2)坡面架设排泥管线应做好管道固定墩,并不得在坡面自由滚动运输管线。

(3)排泥管线跨(穿)越公路、铁路、桥梁等交通要道时,应事先与有关管理部门联系,取得施工许可证以后,才能进行管线架设;管线架设不得损坏原有设施的功能和耐久性。

(4)水上管线宜采用陆上组装、分段下水连接或直接在船舷侧组装下水的连接方式。

(5)水上管线与挖泥船连接时,机动船应根据流速、流向谨慎操作,避免紧急停车造成物体碰撞、人员落水等事故发生。

(6)水陆接头连接应搭设固定排架或抛设固定锚缆或构筑固定地垄,固定排架坡度不宜大于 30°,水上管与陆地管之间用直径不小于 22 mm 的钢丝绳连接锁定,以防风浪袭击或船舶碰撞时脱开。

(7)船体与浮管、浮管与水陆接头及岸管的连接安装应牢固无泄漏,以免管线脱开,浮筒(体)窜位、翻转而造成事故。

三、施工设备调遣

船舶封舱及甲板以上设备固定,应遵守下列规定:

(1)全船各舱室门窗应不变形、水密胶条完好,门窗把手、锁具灵活而不松动,舱内所有可移动物品应集中摆放并加以固定。

(2)甲板与舱室相通的孔眼、管道口应全部封堵,需要时用玻璃胶加固;外露的玻璃应用木板封固,舱室的通气孔、排气孔用防水布包裹并扎紧。

(3)所有通向舷外的管系如海底阀、排水阀、各舱室贯通阀、吸泥管截止阀等应全部关闭。

(4)绞刀(链斗)桥架应用专用保险缆固定,桥架前端用工字钢横担与船体焊接固定,抓(铲)斗船的抓(铲)斗应落架固定。

(5)甲板上所有可活动的机械、工器具、材料应按要求进行锁定和固定。

（6）船上带有自动抛锚扒杆时，应将两抛锚扒杆收回用抱箍和钢丝绳固定在专用立柱上，并在两抛锚扒杆间用钢丝绳横向拉紧。

（7）需要放倒定位桩时，放桩后应将两定位桩用抱箍固定在桩架上；如不需放倒定位桩，应将定位桩提升至规定高度后，穿好定位销，固定定位桩和提升油缸。如定位桩与其抱箍间隙较大，应用斜木塞牢。

（8）甲板吊钩应微力收紧，并用钢丝绳与甲板连接固定。

（9）两横移锚应收至桥架横移滑轮下方备用，其中一只应做好途中抛锚准备。

船舶管线编队，应满足下列要求：

（1）拖航时的阻力最小。

（2）船队编组长度和宽度，应小于航道允许的最大长度与宽度；高度不得超过跨河建筑物的净空高度。

（3）吊拖航行应将最大、最坚固的船舶放在前面，并使船舶之间具有一定距离；绑拖航行时，船舶之间应绑系牢固。

（4）单列浮筒（体）管线，应用直径不小于 22 mm 的钢丝绳穿连系牢加固；两列或三列（最多三列）管线同时被拖时，应在单列纵向系牢加固的基础上，进行横向收拢连接，以增强被拖管线的整体性。

（5）被拖带的浮筒（体）管线应完好、无破损，迎水侧管口应用盲板封堵，以减少阻力。

（6）被拖浮筒（体）管线的首尾两端应各设一盏环照白炽灯，在末端设一组菱形号型，号灯、号型的高度应高出管线 1.5 m。

施工船舶拖航调遣时，应符合下列规定：

（1）船舶完成封舱后，应经过船舶检验部门的航行安全检验和取得港航监督部门的适航签证。

（2）启航前，要全面查验船舶悬挂的在航号型、号灯、通信设施和备用电源；熟悉沿途航道、码头、船闸、桥梁、过江电缆等调查资料，确认准备工作完成和航行线路选择无误时方准予启航。

（3）启航后，应随时掌握沿途水文、气象、风力、风向、流速、潮汐等变化情况，及时调整航速、航向或采取停靠避险措施，航行期间应遵守《中华人民共和国内河避碰规则》或《中华人民共和国海上交通安全法》等法规的有关规定。

（4）自航船舶应在规定的适航区域和气象条件下进行航行；条件不具备时，应采用拖轮拖航或半潜驳、货轮运送方式实施水上调遣。

（5）拖航期间，内河被拖船只上除必须的值班人员外不得有其他船员；海上被拖船只上不得留有任何船员。

（6）航行期间，船队应定时与陆地指挥部保持密切联系，通报途中情况，以便随时取得指令与援助。

施工船舶使用半潜驳运输时，应遵守下列规定：

（1）待装驳船舶应按照近海航行要求，分别进行放桩、封舱、加固等作业准备。

（2）随船管线应按照潜驳货物平面布置图进行拆分、编组、绑扎排放。

（3）装驳时，应按照装驳计划确定的进驳顺序，依次将设备拖带进驳，并将每次进驳的设备进行临时性固定。

（4）各设备进驳后，由半潜驳专业人员对所有船舶、管线进行支撑、绑扎、焊接等稳固工作。

（5）半潜驳卸驳时，应按照船舶、管线进驳顺序的反向进行。船舶出驳后，应组织拖轮将水上设备直接拖带到目的地或停靠码头泊系待命。

设备陆上转移时，应满足下列要求：

（1）挖泥船的部件和重量应符合公路或铁路运输的规定，并考虑运输和起重设备的能力。

（2）陆上转移应考虑挖泥船到达现场后的组装和下水方法，并选择适当的场地。

（3）挖泥船的拆卸和组装工作应按相应拆装规范进行，工作前应进行安全技术交底；吊装和吊卸工作应由专业人员进行。

四、疏浚施工

挖泥船进场就位，应符合下列要求：

（1）挖泥船进场前，应了解沿途航道及水面、水下碍航物的分布情况，必要时安排熟悉水域情况的机动船引航。

（2）自航式挖泥船或由拖轮拖带挖泥船进场时，应缓慢行驶进入施工区域，拖轮的连接缆绳应牢固可靠；行进中做好船舶避让和采取防碰撞措施；就位时，应在船舶完全停稳后再抛定位锚或下定位桩。

（3）挖泥船在流速较大的水域就位时，宜采用逆水缓慢上行方式就位；下桩前应测量水深，若水深接近定位桩最大允许深度，应采取分段缓降方式进行落桩定位。

挖泥船开工前，应做下列安全检查：

（1）检查全船各部件的紧固情况，对机械运转部位进行全面润滑，保持各机械和部件运转灵活；锚缆、横移缆、提升缆、拖带缆应完好、无破损。

（2）检查各操纵杆是否都处在空挡位置，按钮是否处于停止工作位置，仪表显示是否处于起始位置。

（3）检查各柴油机及连接件紧固、转动情况，开车前盘车1~2圈无特别重感，才允许启动操作。

（4）检查冷却系统、柴油机机油和日用油箱油位、齿轮箱与液压油箱油位、蓄电池电位、报警系统等是否处于正确和正常状态。

（5）检查水、陆排泥管线及接头部位的连接是否可靠、牢固，排泥场运行情况是否正常。

（6）从开挖区到卸泥区之间自航或拖航船舶应上、下水各试航一次，同时应测量水深，了解水情和过往船只情况及避让方式。

（7）检查抓（铲）斗船左右舷压载水舱是否按规定注入足够的压载水，以防止吊机（斗臂）旋转时造成船体过度倾斜。

（8）修船或停工时间较长，恢复生产时应安排整船及各机（含甲板机械）的空车试运行，试运行时间不得少于2 h，以保证整船各机械、各部件施工时运转正常。

绞吸式挖泥船常规作业,应遵守下列规定:

(1)开机时,当主机达到合泵转速要求时,方可进行合泵操作,合泵后应缓慢提高主机转速,直至达到泥泵正常工作压力;主机转速超过 800 r/min 时,不得实施合(脱)泵操作。

(2)施工中如遇泥泵、绞刀等工作压力仪表显示不正常,应立即降低主机转速至脱泵,检查分析原因并处置后,再重新进行合泵操作。

(3)横移锚缆位于通航航道内时,应加强对过往船只的观察,需要时应放松缆绳让航,防止缆绳对过往船只造成兜底或挂住推进器。

(4)挖泥船在窄河道采用岸边地垄固定左右横移缆作业时,应设置醒目的警示标志,并有专人巡视。

(5)沿海地区需候潮作业时,施工间隙宜下单桩并收紧锚缆等候,禁止下双桩或绞刀头着地。

耙吸式挖泥船常规作业,应遵守下列规定:

(1)开机前,检查并清除耙吸管、绞车、吊架、波浪补偿器等活动部位的障碍物;开机后,听从操纵台驾驶员的指挥,准确无误地将耙头下到泥面,直至正常生产。

(2)施工中注意流速、流向,当挖槽与流向有交角时应尽量使用上游一舷的泥耙,下耙前应慢车下放,调正船位。

(3)发现船体失控有压耙危险时,应立即提升耙头钢缆,使之垂直水面或定耙平水,并注意与船舷的距离;待船体平稳后再下耙进行挖泥施工。

(4)卸泥时,在开启泥门前应测试水深,水深值应保证挖泥船卸泥后泥门能正常关闭,否则应另选深槽卸泥。

抓斗(铲斗)式挖泥船常规作业,应遵守下列规定:

(1)必须在泥驳停稳、缆绳泊系完成后才能进行抓(铲)斗作业。

(2)抓(铲)斗作业回转区下禁止行人走动;船机收紧或放松各种缆绳要由专人指挥,任何人不准站立于钢缆或锚链之上或紧靠滚筒、缆桩;操作人员要集中注意力,松缆时不宜突然刹车,严防钢缆、链条崩断伤人。

(3)施工中因等驳、移锚等暂停作业时,抓(铲)斗不应长时间悬在半空,应将抓(铲)斗落地并锁住开合、升降、旋转等机构,需要时通知主机人员停车。

(4)空驳装载时,抓(铲)斗不宜过高,开斗不宜过大,防止因泥团石块下坠力过大损坏泥门、泥门链条,或泥浆石块飞溅伤人。

(5)作业人员系缆、解缆时,严禁脚踏两船作业,以防止失足落水。

(6)船、驳甲板上的泥浆应随时冲洗,以防人员滑倒。

链斗式挖泥船常规作业,应遵守下列规定:

(1)每天交接班时,应对斗链、斗销、桥机、锚机、钢缆及各种仪表进行全面检查,确认安全后方可开机启动。

(2)链斗运转中,应时刻注意斗桥运行状况,合理控制横移速度,以防止斗链出轨;听到异常声响时应立即放慢转速后停车、提起斗桥,待查明原因并处置后,再重新启动。

(3)松放卸泥槽要待泥驳停靠泊系完成后进行,收拢卸泥槽则应在泥驳解缆之前完成,以防卸泥槽触碰驳船或伤人。

(4)横移锚缆位于通航航道内时,应对过往船只加强观察,需要时应放松缆绳让航。

(5)前移或左右横移锚缆时,若发现绞锚机受力过大,应查看仪表所示负荷量。若拉力超过最大允许负荷量,应停止继续绞锚,待查明原因并处置后,再继续运转;严禁超负荷运转。

(6)挖泥过程中如锚机发生故障,应立即停止挖泥,防止锚机倒运转引发事故。

机动作业船作业,应遵守下列规定:

(1)作业人员应穿救生衣、工作鞋。

(2)起吊或拖带用的钢丝绳必须完好,不得使用按规定应报废的钢丝绳。

(3)作业过程中应防止钢丝绳断丝头扎手、身体各部位被卷入起锚绞盘等事故发生。

(4)工作人员应与承重钢丝绳保持一定距离,防止钢丝绳崩断伤人。

高岸土方疏浚时,应遵守下列规定:

(1)水面以上土层高度超过3 m时,不得直接用挖泥船进行开挖;应在上层土体剥离或松动爆破坍塌成一定坡度后,方可用挖泥船垂直岸坡进行开挖;开挖时宜实现边挖边塌,防止大块土方突然坍塌对挖泥船造成冲击或损坏。

(2)分层开挖时,在保证挖泥船施工水深的情况下,尽量减少上层的开挖厚度;同时尽可能增加分条的开挖宽度,以减少高岸土体坍塌对挖泥船造成的冲击。

(3)施工中当发现大块土体将要坍塌时,应立即松缆退船,待土体塌落后再进船施工。

硬质土方疏浚时,应遵守下列规定:

(1)采用绞吸式挖泥船开挖硬质土时,应随时观察绞刀或斗轮的切削压力和横移绞车的拉力。当实际压力、拉力超过设备最大允许值时,应及时调整(减小)开挖厚度和放慢横移速度。

(2)采用耙吸式挖泥船开挖硬质土时,应根据耙头(高压水枪)实际切削能力控制船舶航行速度。

(3)采取抓斗或铲斗式挖泥船开挖硬质土时,应根据设备挖掘力大小,控制抓斗或铲斗的挖掘速度和提升速度。

(4)采取链斗式挖泥船开挖硬质土时,应根据设备挖掘力大小,控制斗链的转动速度和船舶前(横)移速度。

采用潜管输泥施工时,应遵守下列规定:

(1)潜管安装完成后应进行压水试验,确保管线无泄漏现象。

(2)潜管在航道内敷设或拆除前应提前联系航政部门,及时发布禁航或通航公告;敷设或拆除时应由适航的拖轮与锚艇进行作业,并向航政部门申请在航道上、下游进行水上交通管制。

(3)潜管端点站及管线固定锚应悬吊红、白色醒目锚飘,并加强对锚位的瞭望观察,发现锚位移动较大时,应及时采取有效措施恢复锚位。

(4)施工中应加强对潜管段水域过往船只的瞭望,发现险情时,应及时发出警报信号,同时提升绞刀开始吹清水准备停机,以防不测。

（5）潜管在易淤区域作业时,应定期实施起浮作业,以避免潜管被淤埋无法起浮。

长距离接力输泥施工时,应遵守下列规定:

（1）长距离接力输泥管线安装必须牢固、密封,穿行线路不影响水陆交通。

（2）接力输泥施工应建立可靠的通信联络系统,前后泵之间应设专人随时监控泵前、泵后的真空度和压力值,防止设备超负荷运行造成事故。

（3）接力泵进、出口排泥管位置高于接力泵时,应在泵前、泵后适当位置安装止回阀,防止突然停机泥浆回流对泵造成冲击,引发事故。

五、吹填施工

吹填造地施工,应遵守下列规定:

（1）初始吹填,排泥管口离围堰内坡脚不应小于 10 m,并尽可能远离退水口。

（2）吹填区内排泥管线延伸高程应高于设计吹填高程,延伸的排泥管线离原始地面大于 2 m 时,应筑土堤管基或搭设管架,管架应稳定、牢固。

（3）吹填区围堰应设专人昼夜巡视、维护,发现渗漏、溃塌等现象及时报告和处理;在人畜经常通行的区域,围堰的临水侧应设置安全防护栏。

（4）退水口外水域应设置拦污屏,减少和防止退水对下游关联水体的污染。

围堰内吹填筑堤（淤背）,应遵守下列规定:

（1）新堤吹填应确保围堰安全,一次吹填厚度根据不同土质控制在 0.5 ~ 1.5 m 范围内,并采用间隙吹填方式,间隙时间根据土质排水性能和固结情况确定。

（2）吹填时管线应顺堤布置,需要时可敷设吹填支管;对有防渗要求的围堰,应在堰体内侧铺设防渗土工膜,并在围堰外围开挖截渗沟,以防渗水外溢。

（3）排泥管口或喷口位置离围堰应有一定安全距离,以免危及围堰安全。

建筑物周围采用吹填方式回填土方,应制定相应的施工安全技术措施。施工中发现有危及建筑物和人员安全迹象时,应立即停止吹填,并采取措施妥善处理。

第八节　渠道、水闸与泵站工程

一、渠道

（1）渠道边坡开挖施工除遵守有关规定外,还应遵守下列规定:

①应按先坡面后坡脚、自上而下的原则进行施工,不得倒坡开挖。

②应做好截、排水措施,防止地表水和地下水对边坡的影响。

③对永久工程应经设计计算确定削坡坡比,制订边坡防护方案。

④对削坡范围内和周围有影响区域内的建筑物及障碍物等,应妥善处置或采取必要的防护措施。

（2）多级边坡之间应设置马道,以利于边坡稳定、施工安全。

（3）渠道施工中如遇到不稳定边坡,视地形和地质条件采取适当支护措施,以保证施工安全。

（4）边坡喷混凝土施工应遵守下列规定：

①当坡面需要挂钢筋网喷混凝土支护时，在挂网之前，应清除边坡松动岩块、浮渣、岩粉以及其他疏松状堆积物，用水或风将受喷面冲洗（吹）干净。

②脚手架及操作平台的搭设应遵守 DL/T 5370—2007 的有关规定。

③喷射操作手应佩戴好防护用具，作业前检查供风、供水、输料管及阀门的完好性，对存在的缺陷应及时修理或更换；作业中，喷射操作手应精力集中，喷嘴严禁朝向作业人员。

④喷射作业操作顺序：对喷射机先送风、送水，待风压、水压稳定后再送混合料。结束时与上述程序相反，即先停供料，再停风和水，最后关闭电源。

⑤喷射口要求垂直于受喷面，喷射头距喷射面距离 50~60 cm 为宜。

⑥喷混凝土应采用水泥裹砂"潮喷法"，以减少粉尘污染与喷射回弹量，不宜使用干喷法。

（5）深度较浅的渠道最好一次开挖成型，如采用反铲开挖，应在底部预留不小于30 cm 的保护层，采用人工清理。

（6）深度较深的渠道一次开挖不能到位时，应自上而下分层开挖。如施工期较长，遇膨胀土或易风化的岩层，或土质较差的渠道边坡，应采取护面或支挡措施。

（7）在地下水较为丰富的地质条件下进行渠道开挖，应在渠道外围设置临时排水沟和集水井，并采取有效的降水措施，如深井降水或轻型井点降水，将基坑水位降低至底板以下再进行开挖。在软土基坑进行开挖宜采用钢走道箱铺路，利于开挖及运输设备行走。

（8）冻土开挖时，如采用重锤击碎冻土的施工方案，应防止重锤在坑边滑脱，击锤点距坑边应保持 1 m 以上的距离。

（9）用爆破法开挖冻土时，爆破器材的选用及操作应严格遵守 GB 6722—2003 和DL/T 5135—2001 的有关规定。

（10）不同的边坡监测仪器，除满足埋设规定外，应将裸露地表的电缆加以防护，终端设观测房集中于保护箱，加以标示并上锁保护。

（11）软土堤基的渠堤填筑前，应按设计对基础进行加固处理，并对加固后的堤基土体力学指标进行检测，满足设计要求后方可填筑。

（12）为保证渠堤填筑断面的压实度，采用超宽 30~50 cm 的方法。大型碾压设备在碾压作业时，通过试验在满足渠堤压实度的前提下，确定碾压设备距离填筑断面边缘的宽度，保证碾压设备的安全。

（13）渠道衬砌应按设计进行，混凝土预制块、干砌石和浆砌石自下而上分层进行施工，渠顶堆载预制块或石块高度宜控制在 1.5 m 以内，且距坡面边缘 1.0 m 以上，防止石料滚落伤人，对软土堤顶应减少堆载。混凝土衬砌宜采用滑模或多功能渠道衬砌机进行施工。

二、水闸

土方开挖除遵守有关规定外，还应遵守下列规定：

（1）建筑物的基坑土方开挖应本着先降水、后开挖的施工原则，并结合基坑的中部开挖明沟加以明排。

（2）降水措施视工程地质条件而定，在条件许可时，先前进行降水试验，以验证降水方案的合理性。

（3）降水期间必须对基坑边坡及周围建筑物进行安全监测，发现异常情况及时采取处理措施，保证基坑边坡和周围建筑物的安全。

（4）若原有建筑物距基坑较近，视工程的重要性和影响程度，可以采用拆迁或适当的支护处理。基坑边坡视地质条件，可以采用适当的防护措施。

（5）在雨季，尤其是汛期必须做好基坑的排水工作，安装足够的排水设备，在雨季不得淹没基坑，以利于基坑的安全。

（6）基坑土方开挖完成或基础处理完成，及时组织基础隐蔽工程验收，及时浇注垫层混凝土对基础进行封闭。

（7）基坑降水时，基坑底、排水沟底、集水坑底应保持一定深差；集水坑和排水沟应设置在建筑物底部轮廓线以外一定距离；基坑开挖深度较大时，应分级设置马道和排水设施；流砂、管涌部位应采取反滤导渗措施。

（8）基坑开挖时，在负温下，挖除保护层后应采取可靠的防冻措施。

土方填筑除遵守有关规定外，还应遵守下列规定：

（1）填筑前，必须排除基坑底部的积水、清除杂物等，宜采用降水措施将基底水位降至基底面 0.5 m 以下。

（2）填筑土料，应符合设计要求。

（3）岸、翼墙后的填土应分层回填、均衡上升。靠近岸墙、翼墙、岸坡的回填土宜用人工或小型机具夯压密实，铺土厚度宜适当减薄。

（4）高岸、翼墙后的回填土应分通水前后分期进行回填，以减小通水前后墙体的填土压力。

（5）高岸、翼墙后应设计布置排水系统，以减少填土中的水压力。

地基处理，应遵守下列规定：

（1）原状土地基开挖到基底前预留 30~50 cm 保护层，在建筑施工前，宜采用人工挖出，并使得基底平整，对局部超挖或低洼区域宜采用碎石回填。基底开挖之前宜做好降排水，保证开挖在干燥状态下施工。

（2）对加固地基，基坑降水应降至基底面以下 50 cm，保证基底干燥平整，以利地基处理设备施工安全。施工作业和移机过程中，应将设备支架的倾斜度控制在其规定值之内，严防设备倾覆。

（3）桩基施工设备操作人员，应进行操作培训，取得合格证书后方可上岗。

（4）在正式施工前，应先进行基础加固的工艺试验，工艺及参数批准后再施工。成桩后应按照相关规范的规定抽样，进行单桩承载力和复合地基承载力试验，以验证加固地基的可靠性。

（5）钻孔灌注桩基础施工、振冲地基加固、高压灌浆工程、深层水泥搅拌桩施工应遵守相关规程的有关规定。

预制构件采用蒸气养护时，应遵守下列规定：

（1）每天应对锅炉系统进行检查，在每次蒸气养护构件之前，应对通气管路、阀门进行检查，一旦损坏及时更换。

(2)定期对蒸养池的顶盖的提升桥机或吊车进行检查和维护。

(3)在蒸养过程中,锅炉或管路发生异常情况,应及时停止蒸气的供应。同时无关人员不得站在蒸养池附近。

(4)浇注后,构件应停放 2~6 h,停放温度一般为 10~20 ℃。

(5)升温速率:当构件表面系数大于或等于 6 时,不宜超过 15 ℃/h;表面系数小于 6 时,不宜超过 10 ℃/h。

(6)恒温时的混凝土温度,一般不超过 80 ℃,相对湿度应为 90%~100%。

(7)降温速率:当表面系数大于或等于 6 时,不应超过 10 ℃/h;表面系数小于 6 时,不应超过 5 ℃/h;出池后构件表面与外界温差不得大于 20 ℃。

构件起吊前应做好下列准备工作:

(1)大件起吊运输应有单项安全技术措施。起吊设备操作人员必须具有特种作业人员资格证书。

(2)起吊前应认真检查所用一切工具设备,均应良好。

(3)起吊设备起吊能力应有一定的安全储备。必须对起吊构件的吊点和内力进行详细的内力复核验算。非定型的吊具和索具均应验算,符合有关规定后方可使用。

(4)各种物件正式起吊前,应先试吊,确认可靠后方可正式起吊。

(5)起吊前,应先清理起吊地点及运行通道上的障碍物,通知无关人员避让,并应选择恰当的位置及随物护送的路线。

(6)应指定专人负责指挥操作人员进行协同的吊装作业。各种设备的操作信号必须事先统一规定。

构件起吊与安放除应遵守 DL/T 5370—2007 的有关规定外,还应遵守下列规定:

(1)构件应按标明的吊点位置或吊环起吊;预埋吊环必须为 Ⅰ 级钢筋(即 A3 钢),吊环的直径应通过计算确定。

(2)不规则大件吊运时,应计算出其重心位置,在部件端部系绳索拉紧,以确保上升或平移时的平稳。

(3)吊运时必须保持物件重心平稳。如发现捆绑松动或吊装工具发生异样、怪声,应立即停车进行检查。

(4)翻转大件应先放好旧轮胎或木方等垫物,工作人员应站在重物倾斜方向的对面,翻转时应采取措施防止冲击。

(5)安装梁板,必须保证其在墙上的搁置长度,两端必须垫实。

(6)用兜索吊装梁板时,兜索应对称设置。吊索与梁板的夹角应大于 60°,起吊后应保持水平,稳起稳落。

(7)用杠杆车或其他土法安装梁板时,应按规定设置吊点和支垫点,以防梁板断裂,发生事故。

(8)预制梁板就位固定后,应及时将吊环割除或打弯,以防绊脚伤人。

(9)吊装工作区应禁止非工作人员入内。大件吊运过程中,重物上不应站人,重物下面严禁有人停留或穿行。若起重指挥人员必须在重物上指挥,应在重物停稳后站上去,并应选择安全部位和采取必要的安全措施。

(10)气候恶劣及风力过大时,应停止吊装工作。

在闸室进出水混凝土防渗铺盖上行驶重型机械或堆放重物时,必须经过承重荷载验算。

永久缝施工应遵守下列规定:

(1)一切预埋件应安装牢固,严禁脱落伤人。

(2)采用紫铜止水片时,接缝必须焊接牢固,焊接后应采用柴油渗透法检验是否渗漏。采用塑料和橡胶止水片时,应避免油污和长期暴晒并有保护措施。

(3)结构缝使用柔性材料嵌缝处理时,宜搭设稳定牢固的脚手架,系好安全带逐层作业。

水闸混凝土结构施工应遵守有关规定。

三、泵站

水泵基础施工,应遵守下列规定:

(1)水泵基础施工有度汛要求时,应按设计及施工需要,汛前完成度汛工程。

(2)水泵基础应优先选用天然地基。承载力不足时,宜采取加固措施进行基础处理。

(3)水泵基础允许沉降量和沉降差,应根据工程具体情况分析确定,满足基础结构安全和不影响机组的正常运行。

(4)水泵基础地基如为膨胀土地基,在满足水泵布置和稳定安全要求的前提下,应减小水泵基础底面积,增大基础埋置深度,也可将膨胀土挖除,换填无膨胀性土料垫层,或采用桩基础。

(5)膨胀土地基上泵站基础的施工,应安排在干旱季节进行,力求避开雨季,否则应采取可靠的防雨水措施。基坑开挖前应布置好施工场地的排水设施,天然地表水不得流入基坑。应防止雨水浸入坡面和坡面土中水分蒸发,避免干湿交替,保护边坡稳定。可在坡面喷水泥砂浆保护层或用土工膜覆盖。基坑开挖至接近基底设计标高时,应留 0.3 m 左右的保护层,待下道工序开始前再挖除保护层。基坑挖至设计标高后,应及时浇注素混凝土垫层保护地基,待混凝土达到 50% 以上强度后,及时进行基础施工。泵站四周回填应及时分层进行。填料应选用非膨胀土、弱膨胀土或掺有石灰的膨胀土;选用弱膨胀土时,其含水量宜为 1.1 ~ 1.2 倍塑限含水量。固定式泵站的水泵地基应坚实,基础应按图施工,水泵机组必须牢固地安装在基础上。

固定式泵站的安全技术要求如下:

(1)泵房水下混凝土宜整体浇注。对于安装大、中型立式机组或斜轴泵的泵房工程,可按泵房结构并兼顾进、出水流道的整体性设计分层,由下至上分层施工。

(2)泵房浇注,在平面上一般不再分块。如泵房底板尺寸较大,可以采用分期分段浇注。

金属输水管道制作与安装,应遵守下列规定:

(1)钢管焊缝应合格且通过超声波或射线检验,不得有任何渗漏现象。

(2)钢管各支墩应有足够的稳定性,保证钢管在安装阶段不发生倾斜和沉陷变形。

(3)钢管壁在对接接头的任何位置表面的最大错位:纵缝不应大于 2 mm,环缝不应大于 3 mm。

(4)直管外表直线平直度可用任意平行于轴线的钢管外表一条线与钢管直轴线间的偏差确定:长度为 4 m 的管段,其偏差不应大于 3.5 mm。

(5)钢管的安装偏差值:对于鞍式支座的顶面弧度,间隙不应大于 2 mm;滚轮式和摇摆式支座垫板高程与纵横向中心的偏差不应超过 ±5 mm。

缆车式泵站的安全技术要求如下:

(1)缆车式泵房的岸坡地基必须稳定、坚实。岸坡开挖后应验收合格,方可进行上部结构物的施工。

(2)缆车式泵房的压力输水管道的施工,可根据输水管道的类别,按相关规定执行。

(3)缆车式泵房的施工,应根据设计施工图标定各台车的轨道、输水管道的轴线位置;应按设计进行各项坡道工程的施工。对坡道附近上、下游天然河岸应进行平整,满足坡道面高出上、下游岸坡 300~400 mm 的要求。斜坡道的开挖应自上而下分层开挖,在开挖过程中,密切注意坡道岩体结构的稳定性,加强爆破开挖岩体的监测。坡道斜面应优先采用光面爆破或预裂爆破,同时对分段爆破药量进行适当控制,以保证坡道的稳定。开挖坡面的松动石块,在下层开始施工前,应撬挖清理干净。斜坡道的施工中应搭设完善的供人员上下的梯子,工具及材料运输可采用小型矿斗车运料。在斜坡道上打设插筋、浇注混凝土、安装轨道和泵车等,均应有完善的安全保障措施。坡轨工程如果要求延伸到最低水位以下,则应修筑围堰、抽水、清淤,保证能在干燥情况下施工。

浮船式泵站的安全技术要求如下:

(1)浮船船体的建造应按内河航运船舶建造的有关规定执行。

(2)输水管道沿岸坡敷设时,接头要密封、牢固;如设置支墩固定,支墩应坐落在坚硬的地基上。

(3)浮船的锚固设施应牢固,承受荷载时不应产生变形和位移。

(4)浮船式泵站位置的选择,应遵守下列规定:水位平稳,河面宽阔,且枯水期水深不小于 1.0 m;避开顶冲、急流、大回流和大风浪区以及与支流交汇处,且与主航道保持一定距离;河岸稳定,岸坡坡度在 1:1.5~1:4 之间;漂浮物少,且不易受漂木、浮筏或船只的撞击。

(5)浮船布置应包括机组设备间、船首和船尾等部分。当机组容量较大、台数较多时,宜采用下承式机组设备间。浮船首尾甲板长度应根据安全操作管理的需要确定,且不应小于 2.0 m。首尾舱应封闭,封闭容积应根据船体安全要求确定。

(6)浮船的设备布置应紧凑合理,在不增加外荷载的情况下,应满足船体平衡与稳定的要求。不能满足要求时,应采取平衡措施。

(7)浮船的型线和主尺度(吃水深、型宽、船长、型深)应按最大排水量及设备布置的要求选定,其设计应符合内河航运船舶设计规定。在任何情况下,浮船的稳性衡准系数不应小于 1.0。

(8)浮船的锚固方式及锚固设备应根据停泊处的地形、水流状况、航运要求及气象条件等因素确定。当流速较大时,浮船上游方向固定索不应少于 3 根。

(9)浮船作业时应遵守交通部颁发的《中华人民共和国内河避碰规则》。

(10)船员必须经过专业培训,持证上岗。船员应有较好的水性,掌握水上自救技能。

第三篇　进度和投资

第十六章　进度控制

第一节　总　则

进度控制是实现工程工期目标的基本保证,是工程项目建设监理"四大控制"目标之一。工程进度失控,必然导致人力物力的浪费,甚至可能影响工程的质量和安全。拖延工期后再赶进度,施工的直接费用将会增加,工程质量也易出问题。在关键时刻赶不上工期,错过有利的施工机会,将会造成重大损失。如果工期大幅度拖延,工程不能按期投入运用,这种损失是巨大的,直接影响工程的投资效益。延误工期固然会导致经济损失,而盲目地、不协调地加快工程进度,同样也是片面的,也会增加大量的非生产性支出。

根据合同要求,按照工期完成工程是承包人的义务,通过监理机构有效的事前、事中、事后控制,可以督促承包人按期完工,降低工期延误的风险。

进度控制需要以周密、合理的进度计划为指导,统筹安排不同的部位,避免相互干扰;统筹安排资金投入、设备供应、材料供应以及移民征地等,满足施工进度计划的要求,使施工进度适应现场气候、水文、气象等自然条件。这样才能取得良好的经济效益。

施工阶段是工程实体的形成阶段,对其进度实施控制是工程进度控制的重点。监理工程师受项目法人的委托在施工阶段实施监理时,其进度控制的任务是在满足工程总进度计划要求的基础上,编制或者审核施工进度计划,将计划付诸实施,在实施过程中要经常检查实际进度是否符合计划进度要求。如有偏差,则分析产生偏差的原因,采取补救措施或者调整、修改原计划,以保证工程项目按期竣工交付使用。

第二节　进度控制的目标

工程建设项目监理控制是为了最终实现建设项目按照计划规定的时间完成,因此工程进度的最终目标是确保项目按照一定的时间动用或提前交付使用,进度控制的总目标是建设工期。为了有效地控制施工进度,首先要将施工进度总目标从不同的角度进行具体的分析,形成进度控制的目标体系,从而作为施工进度控制的依据。按施工合同规定的施工工期完成工程建设,是工程建设项目施工阶段进度控制的最终目标。

第三节　进度控制的目标体系和计划体系

一、进度控制的目标体系

为了控制施工工期总目标,必须采用目标分解的原理,将施工阶段总工期目标分解为不同形式的各类分目标,从而构成工程建设施工阶段进度控制的目标体系。目标体系一般按照以下四种方式分解,其方式与特点如下。

(一)按施工阶段分解,突出控制点

根据水利工程项目的特点,可把整个工期分成若干个施工阶段,如堤坝枢纽工程可分为导流、截流、基础处理、施工度汛、坝体拦洪、水库蓄水和机组发电等施工阶段。以网络计划图中表示这些施工阶段的起止的事件作为控制节点,明确提出若干个阶段的进度目标。这些目标要根据总体网络计划来确定,要有明确的标志。监理工程师应根据所确定的控制节点,实施进度控制。

(二)按承包人分解,明确分包进度目标

一个施工项目一般有多个承包人参加。监理工程师要以总进度目标为依据,确定各承包人的进度目标,并通过承包合同落实承包责任。通过确定各承包人的进度目标,来确定项目总目标的实现。监理工程师应协调各承包人之间的关系,编制或落实各承包人的进度计划。为了避免或减少各承包人进度间相互影响和工作干扰,确定各承包项目开始、完成时限和中间进度时应考虑以下因素:

(1)不同分标间工作的逻辑关系的相互制约。

(2)不同分标间工作的相互干扰。

(三)按专业工种分解,强调综合平衡

在同专业和同工种的任务之间,要进行综合平衡;不同专业或工种的任务之间,要强调相互衔接配合,保证不因本工序的延误影响下一道工序。工序的管理是项目管理的基础,监理工程师通过掌握各工序完成的质量和时间,才能控制住各分部工程的进度计划。

(四)按工程工期及进度目标分解,有利于控制

按工程工期及进度目标,将施工总进度分解成年、季、月进度计划,这样将更有利于监理工程师对进度的控制。

根据各阶段确定的目标或工程量,监理工程师可以按月、季和年向承包人提出工程形象进度要求并监督实施;检查其完成情况,督促承包人采取有效措施赶上进度。

二、进度控制的计划体系

在项目管理的四大职能(计划、组织、协调和控制)中,项目计划是首先发生的职能,它是其他三项管理职能有效地发挥作用的依据。在项目建设每一个周期的每一个环节和阶段,都应该给以相应的计划做指导,从而形成系统的项目计划体系。

(一)项目进度控制计划体系分类

1.按计划编制的角度和作用分类

根据计划编制的角度不同,项目进度计划可分为两类:一类是项目发包人组织编制的总体进度计划,又称甲方进度计划。另一类是承包人组织编制的实施性进度计划,又称乙方进度计划。

1)甲方进度计划

甲方进度计划是发包人对项目建设在时间和空间上进行的全局安排、统一协调计划。甲方进度计划虽然不是直接用于具体实施的计划,但是它从总体上描绘出项目建设过程的蓝图。项目实施时,它在进度控制中处在核心位置。甲方进度计划主要包括工程项目建设总进度计划、工程项目年进度计划。

2)乙方进度计划

乙方进度计划是承包人编制并得到监理工程师同意的进度计划,对双方同时具有合同效力,称为"合同性进度计划"。它是合同管理的重要文件。

2.按项目阶段分类

按照项目阶段不同,项目进度计划可分为以下几类:

(1)项目前期工作计划。项目前期工作计划是编制项目建议书、项目可研性报告和进行初步设计的工作计划。

(2)勘测设计计划。勘测设计计划是指地形地质勘测工作、设计工作和相应的需要进行的必要试验计划,因为施工图设计详尽、复杂、工作量大,应按照项目建设计划和工艺逻辑安排好各单项工程的设计进度。

(3)施工招投标工作计划。根据工程项目总进度计划要求编制招投标工作计划,具体安排各分标的招标、投标、开标、评标、授予合同、签订合同等工作的进度。

(4)施工准备工作计划。施工准备工作是为工程正式开工提供的一系列准备工作。为了避免因工作准备不当而影响正常开工或出现工期延误,必须事前编制施工准备工作计划。

(5)施工进度计划。施工进度计划是项目计划体系中的核心计划,这一计划系统地对项目建设过程作出具体的安排。

(6)工程验收计划。工程验收计划包括阶段验收计划、隐蔽工程验收计划、单项工程验收计划、竣工验收计划等,按计划及时组织验收,既能保证工程施工按计划继续进行,又能保证工程及时投产动用。

3.计划的内容分类

根据计划的内容不同,项目进度计划可分为以下几类:工程项目总进度计划,单项工程进度计划,年度、月度施工计划,年度投资计划,材料、物资供应计划,大型设备供应计划与金属结构加工计划,劳动力需求计划,施工机械设备需求计划,物资与设备储备计划,施工现场内外的运输计划。

(二)项目进度控制计划体系组成

建设项目进度计划体系是由多个相互关联的进度计划组成的系统,它是项目进度控制的依据。由于各种进度计划编制所需要的资料是在项目进展过程中逐步形成的,因此项目进度计划的建立和完善也有一个过程,它是逐步完善的。图 16-1 是一个建设工程项目进度计划系统的示例,这个计划有 4 个计划层次。

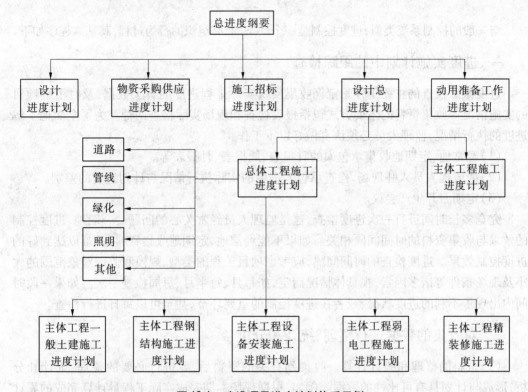

图 16-1 建设项目进度计划体系示例

根据项目控制的不同需要和不同用途,参建各方可以编制不同的建设工程项目进度计划体系,如:由多个相互关联的不同深度的进度计划组成的计划体系,由多个相互关联的不同功能的进度计划组成的计划体系,由多个相互关联的不同项目参与方的进度计划组成的计划体系,由多个相互关联的不同周期的进度计划组成的计划体系。

由不同深度的计划构成的进度计划体系包括总进度计划(计划)、项目子系统进度计划(计划)、项目子系统中的单项工程进度计划等。由不同功能的计划构成的进度计划体系包括控制性进度规划(计划)、指导性进度规划(计划)、实施性(操作性)进度计划等。由有不同参建方的计划构成的进度计划体系包括发包人编制的整个项目实施的进度计划、设计进度计划、施工和设备安装计划、采购和供货计划等。

由不同周期的计划构成的进度计划体系包括 5 年建设进度计划,年度、季度、月度、旬计划等。

在建设工程项目进度计划体系中,各个进度计划或各子系统进度计划编制和调整时必须注意相互的联系协调,如:总进度规划、项目子系统进度规划、项目子系统中的单项工程进度计划之间的协调,控制性进度规划、指导性进度规划、实施性进度计划之间的联系和协调,发包人编制的整个项目实施的进度计划、设计方编制的进度计划、施工单位和设备安装方编制的进度计划和供货方编制的进度计划之间的联系和协调等。

第四节　进度控制的基本程序

与一般的控制系统类似,进度控制是一个动态的、有组织的行为过程,其基本程序如下。

一、进度实施计划中的跟踪检查

进度跟踪检查的主要工作是定期收集反映实际工程进度的有关数据,及时了解项目的实施情况。收集资料的主要方式包括报表检查和现场实际检查两种。为了全面地了解进度的执行情况,监理人员必须认真做好以下工作:

(1)经常地、定期地收集承包人的日报表、周报表、月报表等。

(2)派监理人员入驻现场,检查承包人进度的实际执行情况与计划进度的差别。

(3)定期召开生产会议。

究竟多长时间进行一次进度检查,这是监理人员经常关心的问题。一般地,进度控制的效果与收集资料的时间间隔相关。如果不能经常地、定期地收集资料,就难以达到好的进度控制效果。进度检查的时间间隔,应考虑项目工程的类型、规模和监理对象范围的大小及现场条件等诸多因素,视具体情况而定,如每月、每半月、每周检查一次。如果一段时间内出现了不利的进度状况,或者在进度控制的重要环节,甚至可以每日进行检查。

二、对收集的数据进行整理、统计和分析

(1)资料的整理和统计计算。收集到有关的资料后,要进行必要的整理、统计和分析,形成与计划具有可比性的数据。例如,根据现场本期完成实际工程量计算完成的累计工程量、本期完成工程量的百分比、累计完成工程量的百分比和进度状况等。

(2)实际进度与计划进度的对比。这一工作主要是实际的数据与计划的数据相比较,例如将实际完成量、实际完成工程量百分比,与计划完成工程量、计划完成工程量百分比进行比较。通常可用表格形成各种进度比较报表或直接绘制成比较图形来直接反映实际情况与计划的差距。通过比较了解实际进度比计划进度拖后、超前还是与计划进度一致。

(3)分析产生偏差的原因。通常实际进度与计划进度的对比,可以明显地发现进度偏差情况,但不一定能找出进度偏差的原因,监理人员应深入现场仔细调查,查明进度偏差的原因。

(4)分析进度偏差的影响。当实际进度与计划进度出现偏差时,在做必要的调整以前,需要分析由此产生的影响,如对后继工作有什么影响、对总工期有什么影响等。

(5)提出处理措施并分析效果及影响。在明确了进度偏差对施工进度可能带来的影响后,提出相应的处理措施,并分析采取措施后预期的效果及带来的影响。

三、进度调整采取的措施

将有关的进度状况和必要的分析通知承包人,在明确责任的前提下要求承包人提出赶工措施,经监理工程师同意后使用。

四、进度控制监理工作程序图

进度控制监理工作程序如图 16-2 所示。

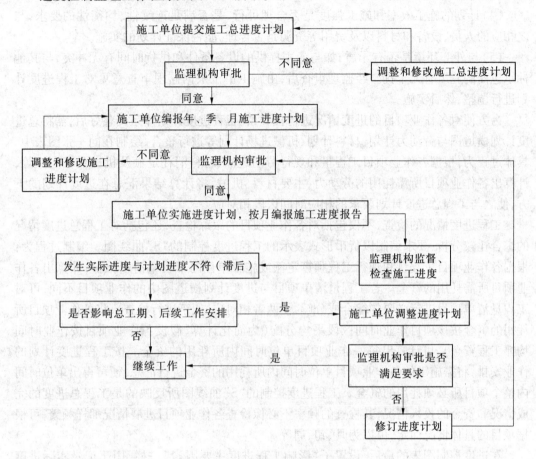

图 16-2　进度控制监理工作程序

第五节　进度计划的编制和使用

进度计划通常是针对各专业、各工种所编制的一种计划,如建筑工程、安装工程等,它是一个单项工程专业施工的指导性文件。这种进度计划一般是由承包工程的施工单位编制的。

一、进度计划编制步骤

编制进度控制方案的第一步工作就是,熟悉设计图纸和施工现场情况,审核施工单位的施工进度计划体系,包括工程总进度计划(网络图和横道图)、劳动力计划、材料计划、机械进场计划及资金使用计划等。进度计划的审查需要重点考虑以下内容:

(1)审查作业项目是否齐全、有无漏项,各作业项目的工程量是否准确。

（2）各作业项目的逻辑关系是否正确，搭接是否合理，是否符合施工程序，并根据网络图找出进度计划的关键线路。

（3）各作业项目的时间安排必须满足总工期要求，并考虑适当留有余地。

（4）计划的施工效率和施工强度是否合理可行，是否满足连续性、均衡性的要求，与之相应的人员、设备和材料以及费用等资源是否合理，能否保证计划的实施。

（5）与外部环境是否有矛盾，如与业主提供的设备条件和供货时间有无冲突，与其他标承包商的施工有无干扰。经监理审查后，由施工单位根据监理审查意见对工程进度计划进行调整，然后实施。

为方便对各作业项目的进度情况进行检查，在工程进度计划体系调整好后，需将总进度计划横道图与劳动力计划、材料计划、机械进场计划等进行整合，绘制在同一张图表中。具体过程为：根据各作业项目工程量和现行劳动定额、材料消耗定额及机械台班定额等，计算出各作业项目所需耗用的劳动力、主要材料、机械，将计算结果汇总在进度计划的下方，使之与工程总进度计划要求的相应时间区段相对应。

工程进度情况的检查，不仅包括对各作业项目的跟踪检查，还包括对工程总进度情况的综合比较分析，要求编制以货币形式表示的工程进度控制的"S"曲线图。编制过程为：根据各作业项目工程量和现行工程预算定额或施工单位的工程量清单报价，计算出各作业项目所需耗用的资金。若工程量清单项目与进度计划横道图中的作业项目不同，可对工程量清单项目进行必要的综合或分解，使两者相对应，便于进行检查。将各作业项目所耗用的资金按该项目作业时间区段平均分配（为简化计算，假设各作业项目按作业时间均摊工程资金），可计算出每一作业项目单位时间内所耗用的资金。按工程进度计划的作业安排，将需施工的各作业项目单位时间内所耗用的资金进行汇总，便可得出单位时间内整个项目所必须耗用的资金。工程进度控制的"S"曲线图所反映的是工程总进度的完成情况和资金的投入情况，其检查的频率不必像检查各作业项目进展情况那样频繁，可根据项目的具体情况而定，可以为月、旬、周等。

在进度控制图表的最后，设置了"影响工程进度主要因素"一栏，用于记录实际进度控制过程中发现的影响工程进度的主要因素，使整个控制图表简明而完整。

经过以上步骤，工程进度控制方案（图表）就产生了。需要注意的是，工程进度控制方案（图表）的编制过程实际上也是对工程进度进行预控的过程，编制过程中一定要结合工程实际情况，做到具体详细且具有操作性。接下来的工作就是利用以上图表对施工进度进行检查分析与控制。

二、进度计划的具体编制和使用

（一）横道图

横道图是一种比较简单、直观的进度控制图，如图 16-3 所示。图中虚线表示进度计划，实线表示实际进度。

施工进度表完成后，就可进而编制适应此进度要求的劳务、材料、设备、图纸和财务收支等各项计划表。

设备计划表和材料计划表是将设备和材料按时运入现场，以使停工或其他浪费减少到最小限度,它是施工中供应与设备管理工作不可缺少的指针。

财务计划表是确定工程资金使用计划的依据,从预算控制观点来看,也属重要图表。

劳务计划表是劳务配置和拟定临时设施计划的重要依据,将实际所需劳动力与计划相比较,有助于成本的管理控制。

在工程的施工进度控制上,应时常了解工程的施工状况,以便尽早发现计划与实际之间的偏差,寻求修正的办法,可利用横道图来进行。利用横道图来进行进度控制时,应将每天、每周、每月的定期工程施工的实际情况,记录在施工进度表内,用于比较计划进度与实际进度,检查实际进度的执行情况是超前还是延后,或是按照预定计划进行。若通过检查发现实际进度落后了,应立即提出分析报告,采取必要的措施,改变落后的现象。

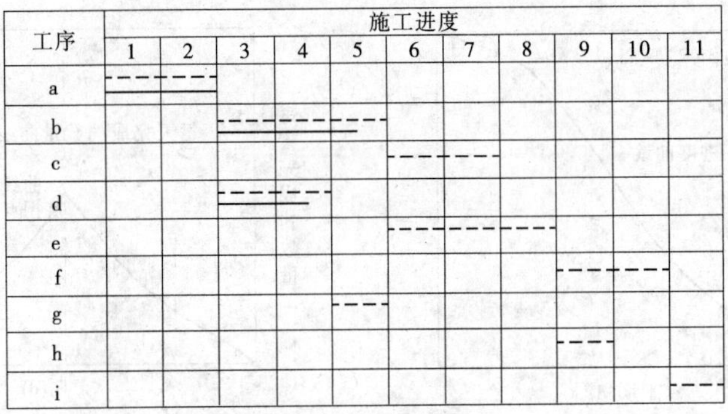

工序	施工进度										
	1	2	3	4	5	6	7	8	9	10	11
a											
b											
c											
d											
e											
f											
g											
h											
i											

图 16-3　横道图

如图 16-3 的工程施工进度表中,在第四周末检查时 a 工序已经全部完成,b 工序超前了半周(按计划应该完成 2/3 的工程量实际完成了 5/6 的工程量),而 d 工序则拖延了半周,应找出进度拖后的原因,并及时采取必要的补救措施或修改调整原计划。

(二)工程进度曲线

一般工程进度控制是根据工程进度表来执行的,但是横道式进度表在计划和实际的对比中,很难准确地表现出实际进度较计划进度的超前和延后的程度,为了准确掌握工程进度的状况,有效地进行进度控制,可利用工程进度曲线图。

施工进度曲线图中用横轴代表工期,纵轴代表工程完成数量或施工量的累计,将有关数据标在坐标纸上,就可以确定工程施工进度曲线。把设计进度曲线与实际进度曲线相比较,则可以掌握工程进度情况并用来控制施工进度。工程施工进度曲线的切线斜率即为施工进度速度。它是由工程数量与施工机械、劳动力等的施工速度决定的。

在固定的施工机械、劳动力条件下,若对施工进行适当的管理控制,无任何偶然的时间损失,能以正常的速度进行,则每天完成的数量保持一致,这时施工进度曲线成直线状,如图 16-4 所示。

在施工初期由于临时设施的布置、工作的安排等,施工后期由于装修、整理等原因,施工速度一般较中期小,每天完成的数量通常自初期至中期成递减趋势。施工进度曲线一般呈 S 形,如图 16-5 所示。其拐点,发生在每天完成数量的高峰期。

现在以 $y = f(x)$ 表示施工进度曲线,则 dy/dx 表示曲线 $y = f(x)$ 上的点 $[x, f(x)]$ 处切线的斜率,它的值表示进度 x 上的施工速度。dy/dx 为最大值时,表示每天完成的数量为

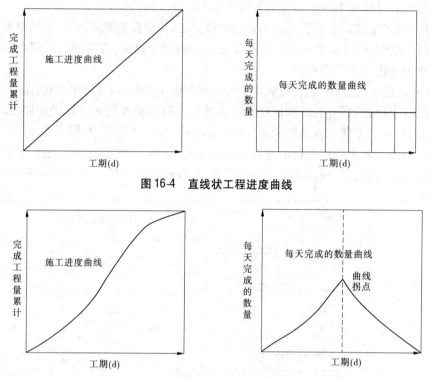

图 16-4　直线状工程进度曲线

图 16-5　S 形工程进度曲线

最大,施工机械及劳动力需要最大的工作能力。因此,在施工期间的工作能力经常保持一致,则施工机械等的施工效益随着施工进度曲线 dy/dx 的增加而增加,一般机械、劳动力施工效率的变化情形与施工进度曲线的变化情形相似。为了减少施工效率的分散及提高工程施工的经济性,施工曲线应尽可能地呈现直线才合理。因此,即使在 S 形曲线上,除去施工初期及末期不可避免的影响所产生的凹凸部分外,中间部分尽量呈现直线才合理。

现以图 16-6 所示的进度曲线和切线的关系来分析工程延迟的界限。

图 16-6 的实线代表工程计划进度曲线,虚线代表实际的进度曲线。引计划进度曲线上的 a_1b_1 为 a_1 的切线,b_1 点在 b 的右侧,表示若以 a_1 点的速度施工则赶不上工期;ab 为 a 点的切线,若以 a 点的施工速度施工则刚好赶上施工工期;a_3b_3 为 a_3 的切线,b_3 在 b 的左侧,表示以 a_3 点的速度施工足以赶上施工工期,a_2b_2 为 a_2 的切线,b_2 在 b 的最左侧,表示施工速度最快。

另一方面,a_4b_4 为实际施工进度曲线上任意一点 a_4 的切线,b_4 在 b 点的右侧,表示 a_4 的施工进度赶不上施工工期,实际施工进度曲线在最后呈现上凹的形状,表示为按时完工,赶工作业需要继续到最后。

通过以上分析,从进度控制的三个条件——工期、质量和成本的观点来看,为了避免曲线的后半部分成凹形的不良状态,超过 a 点以后,曲线上各点的切线与通过 b 点而与横轴平行的直线的交叉点,应在 b 线的左侧才行。因此,由 b 点引出的计划进度曲线的切线 ab 为实际进度曲线的下方界限,与以容许的最低施工速度实施工程时的进度曲线一致,若实际进度曲线在切线 ab 的下方,则需要进行赶工计划。

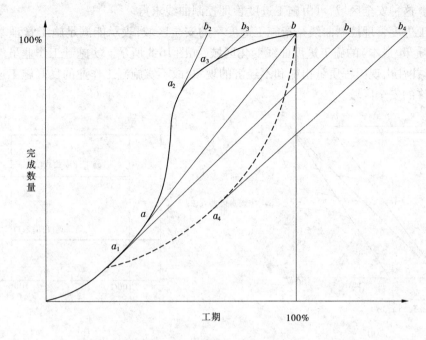

图 16-6　施工进度曲线的切线分析

如果实际工作环节复杂,进度检查时刻的后续工作客观上不可能以均衡的施工强度施工,就不能采取上述切线分析方法来预测施工工期的进展情况。此时,应从检查时刻起重新绘制工程进度发展情况,如图 16-7 所示。

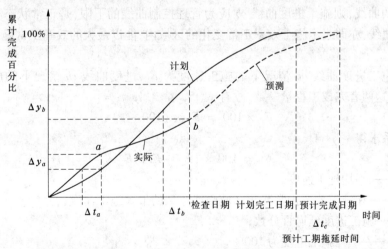

图 16-7　工程进度曲线分析示意图

(三)施工进度管理控制曲线

计划施工进度曲线是以施工机械、劳动力等的平均速度为基础而确定的,故实质上具有一定的弹性。由于实际工程条件及管理条件的变化,实际进度曲线一般与计划施工进度曲线不一致,有一定的偏差。这种偏差应有适当的界限,若偏差太大,则需要追赶至正常状态。总之,实际施工进度曲线若能经常地保持在一定的安全范围之内,工程才能顺利地完成。这种安全区域,可由施工进度管理控制曲线求得。

施工进度管理控制曲线是指施工进度率的安全区域,表示能满足施工管理基本条件(工期、质量、成本)的施工进度曲线变化区域,如图 16-8 所示。实施赶工作业虽然能恪守工期,但往往出现工程质量粗糙和不经济的现象,故不实施赶工作业的良好施工速度范围就是容许的安全区域。

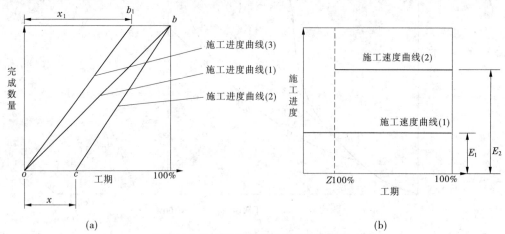

图 16-8　施工进度管理控制曲线示意图

下面分析管理曲线的容许上限。为简明起见,假设工程累计完成数量与工期成正比例增加,在图 16-8 中,工程施工进度曲线为直线 ob,在同样假设条件下,直线 cb 指开工延迟了总工期的 x 时的施工进度曲线。若施工进度曲线 ob 是以机械或劳动力的平均施工速度施工的曲线,则施工进度曲线 cb 应为管理控制曲线的下限,是正常状态下所能被期待的最佳曲线,亦即表示施工效率正常变化的区域内,能以最大的效率正常施工时的进度曲线。

假设施工进度曲线 ob 情况下的施工速度为 E_1,进度曲线 cb 情况下的施工速度为 E_2,则由于这两者完成工程量一致,故有:

$$E_1 \times 100 = E_2 \times (100 - x)$$

由以上关系求得

$$x = 100 \times (E_2 - E_1)/E_2$$

式中　E_1——平均施工速度;

　　　E_2——在施工效率正常变化区域内能达到的最大施工速度;

　　　x——施工进度延迟百分数;

　　　100——工程施工进度为 100%。

应用进度管理控制曲线,管理者可及时发现进度延迟是否已经超过容许下限。若没有超过容许下限,说明在现有的施工组织下,加强管理可以弥补损失的工期;若进度工期超过了容许下限,说明在现有安排下,即使采用最大施工速度赶工,可能也弥补不回损失的工期,应该采取相应的赶工措施。从曲线中可以看出,这一容许下限随着工程接近竣工日期而减少,即工程愈接近竣工日期,赶工机会愈少,施工进度愈不应延迟。

管理控制曲线容许上限,表示开工后在施工效率的正常变化区域内,能以最大效率继

续时的进度曲线(如图 16-8 中 ob_1)。因此,容许上限或工期压缩的容许界限,可由下式求得

$$x_1 = 100 - x$$

(四)形象进度图

形象进度图是把工程计划以建筑物的形状来表达的一种控制方法。这种方法直接将工程项目进度目标和控制工期,标注在工程形象图的相应部位,故其非常直观,进度计划一目了然,特别适用于施工阶段的进度控制。此法修改调整进度计划也十分简便,只需修改日期、进度,而形象图依然保持不变。

(五)网络进度计划

网络进度计划是在横道图计划基础上改进而提出来的。

横道图是一种重要的计划表达形式,它是 20 世纪初计划领域发展到直观图形描述的一个飞跃,具有直观明了的优点。但是横道图存在着一个很大的缺点:就横道图本身来说,并不反映工作与工作之间的逻辑关系。这给实际使用带来许多不便:

(1)现代工程规模越来越大,环节十分复杂,而每一专业的技术问题又越来越复杂,使用横道图计划,既不便于实施总体工程协调,又无法较大程度地使用电子计算机进行计划的自动化管理。

(2)不能明确地反映出各项工作之间错综复杂的相互关系,不利于建设工程进度的动态控制。

(3)不能明确地反映出影响工期的关键工作和关键线路。

(4)不能反映出工作所具有的机动时间。

(5)不能反映工程费用与工期之间的关系,因而不便于缩短工期和降低成本。

网络图是网络进度计划的基础,可分为双代号网络图、单代号网络图和搭接网络图等形式。

1. 双代号网络图

双代号网络图用箭头表示工作(工序或作业),工作的名称(或字母代号)标在箭头的上方,完成该工作所需的历时标在箭头的下方,在每条箭头的头和尾用圆圈有秩序地连接起来。例某混凝土基础工程工作进度计划网络图如图 16-9 所示(其工作项目明细见

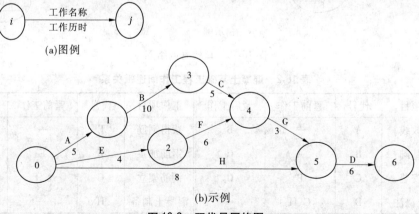

图 16-9　双代号网络图

表 16-1）。

表 16-1　混凝土基础工程工作项目

工作项目	基础放线	开挖基础	模板安装	获得钢筋	钢筋加工	钢筋架立	混凝土制备	混凝土浇注
字母代号	A	B	C	E	F	G	H	D
工作历时（d）	5	10	5	4	6	3	8	6

2.单代号网络图

单代号网络图又称节点式网络图。它用节点表示工作,用箭头表示工作的逻辑关系。同样,上一个工程用单代号网络图表示如图 16-10 所示(其各工作间逻辑关系见表 16-2)。

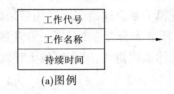

(a)图例

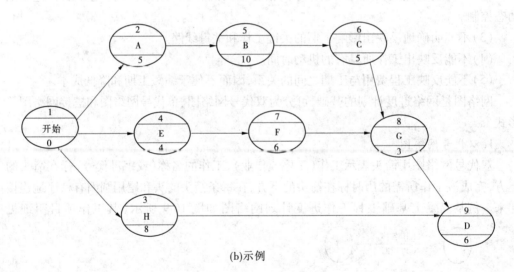

(b)示例

图 16-10　单代号网络图

表 16-2　混凝土基础工程工作间逻辑关系

工作项目	代号	紧前工作	紧后工作	工作项目	代号	紧前工作	紧后工作
基础放线	A	—	B	获得钢筋	E	—	F
开挖基础	B	A	C	钢筋加工	F	E	G
模板安装	C	B	G	钢筋架立	G	C、F	D
混凝土浇注	D	G、H	—	混凝土制备	H	—	D

续时的进度曲线(如图16-8中ob_1)。因此,容许上限或工期压缩的容许界限,可由下式求得

$$x_1 = 100 - x$$

(四)形象进度图

形象进度图是把工程计划以建筑物的形状来表达的一种控制方法。这种方法直接将工程项目进度目标和控制工期,标注在工程形象图的相应部位,故其非常直观,进度计划一目了然,特别适用于施工阶段的进度控制。此法修改调整进度计划也十分简便,只需修改日期、进度,而形象图依然保持不变。

(五)网络进度计划

网络进度计划是在横道图计划基础上改进而提出来的。

横道图是一种重要的计划表达形式,它是20世纪初计划领域发展到直观图形描述的一个飞跃,具有直观明了的优点。但是横道图存在着一个很大的缺点:就横道图本身来说,并不反映工作与工作之间的逻辑关系。这给实际使用带来许多不便:

(1)现代工程规模越来越大,环节十分复杂,而每一专业的技术问题又越来越复杂,使用横道图计划,既不便于实施总体工程协调,又无法较大程度地使用电子计算机进行计划的自动化管理。

(2)不能明确地反映出各项工作之间错综复杂的相互关系,不利于建设工程进度的动态控制。

(3)不能明确地反映出影响工期的关键工作和关键线路。

(4)不能反映出工作所具有的机动时间。

(5)不能反映工程费用与工期之间的关系,因而不便于缩短工期和降低成本。

网络图是网络进度计划的基础,可分为双代号网络图、单代号网络图和搭接网络图等形式。

1.双代号网络图

双代号网络图用箭头表示工作(工序或作业),工作的名称(或字母代号)标在箭头的上方,完成该工作所需的历时标在箭头的下方,在每条箭头的头和尾用圆圈有秩序地连接起来。例某混凝土基础工程工作进度计划网络图如图16-9所示(其工作项目明细见

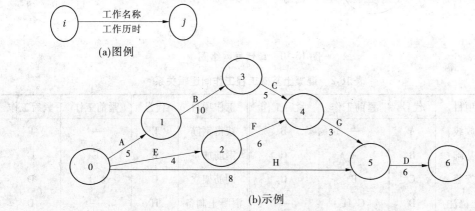

(a)图例

(b)示例

图16-9　双代号网络图

表16-1)。

表16-1　混凝土基础工程工作项目

工作项目	基础放线	开挖基础	模板安装	获得钢筋	钢筋加工	钢筋架立	混凝土制备	混凝土浇注
字母代号	A	B	C	E	F	G	H	D
工作历时（d）	5	10	5	4	6	3	8	6

2. 单代号网络图

单代号网络图又称节点式网络图。它用节点表示工作,用箭头表示工作的逻辑关系。同样,上一个工程用单代号网络图表示如图16-10所示(其各工作间逻辑关系见表16-2)。

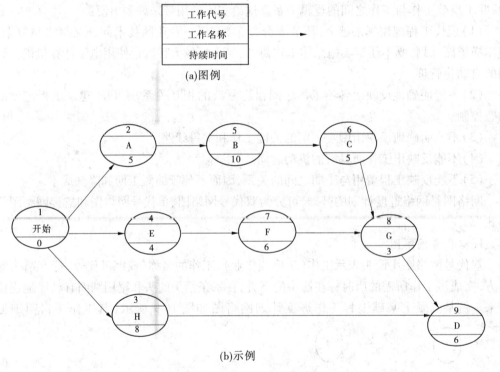

图16-10　单代号网络图

表16-2　混凝土基础工程工作间逻辑关系

工作项目	代号	紧前工作	紧后工作	工作项目	代号	紧前工作	紧后工作
基础放线	A	—	B	获得钢筋	E	—	F
开挖基础	B	A	C	钢筋加工	F	E	G
模板安装	C	B	G	钢筋架立	G	C、F	D
混凝土浇注	D	G、H	—	混凝土制备	H	—	D

3. 搭接网络计划

在前面所述的双代号、单代号网络图中,工序之间的关系都是前面工作完成后,后面工作才能开始,这也是一般网络计划的正常连接关系。当然,这种正常的连接关系有组织上的逻辑关系,也有工艺上的逻辑关系。例如:有一项工程,由两项工作组成,即工作 A、工作 B。由生产工艺决定工作 A 完成后才能进行工作 B。但作为生产指挥者,为了加快工程进度、尽快完工,在工作面允许的情况下,分为两个施工段施工,即 A1、A2,B1、B2,分别组织两个专业队进行流水施工。

上面所述只是两个施工段、两个工作。如果工作(工序)增加、施工段增加的情况下,绘制出的网络图的节点、箭线会更多,计算也较为麻烦。那么能否找出一种简单的表示方法呢? 答案是肯定的。近年来,国外产生了各种各样的搭接网络,有单代号搭接网络,也有双代号搭接网络。这里主要介绍的是单代号搭接网络。如果用单代号搭接网络表示上述情况,并且设 A 工作开始 4 d 后,B 工作才能开始。

上面的搭接是 A 工作开始时间限制 B 工作开始时间,即为开始到开始(英文缩写STS)。除上面的开始到开始外,还有几种搭接关系,即开始到结束、结束到开始、结束到结束等。至此,我们可以看出,单代号搭接关系可使图形大大简化。但通过后面计算可知,其计算过程较为复杂。

单代号网络图的搭接关系除了上述四种基本的搭接关系外,还有一种混合搭接关系,下面分别介绍。

1)结束到开始

表示前面工作的结束到后面工作的开始之间的时间间隔,一般用符号"FTS"(英文Finish To Start 缩写)表示。

工作完成后,要有一个时间间隔 B 工作才能开始。例如,房屋装修工程中先油漆,后安玻璃,就必须在油漆完成后有一个干燥时间才能安玻璃。这个关系就是 FTS 关系。如果需干燥 2 d,即 FTS = 2。

当 FTS = 0 时,即紧前工作的完成到本工作的开始之间的时间间隔为零。这就是单代号、双代号网络的正常连接关系。所以,可以将正常的逻辑连接关系看成是搭接网络的一个特殊情况。

2)开始到开始

表示前面工作的开始到后面工作开始之间的时间间隔,一般用符号"STS"(英文 Start To Start 缩写)表示。

例如,挖管沟与铺设管道分段组织流水施工,每段挖管沟需要 2 d 时间,那么铺设管道的班组在挖管沟开始的 2 d 后就可开始铺设管道。

3)开始到结束

表示前面工作的开始时间到后面工作的完成时间的时间间隔,用"STF"(英文 Start To Finish 缩写)表示。

例如:挖掘带有部分地下水的基础时,地下水位以上的部分基础可以在降低地下水位开始之前就进行开挖,而在地下水位以下的部分基础则必须在降低地下水位以后才能开始。这就是说,降低地下水位的完成与何时挖地下水位以下的部分基础有关,而降低地下水位何时开始则与挖土的开始无直接关系。在此设挖地下水位以上的基础土方需要 10 d。

4）结束到结束

表示前面工作的结束时间到后面工作结束时间之间的时间间隔,用"FTF"(英文 Finish To Finish 缩写)表示。

例如:某工程的主体工程砌筑分两个施工段组织流水施工,每段每层砌筑 4 d。第 Ⅰ 段砌筑完后转移到第 Ⅱ 段上施工,第 Ⅰ 段进行板的吊装。由于板的安装时间较短,在此不一定要求墙砌筑后立即吊装板,但必须在砌砖完的第四天完成板的吊装,以致不影响砌砖专业队进入,进行上一层的砌筑。这就形成了 FTF 关系。

5）混合的连接关系

表示前面工作和后面工作的时间间隔除受到开始的时间间隔限制外,还要受到结束的时间间隔限制。A 工作的开始时间与 B 工作的开始时间有一个时间间隔,A 工作的结束时间与 B 工作的结束时间还有一个时间间隔限制。例如:前面所提到的管道工程,挖管沟和铺设管道两个工序分段施工,两工序开始到开始的时间间隔为 4 d,即铺设管道至少需 4 d 才能开始。如按 4 d 后开始铺管道,且施工连续进行,则由于铺管道持续时间短,挖管沟的第二段还没有完成,则铺管道专业队已进入,这就出现了矛盾。所以,为了排除这种矛盾,使施工顺利进行,除有一个开始到开始的限制时间外,还要考虑一个结束到结束的限制时间,即设 FTF = 2 才能保证流水施工的顺利进行。

第六节　进度计划的申报和审批

进度计划审核的主要内容如下:

(1)进度安排是否符合工程项目建设总进度计划中总目标和分目标的要求,是否符合施工合同中开、竣工日期的规定。

(2)施工进度计划中的项目是否有遗漏,分期施工是否满足分批动用的需要和配套动用的要求。

(3)施工顺序的安排是否符合施工程序的要求。

(4)劳动力、材料、构配件、机具和设备的供应计划是否能保证进度计划的实现,供应是否均衡、需求高峰期是否有足够能力实现计划供应。

(5)项目法人的资金供应能力能否满足进度需要。

(6)施工进度的安排是否与设计单位的图纸供应进度相一致。

(7)项目法人应提供的场地条件及原材料和设备,特别是国外设备的到货与进度计划是否衔接。

(8)总分包单位分别编制的各项单位工程施工进度计划之间是否协调,专业分工与计划衔接是否明确合理。

(9)进度安排是否合理,是否有造成项目法人违约而导致索赔的可能存在。

第七节　施工进度过程控制

施工进度的控制是一个计划编制审核、检查分析与反馈调整的动态控制过程。其目标只有一个，就是实现工程进度控制总目标。

一、工程进度的跟踪检查

对施工进度的执行情况进行动态检查并分析进度偏差产生的原因，为进度计划的调整及实现工程总进度目标提供必要的信息。工程进度的检查包括对各作业项目完成情况的检查和工程总进度完成情况的检查。

(一)各作业项目完成情况的检查分析

该部分内容主要通过工程进度计划横道图和劳动力计划、材料计划、机械进场计划等来进行检查。主要采用横道图比较法，将实现进度完成情况绘制在横道图上，进行实际进度与计划进度的比较，检查各作业项目施工有无超前或滞后现象。

(1)对照进度计划和劳动力计划等检查劳动力投入数量是否满足要求，对照劳动定额对作业人员的工作效率进行检查，检查其是否满足施工进度要求，是否需增加劳动力。

(2)检查材料是否按计划进场，其质量和数量是否满足要求。对照材料消耗定额，监控主要材料(特别是甲方供应材料)的消耗情况，有利于工程的进度控制和成本控制。

(3)检查施工机械是否按计划进场，机械的性能是否良好，数量是否满足要求。对照机械台班定额检查机械的使用效率是否满足要求。

(4)检查各工作面是否存在闲置现象，该工作是否为关键工作，机械是否按计划进场，机械的性能是否良好，数量是否满足要求。对照机械台班定额检查机械的使用效率是否满足要求。

(5)检查各工作面是否存在闲置现象，该工作是否为关键工作，是否影响后序施工，是否需立即投入人员施工。对于非关键线路上的项目也要分析进度的合理性，避免非关键线路变成关键线路，给工程进度控制造成不利影响。

(6)深入施工现场，了解各工种是否有交叉施工，是否相互影响，施工效率是否低下，能否合理调整。

(二)工程总进度完成情况的检查

该部分内容的检查主要通过工程进度控制"S"曲线图来实现。根据检查周期内各作业项目实际完成工程量，套用现行工程预算定额或施工单位的工程量清单报价，就可得出以货币形式表示的检查周期内完成的工作量；将各检查周期的实际完成工作量汇总，即可得出工程累计完成工作量。将实际完成量与工程进度控制"S"曲线图相对应的计划完成量相比较，就可检查出本检查周期内的进度，以及整个工程进度是滞后还是超前。需要指出的是，以综合货币形式反映的工程量完成情况只能体现项目的总体进度情况，而不能反映各作业项目的具体进度控制状况。

二、进度偏差原因的分析

在检查过程中发现进度偏差要及时分析原因,研究相应的对策和解决方法。影响工程进度的因素很多,除以上提及的劳动力、材料、机械、资金等因素处,还包括设计因素、技术因素、组织管理因素、信息沟通、外部环境的影响及各参建单位的协调配合问题等。具体问题具体分析,采取的对策和解决方法也不尽相同,在此不再赘述。

第八节　进度计划的调整

在进度计划的实施过程中,常常受各种因素的影响而出现进度偏差。为了保证工期总目标的实现,必须对原计划进行相应的调整。计划的调整有如下原则:计划调整应慎重,能不调整的尽量不调整,能局部调整的决不大范围调整;计划的调整要及时,一旦发现有进度偏差,必须及时分析,立即采取相应对策及时解决,问题解决得越早,对整个工程项目的影响和冲击就越小。

一、引起进度偏差的原因及解决措施

当在检查中发现劳动力、材料、机械的投入满足不了施工要求时,可采取以下措施来解决:延长每天的施工时间,增加劳动力和施工机械的数量,通过奖励等措施提高劳动生产率,等等。

一般情况下,以上原因引起的进度偏差较容易发现和解决,若及时解决对整个工程进度的影响也小。对此类进度偏差可对工程进度计划和劳动力计划、材料计划、机械进场计划等进行局部调整,通过努力纠正偏差,以后的工作仍可按原计划执行。

受原设计中存在问题或业主提出新的要求等因素的影响,在施工过程中不可避免会出现设计变更。设计变更对进度目标的实现有不利影响,在实施前,需要对设计变更造成的影响进行分析判断,设计变更若对整个工程进度造成影响,也需对进度计划进行必要的调整。

受其他因素(如技术因素、组织管理因素、信息沟通、外部环境及各参建单位的协调配合问题等)影响时,也需要及时分析对工程进度的影响程度,权衡利弊,考虑是否需对工程进度计划进行调整。

工程后期,常常因为各种因素的影响使工程进度滞后较多,使得编制进度计划时所留有的余地被消耗殆尽,这时就需要统计剩余工作量,重新编制施工倒排计划来保证目标工期的实现。

二、进度计划调整示例

(一)压缩后续工作持续时间

在原网络计划的基础上,不改变工作间的逻辑关系,而采取必要的组织措施、技术措施和经济措施,压缩后续工作的持续时间,以弥补前面工作产生的负时差。一般根据工

期—费用优化的原理进行调整,具体做法如下:

(1)研究后续各工作持续时间压缩的可能性,及其极限工作持续时间;

(2)确定由于计划调整,采取必要措施,而引起的各工作的费用变化率;

(3)选择直接引起拖期的工作及紧后工作优先压缩,以免拖期影响扩大;

(4)选择费用变化率最小的工作优先压缩,以求花费最小,满足既定工期要求;

(5)综合考虑(3)、(4),确定新的调整计划。具体调整示例见图16-11。

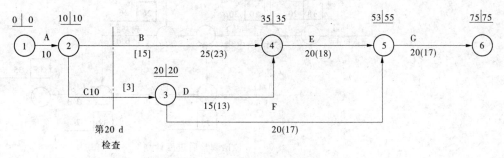

( )内:极限工作时间;( )外:计划工作时间;[ ]内:尚需工作时间

图 16-11 计划进度调整示例(一)

图16-11中,第20 d 检查时,A 工作已完成,B 工作进度在正常范围内,C 工作尚有3 d 才能完成,拖期3 d,将影响总工期。若保持总工期75 d 不变,需在后续关键工作中压缩工期3 d,可有多种方案供选择,考虑到若 D 工作能尽量压缩工期,可减少拖期造成的损失,最后选择的压缩途径是:D 缩短 2 d;E 缩短 1 d。

(二) 改变施工活动的逻辑关系及搭接关系

缩短工期的另一个途径是通过改变关键线路上各工作间的逻辑关系、搭接关系和平行流水途径来实现,而施工活动持续时间并不改变。如图16-12 所示。对于大型群体工程项目,单位工程间的相互制约相对较小,可调幅度较大;对于单位工程内部,由于施工顺序和逻辑关系约束较大,可调幅度较小。

在施工进度拖期太长,某一种方式的可调幅度都不能满足工期目标要求时,可以同时采用上述两种方法进行进度计划调整。

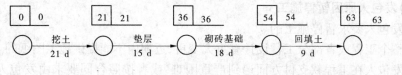

(a)原进度计划

图 16-12 计划进度调整示例(二)

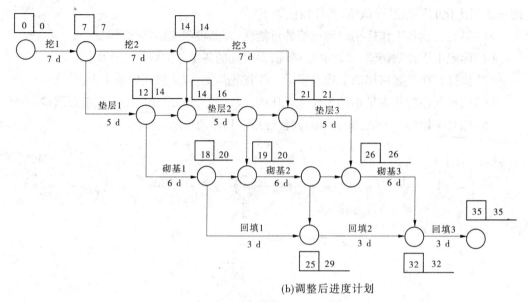

(b)调整后进度计划

续图 16-12

第九节 停工与复工

监理人下达工程暂停指示或复工通知,应事先征得发包人的同意。《通用合同条款》规定:监理人向承包人发布暂停工程或者部分工程施工指示,承包人应按照指示立即暂停施工。不管由于何种原因引起的暂停施工,承包人应在暂停施工期间负责妥善保护工程和提供安全保障。工程暂停施工后,监理人应与发包人和承包人协商采取有效的措施积极消除停工因素的影响。当工程具备复工条件时,监理人应立即向承包人发出复工通知,承包人收到复工通知后,应在监理人指定的期限内复工。

第十节 工期索赔

一、工期索赔的原因

(一)发包人原因暂停施工
(1)发包人要求暂停施工的。
(2)整个工程或者部分工程设计有重大变更,近期内不能提供施工图纸的。
(3)发包人在工程款支付方面遇到严重困难,或者按照合同要求由发包人承担的工程设备、材料供应、场地提供等遇到困难的。

(二)承包人原因暂停施工
(1)承包人自身原因的暂停施工。
(2)承包人未经许可进行主体工程施工。
(3)承包人未按照批复的施工组织设计或方法施工,并且可能会出现工程质量问题或者造成安全事故隐患。

(4)施工单位拒绝服从监理机构的管理,不执行监理机构的指示,从而将对工程的质量、进度和投资控制产生严重影响时。

(三)现场其他时间原因暂停施工

(1)工程继续施工将会给第三方或者社会公益造成危害。

(2)为保证工程质量、安全,有必要停工时。

(3)发生了需暂停施工的紧急事件,如出现恶性现场施工条件、事故等。

(4)施工现场气候条件的限制,如严冬季节要停止混凝土的浇注等,这里说的气候条件的限制不同于恶劣的气候条件,属于承包人的施工承保风险,发生的额外费用由承包人自己承担。

(5)不可抗力发生,如出现特殊风险,如战争、放射性污染、动乱等,特大自然灾害,毁灭性水灾,严重流行性传染病蔓延,威胁现场工人的生命安全。

二、暂停施工的责任

(一)承包人的责任

发生以下暂停施工事件,属于承包人的责任:

(1)由于承包人违约引起的暂停施工。

(2)由于现场非异常恶劣气候引起的正常停工。

(3)由于工程的合理施工和保障安全所必须的停工。

(4)未得到监理人许可的承包人暂停施工。

(5)其他由于承包人原因引起的暂停施工。

上述事件引起的暂停施工,承包人不能提出增加费用和延长工期的要求。

(二)发包人的责任

发生以下暂停施工事件,属于发包人的责任:

(1)由于发包人引起的暂停施工。

(2)由于不可抗力引起的暂停施工。

(3)其他由于发包人的原因引起的暂停施工。

上述事件引起的暂停施工造成的工期延误,承包人有权提出工期索赔。

第十七章　投资控制

第一节　总　则

项目投资是社会经济活动中最基本的范畴之一，投资与经济增长和经济结构之间存在着相互促进、相互联系、相互制约的关系，表现为：增长的水平和速度决定了投资的总量水平，即经济增长是投资赖以扩大的基础；而投资对经济增长具有有力的促进作用，投资强有力地影响和决定着国家的经济结构，包括所有制结构、产业结构、地区经济结构；而经济结构又制约着投资总量的增长和投资的比例关系。国家国民经济的发展表现为经济的增长；国家经济的增长一方面指经济增量的增长，即国民财富和国家经济实力的增长，另一方面指经济结构的协调。国民经济建设主要体现在国家基本投资上，国家基本建设反映在工程建设项目的规模上，即投资上。

建设项目也称建设工程，建设项目投资是指某一经济主体为获得项目将来的收益垫付资金或其他资源用于项目建设的经济活动过程。所垫付资金或者资源的价值表现就是建设项目的投资额，通常也就是指建设项目投资。所以，建设项目投资一般是指建设某种项目所花费的全部费用。生产性建设项目投资包括项目建设阶段所需要的全部建设投资和铺底流动资金两部分；非生产性建设项目投资则指建设投资。

建设项目阶段所需要的全部建设项目投资包括建设安装工程费用、设备工器具购置费和工程建设其他费用、建设期融资利息等。

总之，建设项目投资是一个以资金形成资产，经过管理资产，提高资产效益，最后资产转为资金动态增值循环的过程，是一个从资金流到物资流再流到资金流的过程。

第二节　投资控制目标

建设工程投资控制，就是自投资决策阶段、设计阶段到发包阶段、施工阶段以及竣工阶段，把建设工程投资控制在批准的投资限额以内，随时纠正发生的偏差，以保证项目投资管理目标的实现。

一、投资控制的基本思想

投资控制的基本思想就是通过对投资目标的规划和分解，通过技术优化，健全的管理，减少不合理的开支，维护业主和承包商的合法利益。施工阶段是把设计产品变成具有使用价值的建设产品的过程，其中包含大量的人力、财力、物力，是建设工程投资主要发生阶段。施工阶段监理投资控制是以工程承包合同价款为目标，按投资构成进行分解，在保证质量进度的前提下，对承包方的资金使用计划、工程款支付、工程变更和现场签证、索赔处理和竣工结算等进行监督控制,对投资的控制管理也是保证施工质量进度的一个重要而又有效的手段。但在实际的监理过程中,由于业主在投资控制方面授权不充分,监理方的工作重心主要在于质量控制,无法对投资进行有力的控制,于是到了竣工结算时,不可避免地会出现很多纠纷。鉴于这种情况,要根据具体情况制定针对性措施,以解决出现的各种问题。

二、投资控制的目标

投资控制是施工阶段监理服务工作的重点之一。监理方投资控制的要点是:在保证质量、进度的前提下,对工程项目的资金使用计划、工程款支付、工程变更和现场签证、索赔处理和竣工结算等进行监督控制。监理工程师在施工阶段进行投资控制的基本原则是:把计划投资额作为投资控制的目标值,在工程施工过程中定期地进行投资实际值与目标值的比较,通过比较发现并找出实际支出额与投资控制目标值之间的偏差,分析产生偏差的原因,并采取有效的措施加以控制,以保证投资控制目标的实现。

第三节　投资控制体系

一、投资控制的目标体系

工程项目建设过程是一个周期长、投入大的生产过程。建设者不但受时间、经验,包括科学和技术条件的限制,而且也受客观过程的发展及其表现程度的限制。因而,不可能在工程建设开始,就设置一个科学的、一成不变的投资控制目标,而只能设置一个大致的投资控制目标,即投资估算。投资概算应是建设工程设计方案选择和进行初步设计的投资控制目标;设计概算应是进行技术设计和施工设计的投资控制目标;施工图预算或建设安装工程承包合同价则应是施工阶段控制的目标。有机联系的各个阶段目标相互制约,相互补充,前者控制后者,后者补充前者,共同组成建设工程投资控制的目标系统。

二、投资控制的计划体系

为了控制投资的总目标,必须根据不同阶段进行分解。总投资目标分解为不同阶段的各类分目标,从而构成工程建设施工阶段投资控制的目标体系。

(一)设计阶段的投资控制

1.进行设计方案优选

设计方案优选是建设项目阶段控制投资有效的方法之一,在国外建设项目中已得到广泛使用,对降低费用、缩短工程工期起到了重要作用。设计方案优选又叫设计方案竞赛,设计方案竞赛不存在中标不中标的问题,而是通过竞赛,选取最优秀的方案。

2.推行标准设计

标准设计是指按照国家现行的标准规范,对各种建筑、结构和构配件等编制的具有重复使用性质的整套技术文件,经主管部门审查、批准后颁布的全国、部门或地方通用的设计。标准设计是工程建设标准化的一个重要内容,也是国家标准化的一个组成部分。

（二）招标阶段的投资控制

在工程招投标过程中，经过投标和评标，根据各个投标人报送的投标文件，就标价、工期、工程质量的承诺等条件综合分析最后选出中标人，此时双方认可的价格即为合同结果。合同的形式和种类很多，可按照合同的支付方式、合同管理和合同内容来分类。根据合同支付方式的不同，一般分总价合同、单价合同和成本加酬金合同。

（三）项目施工阶段的投资控制

施工阶段是建设工程投资控制的重要阶段。因为施工阶段是将资本转化为实质性资产的阶段。施工阶段大部分资金投入使用，所以监理工程师必须依照合同和法律、法规、方针、政策做好施工阶段投资管理工作。施工阶段的投资控制一般包括以下方面：

（1）项目投资使用计划的编制；

（2）工程计量与计价控制；

（3）工程款支付控制；

（4）合同价调整；

（5）变更控制；

（6）索赔控制；

（7）投资偏差动态分析。

（四）项目竣工阶段的投资控制

项目竣工后通过项目决算，控制工程实际投资不突破设计概算，并进行投资回收分析，确保项目获得最佳投资效果。

第四节　投资控制的基本程序

一、投资控制的任务、内容

项目实施过程中，在各个阶段投资控制的主要工作可概述如下。

（一）施工阶段的投资控制

项目施工阶段投资管理的主要工作内容是造价控制，通过施工过程中对工程费用的监测，确定建设项目的实际投资额，使它不超过项目的计划投资额，并在实施过程中，进行费用动态管理与控制。

水利水电建设项目的施工阶段是实现设计概算的过程，这一阶段至关重要的工作是抓好造价管理，这也是控制建设项目总投资的重要阶段。

通过这些年来水利水电工程建设实践总结的经验，要做好水利水电工程施工阶段的投资控制，首先要在基本建设管理体制上进行改革，实行建设监理制、招投标制和项目法人责任制。

施工阶段投资控制最重要的一个任务就是控制付款，主要是控制工程的计量与支付，努力实现设计挖潜、技术革新，防止和减少索赔，预防和减少风险干扰，按照合同和财务计划付款。

作为监理工程师，在项目施工阶段必须按照合同目标，根据完成工程量的时间、质量和财务计划,审核付款。具体实施时应进行工程量计量复核工作,进行工程付款账单复核工作,按照合同价款、审核过的子项目价款、合同规定的付款时间及财务计划付款。另外,要根据建筑材料、设备的消耗,根据人工劳务的消耗等,进行施工费用的结算和竣工决算。

(二)项目竣工后的投资分析

项目竣工后通过项目决算,控制工程实际投资不突破设计概算,并进行投资回收分析,确保项目获得最佳投资效果。

二、投资控制监理工作程序

投资控制监理工作程序见图 17-1。

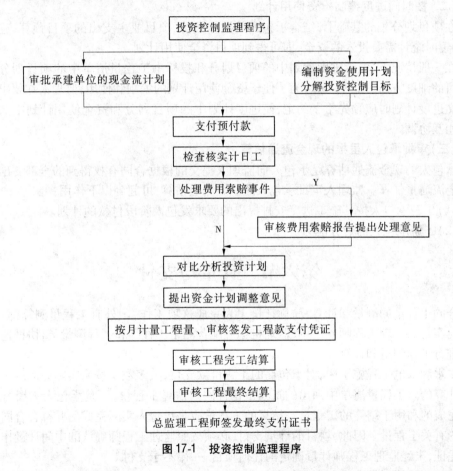

图 17-1 投资控制监理程序

第五节 投资计划编制

一、编制投资计划的目的

在设计概算的基础上,根据施工合同中承包人的投标计划报价和投标书中的进度计划,综合考虑由发包人提供的或物资采购合同中的有关物资供应、材料供应以及土地使用征地等方面的费用,考虑一定的不可预见的影响,在项目分解的基础上,按照时间顺序编制投资计划,为了更好地做好投资控制工作,使用资金筹措、资金使用等工作计划,有组织地协调运作,监理人应于施工前做好投资使用计划。

二、投资使用计划的编制要点

(一)项目分解和项目编码

要编制投资使用计划,首先要进行项目分解。为了在施工过程中便于进行项目的计划投资和实际投资比较,要求资金使用计划的项目划分与招标文件中的项目划分一致,然后再分项列出发包人直接支出的项目,构成投资使用计划项目划分表。

(二)按时间进度编制投资使用计划

在项目划分表的基础上,结合承包人的投标报价、项目业主支出的项目预算、施工计划等,逐时统计需要投入的资金,即可得到项目资金使用计划。

在一般情况下,施工进度计划中的项目划分和投标书工程量清单中的项目划分在某些项目的细度方面可能不一致,为了便于资金使用计划的编制和使用,监理人在要求承包人提交进度计划时应预先给予约定,使进度计划中的项目划分和资金使用计划中的项目划分相互协调。

(三)审批承包人呈报的现金流通估算

承包人的现金流通估算是承包人向监理人提交的根据合同有权得到的全部支出的详细现金流通量估算。监理人审批承包人的现金流通估算,可起到以下作用:

(1)了解承包人按其施工进度安排提出的要求发包人阶段付款的计划。

(2)了解承包人的财务能力。

第六节　计量与支付

合同工程量的测量和计算,简称计量。为完成这项工作,国外有工程量测算师,在我国目前实行的监理工程师制度中,监理机构应配备测量工程师和工程测量员,协助监理工程师进行工程测量和计算。

在水利水电工程施工中,对承包商的工程价款支付,大多数是按照实际完成的工程数量来计算的。工程量清单中列出的工程量是合同的估算工程量,不是承包人为履行合同应该完成的和用于结算的工程量。结算的工程量应是承包人实际完成的并符合合同计量规定的有关工程量。因此,项目的计量支付,必须按照监理工程师确认的中间计量作为支付的凭证,未经监理工程师计量确定的任何项目,一律不予支付。

工程计量控制是监理工程师投资控制的基础之一。在施工过程中,由于地质、地形条件变化、设计变更等多方面的影响,招标的名义工程量和实际工程量很难一致,再加上工期长,影响因素多,因此在计量工作中,监理工程师既要做到公正、诚信、科学,又必须使计量审核工作在工程量一开始就做到系统化、程序化、标准化和制度化。

一、可支付工程量

可支付工程量应同时符合以下条件:

（1）经监理机构签证，并符合施工合同约定或项目法人同意的工程变更的工程量以及计日工。

（2）经质量检验合格的工程量。

（3）承包人实际完成的并符合施工合同的有关计量规定的工程量。

二、计量的程序

工程计量应符合以下程序：

（1）工程项目开工前，监理工程师应监督承包商按施工合同约定完成原始地面地形的测绘以及计量起始位置地形的测绘，并审核测绘成果。

（2）工程计量前，监理工程师应审查承包人计量人员的资格和计量设备的精度及率定情况，审定计量的程序和方法。

（3）在接到承包人计量申请后，监理工程师应审查计量项目、范围、方式，审核承包人递交的计量所需的资料、工程计量已具备的条件。若发现问题，或者不具备计量条件时，应督促承包人进行修改和调整，直到符合计量条件要求，方可同意进行支付。

（4）监理工程师应会同承包人共同进行工程计量，或监督承包人的计量过程，确认计量结果；或者根据合同约定进行抽样复核。

（5）在付款申请签证前，监理工程师应对支付工程量汇总成果进行审查。

（6）若监理工程师发现计量有误，可重新进行审核、计量，进行必要的修正和调整。

三、完成工程量的计量

（1）承包人应按照合同规定的计量方法，按月对已完成的质量合格的工程量进行准确的计量，并在每月末随同月支付申请单，按照工程量清单中的项目分项向监理工程师提交完成工程量月报表和有关计量资料。

（2）监理工程师对承包人提交的工程量月报表进行审核，以确定当月完成的工程量。有疑问时，可以要求承包人派人员与监理工程师共同审核，并可要求承包人按照规定进行抽样复测。此时，承包人应派代表协助监理工程师进行复核并按照监理工程师的要求提供补充的计量资料。

（3）若承包人未按监理工程师要求派代表进行复核，则监理工程师修正的工程量应被视为承包人完成的准确工程量。

（4）监理工程师认为有必要时，可要求承包人联合进行测量计量，承包人应遵照执行。

（5）承包人完成了工程量清单中每个项目的全部工程量后，监理工程师应要求承包人派人员与其共同对每个项目的历次计量报表进行汇总和通过测量核实该项目的最终结算工程量。如承包人未按照监理工程师的要求派人员参加，则监理工程师最终核实的工程量应被视为该工程完成的最终工程量。

在监理工程师签发的施工图纸（包括设计变更通知）所确定的建筑物设计轮廓线和施工合同文件约定应扣除或增加计量的范围内，应按照有关规定和合同施工文件约定的计量方法和计量单位进行计量。当承包人完成每个计价项目的全部工程量后，监理机构要求承包人与其共同对每个项目的计量报表进行汇总和总体测量,核实该项目的最终计量工程量。

四、计量的工作内容

在施工阶段所做的计量工作,以合同中的工程量清单为基础。监理工程师要求进行以下计量:

(1)永久工程的计量,包括中间计量和竣工计量。

(2)承包人为永久工程使用的运进现场材料的计量。

(3)对承包人进行额外工作的计量,包括工程量计量和工程量形成因素的计量。

其中,永久工程的计量采用中间计量方式对承包人进行阶段付款,竣工计量则用于竣工支付。在永久工程计量中,大量的工作是中间计量,其中包括工程变更的计量。图纸中有固定几何尺寸的永久工程计量较为简单,往往是把构造物从基础的上部分划分为若干部分,每一部分完成后按约定费用比例进行支付。因此,计量也包含了对该部分工程量几何尺寸、形状是否符合设计要求的验收性质。竣工计量的总工程量,不应超出工程量清单中的预计工程量。

对于承包人为永久工程使用的运进现场的材料,如果合同中规定在该材料被用于永久工程之前,项目法人以材料预付款的形式支付一定百分比的材料预付款,监理工程师除要对该材料是否符合用于永久工程标准要求进行确认外,还应对进入现场的材料数量随时计量。为支付的需要,还需要对材料的使用量、进场数量的差值随时计算。

对于承包人所做的额外工作,暂定金额支付的项目以及应付意外事件所完成的工作,属于不同的计量支付需要,有的按照完成的工程量计算,有的则要计量工程量的形成因素,如计日工等。

五、计量的方式

工程计量的方式有以下几种。

(一)由监理工程师独立计量

计量工作由监理人员独立进行,只通知承包人做好计量的各种准备,而不要求承包人参加计量。

监理人员计量后,应将计量结果和有关记录送达承包人。如果承包人对监理机构的计量有异议,可在规定的时间内(如 14 d)以书面的形式提出,再由监理工程师对承包人提出的质疑进行核实。

采用这种方式,监理人员对计量的控制较好,但是程序复杂,并且占用的监理人员较多。

(二)由承包人进行计量

计量工作完全由承包人进行计量,但是监理工程师应对承包人的计量提出具体要求,包括计量的格式、计量的记录和有关资料的规定、承包人用于计量的设备的准确度、计量人员的素质等。

承包人计量完成后,需要将计量的结果及有关记录和资料,报送监理工程师审核,以监理工程师审核确认的结果为支付的凭据。

采用这种方式,唯一的优点是用的监理人员较少,但由于计量工作全部由承包人承担,监理工程师只能通过抽测甚至免测加以认证,容易使计量失控。因此,采用这种方法计量,监理工程师应加强对中间计量的管理,克服由于中间计量不严格对工程费用的影响。

(三)监理工程师与承包人联合计量

由监理人员和承包人分别委托专人组成联合计量小组,共同负责计量工作。当需要对某项工程项目进行计量时,由这个小组商定计量的时间,并做好有关方面的准备工作,然后到现场进行共同计量。计量后双方签字认可,最后由监理工程师审批。

采用这种方式计量,由于双方在现场共同确认计量结果,与上述其他两种方式相比,减少了计量结果确认的时间,同时也保证了计量的质量,是目前提倡的计量方式。

六、计量的方法

工程计量是项目法人向承包人支付工程价款的主要依据,监理工程师应按照合同技术规范中有关的计量和支付办法严格执行。

关于计量的方法,投标人在投标时就应该认真考虑,对工程量清单中所列项目所包含的工作内容、范围及计量、支付应该清楚,并把列表项目中按照技术规范要求可能发生的工作费用计入其报价中去。除合同另有规定外,对各个项目的计量,按技术条款要求,结合承包商是否完成工程量列表项目所包含的工作内容,进行现场测量和计算,是工程量计量的基本方法。一般情况下有以下几种办法。

(一)现场测量

现场测量就是根据现场实际完成的工作情况,按照规定的方法进行丈量、测算,最终确定支付工程量。

每月的计量工作中,对承包商递交的收方资料,除进行室内复核工作外,还应进行测量抽查,抽查数量一般控制在递交剖面的5%~10%。对工程量影响较大的收方资料,抽查量应适当的增加;反之则减少。

(二)按设计图纸测量

按设计图纸测量是指根据施工图纸对完工的工程量进行测算,以确定支付的工程量。

(三)仪表测量

仪表测量是通过仪表对已经完成的工程量进行计量,如混凝土灌浆计量等。

(四)按单据计算

按单据计算是指根据工程实际发生的发票、收据等进行计量。

(五)按工程师的批准计量

按工程师的批准计量是指工程实施过程中,监理工程师批准确认的工程量直接作为支付工程量,承包商据此进行申请工作。

(六)合同中个别采用包干计价项目的计量

包干计价项目一般以总价控制,检查完成项目的形象面貌,逐月或逐季支付价款。但有的项目也可进行计量控制,其计量方法可按照中间计量统计支付,同时也要严格按照合同文件执行。

包干计价一般在总价确定以后进行。除特殊原因,总价不能变,其每月支付的工程价款也与当日完成的数量有关系。一般来讲,该工程完工后,应将规定的价款全部支付。

七、特殊情况下的计量

工程的测量和计算,一般指工程量清单中列出的永久工程实物量的计量。但费用的控制实施过程中,有时需要对工程价值的形成过程或因素进行计量以决定支付,如承包人为意外事件所进行的工作,以及按照监理工程师指令进行的计日工作等。

八、工程款支付实例

某工程发包人与承包人签订了工程施工合同,合同中含两个子项目,估算工程量 a 项为 2 300 m^3,b 项为 3 200 m^3,经协商 a 项单价 180 元/m^3,b 项单价 160 元/m^3。承包合同规定:

(1)开工前,发包人向承包人支付合同价款 20% 的预付款。

(2)发包人自第一月起,从承包人的工程款中,按照 5% 的比例扣留保证金。

(3)根据市场情况,规定价格调整系数为 1.2。

(4)监理人签发月进度款最低金额为 25 万元。

(5)预付款在最后两个月扣除,每次扣除 50%。

承包人每月实际完成并经过监理人签证确认的工程量如表 17-1 所示。

表 17-1　承包人每月实际完成并经过监理人签证确认的工程量　　　（单位:m^3）

项目	时间（月）			
	1	2	3	4
a 项	500	800	800	600
b 项	700	900	800	600

支付情况如下:

(1)合同价款 = 估算工程量 × 单价 = 2 300 × 180 + 3 200 × 160 = 92.6(万元)。预付款 = 合同价款 × 20% = 18.52(万元)。

(2)第一个月:工程价款 = 实际工作量 × 单价 = 500 × 180 + 700 × 160 = 20.2(万元)。应支付工程款 = 月工程价款 × 价格调整系数 - 保留金 = 20.2 × 1.2 - 20.2 × 5% = 23.23(万元)。

因合同规定不足 25 万元不予支付月进度款,故本月监理人不签发支付凭证。

第二个月:工程价款 = 实际工作量 × 单价 = 800 × 180 + 900 × 160 = 28.8(万元)。应支付工程款 = 月工程价款 × 价格调整系数 - 保留金 = 28.8 × 1.2 - 28.8 × 5% = 33.12(万元)。故监理人实际签发支付凭证金额 = 第一月应支付金额 + 第二月应支付金额 = 23.23 + 33.12 = 56.35(万元)。

第三个月:工程价款 = 实际工作量 × 单价 = 800 × 180 + 800 × 160 = 27.2(万元)。应

支付工程款 = 月工程价款 × 价格调整系数 − 保留金 = 27.2 × 1.2 − 27.2 × 5% = 31.28(万元)。应付款 = 应支付工程款 − 应扣预付款 = 31.28 − 9.26 = 22.02(万元)。因合同规定不足 25 万元不予支付月进度款,故本月监理人不签发支付凭证。

第四个月:工程价款 = 实际工作量 × 单价 = 600 × 180 + 600 × 160 = 20.4(万元)。应支付工程款 = 月工程价款 × 价格调整系数 − 保留金 = 20.4 × 1.2 − 20.4 × 5% = 23.46(万元)。应扣除预付款 9.26 万元。实际应支付 = 22.02 + 23.46 − 9.26 = 36.22(万元)。

第七节 费用变更和索赔

一、费用的变更

在工程项目的实施过程中,由于多方面的情况变更,经常出现工程量的变化、施工进度的变化,以及项目法人和承包人在执行合同中的争议等诸多问题。由于工程变更所引起的工程量的变化、承包人的索赔等,都有可能使项目投资超出原来的投资预算,监理工程师必须严格进行控制,密切注意其对未完工程投资支出的影响和对工期的影响。

(一)变更的处理原则

变更需要延长工期时,应按照合同相关条款的规定办理。若变更使合同工程量减少,监理工程师认为应提前变更项目的工期时,应和承包人协商确定。

变更需要调整合同价格时,应按照以下原则确定单价和合价:

(1)工程量清单中有适用于变更工作的项目时,应采用该项目的单价。

(2)工程量清单中无适用于变更工作的项目时,则可在合理的范围内参考类似工程的单价和合价作为变更估算的基础,由监理工程师和承包人协商确定变更后的单价和合价。

(3)工程量清单中无类似项目的单价和合价可供参考时,则应由监理工程师与项目法人和承包人确定新的单价和合价。

任何一项的变更引起合同工程和部分工程的施工组织设计、进度计划发生实质性的变动,以及影响本项目和其他项目的单价和合价时,监理工程师和项目法人、承包人协议决定。

(二)变更的报价

承包人在收到监理工程师发出的变更指示后 28 d 内,应向监理工程师提交一份变更报价书,其内容应包括承包人确认的变更处理的原则和变更工程量及其项目的报价。监理工程师认为必要时,可要求承包人提交重大变更项目的施工措施、进度计划、单价分析等。

承包人对监理工程师提出的处理原则有异议时,可在收到变更指示 7 d 内通知监理工程师,监理工程师则应在收到通知后 7 d 内答复承包人。

(三)变更决定

(1)监理工程师应在收到承包人变更报价书后 28 d 内,对变更报价书进行审核,作出变更决定,并通知承包人。

（2）项目法人和承包人未能就监理工程师的决定取得一致的意见,则监理工程师可暂定他认为合理的价格和合理的工期,并将他暂定的变更处理结果通知项目法人和承包人,此时承包人应遵照执行。对已经实施的变更,监理工程师可将暂定的变更费列入工程款的支付中。但项目法人和承包人有权在收到监理工程师变更决定 28 d 内提请调解组解决,若在此期限双方均未提出上述要求,监理工程师的变更决定即是最终决定。

（3）在紧急情况下,监理工程师可向承包人发出变更指示,要求立即进行变更工作。承包人在收到监理人的变更指示后,应按指示执行,向监理工程师递交变更报价书,监理工程师应补发变更决定通知。

（四）工程变更的实施

（1）经监理机构审查同意的变更建议书,需要项目法人批准。

（2）经项目法人批准的项目变更,应由项目法人委托设计单位完成具体的设计变更工作。

（3）监理机构核查设计变更文件、图纸后,应向承包人下发变更指示,承包人据此进行项目变更的实施。

（4）监理机构根据工程的具体情况,为避免耽误施工,可将变更通知分两次向承包人下达,先发布变更指示（变更设计文件、图纸）,指示其实施变更工作;待合同双方进一步协商变更项目的单价和合价后,再发出变更通知（变更工程的单价和合价）。

（五）工程变更引起的合同价格调整

当发生的变更数量或款额超过一定的界限时,必须进行合价调整。这是因为,承包人在投标时,将工程的各项成本和管理费及利润全部分摊到项目单价之中,承包人的成本和利润随着工程量的增减而增减。然而有一部分固定费用,如承包人的总部管理费、启动费、动员费等,与工程量的增减是无关的,而在工程变更支付中,会因为采用固定的单价合同而增减。因此,当合同的所有变更超过了一定的界限时,应扣除这些费用和包干费用的增加部分。因工程量的变更而减少的款项超过一定的百分比例时,应给承包人补偿因此减少的这部分款项。

FIDIC 合同条款中的规定,可供当事人在签订合同时考虑。当某一项目涉及的款额超过合同价的 2%,以及在该项目下实施的实际工程量超过或者少于工程量表中规定的工程量的 25% 时,允许对合同价格进行调整。

FIDIC 合同条款中规定,当工程变更的合价的增加或减少值合起来超过有效合同价（合同价减去暂定金额及计日工）的 15% 时,允许对合同价格进行调整。

合同价调整的办法是:经过协商和计算,考虑现场费用和总部管理费之后给承包人增加或减少一定的款项。

二、投资控制的索赔

（一）施工索赔的概念

索赔是当事人在合同实施过程中,根据法律、合同规定及惯例,对并非由于自己的过错,而由合同双方承担责任的情况造成的,且实际发生了的损失,向对方提出给予补偿或赔偿的权利要求。

在工程建设的各个阶段,都有可能发生索赔。但发生索赔最集中、处理的难度最复杂的情况发生在施工阶段,因此我们常说的工程建设索赔主要是指工程施工的索赔。

施工索赔的含义是广义的,是法律和合同赋予当事人的正当权利。承建单位应当树立起索赔意识,重视索赔、善于索赔。索赔的含义一般包括以下三个方面:

(1)一方违约使另一方蒙受损失,受损方向对方提出赔偿损失的要求;

(2)发生了由项目法人承担责任的特殊风险事件或遇到了不利的自然条件等情况,使承建单位蒙受了较大损失而向项目法人提出补偿损失的要求;

(3)承建单位本应当获得的正当利益,由于没能及时得到监理工程师的确认和项目法人应给予的支付,而以正式函件的方式向项目法人索要。

索赔的性质属于经济补偿行为,而不是惩罚。索赔的损失结果与被索赔人的行为并不一定存在法律上的因果关系。索赔工作是承、发包双方之间经常发生的业务。

(二)索赔的程序

FIDIC 合同条款规定的索赔程序,主要包括以下五个步骤:

(1)承建单位在引起索赔的事件第一次发生之后的 28 d 内,应将索赔的意向通知监理工程师,同时将一份副本呈交项目法人。

(2)监理工程师收到上述通知后,审查并指令承建单位实施并保持必要的同期记录。

(3)在索赔意向通知发出后 28 d 内,或监理工程师可能同意的其他时限内,承建单位应提交给监理工程师一份详细材料,说明索赔款额和依据。如果引起的索赔事件具有连续的影响,则承建单位应每隔 28 d 提交一份临时报告;在索赔事件的影响结束后的 28 d 内提交一份最终详细报告。临时报告和最终详细报告,均称为索赔报告。

(4)监理工程师审核索赔报告,并在与项目法人和承建单位协商后,确定出合理的索赔款额或工期补偿,发出索赔处理通知单。对于经济索赔中的索赔款额,在中期付款过程中予以支付。

(5)如果承建单位对监理工程师的索赔处理不满,可以申请仲裁或提出诉讼。

如果承建单位违反了上述程序的某些规定,并不完全取消其索赔的权利,但应受到限制,其有权得到的赔偿款额将不超过监理工程师通过同期记录核实估价的索赔总额。索赔流程见图 17-2。

FIDIC 合同条款还规定,当承建单位向工程师递交了最终报表后,其索赔的权利就终止了。

(三)索赔的作用、起因、依据

1. 索赔的作用

(1)索赔可以促进双方内部管理,保证合同正确、完全履行。

(2)索赔有助于对外承包的开展。

(3)有助于政府转变职能。

(4)促使工程造价更加合理。

2. 索赔的起因

(1)合同文件不完善。

(2)意外风险和不可预见因素。

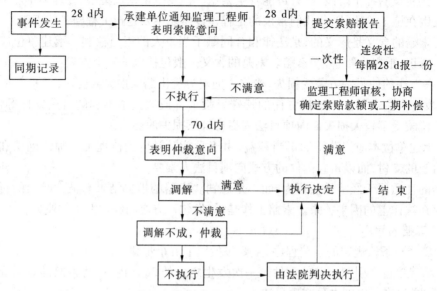

图 17-2　FIDIC 合同条款下的索赔流程图

（3）设计图纸或工程量表中的错误。

（4）项目法人违约。

（5）监理工程师差错。

（6）价格调整。

（7）法规变化。

3. 索赔的依据

索赔报告的证据部分包括该索赔事项所涉及的一切证据资料，以及对这些证据的说明。证据是索赔报告的重要组成部分，没有翔实可靠的证据，索赔是不可能成功的。

索赔证据资料的范围很广，它可能包括工程项目施工过程中所涉及的有关政治、经济、技术、财务等资料。这些资料承建单位应在整个施工过程中持续不断地搜集整理，分类储存。一般包括工程所在地的政治经济资料、施工现场同期记录、工程项目财务报表等。

4. 索赔组成

在计算索赔费用时，首先应分析索赔费用的组成，分辨出哪些费用是可以索赔的。索赔费用的组成部分，同工程款的计价内容相似，包括直接费、分包费、间接费和利润。直接费包括人工费、材料费和机械使用费；间接费包括工地管理费、保险费、利息、总部管理费等，这些可索赔的费用都是由于完成额外的应索赔的工作而额外增加的开支。具体内容见图 17-3。

索赔费用的确定，应使用承包商的实际损失得到完全弥补，也不能使其因索赔而额外受益。索赔费用以弥补实际损失为原则。但对于不同原因引起的索赔，承包人可索赔的具体费用是不完全一样的，要根据各项费用的特点、条件进行分析论证。

1）人工费

人工费包括施工人员的基本工资、工资性质津贴、加班费、奖金以及法定的安全福利

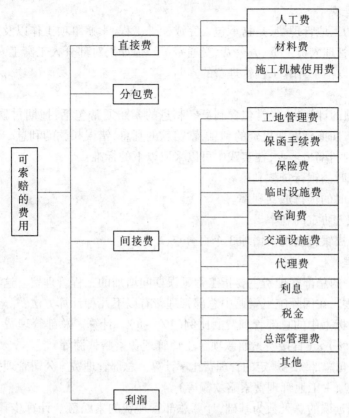

图 17-3 索赔费用组成

等费用。对于索赔费用中的人工费而言,是指完成合同之外的额外工作所花费的人工费用,如由于非承包商责任导致的工程效率降低所增加的人工费用、超过法定工作时间加班劳动的费用、法定工资增长以及非承包商责任工程延误导致的人员窝工和工资上涨费等。

2)材料费

材料费索赔包括:由于发生索赔事项,材料实际用量超过计划用量而增加的材料费;由于客观原因材料价格大幅度上涨的费用;由于非承包商责任造成的工程延误而导致的材料价格上涨和超期储备费用。材料费中应包括运输费、仓储费,以及合理的损耗费用。如果因为承包商管理不善而造成材料损坏失效,则不能列入索赔计价。

3)施工机械使用费

施工机械的索赔包括:由于完成额外的工作而增加的机械使用费,非承包人造成的工效降低而增加的机械使用费,由于项目法人或监理工程师的原因导致机械停工的窝工费。窝工费的计算,如系租赁设备,一般按实际租金和调进调出的分摊计算;如系承包人自有设备,一般按台班折旧费计算,而不能按台班费计算,因台班费中包含设备使用费。

4)分包费

分包费索赔是指分包商的索赔费,一般也包括人工、材料、机械使用的索赔。分包人的索赔应如数计入总承包人的索赔总额内。

5)工地管理费

索赔款中的工地管理费,是指承包人完成额外工程、索赔事项工作以及工期延长期间的管理费,包括管理人员工资、办公费、交通费等。但如果对部分人工窝工索赔,而其他工程仍在进行,可以不予计算工程管理费的索赔。

6)利息

在索赔款项的计算中,经常包含利息。利息的索赔通常包括:拖期付款的利息,由于工程变更或者工期拖延增加投资的利息,索赔款的利息,错误扣款的利息。

这些利息的利率是多少,在实践中可以采取以下的标准:

(1)按照当时的银行贷款利率。

(2)按照当时的银行透支利率。

(3)按照双方协定的利率。

(4)按照中央银行贴现率增加3个百分点。

7)总部管理费

索赔项目中的总部管理费主要指工程延误期间增加的工程管理费。这项索赔的计算没有统一的方法。在国际施工索赔中总部管理费有以下几种计算方法:

(1)按照投标书中的总部管理费的比例(3%~8%)计算。总部管理费=合同中的总部管理费比率(%)×(直接费索赔款项+工地管理费索赔款额等)。

(2)按照公司总部统一规定的管理费比率计算。总部管理费=公司管理费比率(%)×(直接费索赔款项+工地管理费索赔款额等)。

(3)以工程延误的总天数为基础,计算总部管理费的索赔额。计算步骤如下:索赔的总部管理费=该工程的每日管理费×工程延误的天数。

8)利润

一般来说,由于工程范围的变更、文件有缺陷或技术错误、项目法人未能提供现场等引起的索赔,承包商可以列入利润。但是对于工程暂停的索赔,由于利润通常包含在每项实施工程内容的价格之内,而延期工程没有消减某些项目的实施,并不导致利润减少。一般监理工程师很难同意在工程暂停的索赔中加入利润的损失。

索赔利润的款项计算通常与原报价单中的利润百分率保持一致,即在成本的基础上,增加原报价单中的利润率,作为该项索赔的利润。

(四)索赔的计量和计算方法

索赔的计量主要是对价值因素的计算,广义地讲,索赔应当是双向的,既可以是承建单位向项目法人的索赔,也可以是项目法人向承建单位的索赔。但我们讲的索赔主要是指承建单位向项目法人的索赔,这是索赔管理的重点。而项目法人在向承建单位的索赔中处于主动地位,可以直接从付给承建单位的工程款中抵扣,也可从保留金中扣款以补偿损失。因而,这类索赔不是我们进行索赔管理的重点。索赔的计算方法包括以下几种。

1.总费用法

总费用法即总成本法,当发生多起索赔事件以后,重新计算该工程的实际总费用,再从实际总费用中减去投标报价时的估算总费用,即为索赔金额:索赔金额=实际总费用-投标报价估算总费用。

不少人对采用这种计算索赔费用持批评态度,因为实际发生的总费用中包括由于承包人的原因而增加的费用,同时投标报价时却因为想中标而将总费用估算得过低。因此,用总费用法计算索赔额是很困难的,有时甚至是不可能的。总费用法在一定条件下仍被使用。概括来说,采用总费用法一般要符合以下条件:

(1)由于该项索赔在施工中具有特殊性质,难于或不可能精确计算出损失费用。

(2)承包人的该项报价估算比较合理。

(3)已开支的实际费用经过逐项审核,可认为是比较合理的。

(4)承包人对已发生的费用增加没有责任。

2. 修正的总费用法

修正的总费用法是对总费用法的改进,即在总费用计算的基础上,去掉了一些不合理的因素,使其更合理。修正的内容如下:

(1)计算索赔的时段只限于外界影响的时期,而不是整个施工工期。

(2)只计算受影响时段受影响的某项工作损失,而不是计算受影响时段所有工作所受到的损失。

(3)在所影响的时段内受影响的某项施工中,使用的人工、设备、材料等资源均有可靠的记录资料,如监理工程师的监理日志、承包商的施工日志等施工记录。

(4)与该工作无关的费用,不列入总费用中。

(5)对投标报价时估算费用重新进行核算,按受影响时段期间该项工作的实际单价进行计算,乘以实际完成的该项工作的工程量,得出调整后的报价费用。

按修正后的总费用法计算索赔公式如下:

索赔金额 = 某项工作调整后的实际总费用 - 该项工作的报价费用

修正的总费用法与总费用法相比,有了实质性改进,基本上能反映出准确的实际增加的费用。

3. 实际费用法

实际费用法又称实际成本法,是工程索赔计算最常用的一种方法。这种方法以承包商为某项工作所支付的实际开支为依据,分别分析计算索赔值,所以又称分项法。

用实际费用法计算时,在直接费用的额外费用部分基础上,加上应得的间接费和利润,就是承包人应得的索赔金额。由于实际费用法所依据的是实际发生的成本记录和单据,所以在施工过程中,系统而准确地积累和记录资料是非常重要的。

4. 合理计价法

合理计价法是根据公正调整的理论要求得到的合理的经济补偿。根据公正调整理论,当施工合同条款没有明确指出,以及合同已被解除时,承包人有权根据自己完成的工程量取得合理的经济补偿。

对于合同范围以外的额外工程,或施工条件完成变化了的施工项目,承包人有权取得经济补偿,得到合理的索赔款额。一般认为,如果合同中有具体的条款,应按合同条款的内容来计算索赔的费用,而不必采取合理计价法。

（五）索赔的提出和处理

1. 索赔的提出

承包人根据合同条款及其他规定，向项目法人索取追加付款，但应在索赔事件发生后 28 d 之内，将索赔意向书提交项目法人和监理工程师。在上述索赔意向书提交 28 d 内，再向监理工程师提交索赔报告，详细说明索赔的理由和索赔费用的计算依据，并附必要的当时记录和证明材料。如果索赔事件继续发生或继续影响生产，承包人应按监理工程师要求的合理时间整理出索赔累计金额和提出中期索赔报告，并在索赔事件影响结束后的 28 d 内，向项目法人和监理工程师提交包括最终索赔金额、延续记录、证明材料在内的最终索赔报告申请书。

2. 索赔的处理

（1）监理工程师收到承包人提交的索赔意向书后，应及时检查承包人的当时记录，并可指示承包人提供进一步支持文件和继续做好延续记录以备核查。监理工程师可以要求承包人提供全部记录的副本。

（2）监理工程师收到承包人递交的索赔申请报告和最终索赔报告后 42 d 内，应立即进行审核，并与项目法人和承包人协商后作出决定，在上述期限内将索赔处理决定通知承包人。

（3）项目法人和承包人应在收到监理工程师索赔处理决定后的 14 d 内，将其是否同意索赔处理决定的意见通知监理工程师。若双方均接受监理工程师的决定，则监理工程师在收到上述通知的 14 d 之内，将确定的索赔金额列入支付证书中支付。若双方或其中一方不接受监理工程师的决定，则双方可按照规定提请争议调解。

（4）若承包人不遵守索赔规定，则应得到的支付不能超过监理工程师核实后决定的或者争议调节组按规定提出的或仲裁机构裁定的金额。

第八节　竣工决算

竣工决算是在竣工验收前对工程项目建设过程中所有花费的汇总，是核定工程总造价的重要工作。

一、竣工决算的依据

编制竣工决算的依据包括以下几方面：

（1）国家的有关法律、法规。

（2）经批准的设计文件。

（3）主管单位下达的年度投资计划，基本建设支出预算。

（4）经主管部门批复的年度基本建设财务决算。

（5）项目合同。

（6）会计核算及财务管理资料。

（7）工程价款结算，物资消耗等材料。

（8）其他有关项目的管理文件。

二、竣工决算的编制要求

竣工决算的编制要求如下：

(1)水利工程建设项目竣工决算应严格按照《水利基本建设项目竣工财务决算编制规程》(SL 19—2001)规定的内容、格式编制,除非对工程类项目的实际情况适当简化外,不得改变规定的格式,不得减少编报的内容。

(2)项目法人从项目筹建之日起,应有专人负责竣工决算的编制工作,并与项目建设进度相适应,要求竣工决算的编制人员相对稳定。

(3)竣工决算应分大中型、小型项目,按照项目的大小编制。

(4)建设项目应符合国家规定的竣工验收条件,若有少量的未完工程及竣工验收等费用,可纳入竣工决算;预计未完成工程及竣工验收等费用,大中型项目控制在总概算的3%,小型项目控制在概算的5%以内。项目竣工验收时,项目法人应将未完成工程及费用的清单交竣工验收委员会确认。

三、竣工决算的编制步骤

按照国家财政部印发的财基字(1998)4号关于《基本建设财务管理若干规定》的通知要求,竣工决算的编制步骤如下:

(1)收集、整理、分析原始资料。从建设工程开始就按编制依据的要求,收集、清点、整理有关资料,主要包括建设工程档案资料,如:设计文件、施工记录、上级批文、概(预)算文件、工程结算资料整理、财务处理、财产物资的盘点核实及债权债务的清偿,做到账账、账证、账实、账表相符。对各种设备、材料、工器具等要逐项盘点核实并填列清单,妥善保管,或按照国家有关规定处理,不准任意侵占和挪用。

(2)对照、核实工程变动情况,重新核实各单位工程、单项工程造价。将竣工资料与原设计图纸进行查对、核实,必要时可实地测量,确认实际变更情况;根据经审定的施工单位竣工结算等原始资料,按照有关规定对原概(预)算进行增减调整,重新核定工程造价。

(3)将审定后的待摊投资、设备工器具投资、建筑安装工程投资、工程建设其他投资严格划分和核定后,分别计入相应的建设成本栏目内。

(4)编制竣工财务决算说明书,力求内容全面、简明扼要、文字流畅、说明问题。

(5)填报竣工财务决算报表。

(6)做好工程造价对比分析。

(7)清理、装订好竣工图。

(8)按国家规定上报、审批、存档。

四、竣工决算的内容

竣工决算的内容应包括从项目策划到竣工投产全过程的全部实际费用,主要包括竣工决算说明书、竣工决算报表、工程竣工图和工程造价对比分析等四个部分。其中,竣工决算说明书和竣工决算报表又合称为竣工财务决算,它是竣工决算的核心内容。

（一）竣工决算说明书

竣工决算说明书是竣工决算的重要文件，它是反映竣工项目建设过程、建设结果的书面文件，其主要内容如下：

（1）项目概况。

（2）概算与计划执行情况。

（3）投资来源。

（4）基建收入、基建结余资金的形成和分配情况。

（5）移民土地征用专项处理等情况。

（6）财务管理方面的情况。

（7）项目效益及主要技术经济指标的分析计算。

（8）交付使用的财产情况。

（9）存在的主要问题及处理意见。

（10）需要说明的其他问题。

（11）编表说明。

（二）竣工决算报表

竣工决算报表主要包括以下报表：

（1）水利基本建设竣工项目概算表。

（2）水利工程建设项目投资分析表。

（3）水利基本建设项目年度财务决算表。

（4）水利工程建设项目投资分析表。

（5）水利工程建设成本表。

（6）水利工程建设项目预算未完成工程费用表。

（7）水利基本建设竣工项目待核销基建支出表。

（8）水利工程建设竣工项目转出投资表。

（9）水利基本建设竣工项目转出投资表。

五、工程竣工决算的审查

对工程竣工决算的审查一般从以下方面入手：

（1）核对合同条款。首先，应该对竣工工程内容是否符合合同条件要求、工程是否竣工验收合格进行审查，只有按合同要求完成全部工程并验收合格才能列入竣工决算。其次，应按合同约定的结算方法、计价定额、取费标准、主材价格和优惠条款等，对工程竣工决算进行审核，若发现合同开口或有漏洞，应请建设单位与施工单位认真研究，明确决算要求。

（2）检查隐蔽验收记录。所有隐蔽工程均需进行验收，两人以上签证，实行工程监理的项目应经监理工程师签证确认。审核竣工决算时应该核对隐蔽工程施工记录和验收签证，手续完整，工程量与竣工图一致方可列入决算。

（3）落实设计变更签证。设计修改变更应由原设计单位出具设计变更通知单和修改图纸，设计、校审人员签字并加盖公章，经建设单位和监理工程师审查同意并签证；重大设计变更应经原审批部门审批,否则不应列入决算。

(4)按图核实工程数量。竣工决算的工程量应依据竣工图、设计变更单和现场签证等进行核算,并按国家统一规定的计算规则计算工程量。

(5)严格执行合同约定单价。结算单价应按合同约定或招投标规定的计价定额与计价原则执行。

(6)注意各项费用计取。审核建设安装工程的取费标准是否符合合同要求,项目建设各项费率、价格指数或换算系数是否正确,价差调整计算是否符合要求,再核实特殊费用和计算程序。要注意各项费用的计取基数,如安装工程间接费等以人工费为基数,这个人工费是定额人工费与人工费调整部分之和。

(7)按合同要求分清是清单报价还是套定额取费。

(8)防止各种计算误差。工程竣工决算子目多、篇幅大,往往有计算误差,应认真核算,防止因计算误差多计或少算。

六、工程竣工决算审计重点

在工程竣工决算审计中,应明确以下几个方面为重点:

(1)核定施工工程量。核定施工工程量是工程竣工决算审计的关键。由于工程量的计算多且烦琐,图纸显示抽象,容易造成高估冒算。因此,一要重点审核投资比例较大的分项工程,如混凝土结构梁、板、柱、楼板,钢结构以及高级装饰项目等;二要重点审核容易混淆或出漏洞的项目,如建筑工程中的内外墙体体积应以实砌体积计算,要扣除梁、柱、门、窗体积,在实际施工计算中,施工单位往往不扣或少扣梁、柱的体积;三要防止仪表、卫生器具、管道的阀门已计入定额,施工单位又计入安装工程量;四要防止钢筋混凝土基础T形交接重复计算,以及梁、板、柱交接处受力筋重复计算等。

(2)审核材料用量及价差。材料用量审核,主要是审核土建工程三大主材及装饰工程、水、电、暖材料用量。材料量审核也是工程竣工决算审计的重要一环。由于市场材料价格不一且波动较大,因此材料价差的审核,特别是主材价差的审核更为重要。要认真审核材料的品种、规格、产地、质量是否符合设计标准和国家规范。材料价差应依照定额用量、实际消耗量和预算定额单价、实际单价分析计算,既不能遗漏,也不能重复计算。

(3)审核工程类别。对施工单位的资质和工程类别进行审核,是保证工程取费合理的前提。确定工程类别,按国家规定的规范认真核对。

(4)审计工程定额的套用。定额套用审核要注意由于定额缺项或定额使用条件不符而发生的高估冒算、弄虚作假问题。首先要审核决算中所列工程项目、规格、计算单位是否与所套用的定额相符,是否有错套现象。应重点审核价高、工程量较大或定额子目容易混淆的项目,保证工程造价准确。其次,在套用定额时注意相互之间的换算,如砌筑、混凝土标号的换算等,保证换算数据准确。

(5)审计主体工程以外的附属工程。在审核竣工决算时,主体工程外的附属工程,应分别审核,防止施工费用混淆、重复计算。

第四篇　合同管理和信息管理

第十八章　合同管理

第一节　总　则

合同管理是建设监理的重要内容之一,它贯穿于项目建设的全过程,是确保合同正常履行、维护合同双方正当权益、全面实现工程项目建设目标的关键性工作。

按照项目法人与承建单位签订的施工合同条款进行监理,对不合理条款(如违犯法律法规、不平等条款等)提出更改与修改意见,严格按照施工合同要求,检查施工合同的执行情况,及时发布各种指令或文件,以保证合同目标的顺利实现。认真做好合同的变更事宜,公平地对待建设各方,公正、独立、自主地解决合同纠纷,并积极协调建设各方的关系。

第二节　合同的实施

一、合同的概念和内容

合同又称契约。《中华人民共和国民法通则》第八十五条规定:"合同是当事人之间设立、变更、终止民事关系的协议。"当事人可以是双方的,也可以是多方的。民事关系是指民事法律关系,也就是民法规范所调整的财产关系和人身关系在法律上的表现。民事法律关系由权利主体、权利客体和内容三部分组成。

权利主体又称民事权利义务主体,指民事法律关系的参加者,也就是民事法律关系中依法享受权利和承受义务的当事人。从合同角度看,也就是签订合同的双方或多方的当事人,包括自然人和法人。

权利客体,是指权利主体的权利和义务共同指向的对象,包括物、行为和精神产物。物是指由民事主体支配并能满足人们需要的物质财富,它是民事法律关系中常见的客体。行为是人们活动和活动的结果。精神产品也称智力成果。

内容是指民事权利和义务。一切合同,不论其主体是谁,客体是什么,内容如何,都具有以下共同的法律特征:首先合同是民事法律行为,其次合同是当事人的法律行为。

二、合同的内容

根据《中华人民共和国合同法》第十二条规定,合同内容包括以下几方面:

(1)合同当事人的名称或者姓名和住所。

(2)合同标的。合同标的是指当事人双方的权利、义务共指的对象。它可能是实物(生产材料、生活资料、动产、不动产等)、服务性工作(劳工、加工)、智力成果(专利、商标、专有技术)等。如工程承包合同,其标的是完成的工程项目。标的是合同必须具备的条款。无标的或者标的不明确,合同是不成立的,也是无法履行的。

(3)标的的数量和质量。标的的数量和质量共同确定标的的具体特征。标的的数量一般以度量衡为计算单位,以数字作为度量衡的尺度。标的质量是指质量的标准、功能技术要求和服务条件等,没有标的的数量和质量的尺度,合同是无法履行的,发生纠纷也不易分清责任。

(4)合同价金或酬金。合同的价金或酬金即为取得标的(物品、劳务或服务)的一方向另一方支付的代价,作为对方完成合同的补偿。合同中应写明价金数量、付款方式、结算程序。合同应遵循等价互利的原则。

(5)合同期限和履行地点。合同期限是指履行合同的期限,即从合同生效到合同结束的时间,履行地点是指标的的所在地,如以承包合同为标的的合同,其履行地点是工程计划文件所规定的地点。

(6)违约责任。违约责任是合同的一方或多方因为过失不能履行或者不能完全履行合同的责任、侵犯另一方的经济权利时所应该负的责任。违约责任是合同的关键条款之一。若没有规定违约责任,则合同双方难以形成法律约束力,难以确保圆满地履行合同,发生争议也难以解决。

(7)解决争议的方法。在合同履行过程中,合同当事人双方的争执总是有的,合同争执具体表现在:合同当事人双方对合同规定的义务和权利理解不一致,最终导致对合同的履行或不履行的后果及责任的分担产生义务。

三、建设项目中的合同关系

(一)项目法人的主要合同关系

项目法人作为合同的买方,是工程的所有者,它可能是政府、企业、其他投资者,或者几个企业的组合,或者政府和企业的组合。项目法人根据工程的需求,确定工程项目的整体目标,这个目标是相关工程合同的核心。要实现工程目标,项目法人必须要将建设工程的勘察设计、各专业施工、设备和材料供应等工作委托出去,并与有关的单位签订如下合同:监理合同、勘察设计合同、供应合同、工程施工合同、贷款合同等。

(二)承包人的主要合同关系

承包人是工程施工的具体实施者,是工程承包合同的执行者。承包人通过投标接受项目法人委托,签订承包合同,承包人要完成承包合同的责任,包括工程量表所确定的工程范围的施工、竣工和保修,为完成这些工程提供劳动力、施工设备、材料,有时候也包括技术设计。但是承包商不可能具备所有专业的施工能力、材料设备的生产和供应能力,也同样需要将工作委托出去,故承包商常常又有自己的复杂的合同关系,如:分包合同、供应合同、运输合同、加工合同、租赁合同、劳务供应合同、保险合同。

四、合同文件和合同条款

(一)施工合同文件的内容

合同文件简称合同,《中华人民共和国经济合同法》规定,设定合同可有书面形式、口头形式和其他形式,建设工程合同采用书面形式。合同文件就是构成合同的所有书面材料。对施工承包合同而言,一般包括以下内容。

1. 合同条款

合同条款是指项目法人拟定和选定,经双方统一采用的条款,它规定了合同双方的权利和义务。合同条款一般分两个部分:第一部分是通用条款,第二部分是专用条款。

2. 规范

规范是指合同中包括的工程规范和监理工程师批准的对规范所进行的增补和修改。规范应规定合同的工作范围和技术要求,对承包人提供的材料质量和工艺标准,必须作出明确的规定。规范还应包括在合同期间由承包人提供的试样和进行试验的细节。规范通常还包括计量方法。

3. 图纸

图纸是指监理工程师根据合同向承包商提供的所有图纸、设计书、操作和维修手册及其他技术资料。图纸应该足够详细,以便投标人在参照了规范和工程量清单后,能确定合同所包括的工作范围和性质。

4. 工程量清单

工程量清单是指已经标价的完整的工程量表,列有按照合同应实施的工作说明、估算的工程量以及投标者所填写的总价和单价,是投标文件的组成部分。

(二)合同的优先顺序

构成合同的各种文件,应该是一个整体,它们是有机的结合,互为补充、互为说明。但是,由于合同文件的内容众多、篇幅庞大,很难避免彼此出现解释不清和有异议的情况,因此合同条款应规定合同文件的优先顺序,即当不同的文件出现模糊和矛盾时,以哪个文件为准。按照 FIDIC 条款,除合同另有规定外,构成合同的各种文件的优先次序排列如下:

(1)合同协议书。

(2)中标函。

(3)投标书。

(4)合同条款第二部分,即专用条款。

(5)合同条款第一部分,即通用条款。

(6)构成合同的其他文件,主要包括规范、图纸、已标价的工程量清单。

如果项目法人选定不同的优先次序,则应在专用条款中给予修改说明;如果项目法人决定不分文件的优先顺序,则可在专用条款中说明,并可将出现的含糊或异议的解释和校正权赋予监理工程师,即监理工程师有权向承包人发布指令,对这种含糊和异议加以解释和校正。

(三)合同文件的主导语言

在国际语言中,当使用两种或两种以上的语言拟定合同文件,或用一种语言编写,然后译成其他语言时,则应在合同中规定据以解释和说明合同文件以及作为翻译依据的一种语言,称为合同的主导语言。

规定合同文件的主导语言是很重要的。因为不同的语言在表达上存在着不同的习惯,往往不可能完全相同地表达同一意思。一旦出现不同的解释,则应以主导语言编写的文本为准,这就是所说的"主导语言原则"。

(四)合同文件的适用法律

国际工程中,应在合同中规定一种适用于该合同、进行解释的国家的法律,称为该合同的适用法律,适用法律可以选用合同当事人一方的国家法律,也可使用国际公约和国际立法,还可以使用合同当事人双方以外的第三国的法律。

我国从维护国家主权的立场出发,遵守平等互利的原则和优先适用国际公约及参照国际惯例的做法,就涉外经济合同适用法律的选择,分为一般原则、选择适用和强制适用三种类型。

1. 一般原则

一般原则是指我国涉外经济合同法的一般规定,如在我国订立和履行的合同,适用中华人民共和国法律。

2. 选择适用

选择适用指当事人可以选择适用与合同有密切联系的国家法律,当事人没有做法律适用选择时,可以使用合同缔结地或者合同执行地的法律。

3. 强制适用

强制适用是指法律规定的某些方面涉外经济合同必须适用于我国法律,而不论当事人双方选择适用与否。

适用法律原则是很重要的,因为从原则上讲,合同文件必须严格按照适用法律进行解释,建设合同不能违反适用法律的规定,当合同条款与适用法律规定相矛盾时,以法律规定为准。也就是说,法律高于合同,合同必须符合法律,这也就是所说的适用法律原则。

(五)合同文件的解释

合同文件的各个组成部分,都属于合同文件的内容,合同双方都应该遵守执行。但是,在实践中,组成合同文件的各个部分往往在论述上互相有出入,甚至有矛盾。这时候就应该由主管合同的监理工程师作出书面上的正式解释,或者最好在合同条款中明确规定合同文件的优先顺序,作为执行合同的依据。

即使合同中对合同文件的优先顺序做出了明确规定,在合同的实施过程中,仍然会出现不同的理解和争议。这时,就要求监理工程师对争议事件发出解释的书面信件,或发出改变先后顺序的指令。这种指令应视为变更指令,按照合同变更的相关规定处理。

对合同文件的解释,除应遵守上述合同文件优先顺序原则外,还应遵守国际上对工程承包合同文件进行解释的一些公认原则,主要有以下几点:

(1)诚实信用原则。各国法律都普遍承认诚实信用原则,它是解释合同文件的基本原则之一。

（2）反义居先原则。这个原则是指：由于合同中有模棱两可、含糊不清之处，因而导致对合同的规定有两种不同的解释时，则按照不利于起草方的原则进行解释，也就是起草方的相反解释居位优先地位。

（3）明显证据优先原则。这个原则是指，如果合同文件中出现了几处对同一问题的不同规定，则除遵守合同文件的优先顺序外，应服从以下原则：具体的规定优先于原则规定，直接规定优先于见解规定，细节的规定优先于笼统的规定。

（4）书写文件优先原则。此原则规定：书写条文优先于打字条文，打字条文优先于印刷条文。

（六）合同条款中的明文条款，隐含条款和可推定条款

1. 明文条款

明文条款是指在合同中所有用明文写出的各项条款和规定。明文条款对双方的权利和义务进行了书面规定，合同双方应根据诚信原则严格按照合同条款办事。

2. 隐含条款

隐含条款是指合同明文条款中没有写入，但是符合双方签订合同时的真实思想和当时环境条件的一切条款。

3. 可推定条款

可推定条款是指在施工过程中，项目法人和监理工程师虽然没有正式出示指令，但其言行表示出一种非正式的指令，这种合同条款管理上称为"可推定的指令"。

第三节　合同管理的内涵

一、工程合同管理是控制工程质量、进度和造价的重要依据

工程建设合同管理，是对工程建设项目有关的各类合同，从条件的拟订、协商、签署、执行情况的检查和分析等环节进行的科学管理工作，以期通过合同管理实现工程项目"三大控制"的任务要求，维护当事人双方的合法权益。工程建设项目的"三大控制"，通常由监理工程师依据合同实施管理。

（一）合同管理中的质量控制

监理人员运用科学管理方法和质量保证措施，严格约束承建单位按照图纸和技术规范中写明的试验项目、材料性能、施工要求和允许误差等有关规定进行施工，消除隐患，制止事故发生，严格把好质量关，依据合同条款的有关规定对工程质量进行监督与管理。

（二）合同管理中的进度控制

监理人员在接到承建单位提交的工程施工进度计划后，对进度计划进行认真的审核，检查承建单位所制定的进度计划是否合理，审查承建单位提交的工程施工总进度计划是否符合工程建设项目的合同工期要求。

（三）合同管理中的投资控制

监理人员作为工程费用的监控主体，处于工程计划与支付环节的关键位置，除加强对合同中所规定的工程量计量、工程费用的支付管理外，还将对合同中所规定的其他费用加

强监督与管理。此外,还应根据合同条款,制定工程计量与支付程序,使工程费用监督与管理科学化、规范化、程序化。

工程费用的支付,必须严格按照合同规定的支付时间、支付范围、支付方法、支付程序等进行。

二、工程变更(合同变更)后合同价款的调整

(一)施工合同价款的约定

施工合同价款,是按有关规定或协议条款约定的各种取费标准计算的,用以支付乙方按照合同要求完成工程内容的价款总额。这是合同双方关心的核心问题之一,招投标等工作主要是围绕合同价款展开的。合同价款在协议条款内约定后,任何一方不得擅自改变。

约定合同价款主要有两种形式:一是通过甲、乙双方和有关单位共同审定合同价款;二是通过工程招投标,甲、乙双方约定合同价款。

(二)施工合同价款的调整

双方在协议条款中应约定调整的条件和调整的方式。

1. 调整的条件

协议条款另有约定或者发生下列情况之一的,合同价款可做调整:

(1)甲乙双方代表确认的工程量增减;

(2)甲乙双方代表确认的设计变更或者工程洽商;

(3)工程造价管理部门公布的价格调整;

(4)一周内非乙方原因造成停水、停电、停气累计超过 8 h;

(5)合同约定的其他增减或调整。

2. 调整的方式

目前,我国施工合同价款调整的方式很多,应按照具体情况予以约定:

(1)一般工期较短的工程采用固定价格,但因甲方致使工期延长时,合同价款是否做出调整则应予以约定。

(2)甲方对施工期间可能出现的价格变动采取一次性付给乙方一笔风险补偿费用办法的,应当明确约定补偿的金额和比例,并且约定补偿后对合同价款是全部不予调整还是部分不予调整。如果是部分不予调整,还应明确可以调整项目的名称。

(3)合同价款采用可调价格的,则应约定调整的范围,如除材料费用外是否包括机械费、人工费、管理费。其他问题也应有详细的约定,如对合同中所列调整条件是否有补充;调整的依据,是哪一级工程造价管理部门公布的价格调整文件;调整的方法、程序,乙方提出调价通知的时间,甲方代表批准和支付的时间等。如对工程量增减和工程变更的数量有限制的,还应约定限制的数量。

第四节　合同的分包和转让管理

一、合同的转让

转让是指中标的承建单位把对工程的承包权转让给另一家承建单位的行为。某项合同一经转让，原承建单位与项目法人的合同关系改变成新承建单位与项目法人的关系。而原承建单位也就解除了该合同的权利和义务。

一般地说，项目法人是不希望转让的。因为原承建单位是项目法人经过资格预审、招投标和评标后选中的，授予合同意味着项目法人对原承建单位的信任。将合同转让给第三方，显然是不符合挑选程序的目的和项目法人的意愿的。所以，FIDIC 条款规定：没有项目法人的事先同意，承建单位不得将合同或合同的任何部分转让给第三方。但下述情况除外：

（1）承包人的开户银行代替承包人收取合同规定的款额。

（2）在保险人已经清偿了承包人的损失或免除了承包人的责任的情况下，承包人将其从任何其他责任方处获得赔偿的权利转让给承包人的保险人。

二、合同的分包

招标文件中通常规定，承包人不得将其承包的工程肢解分包出去。主体工程不允许分包。除合同另有规定外，未经监理人同意不得将工程的任何部分分包出去。承包人对分包出去的工程以及分包人的任何工作和行为负全部责任。即使监理工程师同意分包的工程，也不能免除承包人对合同应该负的责任，分包人应就其完成的工程成果向发包人负连带责任。监理工程师认为必要时，承包人要向监理工程师提交分包合同副本。除合同另有规定外，下列事项不需要承包人征得监理人同意：承包人为完成合同规定的各项工作向工地派遣和雇用技术劳务人员，采购符合合同规定标准的材料，合同中明确了分包人的工程分包。

（一）分包的作用

分包是指中标承建单位委托第三方为其实施部分或全部合同工程。分包与转让不同，它并不涉及权利转让，其实质不过是承建单位为了履约而借助第三方的支援。一个大的施工合同工程，往往涉及许多专业内容，仅依靠承建单位本身的技术力量、施工设备和劳务来完成并自行组织各种材料、设备的供应，是很困难或者很不经济的。将一些专业性强或劳务量大的部分工程，分包给专业工程公司或劳务公司，利用他们在某方面的特长，有助于整个工程施工。很多工程的实践证明了这点。所以，正确合理地进行工程分包，是有利于完成工程任务、提高经济效益的。当然，对于那些不顾质量，纯粹以追求利润为目的的"层层分包、层层榨利"的做法，是应坚决反对的。

（二）一般分包

由承建单位制订分包合同并挑选分包单位，称为一般分包。FIDIC 条款对一般分包有如下几点规定：

（1）除非合同另有规定，承建单位不得将整个合同工程分包出去。

（2）承建单位将工程任何部分分包出去，必须事先取得监理工程师的同意。

（3）监理工程师的这类同意，不解除项目法人与承建单位间的合同规定的承建单位的任何责任或义务。

根据上述规定，一般分包的管理工作特点是：分包合同必须事先取得监理工程师的批准才能签订。其申报及审批的程序见图18-1。

可以看出，监理工程师的审查是重要的环节。根据合同精神，项目法人、监理工程师不能无故拒绝或批准承建单位提出的分包合同，因此就要求监理工程师认真做好对分包合同的审查工作，无论批准与否，均应有充分的理由说明。审查的主要内容是：分包单位的资质与信誉，是否有能力承担该项分包工程以及分包合同是否明确写明必须严格遵守施工合同中对工程的一切要求。

分包合同规定的是承建单位与分包单位间的权利义务关系。因此，经监理工程师同意对分包合同的签订不解除施工合同规定的承建单位的任何责任和义务。对于分包单位及其职工的行为、疏忽或违约，承建单位要向项目法人负完全责任。项目法人、承建单位、分包单位之间的关系见图18-2。

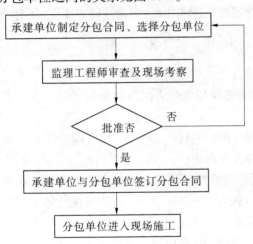

图18-1　一般分包申报及审批程序

图18-2　项目法人、承建单位、分包单位关系

按监理委托合同的规定，监理工程师只对承建单位的施工工作进行监督管理，而不直接与分包单位联系。监理工程师对分包工程的意见，应督促承建单位通过分包单位去实施。有些情况下，在承建单位同意后，监理工程师也可就一些技术问题，直接与分包单位接触。

（三）指定分包

这是指由项目法人或监理工程师决定，将工程的一部分，分包给由项目法人或监理工程师选定的承建单位或供应单位。这些单位经承建单位同意后，应被视为承建单位雇用的分包单位，并称为指定分包单位。按FIDIC条款的规定，指定分包单位应在分包合同范围内，对承建单位承担涉及的义务和责任，以免除承建单位对项目法人承担的这些义务和责任；指定分包单位还应保护并保障承建单位免于承担由分包单位及职工的任何疏忽造成的损失，以及误用承建单位提供的临时工程造成的损失。这些规定应明确写入分包合同。承建单位有权拒绝与不同意与上述规定的指定分包单位或由其他理由雇用的指定分包单位签订分包合同。

承建单位与指定分包单位签订分包合同后,应承担起对指定分包合同的监督管理工作;项目法人则应按在工程量清单中或投标书附件中填明的百分率,向承建单位支付监督管理费。如果是由项目法人和指定分包单位签订一份单独合同,则应由监理工程师代表项目法人负责监理工作,这种情况已不属于指定分包的范围,实质上是一个独立施工合同了。

第五节　合同的变更

合同变更是对施工合同所作出的修改、改变等。从理论上说,变更就是施工合同状态的改变,施工合同状态包括合同内容、合同表现形式等,合同状态的任何改变均称变更。

一、变更的组织管理

变更涉及的工程参建方很多,但主要是发包人、监理人和承包人三方,或者说均通过该三方来处理。比如涉及设计单位的设计变更时,由发包人提出变更;涉及分包人的分包变更时,由承包人提出。其中,监理人是变更管理的中枢和纽带,无论是何方变更,所有的变更都要通过监理人来发布指令。

二、变更的范围和内容

在履行合同过程中,监理人可根据工程的需要并按发包人的授权指示承包人进行各种种类的变更。变更的范围和内容如下:

(1)增加或减少合同中任何一项工作内容。在合同履行过程中,如合同中任何一项工作内容发生变化,包括增加或减少,均由监理人发布指令。

(2)增加或减少合同中关键部位的工程量超过合同专用条款中规定的百分比。在此所指的"超过合同专用条款中规定的百分比"可在15% ~25%范围内,一般视具体工程确定。就是说当合同中任何项目的工程量增加或减少在规定的百分比以下时,不属于变更项目,不作变更处理;超过规定百分比时,一般视为变更,按照变更处理。

(3)取消合同中任何一项工作。

(4)改变合同中任何一项工作的性质和标准。对合同中的任何一项工作的标准和性质,合同技术条款都有明确的规定,在实施合同过程中,如果根据工程的实际情况,需要提高标准或改变工程的性质,同样需要监理人按照变更处理。

(5)改变工程建筑物的形式、基线、标高、位置和尺寸。如果施工图纸与招标图纸不同,包括工程建筑物的形式、基线、标高、位置和尺寸发生任何变化,均属于变更。

(6)改变合同中任何一项的完工日期或者改变已经批准的施工顺序。

(7)追加为完成工程所需的任何额外工作。

三、变更的处理原则

在建设施工合同中,一般应按照规定的变更处理原则。由于工程变更有可能影响工

期和合同价格,一旦发生此类情况,应遵守以下处理原则:

(一)变更需要延长工期

变更需要延长工期时,按合同有关规定办理;若变更使合同工作量减少,监理人认为应给予提前变更项目工期时,由监理人和承包人协商确定。

(二)变更需要调整合同价格

当变更需要调整合同价格时,可按照以下三种不同情况,确定其单价或合价:

(1)当合同工程量清单中有适用于变更的项目时,应采用该项目单价或合价。

(2)当合同工程量清单中无适用于变更的项目时,则可在合理的范围内参考类似的项目单价或合价作为变更估算的基础,由监理人和承包人协商确定变更后的单价和合价。

(3)当合同工程量清单中无类似的变更项目的单价和合价可参考时,则由监理人与发包人和承包人确定新的单价和合价。

四、变更的处理

(一)一般变更的处理

(1)监理人应在收到承包人的变更报价书后,在合同规定的时限内(一般为 28 d)对变更报价书进行审核,并作出变更处理决定,而后将变更处理决定通知承包人,抄送发包人。

(2)发包人和承包人未能就监理人的决定取得一致意见,则监理人有权暂定他认为合适的价格和需要调整的工期,并将其暂定的变更处理意见通知承包人,抄送发包人。为了不影响工程进度,承包人应遵照执行。对已实施的变更,监理人可将其暂定的变更费用列入合同规定的月进度付款中予以支付。但发包人和承包人均有权在收到监理人的变更决定后,在合同规定的时间内(一般为 28 d),要求按合同规定提请争议评审组评审。若在合同规定时限内发包人和承包人双方均未提出上述要求,则监理人的变更决定即为最终决定。

(二)其他变更的处理

其他变更的处理包括以下两方面:

(1)变更影响本项目和其他项目的单价或合价的处理。

(2)合同价格增减超过 15% 时的处理。

FIDIC 合同条款规定,完工结算时,若出现全部变更工作引起合同价格增减的金额,以及实际工程量与合同工程量清单中估算工程量的差值引起合同价格增减的金额的总和超过合同价格(不包括备用金)的 15%,需对合同价格进行调整时,其调整金额由监理人与发包人和承包人协商确定。若协商后未达成一致意见,则应由监理人在进一步调查工程实际情况后提出调整意见,争得发包人同意后将调整结果通知承包人。上述调整金额仅考虑变更引起的增减总金额以及实际工程量与合同工程量清单中估算工程量的差值引起的增减总金额超过合同价格(不包括备用金)15% 的部分。

(三)承包人原因引起的变更的处理

由承包人原因引起的变更,一般有以下几种情况:

(1)承包人根据其施工专长提出合理化建议,需要对原设计进行变更。这类变更往往可以提高工程质量、缩短工期或节省工程费用,对发包人和承包人均有利,经发包人批准并成功实施后,应给予承包人奖励。这种变更应由承包人向监理人提交一份变更申请报告,经监理人批准后,才能变更,未经监理人批准,承包人不得擅自变更。

(2)承包人受其自身施工设备和施工能力的限制,要求对于原设计进行变更或要求延长工期。这类变更纯属于承包人原因引起,即使得到监理人的批准,还应由承包人承担变更增加的费用和工期延误的责任。

(3)由于承包人违约而必须做出的变更,不论是由承包人提出变更,还是由监理人指示变更,这类变更均应由承包人承担变更增加的费用和工期延误的责任。

五、变更的处理程序和注意的问题

(一)监理机构的变更工作程序

监理机构变更的工作程序如图 18-3 所示。

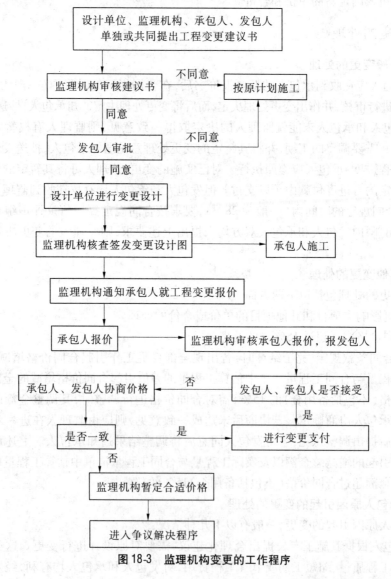

图 18-3　监理机构变更的工作程序

(二)变更时应注意的问题

(1)准确判断,尽可能快地作出变更决定。

(2)进行合价分析,确定变更责任。

(3)督促承包人尽快全面落实变更。

(4)分析变更的影响,妥善处理变更涉及的费用和工期问题,尽量避免引起索赔或争议。

(三)合同变更监理用表

合同变更监理用表见附表三。

第六节　合同的索赔管理

一、施工合同与索赔管理概述

索赔是指在建设工程合同的实施过程中,合同当事人的一方因对方未履行或不能正确地履行合同所规定的义务而受到损失,向对方提出的赔偿要求。在合同履行过程中,由于一方不履行或不完全履行合同义务,而使另一方遭受了损失,受损方有权提出索赔要求。在工程实践中,合同一般由业主起草,大多数情况下是承包商向业主提出索赔。

索赔是以合同为基础和依据的。当事人双方索赔的权利是平等的,即甲方可向乙方索赔,乙方同样可向甲方索赔。此外,索赔与反索赔相对应,被索赔方亦可提出合理论证和齐全的数据、资料,以抵御对方的索赔。

二、索赔要求

在建设工程合同管理中,索赔的要求通常有以下两个:

(1)工期(即合同期)的延长。承包合同中都有工期延误的罚款条款。如果工程拖延是由于承包商管理不善造成的,则他必须接受合同处罚。承包商工期索赔的目的是争取业主给已经拖延了的工期作补偿,以推卸自己的合同责任,不支付或少支付工期罚款。

(2)费用补偿。由于外界索赔事件的影响使承包商工程成本增加,使他蒙受经济损失,他可以根据合同规定提出费用索赔要求,以补偿损失。费用索赔实质上是调整合同价格的要求。如果该要求得到业主认可,业主应向承包商追加支付这笔费用。

三、索赔与反索赔在合同管理中的作用和意义

我国目前的建筑市场走向招标承包竞争机制的时间还不长,无论是甲方、监理还是乙方,对合同的编制和管理经验均不够丰富,再加上行政性法规还不够健全,对合同执行过程中的索赔和反索赔没有引起足够的重视,某种程度上还简单地把其视为无力纠缠和争利。但随着我国参与国际工程项目的增多和对国际通用的合同条件——《FIDIC 土木工程施工合同条件》的研究和实践以及国内的部分大型建设项目实施世界银行贷款项目,按国际惯例实行公开招标后,索赔管理显得非常重要,FIDIC 合同条款具体规定了进行索赔的条件、程序和要求,具有较强的可操作性。新的《中华人民共和国经济法》也专门提

出了责任划分和赔偿条款,这些都为规范索赔管理提供了法律依据。实践证明,双方的索赔都是严格合同管理的一项有效保障措施,没有索赔管理,实际上就是允许一方偏离或不执行合同中规定的义务而又不承担责任,因此索赔和反索赔是双方保证合同顺利实施的正当权利,是落实和调整施工合同当事人权利义务关系的有效手段。同时由此而在客观上产生的重要意义还在于,索赔和反索赔的对立统一,促进了甲、乙双方的业务管理水平的提高和按经济规律沿法制化轨道实施工程建设。

四、索赔的分类

(一)按照索赔依据分类

(1)合同内索赔,这种索赔涉及的内容可在合同内找到依据。如工程量的计算、变更工程量的计量和价格。

(2)合同外索赔。这是超越合同规定的索赔。这种索赔在合同内直接找不到依据,但是承包商可依据一些合同条款的含义,或可从一般的民法、经济法或政府有关部门颁布的其他法规中找到依据。此时承包商有权提出索赔。

(3)道义索赔,亦称通融索赔或优惠索赔。这种索赔在合同内或其他法规中均找不到依据,从法律角度讲没有索赔的依据,但是承包人确实蒙受损失,他在满足项目法人要求方面也做出了最大努力,因而他认为自己有提出索赔的道义基础。因此,他有权对其损失提出优惠性质的补偿。有的项目法人通情达理,出自善良和友好,给承包人以适当的补偿。

(二)按索赔目的分类

在施工过程中,索赔按照其索赔目的可分为延长工期索赔和费用索赔。

(1)延长工期索赔,简称工期索赔。这种索赔的目的是承包人要求项目法人延长施工期限,使原合同规定的竣工日期顺延,以避免承担拖延工期损失赔偿的风险。如遇特殊风险、变更工程量或工程内容等,使得承包人不能按照合同规定工期完成,为避免追究违约责任,承包人会在事件发生后就提出顺延工期要求。

(2)费用索赔,亦称经济索赔,是承包人向项目法人要求补偿自己额外支出费用的一种方式,以挽回不应由他负担的经济损失。

五、索赔的原因

施工索赔是指在建设工程施工合同履行过程中,因非承包人自身因素,或者因发包人不履行合同或未能正确履行合同,给承包人造成经济损失,承包人根据法律、合同的规定,向发包人提出经济补偿或工期延长的要求。

六、发生施工索赔的主要内容

在施工合同履行过程中发生下列情形之一,承包人可以索赔:

(1)发包人没有按合同约定的时间和要求向承包人提供施工场地、创造施工条件。

(2)工程设计变更。

(3)发包人未按合同约定向承包人支付工程预付款或进度款。

（4）发包人未按合同约定向承包人供应材料、设备。

（5）因施工中断，或发包人工作失误导致工效降低。

（6）不利的自然条件或人为障碍增加了施工的难度，导致承包人必须花费更多的时间和费用。

（7）工期延长或延误。

（8）发生非承包人的原因，致使工程终止或放弃。

（9）物价上涨。

（10）货币贬值。

（11）其他因素。

七、索赔的具体操作步骤

（一）索赔起止日期计算

当索赔事件发生后，承包人应及时在合同规定的时限内向监理工程师提出索赔意向书，意向书应根据合同要求抄送、抄报相关单位。索赔项目种类及起止日期计算方法如下：

（1）延期发出图纸引起的索赔。当接到中标通知书后 28 d 之内，施工单位有权得到免费由业主或其委托的设计单位提供的全部图纸和其他技术资料，并且向施工单位进行技术交底。如果在 28 d 之内未收到监理工程师送达的图纸及其相关资料，施工单位应依照合同提出索赔申请，接到中标通知书后的第 29 d 为索赔起算日，收到图纸及相关资料的日期为索赔结束日。由于为施工前准备阶段，该类项目一般只进行工期索赔。如果相应施工机械进场，达到施工程度因未有详细图纸不能进行施工，应进行机械停滞费用[机械台班停滞费 =（机械折旧费 + 经常维修费）×50%]索赔。

（2）恶劣的气候条件导致的索赔。业主一般对在建项目进行投保，由恶劣天气影响造成的工程损失可向保险机构申请损失费用。恶劣气候条件开始影响的第一天为起算日，恶劣气候条件终止日为索赔结束日。

（3）工程变更导致的索赔，如增加工程项目或工程量等，视具体情况确定索赔起止日期。

（4）由以承包商之能力不可预见情况引起的索赔。由于在工程投标时图纸不全，有些项目承包商无法作正确计算，如地质情况、软基处理等，该类项目一般索赔工程数量增加或需重新投入新工艺、新设备等。

（5）由外部环境而引起的索赔。属业主原因，由于外部环境影响（如征地拆迁、施工条件、用地使用权证等）而引起索赔，根据监理工程师批准的施工计划，产生影响的第一天为起算日，经业主协调或外部环境影响自行消失日为索赔事件结束日。该类项目一般进行工期及工程机械停滞费用索赔。

（6）监理工程师指令导致的索赔。以收到监理工程师书面指令时为起算日，按其指令完成某项工作的日期为索赔事件结束日。

（7）其他原因导致的索赔，视具体情况确定起算和结束日期。

（二）同期记录

（1）索赔意向书提交后，就应从索赔事件起算日起至索赔事件结束日止，每天认真做好同期记录，有现场监理工程人员的签字。造成现场损失时，还应保持现场照片、录像资料的完整性,请监理工程师签字,否则在理赔时难以成为有利证据。

(2)同期记录的内容有:事件发生时及过程中现场实际状况,现场人员、设备的闲置清单,对工期的延误,对工程的损害程度,导致费用增加的项目及所用的人员、机械、材料数量、有效票据等。

(3)详细情况报告:在索赔事件的进行过程中(每隔一星期,或更长时间,或视具体情况由监理工程师而定),承包人应向监理工程师提交索赔事件的阶段性详细情况报告,说明索赔事件目前的损失款额影响程度及费用索赔的依据。同时将详细情况报告抄送、抄报相关单位。

(4)最终索赔报告:当索赔事件所造成的影响结束后,施工单位应在合同规定的时间内向监理工程师提交最终索赔详细报告,并同时抄送、抄报相关单位。最终报告应包括以下内容:施工单位的正规性文件;索赔申请表,其上应填写索赔项目、依据、证明文件、索赔金额和日期;批复的索赔意向书;编制说明,包括索赔事件的起因、经过和结束的详细描述;附件,包括与本项费用或工期索赔有关的各种往来文件,施工单位发出的与工期和费用索赔有关的证明材料及详细计算资料。

在高速公路工程施工中,索赔项目一般包括工程变更引起的费用、工期增加,由于地方关系影响造成局部或部分地段停工等引起的机械、人员停滞,相应工期及费用增加等。索赔依据一般包括在建工程技术规范、施工图纸、业主与施工单位签订的工程承包协议,业主对施工进度计划的批复,业主下达的变更图纸、变更令及大型工程项目技术方案的修改等。索赔证明文件包括业主下达的各项往来文件及施工单位在施工过程中收集到的各项有利证据。施工单位往往在施工过程中只对存在的问题向上级主管单位进行口头汇报或只填写索赔意向书,而不注重证据的收集,使很多本来对施工单位有利的索赔项目得不到最终批复。索赔金额及工期的计算一般参照承包单位与业主签订合同中包含的工程量清单、工程概预算定额、定额编制办法、机械台班单价,地方下达的定额补充编制办法及业主、总监下达的有关文件。

(三)费用索赔监理用表

费用索赔监理用表见附表四。

八、索赔的管理

(1)由于索赔引起费用或工期增加,故往往为上级主管单位复查的对象。为真实、准确反映索赔情况,施工单位应建立、健全工程索赔台账或档案。

(2)索赔台账应反映索赔发生的原因、时间,索赔意向书提交时间,索赔结束时间,索赔申请工期和金额,监理工程师审核结果,业主审批结果等内容。

(3)对合同工期内发生的每笔索赔均应及时登记。工程完工时应形成一册完整的台账,作为工程竣工资料的组成部分。

九、索赔的程序

索赔监理工作程序如图18-4所示。

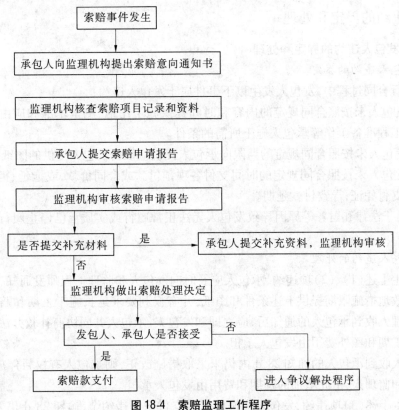

图18-4　索赔监理工作程序

第七节　违约管理

一、违约责任

违约责任是指当事人违反合同约定所承担的民事责任。

（一）发包人常见的责任

（1）未按照合同规定的时间和要求提供原材料、设备、场地、资金、技术资料等，除工程日期得到顺延外，还应该偿付承包人因此造成的停工和窝工损失。

（2）工程过程中停建、缓建。应采取措施进行弥补，减少损失，同时赔偿承包人由此造成的停工、窝工、倒运、机械设备调迁、材料和构件积压等损失和实际费用。

（3）工程未验收，提前使用发生的问题，由发包人自己承担责任。

（4）超过合同规定的日期验收或支付工程费，应赔偿逾期的违约金。

（二）承包人的常见责任

（1）工程质量不符合合同规定，发包人有权要求限期无偿修理或者返工、改建。经过修理、返工和改建后造成逾期交付的，偿付违约的违约金。

（2）工程交付时间不符合合同规定，偿付逾期违约金。

二、违约的界定和处理

(一)发包人违约的界定和处理

1. 发包人违约的界定

在履行合同过程中,发包人发生以下事件属于发包人违约:

(1)发包人未按照合同规定的内容和时间提供施工用地、测量基准和应由发包人负责的部分工程准备工作等承包人施工所需的条件。

(2)发包人未按照合同规定的期限向承包人提供应该由发包人提供的图纸。

(3)发包人未按照合同规定的时间支付各项预付款或合同价款,或拖延、拒绝批准支付申请和支付凭证,导致付款延期。

(4)由于法律和财务等原因导致发包人无法正常履行或实质上已停止履行合同规定的义务。

2. 发包人违约的处理

若发生上述(1)、(2)项违约,承包人应及时向发包人和监理工程师发通知,要求发包人采取有效地措施限期提供上述条件和图纸,并有权利要求延长施工工期和赔偿额外的费用。监理人收到承包人的通知后,应立即和发包人、承包人共同协商补救办法。由此增加的施工工期和额外费用由发包人承担。

发包人收到承包人的通知 28 d 内仍未采取措施改正,则承包人有权暂停施工,并通知发包人和监理人,由此增加的延期和费用由发包人承担。

若发生上述(3)项违约,发包人应按照规定支付逾期违约金,逾期 28 d 仍未支付,则承包人有权暂停施工,并通知发包人和监理人,由此增加的延期和费用由发包人承担。

若发生上述(4)项违约,承包人已照规定发出通知并采取了暂停施工措施后,发包人仍不采取措施对违约行为进行改正,承包人有权向发包人提出解除合同的要求,发包人在收到承包人的书面要求 28 d 内仍不答复承包人,承包人有权立即行动解除合同。

(二)承包人违约的界定和处理

1. 承包人违约的界定

在履行合同过程中,承包人发生以下事件属于承包人违约:

(1)承包人无正常理由未按照开工通知要求进场组织施工和未按协议规定的进度计划有效地开展施工准备工作,造成工期延误。

(2)承包人违反规定私自将合同或工程任何部分和任何权利转让给其他人,或者私自将合同或合同的一部分分包出去。

(3)未经监理人批准,承包人私自将已按照合同规定进入工地的工程设备、施工设备、临时工程或材料撤离工地。

(4)承包人使用不合格的材料和设备,并拒绝按规定处理不合格工程、材料和工程设备。

(5)承包人拒绝按照合同进度计划完成合同规定的工程,又未采取有效的措施赶上进度,造成工期延误。

(6)承包人在保修期内拒绝按照工程移交证书中所列缺陷清单内容进行修复,或经监理人检验修复质量不合格而承包人拒绝进行再修改。

（7）承包人否认合同有效或拒绝履行合同规定的义务，或由于法律、财务等原因导致承包人无法继续履行或实质上已经停止履行合同规定的义务。

2．对承包人违约的处理

（1）若发生上述承包人违约行为，监理人应及时向承包人发出书面警告，限其在收到书面警告 28 d 内予以改正，承包人应立即采取措施认真改正，并尽可能挽回由于违约造成的延误和损失。由承包人采取改正措施所增加的费用，应由承包人承担。

（2）承包人在收到警告 28 d 内仍不采取措施改正其违约行为，继续延误工期或严重影响工程质量，甚至危及工程安全时，监理人可暂停签发支付工程价款凭证，并按照规定暂停工程或部分工程的施工，责令其停工整顿，并限令承包人在 14 d 内将修改报告上交监理人。由此增加的费用和工期延误由承包人负责。

（3）监理人发出停工整改通知 28 d 后，承包人继续无视监理人的指示，仍不提交整改报告，亦不采取整改措施，则发包人可通知承包人解除合同。发包人可在发出通知 14 d 后派人入驻工地接管工程，使用承包人的设备、临时工程和材料，另行组织人员或委托其他承包人施工，但发包人的这一行动仍不免除承包人按合同规定应负的责任。

第八节　争议的解决

一、争议的解决方式

《通用合同条款》规定：发包人和承包人双方因合同发生争议，要求调解、仲裁、起诉的，可按照协议条款约定，采取以下解决方式：

（1）向协议条款约定的单位或人员要求调解。

（2）向协议条款约定的仲裁委员会申请仲裁。

（3）向有管辖权的人民法院起诉。

二、允许停止履行合同的情况

以下情况允许停止履行合同：

（1）合同确已无法履行。

（2）双方协议停止施工。

（3）调解要求停止施工，且双方接受。

（4）仲裁机关要求停止施工。

（5）法院要求停止施工。

第九节　清场与撤场

监理机构应依据有关规定或施工合同约定，在签发工程移交证书前或在保修期满前，监督承包人完成施工场地的清理，做好环境恢复工作。

　　监理机构应在工程移交证书颁发后的约定时间内,检查承包人在保修期内为完成尾工和修复缺陷应留在现场的人员、材料和施工设备情况,承包人其余的人员、材料和施工设备均应按批准的计划退场。

第十九章 信息管理

第一节 总 则

信息是内涵和外延不断地变化、发展的一个概念。人们对它下了很多的定义,一般认为,信息是用数据形式表达的客观事实,它是对数据的解释,反映着事物的状态和规律。数据是人们用来反映客观世界而记录下来的可鉴别的符号、数字、文字、字符串等。数据本身是一种符号,只有经过处理、解释,其对外界产生的影响才能成为信息。

为了深刻理解信息的含义和充分利用信息资源,必须理解信息的特征。

一、信息的特征

一般来说信息有以下特征:

(1)伸缩性,即扩充性和压缩性。任何一种物质资源和能量资源都是有限的,会越用越少,而信息资源绝大部分会在应用中得到不断的补充和扩展,永远不会耗尽和用光。信息还可以进行浓缩,可以通过加工、整理、概括、归纳而使其精简。

(2)传输扩散性。信息与物质能量不同,不管怎么保密和封锁,总是可以通过不同的形式向外扩散。

(3)可识别性。信息可以通过感官直接识别,也可以通过各种测试手段间接识别。不同的信息源有不同的识别办法。

(4)可转换存储。同一条信息可以转换成多种形态或载体存在,如物质信息可以转换成语言文字、图像,还可以转换为计算机代码、广播、电视等信号。信息可以通过各种方法进行储蓄。

(5)共享性。信息转让或传布出去后,原持有者并没有失去,只是可以使第三者或者更多的人享受同样的信息。

二、监理信息

(一)监理信息的特点

监理信息是整个工程监理过程中发生的、反映工程建设的状态和规律的信息。它具有一般信息的特征,也有其本身的特点。

(1)来源广、信息量大。在工程监理制度下,工程监理是以监理工程师为中心的,项目监理组织自然成为信息生成的中心,信息流入和流出的中心。监理信息来自两个方面:一是项目监理组织内部进行项目控制和管理而产生的信息;二是在监理过程中,从项目监理组织外流入的信息。由于工程建设的长期性和复杂性,涉及的单位过多,使得这两方面的信息来源广信息量大。

（2）动态性强。工程建设的过程是一个动态的过程。监理工程师实施的控制也是动态控制，而大量的监理信息都是动态的，这就需要及时地收集和处理。

（3）有一定的范围和层次。项目法人委托监理的范围不一样，信息也不一样。监理信息不同于工程建设信息，工程建设过程中，会产生很多信息。这些信息并非全是监理信息，只有那些与监理工作有关的信息才是监理信息。不同的工程建设项目，所需要的信息既有共性也有个性。另外，不同的监理组织和监理组织的不同部门，所需要的信息也不一样。

监理信息的这些特点，要求监理工程师必须加强信息管理，把信息管理作为工程监理的一项主要内容。

（二）监理信息的表现内容和形式

监理信息的表现形式就是信息内容的载体，也就是各种各样的数据。在监理工程过程中，各种情况层出不穷，这些情况包含着各种各样的数据。这些数据可以是文字，可以是数字，可以是各种的表格，也可以是图形、图像和声音。

文字数据形式是监理信息一种常见的表现形式。文字是最常见的用方案数据表现的信息。管理部门会下发各种文件；工程建设各方，通常规定以书面形式进行交流，即使是口头上的指令，也往往规定在一定的时间内形成书面的文字。这会形成大量的文件，包括国家、部门行业、地区、国际组织颁布的有关工程建设的法律文件，还包括国际、国家和行业等制定的标准规范。具体到每一个项目，还包括合同及投标文件、工程承包单位的情况资料、会议纪要、监理月报、洽商和变更资料，这些文件中包含着各式各样的信息。

数字数据也是监理信息常见的一种表现形式。在工程建设中，监理工作的科学性要求"用数字说话"，为了准确地说明工程的各种情况，必须有大量的数字数据产生，各种试验成果和试验检测数据反映了工程的质量、投资和进度的情况。用数据表现的信息常见的有：地区地质数据、项目类型和专业及主材投资的单位指标，大宗主要材料的配合数据等，具体到每一个项目还包括：材料台账、设备台账，材料、设备的检验数据，工程进度控制数据，进度工程量签证及付款签证数据，专业图纸数据，质量评定数据，施工人力和机械数据等。

各种报表是监理信息的另一种表现形式，工程建设各方都用这种直观的形式传播信息。承包商需要提供反映工程建设状况的各种报表。这些报表有：开工申请单、施工组织设计方案报审表、进场原材料报验单、机场设备报验单、施工方案报验单、分包申请单、合同外工程单价申报表、计日工单价申报表、合同工程量月计量申报表、人工和材料价格调整申报表、额外工程月计量申报表、付款申请书、索赔申请书、索赔损失计算清单、延长工期申报表、复工申请、事故报告单、工程验收申请单、竣工报验单等。监理组织常采用规范化的表格来有效地进行控制。这类报表有：工程开工令、工程量清单月支付申报表、暂定金额支付月报表、应扣款月报表、工程变更通知、额外增加工程量通知单、工程暂停指令、复工指令、现场指令、工程验收签证书、工程验收记录、竣工证书等。监理工程师向项目法人反映工程情况也往往用报表传递工程信息。这类报表有：工程质量月报表、项目月支付总表、工程进度月报表、进度计划与实际完成报表、施工计划与实际完成报表、监理月报表、工程状况月报表等。

监理信息的形式还有图形、图像和声音。这些信息包括工程项目的立面、平面及功能布置图形,项目所在位置和所在区域环境实际图形或图像等,对每个项目,还应该包括专业隐蔽部位图形,分专业设备安装部位图形,分专业预留预埋部位图形,分专业管线平、立面走向和跨越伸缩缝部位图形,分专业管线系统图形,质量问题和进度形象图形,在施工中还有设计变更图形等。图形图像信息还包括工程录像、照片等。这些信息直观、形象地反映了工程的实际情况,能有效地反映隐蔽工程的情况。声音信息主要包括一些会议录音、电话录音和其他重要讲话等。

以上这些只是监理信息的一些常见的形式,而监理信息通常是这些形式的组合。

第二节　信息的分类

工程监理信息对监理工程师开展监理工作,对监理工程师的决策具有重要的作用。不同的监理范畴需要不同的信息,可按照不同的标准进行归类划分,来满足不同监理工作的信息需求,并有效地进行管理。

监理信息的分类通常有以下几种。

一、按工程监理控制目标分类

工程监理的目的是对工程进行有效的控制,按控制目标将信息进行分类是一种重要的分类方法。按这种方法,可将监理信息划分如下:

(1)投资控制信息,是指与投资控制直接相关的信息。属于这类信息的有一些投资标准,如工程造价、物价指数、概算定律、预算定额等;有工程项目计划投资信息,如工程项目投资估算、设计概预算、合同价等;有项目进行中产生的实际投资信息,如施工阶段的实际支付账单、投资调整、原材料价格、机械设备台班费、人工费、杂运费等;还有对以上信息对比得到的信息,如投资分配信息、合同价格与投资分配的对比分析信息、实际投资与计划投资的动态比较信息、工程的实际投资统计信息、项目投资变化预测信息等。

(2)质量控制信息,是指与质量有直接关系的信息。属于这类信息的有与工程质量有关的标准信息,如国家有关的质量政策、质量法规、质量标准、工程项目建设标准等;有与计划工程质量有关的信息,如工程项目的合同标准信息、材料设备和合同质量信息、质量控制工作流程、质量控制工作制度等;有项目进展中实际质量信息,如工程质量检验信息、材料质量抽查信息、设备的质量检验信息、质量和安全事故信息;还有由这些信息加工得到的信息,如质量目标的分解结果信息、质量控制的风险分析信息、工程质量统计信息、工程实际质量与质量要求和规范标准对比信息、安全事故统计信息、安全事故预测信息等。

(3)进度控制信息,是指与进度控制直接相关的信息。这类信息有与工程进度有关的标准信息,如工程进度定额信息等;有与工程计划进度有关的信息,如工程项目总进度计划、进度控制的工作流程、进度控制的工作制度等;有项目进展中产生的实际进度信息;还有上述信息加工后的信息,如工程实际进度控制的风险分析、进度目标分解信息、实际进度与计划进度对比信息、实际进度与合同进度对比信息、实际进度统计分析,以及进度变化预测信息等。

二、按照工程建设的不同阶段分类

（1）项目建设前期的信息。项目建设前期的信息包括可行性研究报告提供的信息、设计任务书提供的信息、勘察与测量的信息、初步设计文件信息、招投标方面的信息。

（2）工程施工中的信息。施工中由于参加的单位多，现场情况复杂，信息量最大。其中有项目法人方的信息：项目法人作为工程项目建设的负责人，对工程建设中的一些重大问题不时地要发表意见和看法，下达某些指令，还包括合同规定由其供应的材料、设备、需提供品种、数量、质量试验报告等资料信息；有承包人方面的信息：承包人作为施工的主体，必须收集和掌握施工现场的大量信息，其中包括经常向有关方面发出的各种文件，向监理工程师报送的各种文件、报告等；有设计方面来的信息，如设计合同、供图协议、施工图纸，在施工中根据实际情况对设计进行变更和修改等；项目监理内部也会出现很多信息，如直接从施工现场获得的有关投资、质量、进度和合同管理方面的信息，还有经过分析整理后对各种问题的处理意见等；还有来自其他部门如发包方政府、环保部门、交通部门等的信息。

（3）工程竣工阶段的信息。在工程竣工阶段，需要大量的竣工验收资料，其中包含了大量的信息，这些信息一部分是整个施工过程中，长期积累形成的，一部分是竣工验收期间，根据积累的资料整理分析而形成的。

三、按照监理信息的来源划分

（1）来自工程项目监理组织的信息。如监理的记录、各种监理报表、工地会议纪要、各种指令、监理测试报告等。

（2）来自承包商的信息。如开工中请报告、质量事故报告、形象进度报告、索赔报告等。

（3）来自项目法人的信息。如项目法人对各种报告的批复意见等。

（4）来自其他部门的信息。如政府的有关文件、市场价格、物价指数、气象资料等。

四、其他的一些分类方法

（1）按照信息范围的不同，可把监理信息分成精细的信息和摘要的信息两类。

（2）按照信息时间的不同，可把监理信息分成历史性信息和预测性信息两类。

（3）按照信息阶段的不同，可把监理信息分成计划的、作业的、核算的及报告的信息。

（4）按照对信息的期待性不同，可把监理信息分成预知信息和突发信息两类。

（5）按照信息的性质不同，可把信息分成生产信息、技术信息、经济信息和资源信息等。

（6）按照信息的稳定程度划分，有固定信息和流动信息。

第三节　信息的管理

一、信息资料的收集

(一)收集监理信息的作用

在工程建设中,每时每刻都会产生大量的信息。但是,要得到有价值的信息,只靠自发产生的信息肯定不够,还必须根据需求进行有目的、有计划、有组织的收集,才能提高信息的质量,充分发挥信息的作用。

(二)收集信息的基本原则

收集信息的基本原则有以下几方面:

(1)要主动及时。监理工程师要取得对工程控制的主动权,就必须积极主动地收集信息,善于及时发现、及时取得、及时加工各类信息,只有主动,获得的信息才会及时。

(2)要全面系统。监理信息贯穿在工程项目建设的各个阶段及全部过程。各类监理信息和每一条信息,都是监理内容的反映和表现。所以,收集监理资料不能遗漏,不能以点带面,把局部当成整体,或者不考虑事物之间的联系。同时,工程建设不是杂乱无章的,而有着内在的联系,因此收集资料不仅要注意全面,还要注意系统和连续。

(3)要真实可靠。收集信息的目的在于对工程项目的控制。要严格认真地进行收集工作,将收集到的信息进行严格的筛选、核实、检测。

(4)要重点选择。收集信息要全面系统和完整,但不是不分主次、缓急和价值大小,必须有针对性,坚持重点收集原则。针对性是首先要明确目的性和目标;其次是要明确的信息源和信息内容。还要做到适用,即所取得的信息要符合监理工作的需要,能够应用并产生好的监理效果。所谓的重点选择,就是根据监理工作的实际需求,根据监理的不同层次、不同部门、不同阶段对信息需求的侧重点,从大量的信息中选择使用价值较大的主要信息。

(三)监理信息收集的基本方法

监理工程师主要通过各种方式的记录来收集监理信息,这些记录通称为监理记录,它是与工程项目监理相关的各种记录资料的集合,通常分为以下几类。

1. 现场记录

现场监理人员必须每天利用特定的表格或以日志的形式记录工地上所有发生的事情。所有的记录应始终保存在工地办公室,供监理工程师和其他监理人员查阅。这类记录每月由专业监理工程师整理成书面资料上报监理工程师办公室。监理人员在现场遇到工程施工中不得不采取紧急措施而对承包人发出书面指令时,应尽快通报上一级监理组织,以征得其确认和修改指令。

现场记录通常记录以下内容:

(1)现场监理人员对所监理工程范围内的机械、劳力的配备和使用情况做详细的记录。如承包人现场人员和设备配置是否与计划所列的一致;工程质量和进度是否因部门职员或设备不足而受到影响,受到的影响程度如何;是否缺乏专业施工人员或专业施工设备,承包人有无替代方案;承包人施工机械完好率和使用率是否令人满意,维修车间及使用情况如何,是否存储有足够的备件。

(2)记录气候和水文情况。记录每天的最高、最低气温,降雨、降雪量,风力,河流水位;记录有预报的雨雪台风来之前对永久性或临时性工程采取的措施,记录气候、水温的变化影响施工及造成损失的细节,如停工时间、救灾的措施和财产的损失等。

(3)记录承包人每天的工作范围,完成的工程量,以及开始和完工的工作时间;记录出现的技术问题,采取了怎样的措施进行处理,效果如何,能否满足施工规范要求。

(4)对工程每步工序完成后的情况进行描述,如此工序是否已被认可,对缺陷和补救措施或变更情况做详细的记录。监理人员对现场的隐蔽工程应特别注意记录。

(5)记录现场材料和存储情况,每一批材料的到达时间、来源、数量、质量、存储的方法和材料的抽样检查情况等。

(6)对一些必须在现场进行的试验,现场监理人员进行记录和分类保存。

2. 会议记录

由监理人员主持的会议应有专人记录,并且要形成纪要,由与会者签字确认,这些纪要将成为以后解决问题的重要依据。会议纪要应包括以下内容:会议的时间、地点,出席者的姓名、职位以及他们所代表的单位,会议中发言者的姓名及主要内容,形成的决议,决议由何人及何时执行等。

3. 计量与支付记录

包括所有的计量和支付资料。应清楚地知道哪些工程进行过计量,哪些工程没有计量,哪些工程已经支付,已同意或确定的费率和价格变化等。

4. 试验记录

除正常的试验报告外,试验室应有专人以日志形式记录试验室每天的工作情况,包括对承包人试验的监督、数据分析等。记录内容如下:

(1)工作内容的简单描述。如做了哪些试验,监督承包人做了哪些试验,结果如何等。

(2)承包人试验人员和配备情况。试验人员、配备是否和承包人所列的计划一致,数量和素质是否满足工作要求,增减或更换试验人员的建议。

(3)对承包人的试验仪器、设备配备、使用情况和调动进行计录,需增加新设备的建议。

(4)监理试验室和承包人试验室所做的同一试验,结果有无重大差异,原因如何。

5. 工程照片和录像

以下情况可以附加照片和录像进行记录:

(1)科学试验。重大试验,如桩的承载试验,板、梁的试验以及科学研究试验等;新工艺、新材料的原型及新工艺、新材料的采用所做的试验。

(2)工程质量。能体现高水平的建筑物的总体和分部,能体现出建筑物的宏伟、精致、美观等特色的部位;对工程质量较差的项目,承包人返工或需补强的工程前后对比,能体现不同施工阶段质量的建筑物照片;不合格原材料清除现场的照片。

(3)能证明或反证未来会引起索赔或工程延误的特征照片和录像;能向上级反映影

响工程进展的照片。

（4）工程试验、试验室操作和设备情况。

（5）隐蔽工程。被覆盖前建筑物的基础工程，重要工程的钢筋绑扎、管道铺设的典型照片。

（6）工程事故。工程事故现场及事故处理的状况，工程事故处理和补强工艺，能证实保证工程质量的照片。

（7）监理工作。重要工序的旁站监督和验收，现场监理工作实况，参与的工地会议及参与承包商的业务研讨会，班前、工后会议，被承包人采纳的建议，证明确有经济效益及能提高施工工程质量的实物。

二、监理信息加工整理的成果

监理工程师对信息进行加工整理，形成各种资料，如各种来往信函、来往文件、各种指令、会议纪要、备忘录或协议和各种工作报告等。工作报告是最主要的加工整理成果，工作报告主要有以下几种：

（1）现场监理日报表。监理人员根据每天的现场记录加工整理而成的报告，主要有以下内容：当天的施工内容；当天参加施工的人员（工种、数量、施工单位等）、施工用的机械名称和数量等，当天发现的施工质量问题；当天的施工进度和施工计划的比较，若发生进度拖延，应说明原因；当天天气综合评语；其他说明及应注意的事项等。

（2）现场监理工程师周报。是现场监理工程师根据监理日报加工整理而成的报告，每周向项目总监理工程师汇报一周内所发生的重大事件。

（3）监理工程师月报。是集中反映工程实况和监理工作的重要文件，一般由项目总监理工程师编写，每月一次上报项目法人。大型项目的监理月报，往往由各个合同段或子项目的总监理工程师代表编写，上报总监理工程师审阅后报项目法人。监理月报一般有以下内容：

①工程进度。描绘工程进度情况、工程形象进度和累计完成工程量比例。若拖延了计划，应分析其原因以及这些原因是否已经消除，说明就此问题承包人、监理机构采取的措施等。

②工程质量。用具体的测试数据评价工程质量，如实反映工程质量的好坏，并分析原因，说明承包人和监理人员对工程质量较差的项目的改进意见。

③计量支付。示出本期支付、累计支付以及必要的分项工程支付情况，形象地表达支付比例，及实际支付与工程进度对比情况等。承包人是否因流动资金不足影响了工程进度，并分析资金不足的原因，有无延迟支票、价格调整等问题。

④质量事故。质量事故发生的时间、地点、项目、原因、损失估计（经济损失、时间损失、人员伤亡）等，事故发生后采取了哪些补救措施，在今后工作中避免类似事故发生的有效措施。由于事故的发生，影响单项或者总体工程的进度情况。

⑤工程变更。对每次工程变更情况应说明引起的原因，批准机关，变更项目的规模，工程量的增减数量、投资增减数量、投资增减的估计等；是否因此变更影响了工程的进度，承包人是否已提出或准备提出工期顺延和索赔。

⑥民事纠纷。说明民事纠纷产生的原因,哪些项目因此被迫停工,停工的时间,造成窝工的机械、人力情况等,承包人是否就此问题提出了顺延工期和索赔。

⑦合同纠纷。合同纠纷产生的原因和情况;监理人员进行调解的措施,在解决纠纷过程中的体会;项目法人或承包人有无进一步要求处理的意向。

⑧监理工作的动态。描绘本月的主要监理活动,如工地会议、重大监理活动、延期和索赔的处理、上级布置的有关工作的进展情况和监理工作中的困难等。

第四节　信息存储和传递

一、监理信息的存储

经过加工处理的监理信息,按照一定的规定,记录在相应的信息载体上,并把这些记录信息的载体,按照一定的特征和内容性质,组织成为有系统、有体系、可供人们检索的集合体,这个过程称为监理信息的存储。

对信息的存储,可汇集信息于监理信息库,有利于进行检索,可以实现监理信息资源的共享,促进监理信息的重复使用,便与信息的更新和剔除。

监理信息储存的主要载体是文件、报告报表、图纸、音像材料等。监理信息的存储主要就是将这些材料按照不同类别,进行详细的登录、存放,建立资料归档系统。该系统应简单和易于保存,但内容应足够详细,以便很快查出任何已归档的资料。

监理资料归档,一般按照以下几类进行:

(1)一般函件。与项目法人、承包商和其他有关部门来往的函件按日期归档,监理工程师主持或出席的会议的所有会议纪要按照日期归档。

(2)监理报告。各种监理报告按照次序归档。

(3)计量与支付资料。每月的计量和支付证书,连同其所附的资料每月按照编号归档;监理人员每月将与计量和支付有关的资料按月份归档。

(4)合同管理资料。承包人对延期、索赔、分包的申请,批准的延期、索赔、分包文件按编号归档;设计变更的有关资料按编号归档;现场监理人员为应急发出的书面指令及最终指令应按照项目归档。

(5)图纸。按照分类编号归档。

(6)技术资料。现场监理人员每月汇总上报的现场记录及检验报表按月归档,承包人提供的竣工资料按照分项归档。

(7)试验资料。由监理人员完成的试验资料分类归档,承包人所报的试验资料分类存档。

(8)工程照片。反映工程实际进度的照片按日期归档;反映现场监理工作的照片按日期归档;反映工程事故及事故处理情况的照片按日期归档;其他照片,如工地会议和重要监理活动的照片按日期归档。

以上资料在归档的同时,要进行登录,建立详细的目录表,以便随时调用、查询。

二、监理信息的传递

监理信息的传递,是指监理信息借助一定的载体(如纸张、软盘)从信息源传递到使用者的过程。

信息在传递过程中,形成各种信息流。信息流常有以下几种:

(1)自上而下的信息流。是指由上级管理机构向下级管理机构流动的信息,上级管理机构是信息源,下级管理机构是信息的接受者。它主要是有关政策法规、合同、各种批文、各种计划信息。

(2)自下而上的信息流。是指下一级管理机构向上一级管理机构流动的信息,它主要是工程项目总目标完成情况的信息,也是投资、进度、质量、合同完成情况的信息。其中有原始信息,如实际投资、实际进度、实际质量信息,也有经过加工、处理后的信息,如投资、进度、质量的对比信息。

(3)内部横向信息流。是指同一级的管理机构之间的流动信息。由于工程监理是以三大目标为控制目标,以合同管理为核心的动态控制系统,在监理过程中三大控制目标和合同管理分别由不同的组织进行,由此产生各自的信息,并且相互之间又要为监理目标进行协作、传递信息。

(4)外部环境信息流。是指工程项目内部与外部环境之间流动的信息,外部环境指的是气象部门、环保部门等。

为了有效地传递信息,必须使上述各种信息流通畅。

三、信息流程设计

为了避免信息流通的混乱、延误、中断或流失而引起监理工作的失误,监理实施细则中要明确信息流程。

图19-1为一种信息流程图的参考形式。图19-1中遵循了信息统一的流入、流出通道管理原则,即信息的流入和流出必须经过监理办公室的记录、存档;对于需批复的文件,监理办公室应负责送审,规定批复期限,接受批文,发出批示;对紧急情况未经监理办公室的信息,应有事后补报制度。为简明起见,图19-1中未反映信息分级管理情况。对于信息分级管理的流程图,可在遵守信息流入、信息流出的原则下扩展图19-1所示的信息流程图。

四、信息分配计划

在执行计划前,必须编制参加工程项目管理的各级机构的信息分配计划。若大量的信息交织在一起,不分层次,不分部门,会使管理者淹没在所有出现的信息中,很难方便地找出他所关心的信息。下面以进度计划为例说明信息分配计划的编制。

(一)编制信息分配计划的原则

信息分配应按照组织管理的各级机构形式进行。例如,最高层管理者宜根据关键路线、非关键工作的时差对进度计划进行分析,而对施工监督人员来说,有用的是他所监督的工作的最早和最晚结束时间,因为他仅需要本身职责范围内的各种信息。因此,信息分

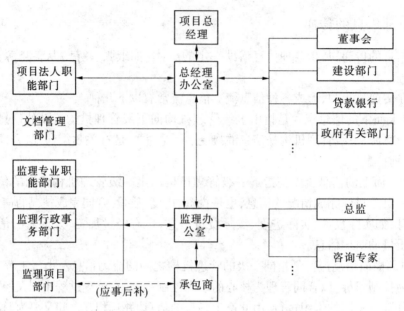

图 19-1　信息流程图

配首先按管理层分类,然后按专业分类。另外,越是高层次管理人员所收到的信息报告越是精简,而施工监督人员掌握的信息要详细具体。再有,在分配信息时,必须对信息进行概括、分类,否则有些部门会收到数量和质量不合适的信息。

综上所述,定制信息分配计划的原则和任务可归纳为以下三点:

(1)根据不同层次、不同专业,对信息进行分类。

(2)对信息进行概括。

(3)识别选择参数。

(二)信息分配计划的表示

信息分配计划可用表 19-1 所示的形式表示。

表 19-1　信息目录表

信息类型	时间	信息发出者	信息接受者							承包商
			管理局	高级驻地监理工程师	进度控制部	质量控制部	投资控制部	合同管理部	信息管理部	
周进度会备忘录	每周	进度控制部		×					×	
月协议会议备忘录	每月	监理办公室	×	×	×	×	×	×	×	×
附加会议备忘录	不定期	监理办公室	×	×	×	×	×	×	×	
现场情况报告	每周	现场监理		×	×	×	×			×

续表 19-1

信息类型	时间	信息发出者	信息接受者							
			管理局	高级驻地监理工程师	进度控制部	质量控制部	投资控制部	合同管理部	信息管理部	承包商
进度月报	每月	进度控制部		×			×	×		
质量月报	每月	质量控制部		×			×	×		
支付月报	每月	投资控制部		×				×		
合同执行月报	每月	合同管理部		×					×	
综合月报	每月	监理办公室	×	×	×	×	×	×		×

第五节 信息系统

一、工程监理信息系统的概念和作用

(一) 工程监理信息系统的概念

信息系统,是根据详细的计划,为预先给定的定义十分明确的目标传递信息的系统。一个信息系统,通常要确定以下主要参数:

(1)传递信息的类型和数量,信息流是由上而下还是由下而上或横向的等。

(2)信息汇总的形成,如何加工处理信息,使信息浓缩或详细化。

(3)传递信息的时间频率,什么时间传递,多长时间传递一次。

(4)传递时间的路线,哪些信息通过哪些部门等。

(5)信息表达的方式,是书面的、口头的还是技术的。

工程信息系统是以计算机为手段,以系统思想为依据,收集、传递、处理、分发、存储工程监理各类数据,产生信息的一个输出系统。它的目标是实现信息的系统管理与提供必要的决策支持。

工程监理信息系统为监理工程师提供标准化、合理的数据来源,提供符合一定要求的、结构化的数据;提供预测、决策所需的信息以及数学、物理模型;提供编制计划、个性计划、计划调控的必要科学手段及应变程序;保证对随机性问题处理时,为监理工程师提供多个可供选择的方案。

(二) 监理信息系统的作用

(1)规范监理工作行为,提高监理工作标准化水平。监理工作标准化是提高监理工作质量的必由之路,监理信息系统通常按标准监理工作程序建立,它带来了信息的规范化、标准化,使信息的收集和处理更及时、更完整、更准确、更统一。通过系统的应用,促使监理人员的行为更规范。

(2)提高监理工作效率、工作质量和决策水平。监理信息系统实现了办公自动化,使监理人员从简单烦琐的事物性工作中解脱出来,有更多的时间用在提高监理质量和效益方面;系统为监理人员提供有关监理工作的各项法律法规、监理案例、监理常识的咨询功能,能自动处理各种信息,快速生成各种文件和报表;系统为监理单位及外部有关单位的各层次收集、传递、存储、处理和发布各种数据和信息,使得下情上报、上情下达,左右信息交流及时、畅通,拓宽了与外界的联系渠道。这些都有益于提高监理工作效率、监理质量和监理水平。系统还提供了必要的决策和预测手段,有益于提高监理工程师的决策水平。

(3)便于积累监理工作经验。监理工作通过监理资料反映出来,监理信息系统能规范地存储大量的监理信息,便于监理人员随时查看工程信息资料,积累监理工作经验。

二、监理信息系统的一般构成和功能

监理信息系统一般由两部分构成。一部分是决策支持系统,它主要完成借助知识库及模型库,在数据库大量数据的支持下,运用知识和专家的经验来进行推理,提出监理各个层次,特别是高层次决策时所需的决策方案及参考意见。另一部分是管理信息系统,它主要完成数据收集、处理、使用及存储,产生信息提供给监理各层次、各部门和各个阶段,起沟通作用。

(一)决策支持系统的构成和功能

1.决策支持系统的构成

决策支持系统一般由人机对话系统、模型库管理系统、数据库管理系统、知识库管理系统和问题处理系统构成。

人机对话系统是人与计算机之间交互的系统,把人们的问题换成抽象的符号,描述所要解决的问题,并把处理的结果转变为人们能接受的语言输出。

模型库管理系统给决策者提供的是推理、分析、解答问题的能力。模型库需要一个存储模型的库及相应的管理系统,模型则有专用模型和通用模型。模型库管理系统提供业务性、战术性、战略性决策所需要的各种模型,同时也能随着实际情况变化、修改、更新已有模型。

数据库管理系统要求数据库有多重的来源,并经过必要的分类、归档,改变精度、数据量及一定的处理提高信息的含量。

知识库包括工程建设领域所需要的一切相关知识。它是人工智能的产物,主要提供问题求解的能力,知识库中的知识是共享的、独立的、系统的,并可以通过学习、授予等方法扩充及更新。

问题处理系统实际完成知识、数据、模型、方法的综合,并输出决策所必需的意见和方案。

2.决策支持系统的功能

决策支持系统的主要功能如下:

（1）识别问题。判断问题的合法性，发现问题及问题的实质。

（2）建立模型。建立描述问题模型，通过模型库找到相关的标准模型或使用者在该问题基础上输入新的模型。

（3）分析处理。根据数据库提供的数据和信息、模型库提供的模型及知识库提供的处理该类问题的相关知识及处理方法，进行分析处理。

（4）模拟及择优。通过过程模拟找到决策者的预期结果及多方案中的优化方案。

（5）人机对话。提供人与计算机之间的交互式交流，一方面回答决策支持系统要求输入的补充信息及决策者的主观要求，另一方面也输出决策方案及查询要求，以便作为最终决策时的参考。

（6）根据决策者最终决策导致的结果修改、补充模型库及知识库。

（二）管理信息系统的构成和功能

监理工程师的主要工作是控制工程建设的投资、质量和进度，进行工程建设合同管理，协助有关单位间的工作关系。监理管理信息系统的构成应当与这些主要的工作相对应。另外，每个工程项目都有大量的公文信函，作为一个信息系统，也应对这些内容进行辅助管理。因此，监理管理信息系统一般由文档管理子系统、合同管理子系统、组织协调子系统、投资控制子系统、质量控制子系统和进度控制子系统组成。各子系统的功能如下。

1. 文档管理子系统

（1）公文编辑、排版和打印。

（2）公文登录、查询和统计。

（3）档案的登录、修改、删除、查询和统计。

2. 合同管理子系统

（1）合同文件的录入、修改和删除。

（2）合同结构模式的提供和选用。

（3）合同文件的分类查询和统计。

（4）合同执行情况跟踪和处理过程的记录。

（5）工程变更指令的录入、修改、查询和删除。

（6）经济法规、规范标准、通用合同文本查询。

3. 组织协调子系统

（1）工程建设相关单位查询

（2）协调记录。

4. 投资控制子系统

（1）原始数据的录入、修改和查询。

（2）投资分配分析。

（3）投资分配与项目概算及预算的动态对比。

（4）合同价格与投资分配、概算、预算的对比分析。

（5）实际投资支出的统计分析。

（6）实际投资与计划投资的动态对比。

（7）项目投资计划的调整。

（8）项目结算及预算、合同价的对比分析。

（9）各种投资报表。

5. 质量控制子系统

（1）质量标准的录入、修改、查询、删除。

（2）已完工程质量与质量要求、标准的比较分析。

（3）工程实际质量与质量要求、标准的比较分析。

（4）已完工程质量验收记录的录入、查询、修改、删除。

（5）质量安全事故的录入、查询、统计分析。

（6）质量安全事故的预测分析。

（7）工种工程质量报表。

6. 进度控制子系统

（1）原始数据的录入、修改和查询。

（2）编制网络计划和多级网络计划。

（3）各级网络间的协调分析。

（4）绘制网络图及横道图。

（5）工程实际进度的统计分析。

（6）工程进度变化趋势预测。

（7）计划进度的调整。

（8）实际进度与计划进度的动态比较。

（9）各种工程进度报表。

目前，国内外开发的各种计算机辅助项目管理软件系统，多以管理信息系统为主。

第六节　档案资料的管理

一、档案资料的形成

首先要保证在施工及相关活动中直接形成一套较为全面、规范的文件材料。资料形成的过程主要包括项目的提出、筹备、施工、竣工、运行等，资料的形式有相关文件、图纸、图表、计算材料、声像图片等。

二、整理资料的原则

整理出一套规范完整、高效适用的档案资料，必须具备以下几个原则。

（一）资料整理的及时性

水利工程档案资料是对水利工程质量情况的真实反映，因此要求资料必须按照工程实施的进度及时整理。技术资料从收集、积累到整理，始终贯穿于工程运行和施工的全过程，应与工程运行和施工进程保持同步。工程维修养护资料的整理必须及时，这不仅是施工时严格控制的"质量环"，而且也为控制质量提供可靠的依据，以备核查或核定其工程质量。因此,工程资料的整理应杜绝拖沓滞后、闭门造车现象和应付突击式的做法。

(二)资料整理要具备真实性

资料的真实性是保证优良工程技术的灵魂。资料的整理应该实事求是,客观准确,不要为了"取得较高的工程质量等级"而歪曲事实。材料使用前必须有合格证和必要的试验报告,技术资料应是对工程质量的真实写照,所有资料的整理应与施工过程同步。

(三)确保资料数据的准确性

资料的准确性是做好水利工程建设的核心。档案资料的准确性主要体现在工程质量评定的填写应规范化、项目内容填写应详细具体化,不能以"符合要求"、"满足规范"来概而论之,资料整理人员、审核人员及负责人都要把好数字关,真正做到各负其责。

(四)保证资料的完整性

完整性是做好项目工程资料管理工作的基础。不完整的资料将会导致片面性,不能系统地、全面地了解单位工程的质量状况。应设专人整理有关工程资料,根据工程的评定划分、工程量等收集有关工程数据。资料应按照合同的签订、工程的施工及相关要求全面记录填写,严格遵守维修养护的工作流程。资料按照运行、管理、施工三部分进行规整,以保证资料有始有终、便于查找、全面完整。

三、工程施工与资料整理的有利结合

资料整理人员不能只顾在办公室单纯地整理资料,而要与施工人员、质量监督人员根据工作需要,到施工现场察看工程的质量、进度。掌握工程养护施工的管理内容,熟悉每个养护项目的质量控制体系和质量达标体系,才能更好地按照养护方案的技术规程,准确地对养护人员、原材料、机械、施工工艺和外部环境进行资料的整理。在资料整理过程中,还要及时检验养护效果,掌握质量动态,一旦发现质量问题,随时处理。

四、工程施工过程中收集和填报资料的注意事项

(1)资料要符合竣工图纸、资料编制的具体要求。

(2)技术资料是核定工程质量等级的重要依据,技术资料必须完整、准确、系统、装订整齐、手续完备。

(3)反映施工过程的图片、照片、录音(像)等声像资料,应按其种类分别整理、立卷,并对每个画面附以语言或文字说明。

(4)资料要签字齐全,字迹清晰,纸质优良,保持整洁。

(5)分类分项要明确,封面、目录、清单资料要齐全,排列有序,逐页编码。

(6)所有施工必须用碳素墨水笔或黑笔书写,禁止复写和使用复印件。

(7)文字材料以 A4 纸为准,左边留出 2.5 cm 宽的装订线,应用棉线装订,以立卷形式归档。

(8)验收后应将质量鉴定书及时立卷、按时归档。

第五篇　其他专业监理实施

第二十章　环境保护监理实施

第一节　总　则

环境保护监理实施的重点如下：

(1)工程项目的基本状况,如名称、性质、等级、建设地点、自然条件与外部建设环境,工程项目的组成、规模及特点,工程项目的建设目的。

(2)环境保护范围,施工和工程监理的标段划分。

(3)工程建设环境影响问题和环境保护要求。

第二节　环境保护监理的范围、目标、依据和内容

一、环境保护监理范围和要求

(1)监理工程师审查施工组织设计时,应对施工单位在工程施工中的环境保护措施、方案、实施办法进行审核。符合相关规定的,由监理工程师提出审核意见,报总监理工程师批准。

(2)审查施工单位现场的环境保护、水土保持组织机构专职人员,环境保护措施及相关制度的建立,是否符合要求。

(3)督促施工单位与当地环保部门建立正常的工作联系,了解当地的环境保护要求和相关标准,取得当地环保部门的支持。

(4)施工过程中监理工程师对施工单位环境保护措施进行跟踪检查,对环境保护工程项目进行检查及验收。

二、环境保护监理目标

环境保护监理工作总目标是根据国家批准的环境保护设计方案,按照国家有关水土保持法规和工程的环境保护规定,对工程承包商环境保护合同条款的执行情况进行监督和管理,促进环境保护项目按合同目标进行实施。

三、环境保护监理依据

环境保护监理主要有以下依据:

(1)国家制定的法律法规,如《环境保护法》、《水污染防治法》、《水法》、《水土保持法》、《环境影响防治法》、《卫生防疫条例》、《建设项目环境保护设计规定》等。

(2)水利部等有关部门制定的有关水利工程建设环境保护的规范等,如《水利水电工程环境影响评价规范》、《水利水电工程初步设计环境保护设计规范》等。

(3)国家主管部门批准的《建设项目环境影响评价报告》、《初步设计文件》等各种工程建设文件及审批意见。

(4)项目法人与环境监理单位签订的环境监理合同和各种补充文件,包括双方之间的信函、指令和会议纪要,项目法人与承包人签订的各种经济合同补充文件。

四、环境保护监理的主要工作内容

(1)水环境的保护。

(2)空气质量的保护。

(3)噪音控制。

(4)卫生防疫。

(5)珍稀动植物保护。

(6)水土保持。

第三节 环境保护监理工作的程序、方式和内容

一、环境保护监理工作程序

环境保护监理工作的内容主要是工程施工期间的环境质量控制(环境质量及相关措施实施的进度、投资控制)、建设各方环境保护工作的组织和协调及有关环保的合同与信息管理。根据隐蔽工程建设的实际情况和环境监理的特点,其工作程序如图20-1所示。

二、环境保护控制要点

(一)按设计图要求控制临时工程的影响

(1)施工单位修建临时施工道路、征地或租用土地要取得当地环保部门的批准,办理相关环境保护手续。

(2)修建过程中对树木的砍伐,要办理相关手续。

(3)对原地形地貌的破坏,施工完成后必须予以恢复。

(4)临时便道的修建,如对地表水系造成影响,施工中必须采取相应的保护措施,施工结束后对原来的地表水系要予以恢复。

(5)施工弃渣不得弃入当地河湖中,不得影响现有地表水系,应集中在指定弃渣场地

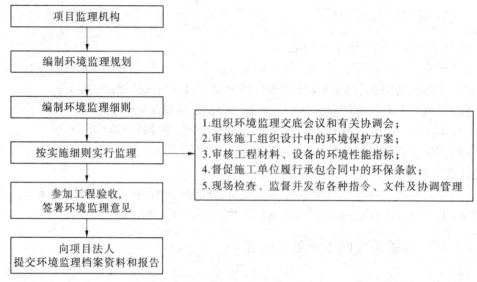

图 20-1　环境保护监理工作程序

堆放。

(二)水上施工作业环境保护措施的检查

(1)水上施工作业方案必须符合环保的要求。

(2)水上钻孔作业不得向河湖中,也不得向岸边弃渣,应集中运至指定弃渣区域。

(3)筑岛施工或修建临时丁坝,必须征得当地水利部门的批准,筑岛或修建临时丁坝不应引起水流大的改变,防止一侧冲刷,另一侧淤积。

(4)采用泥浆护壁钻孔施工,应有专门的泥浆池、沉淀池,废弃泥浆不得向河湖中倾倒,应采取相应措施集中到指定地点弃放。

(5)严禁向河湖中倾倒建筑垃圾。

(三)取土场、弃土场的使用和恢复

(1)施工中取土及弃渣应在设计文件中指定的位置,工程开工前,施工单位应办好相关的征地手续。

(2)检查取、弃土场便道扬尘对环境影响的控制措施。

(3)施工取土场及弃渣场应建立良好的排水系统,弃渣场挡护结构应符合设计文件的规定,先砌后使用。

(4)施工结束后,应根据周边地貌特点,对取土场予以恢复,在取土场及弃渣场周围,应按设计要求进行地表绿化。

(四)施工污水排放的处理

(1)隧道施工中,污水不经处理不得直接排入洞外地表,也不得直接排入附近河湖中。应设污水沉淀池、气浮池,施工中产生的废渣、废液应按有关环保要求进行处理,不得随意弃置、排放。

(2)施工营区的生活污水,必须建立适当的污水处理措施,不得直接排入附近河湖之中。

(3)污水处理完要经有关部门检验达标后再按设计要求处理。

(五)施工营区的环境保护

(1)施工营地要进行适当绿化,以便与周围环境相协调。

(2)生活垃圾、固体废弃物必须集中运至当地的垃圾处理点,不得随意丢弃。

三、环境保护监理工作方式

项目监理向各个工程项目派驻监理工程师或环境监理员,承担各工程项目的环境保护监理工作。环境保护监理人员按照监理实施细则规定的程序开展监理工作。

环境保护监理主要以巡视监理为主,辅以必要的检测手段,进行环境质量控制。在监理实施过程中发现的问题,向环境监理站反映,由监理工程师提出处理意见,需发布的指令、通知、文件、报告等均通过各项目施工监理站转发到相应的施工单位,并抄报项目法人。

监理站应成立专家咨询组,不定期地召开工地会议,对工作中存在的问题进行研究,并对各标段的环境保护工作实施情况进行检查指导。

四、环境保护监理工作内容和职责

(一)施工准备监理

(1)组织工程环保监理交底会,向施工单位提出应特别注意的环境敏感因子和有关环境保护要求及监理的工作程序。

(2)在单位工程开工前,对施工单位报送的单位工程施工组织设计中有关环保的内容进行审核,从环境保护的角度提出优化施工方案与方法的建议并签署意见,作为监理单位对施工组织设计审核意见的一部分。

(3)检查登记施工单位主要设备与工艺、材料的环境指标,按环保要求向施工单位提出使用操作要求。

(4)检查施工单位环境保护准备工作落实的情况,主要包括:宿舍地水源卫生、排污与生活垃圾的收集处理设施、血吸虫病防治措施及环境卫生清理和消毒工作,临时施工道路是否符合土地利用与资源保护要求,机修停放厂排水系统及处理池,电机房降噪设施,弃土场的保护设施和措施,防护工程制浆防漏措施、导流设施,施工人员采取服用痢疾、病毒性肝炎药物等预防措施情况,施工人员应配备血吸虫病防护用具和药物等。

(二)施工过程监理

(1)检查施工单位环境保护管理机构的运行情况,要求承包人在施工过程中按已经批准的施工组织设计中的环保措施和有关的审核意见进行文明施工,加强环境管理,做好施工中有关环境的原始资料收集、记录、整理和总结工作。

(2)检查施工过程中施工单位对承包合同中环境条款执行与环境保护措施落实等情况,包括:监督检查施工区生活饮用水水质保护、施工段稀有物种资源保护、污水处理、空气污染控制、噪音污染控制、固体废弃物处理和卫生防御、血吸虫病防治等方面,防止危害健康、破坏生态与污染环境;检查工程弃渣处理是否符合规范要求,防止阻碍河道行洪和造成新的水土流失;检查施工单位环境卫生的维护和清理,要求施工单位及时清除不再需要的临时工程,经常保持现场干净、有条理,不出现影响环境的障碍物;检查工程占用土地的复耕和植被的恢复措施的落实情况。

（3）现场环境监理主要采取巡视检查方式，并辅之一定的检测手段，对施工单位的环境保护工作进行跟踪检查和控制，作出定性和定量的评价。对施工区的废水、废浆的排放，生活用水的水质保护，施工点稀有物种的保护，环境敏感点的空气、噪声污染控制等需采取重点检查，必要时采取抽样检测与分析。在发现重大环境问题，施工单位对环境保护监理机构提出的整改要求和处理意见执行不严，或者执行后不满足要求时，环境保护监理机构有权作出停工整改的决定。

（4）主持召开工程区域范围内与环境保护有关的会议，对环境保护方面的意见进行汇总，审核施工单位提出的处理措施。

（5）协调建设各方有关环境保护的工作和有关环境问题的争议。

（6）对施工单位在施工过程中的环境保护实施情况，以环境监理月报方式定期作出评价，并及时反馈给施工单位、工程监理、建设代表处和监理中心等有关单位。

（7）对施工单位的进度支付，环境监理签署对施工单位实施环境保护措施的评价意见，作为计量支付的依据之一。

（8）编写环境月报和工程环境监理报告。

（三）工程验收监理

（1）审查施工单位报送的有关工程验收的环保资料。

（2）对工程区环境质量状况进行预检，主要通过感观和利用环境监测单位的资料与数据进行检查，必要时进行环境监测。

（3）现场监督检查施工单位对环境遗留问题的处理。

（4）对施工单位执行合同环境保护条款和落实各项环境保护措施的情况与效果进行综合评估。

（5）整理验收所需要的环境监理资料。

（6）参加工程验收，并签署环境监理意见。

第四节　环境保护监理工作制度

一、文件审核、审批制度

承包人编制施工组织设计和施工措施计划的环境保护措施、专项环境保护措施方案（如供水水源的保护、重要污染源防护处理、对环境影响严重的施工作业的环境保护措施等），均应报环境保护监理机构审核。环境保护监理机构对上述文件的审核同意意见作为工程监理机构批准上述文件的基本条件之一。

二、重要环境保护措施和环境问题处理结果的检查、认可制度

在承包人完成重要的环境保护措施后，应报环境保护监理机构检查、认可。环境保护监理工程师应跟踪检查要求承包人限期处理的环境问题的情况。若处理合格，予以认可；若未处理或处理不合格，则应采取进一步的监理措施。

三、会议制度

环境保护监理机构应建立环境保护会议制度,包括环境保护第一次工地会议、环境保护监理例会和环境保护监理专题会议。对环境保护监理例会,应明确召开会议的时间、地点、主要参加单位与人员、一般会议议程、会议纪要等。

四、现场环境紧急事件报告、处理制度

监理机构应针对环境保护监理范围内可能出现的紧急情况,制定环境紧急事件报告制度和处理措施预案。

五、工作报告制度

环境保护监理机构应按月及时向发包人提交《环境保护监理月报》,报告环境保护监理现场工作情况以及环境保护监理范围内的环境状况。对重大的环境问题,环境保护监理机构应在调查研究基础上,向发包人提交《环境保护专题报告》。在环境保护监理工作结束后,应向发包人提交《环境保护监理工作总结报告》。

六、环境验收制度

在单位工程验收、合同项目完工验收时,均应有环境保护监理机构参加,检查认可承包人按照合同要求完成环境保护工作的情况(如地面恢复、植被恢复、废弃物处理等)以及施工过程中环境保护档案资料的整理情况等,整理提交环境保护监理工作报告和档案资料,参加工程竣工验收前的环境专项验收。

第五节 环境保护监理组织机构人员配置及职责

一、环境保护监理组织机构人员配置

环境保护监理机构的组织形式,可根据建设项目环境保护设计的专业复杂程度、工程规模及工作要求等,选择直线型模式、职能型模式、直线—职能型模式和矩阵型模式。

(一)直线型模式

直线型模式是一种最简单、最古老的组织形式,它的特点是组织中各种职务垂直直线排列,如图 20-2 所示。

这种组织形式的特点是命令系统自上而下进行,责任系统也是自上而下承担。上层管理下层若干个部门,下层直接受唯一上层的指令。这种组织模式适用于建设项目在空间上能划分为若干个相

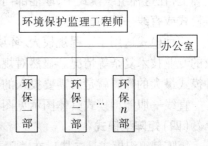

图 20-2 直线型模式

对独立的子项、环境保护技术要求不太复杂的环境保护监理项目,如灌溉工程、堤防工程、环境保护不太复杂的引水工程等。环境保护的总监理工程师负责整个项目环境保护监理

的计划、组织和指导,并主持环境保护监理的协调工作。子项目监理组分别负责子项目范围内的环境保护监理工作,具体领导所管辖监理组内的环境保护监理人员工作。

这种组织形式的主要优点是结构简单、权力集中、命令统一、职责分明、决策迅速、隶属关系明确,但其使用条件是:各监理组的环境保护范围划分明确、涉及的技术问题不太复杂。

(二)职能型模式

职能型环境保护监理组织模式,是以环境保护总监理工程师全权负责环境保护现场工作,下设若干职能机构,分别从职能角度对基层组织进行业务管理。这些职能机构可以在环境保护总监理工程师的授权范围内,就其分管的业务范围,向下下达指示、通知。

这种组织形式的优点是能体现专业化分工,人才资源分配方便,有利于人员发挥专业特长,处理专业性很强的问题。缺点是命令源不唯一,同时处理每一具体监理业务的权责关系不够明确,有时决策效率低。对于地理位置上相对分散的环境保护监理项目,这种模式不太适合。

职能型模式具体图示见图20-3。

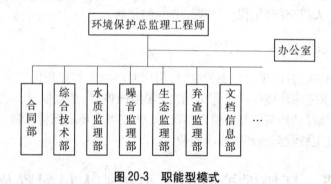

图20-3　职能型模式

(三)直线—职能型模式

直线—职能型环境保护监理组织模式是吸收了直线型组织模式和职能型组织模式的特点而构成的一种组织形式,这种组织形式具有明显的优点。它既有直线型组织模式权力集中、责权分明、决策效率高等优点,又兼有职能部门处理专业化问题能力强的优点。实际上,在这种组织模式中,职能部门是直线机构的参谋机构,故这种模式也叫直线—参谋模式或直线—顾问模式。

这种模式适用于工程规模大、环境保护范围在空间上划分明确、环境保护监理工作涉及的专业技术复杂等情况。显然对规模不大、专业技术简单的环境保护监理任务,采用这种模式最大的障碍就是所需要投入的监理人员数量多,成本大。

直线—职能型模式具体图示见图20-4。

(四)矩阵型模式

矩阵型组织模式是二战后在美国首先出现的。矩阵型组织模式是一种新型的组织模式,它是随着企业系统规模的扩大、技术的发展、产品类型的增多,要求企业系统的管理组织有很好的适应性而产生的,这种模式既有利于业务的专业化管理,又有利于产品(项目)的

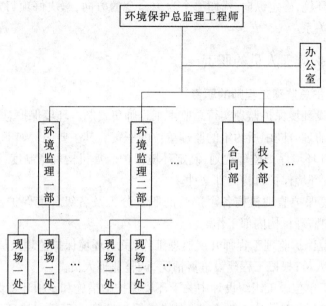

图 20-4　直线—职能型模式

开发,并能克服以上几种组织模式的缺点,如灵活性差、部门之间的横向联系薄弱等。

矩阵型组织模式是从直线型组织模式机构中组建专门负责每项工作的小组(小组成员具有不同的背景、不同技能、不同知识,分别选自不同的部门)发展而来的一种组织结构。在这种组织结构中,既有纵向管理部门,又有横向管理部门,纵横交叉,形成矩形,所以称其为矩阵型组织模式,如图 20-5 所示。

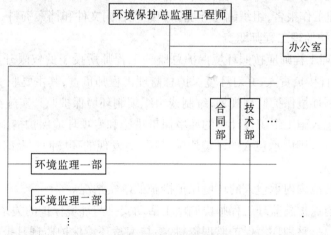

图 20-5　矩阵型模式

这种模式的优点是加强了各职能部门的横向联系,具有较大的机动性和适应性;把上下左右集权和分权结合起来,有利于解决复杂问题,有利于监理人员业务的培养。其缺点是命令源不唯一,纵横向协调工作量大,处理不当会出现扯皮现象,产生矛盾。

为克服这种缺点,必须严格区分两类工作部门的任务、责任和权利,并根据企业系统具体条件和外围环境,确定纵向、横向哪个为主命令的方向,解决好项目建设过程中各环节及有关部门的关系。

二、环境保护监理人员的职责

(一)环境保护总监理工程师的职责

水利工程建设环境保护监理实行总监理工程师负责制。环境保护总监理工程师应全面负责环境保护监理合同中所约定的监理单位的职责。其主要职责如下:

(1)主持编制环境保护监理规划,制定环境保护监理机构规章制度,审批环境保护监理实施细则,签发环境保护机构内部文件。

(2)确定环境保护监理机构各个部门的职责分工及各级环境保护监理人员职责权限,协调环境保护监理机构内部工作。

(3)指导环境保护监理工程师开展监理工作;负责环境保护监理人员的工作考核,调换不称职的监理人员;根据工程建设进展情况,调整监理人员。

(4)审核施工单位施工组织设计中关于环境保护的措施和专项环境保护措施计划。

(5)主持环境保护第一次工地会议,主持或授权监理工程师主持环境保护监理例会和专题会议。

(6)签发环境保护监理文件,对存在的重要环境问题的处理,商议工程总监理工程师后签发指示。

(7)主持重要的环境问题的处理。

(8)主持或参与工程施工与环境保护的协调工作。

(9)检查环境保护监理日志,组织编写并签发环境保护监理月报、环境保护专题报告、环境保护监理工作报告,组织编写环境保护监理合同文件和档案资料。

(二)环境保护监理工程师职责

环境保护监理工程师应按照环境保护总监理工程师所授予的权限开展监理工作,是执行监理工作的直接负责人,并对环境保护总监理工程师负责,其主要职责如下:

(1)参与编制环境保护监理规划,编制或组织编制环境保护监理实施细则。

(2)预审承包人施工组织设计中的环境保护措施和专项环境保护措施计划。

(3)检查负责范围内承包人的环境影响情况,对发现的环境问题及时通知承包人,并有权提出处理措施。

(4)检查负责范围内承包人的环境保护措施的落实情况。

(5)协助环境保护总监理工程师协调施工活动安排与环境保护的关系。

(6)收集、汇总、整理环境保护监理资料,参与编写环境保护监理月报,填写环境保护监理日志。

(7)现场发生重大环境问题或遇到突发性环境影响事件时,及时向环境保护总监理工程师报告、请示。

(8)指导、检查环境保护监理员工作,必要时可向环境保护总监理工程师建议调换监理员。

（三）环境保护监理员的职责

环境保护监理员应按被授权的职责权限展开监理工作，其主要职责有以下几项：

（1）检查负责范围内承包人的环境保护措施的落实情况。

（2）检查负责范围内的环境影响情况，并做好现场监理记录。

（3）对发现的现场环境问题，及时向监理工程师汇报。

（4）核实承包人环境保护相关原始记录。

当环境保护监理任务小、环境保护人员数量较少时，环境保护监理工程师可以承担起环境保护监理员的工作。

第六节　环境保护监理信息流程

在项目管理实践中，信息管理至关重要。从一定程度上讲，信息管理水平决定着项目管理的成败。水利工程建设环境保护监理信息量大，种类多，信息流程复杂，因此信息管理工作十分重要。及时掌握准确、完整的信息，可以使环境保护监理人员耳聪目明，准确、合理、及时地处理问题，做好环境保护监理工作。

环境保护监理涉及的部门很多，部门之间的信息沟通十分复杂。信息的流畅、有序和规范，对环境保护监理的成功实施十分重要。

环境保护监理信息流程如图 20-6 所示。

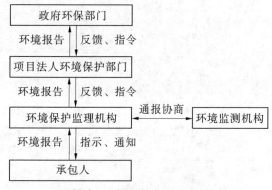

图 20-6　环境保护监理信息流程

第七节　环境保护监理主要工作方法和措施

一、监理工作方法

（一）巡视

监理工程师应经常对施工现场进行巡视，了解各项环境保护措施的落实情况，对重点工序或重点施工地段进行检查，了解环保进展。

（二）指令性文件

对巡视中发现的问题，及时下达监理通知，指令施工方改正，并对整改结果进行复查。

设计文件中的环境保护项目按设计要求进行验收：

（1）路基边坡植草及地表排水系统。

（2）弃渣场挡墙的砌筑及岸坡防护,弃渣场的植被绿化。

（3）站场排污设施、排水系统。

二、主要措施

（1）环境保护与工程主体同步验收,环境保护不达标工程不予验收。

（2）经济措施。工程量清单中技术措施费列有水土保持费用,如环境保护达不到要求,监理工程师对该项费用不予计价支付。

（3）报告。对环境保护不重视或不采取有效措施的单位,及时向建设单位报告,建议列入不良记录。

第二十一章　水土保持监理实施

第一节　总　则

水土保持监理实施的重点如下：

（1）工程项目的基本状况，如名称、性质、等级、建设地点、自然条件与外部建设环境，工程项目的组成、规模及特点，工程项目的建设目的。

（2）水土保持的范围，施工和工程监理的标段划分。

（3）工程建设对水土保持的影响问题和水土保持要求。

第二节　水土保持监理范围、目标、依据和要求

一、水土保持监理范围和工作重点

（1）监理工程师审查施工组织设计时，应对施工单位在工程施工中的水土保持措施、方案、实施办法进行审核。符合相关规定的，由监理工程师提出审核意见，报总监理工程师批准。

（2）审查施工单位现场的水土保持组织机构专职人员、水土保持措施及相关制度的建立，是否符合要求。

（3）督促施工单位与当地环保部门建立正常的工作联系，了解当地的水土保持要求和相关标准，取得当地环保部门的支持。

（4）施工过程中监理工程师对施工单位水土保持措施进行跟踪检查，对水土保持工程项目进行检查及验收。

二、水土保持监理的目标

水土保持监理工作总目标是根据国家批准的水土保持设计方案，按照国家有关的水土保持法规和工程水土保护规定，对工程承包商水土保持合同条款的执行情况进行监督和管理，促进水土保持项目按合同目标进行实施，防治施工活动造成的水土流失。

三、水土保持监理的依据

（1）国家制定的法律法规。

（2）水利部等有关部门制定的有关水利工程建设环境保护规范等。

（3）国家主管部门批准的《初步设计文件》等各种工程建设文件及审批意见。

（4）项目法人与环境监理单位签订的环境监理合同和各种补充文件，包括双方之间的信函、指令和会议纪要，项目法人与承包人签订的各种经济合同补充文件。

第三节 水土保持监理工作的程序、方式和主要内容

一、水土保持监理工作程序

水土保持监理的工作内容主要是工程施工期间的水土保持质量控制、建设各方水土保持工作的组织和协调及有关水土保持的合同与信息管理。根据隐蔽工程建设的实际情况和水土保持监理的特点,其工作程序如图21-1所示。

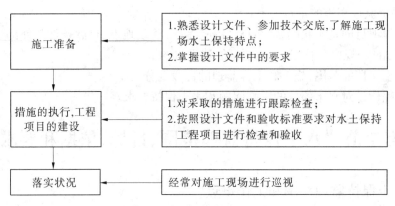

图21-1 水土保持监理工作程序

二、水土保持的控制要点

(一)按设计图要求控制临时工程的影响

(1)施工单位修建临时施工道路、征地或租用土地要取得当地水土保持部门的批准,办理相关水土保持手续。

(2)修建过程中对树木的砍伐,要办理相关手续。

(3)对原地形地貌的破坏,施工完成后必须予以恢复。

(4)临时便道的修建,如对地表水系造成影响,施工中必须采取相应的保护措施,施工结束后对原来的地表水系要予以恢复。

(5)施工弃渣不得弃入当地河湖中,不得影响现有地表水系,应集中在指定弃渣场地堆放。

(二)水上施工作业水土保持措施的检查

(1)水上施工作业方案必须符合水土保持的要求。

(2)水上钻孔作业不得向河湖中,也不得向岸边弃渣,应集中运至指定弃渣区域。

(3)筑岛施工或修建临时丁坝,必须征得当地水利部门的批准,筑岛或修建临时丁坝不应引起水流大的改变,防止一侧冲刷,另一侧淤积。

(4)采用泥浆护壁钻孔施工,应有专门的泥浆池、沉淀池,废弃泥浆不得向河湖中倾倒,应采取相应措施集中到指定地点弃放。

(5)严禁向河湖中倾倒建筑垃圾。

(三)取土场、弃土场的使用和恢复

(1)施工中取土及弃渣应在设计文件中指定的位置,工程开工前,施工单位应办好相关的征地手续。

(2)检查取、弃土场便道扬尘对环境影响的控制措施。

(3)施工取土场及弃渣场应建立良好的排水系统,弃渣场挡护结构应符合设计文件的规定,先砌后使用。

(4)施工结束后,应根据周边地貌特点,对取土场予以恢复,在取土场及弃渣场周围,应按设计要求进行地表绿化。

(四)施工污水排放的处理

(1)隧道施工中,污水不经处理不得直接排入洞外地表,也不得直接排入附近河湖中。应设污水沉淀池、气浮池,施工中产生的废渣、废液应按有关水土保持要求进行处理,不得随意弃置、排放。

(2)施工营区的生活污水,必须建立适当的污水处理措施,不得直接排入附近河湖之中。

(3)污水处理完要经有关部门检验达标后再按设计要求处理。

(五)施工营区的环境保护

(1)施工营地要进行适当绿化,以便与周围环境相协调。

(2)生活垃圾、固体废弃物必须集中运至当地的垃圾处理点,不得随意丢弃。

三、水土保持监理工作方式

项目监理向各个工程项目派驻监理工程师或水土保持监理员,承担各工程项目的水土保持监理工作。水土保持监理人员按照监理实施细则规定的程序开展监理工作。

水土保持监理主要以巡视监理为主,辅以必要的检测手段,进行水土保持质量控制。在监理实施过程中发现的问题,向水土保持监理站反映,由监理工程师提出处理意见,需发布的指令、通知、文件、报告等均通过各项目施工监理站转发到相应的施工单位,并抄报项目法人。

监理站应成立专家咨询组,不定期地召开工地会议对工作中存在的问题进行研究,并对各标段的水土保持工作实施情况进行检查指导。

四、水土保持监理工作内容和职责

(一)施工准备监理

(1)组织水土保持监理交底会,向施工单位提出应特别注意的水土保持敏感因子和有关水土保持要求及监理的工作程序。

(2)在单位工程开工前,对施工单位报送的单位工程施工组织设计中有关水土保持的内容进行审核,从水土保持的角度提出优化施工方案与方法的建议并签署意见,作为监理单位对施工组织设计审核意见的一部分。

(3)检查施工单位水土保持准备工作落实的情况。

(二)施工过程监理

(1)检查施工单位水土保持管理机构的运行情况,要求承包人在施工过程中按已经批准的施工组织设计中的水土保持措施和有关的审核意见进行文明施工,加强水土保持管理,做好施工中有关水土保持的原始资料收集、记录、整理和总结工作。

(2)检查施工过程中施工单位对承包合同中水土保持条款执行与措施落实等情况。

(3)现场水土保持监理主要采取巡视检查方式,并辅之一定的检测手段,对施工单位的水土保持工作进行跟踪检查和控制,作出定性和定量的评价。

(4)主持召开工程区域范围内与水土保持有关的会议,对水土保持方面的意见进行汇总,审核施工单位提出的处理措施。

(5)协调建设各方有关水土保持的工作和有关水土保持问题的争议。

(6)对施工单位在施工过程中的水土保持实施情况,以水土保持监理月报方式定期作出评价,并及时反馈给施工单位、工程监理、建设代表处和监理中心等有关单位。

(7)对施工单位的进度支付,水土保持监理签署对施工单位实施水土保持措施的评价意见,作为计量支付的依据之一。

(8)编写水土保持月报和工程水土保持监理报告。

(三)工程验收监理

(1)审查施工单位报送的有关工程验收的水土保持资料。

(2)对工程区水土保持质量状况进行预检,主要通过感观和利用水土保持监测单位的资料与数据进行检查,必要时进行水土保持监测。

(3)现场监督检查施工单位对水土保持遗留问题的处理。

(4)对施工单位执行合同水土保持条款和落实各项水土保持措施的情况与效果进行综合评估。

(5)整理验收所需要的水土保持监理资料。

(6)参加工程验收,并签署水土保持监理意见。

第四节　　水土保持监理工作制度

一、文件审核、审批制度

承包人编制施工组织设计和施工措施计划的水土保持措施、专项水土保持措施方案等,均应报水土保持监理机构审核。水土保持监理机构对上述文件的审核同意意见作为工程监理机构批准上述文件的基本条件之一。

二、重要水土保持措施和水土保持问题处理结果的检查、认可制度

在承包人完成重要的水土保持措施后,应报水土保持监理机构检查、认可。水土保持监理工程师应跟踪检查要求承包人限期处理的水土保持问题的处理情况。若处理合格,予以认可;若未处理或处理不合格,则应采取进一步的监理措施。

三、会议制度

水土保持监理机构应建立水土保持会议制度,包括水土保持第一次工地会议、水土保持监理例会和水土保持监理专题会议。对水土保持监理例会,应明确召开会议的时间、地点、主要参加单位与人员、一般会议议程、会议纪要等。

四、现场水土保持紧急事件报告、处理制度

监理机构应针对水土保持监理范围内可能出现的紧急情况,制定水土保持紧急事件报告制度和处理措施预案。

五、工作报告制度

水土保持监理机构应按月及时向发包人提交《水土保持监理月报》,报告水土保持监理现场工作情况以及水土保持监理范围内的环境状况。对重大的水土保持问题,水土保持监理机构应在调查研究基础上,向发包人提交《水土保持专题报告》。在水土保持监理工作结束后,应向发包人提交《水土保持监理工作总结报告》。

六、水土保持验收制度

在单位工程验收、合同项目完工验收时,均应有水土保持监理机构参加,检查认可承包人按照合同要求完成水土保持工作的情况以及施工过程中水土保持档案资料的整理情况等,整理提交水土保持监理工作报告和档案资料,参加工程竣工验收前的水土保持专项验收。

第五节　水土保持监理组织机构人员配置及职责

一、水土保持监理组织机构人员配置

水土保持监理机构的组织形式,可按照建设项目水土保持设计的专业复杂程度、工程规模及工作要求等,选择直线型模式、职能型模式、直线—职能型模式或矩阵型模式。

二、水土保持监理人员的职责

(一)水土保持总监理工程师的职责

水利工程建设水土保持监理实行总监理工程师负责制。水土保持总监理工程师应全面负责水土保持监理合同中所约定的监理单位的职责。其主要职责如下:

(1)主持编制水土保持监理规划,制定水土保持监理机构规章制度,审批水土保持监理实施细则,签发水土保持机构内部文件。

(2)确定水土保持监理机构各个部门的职责分工及各级水土保持监理人员职责权限,协调水土保持监理机构内部工作。

(3)指导水土保持监理工程师开展监理工作;负责水土保持监理人员的工作考核,调

换不称职的监理人员；根据工程建设进展情况,调整监理人员。

（4）审核施工单位施工组织设计中关于水土保持的措施和专项水土保持措施计划。

（5）主持水土保持第一次工地会议,主持或授权监理工程师主持水土保持监理例会和专题会议。

（6）签发水土保持监理文件,对存在的重要水土保持问题进行处理,商议工程总监理工程师后签发指示。

（7）主持重要的水土保持问题的处理。

（8）主持或参与工程施工与水土保持的协调工作。

（9）检查水土保持监理日志,组织编写并签发水土保持监理月报、水土保持专题报告、水土保持监理工作报告,组织编写水土保持监理合同文件和档案资料。

（二）水土保持监理工程师职责

水土保持监理工程师应按照水土保持总监理工程师所授予的权限开展监理工作,是执行监理工作的直接负责人,并对水土保持总监理工程师负责,其主要职责如下：

（1）参与编制水土保持监理规划,编制或组织编制水土保持监理实施细则。

（2）预审承包人施工组织设计中的水土保持措施和专项水土保持措施计划。

（3）检查负责范围内承包人的水土保持影响情况,对发现的水土保持问题及时通知承包人,并有权提出处理措施。

（4）检查负责范围内承包人的水土保持措施的落实情况。

（5）协助水土保持总监理工程师协调施工活动安排与水土保持的关系。

（6）收集、汇总、整理水土保持监理资料,参与编写水土保持监理月报,填写水土保持监理日志。

（7）现场发生重大水土保持问题或遇到突发性水土保持影响事件时,及时向水土保持总监理工程师报告、请示。

（8）指导、检查水土保持监理员工作,必要时可向水土保持总监理工程师建议调换监理员。

（三）水土保持监理员的职责

水土保持监理员应按被授权的职责权限展开监理工作,其主要职责有以下几项：

（1）检查负责范围内承包人的水土保持措施的落实情况。

（2）检查负责范围内的水土保持影响情况,并做好现场监理记录。

（3）对发现的现场水土保持问题,及时向监理工程师汇报。

（4）核实承包人水土保持相关原始记录。

当水土保持监理任务小、水土保持人员数量较少时,水土保持监理工程师可以承担起水土保持监理员的工作。

第六节　水土保持监理信息流程

在项目管理实践中,信息管理至关重要。从一定程度上讲,信息管理水平决定着项目管理的成败。水利工程建设水土保持监理信息量大,种类多,信息流程复杂,因此信息管理工作十分重要。及时掌握准确、完整的信息,可以使水土保持监理人员耳聪目明,准确、合理、及时地处理问题,做好水土保持监理工作。

水土保持同环境保护监理涉及的部门很多,部门之间的信息沟通十分复杂。信息的流畅、有序和规范,对水土保持监理的成功实施十分重要。

水土保持监理主要信息流程如图 21-2 所示。

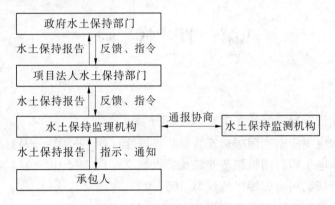

图 21-2　水土保持监理信息流程

第七节　水土保持监理主要工作方法和措施

一、监理工作方法

(一)巡视

监理工程师应经常对施工现场进行巡视,了解各项水土保持措施的落实情况,对重点工序或重点施工地段进行检查,了解水土保持进展。

(二)指令性文件

对巡视中发现的问题,及时下达监理通知,指令施工方改正,并对整改结果进行复查。

设计文件中的水土保持项目按设计要求进行验收:

(1)路基边坡植草及地表排水系统。

(2)弃渣场挡墙的砌筑及岸坡防护,弃渣场的植被绿化。

(3)站场排污设施、排水系统。

二、主要措施

(1)水土保持与工程主体同步验收,水土保持不达标工程不予验收。

(2)经济措施。工程量清单中技术措施费列有水土保持费用,如水土保持达不到要求,监理工程师对该项费用不予计价支付。

(3)报告。对水土保持不重视或不采取有效措施的单位,及时向建设单位报告,建议列入不良记录。

第二十二章　金属结构安装监理实施

第一节　总　则

一、依据

(1)《工程建设标准强制性条文》(水工部分)。

(2)《水利水电工程钢闸门制造安装及验收规范》(DL/T 5018—94)。

(3)《水利水电工程启闭机制造安装及验收规范》(DL/T 5019—94)。

(4)《水工金属结构防腐蚀规范》(SL 105—95)。

(5)《压力钢管制造安装及验收规范》(DL 5017—93)。

二、适用范围

本专业监理实施适用于水工金属结构的闸门与埋件、启闭机安装以及压力钢管安装的工程项目。

第二节　施工准备工作监理

一、施工措施计划

承包人应在金属结构施工 60 d 以前,根据设计文件、合同技术规范和有关规程、规范,结合地形、施工水平和施工条件编制施工措施计划报送监理机构批准。施工措施计划应包括以下内容:

(1)安装现场布置及说明、主要临时建筑设施布置及说明。

(2)劳动力、材料和设置(包括辅助工程设备设施)配置计划。

(3)安装进度计划。

(4)闸门和启闭机的调试、试运转和试验工作计划。

(5)设备的运输和吊装方案。

(6)金属结构件的安装方法和安装质量控制措施。

(7)焊接工艺及焊接变形的控制和矫正措施。

(8)质量保证和检验措施。

(9)施工组织管理机构。

(10)安全措施。

二、施工措施计划审批

（1）施工措施计划连同审签意见单均一式4份，经承包人项目经理（或其授权代表）签署并加盖公章后报送监理机构，监理机构审阅后限时返回审签意见1份，原文件不退回。审签意见包括"照此执行"、"按意见修改后执行"、"已审阅"及"修改后重新报送"四种。

（2）除非接到的审签意见单，审签意见为"修改后重新报送"，否则承包人可按期向监理机构申请开工许可证。监理机构将于接到承包人申请后24 h内开出相应工程的开工许可证，或开工批复文件。

（3）如果承包人未能按期向监理机构报送上述文件，由此造成的施工工期延误和其他损失，均由承包人承担合同责任。若承包人在期限内未收到监理机构的审签意见单或批复文件，可视为已报经审阅。

第三节　　施工过程监理

金属结构安装前应具备的资料如下：

（1）设计图样和技术文件（设计图样包括总图、装配图、零件图、水工建筑物图及金属结构关系图）。

（2）金属结构件出厂合格证。

（3）金属结构件制造验收资料和资质证书。

（4）发货清单。

（5）安装用控制点位置图。

设备运至发包人指定交货点，各有关方检查清点，并详细记录签字备案。安装承包人正式接受各项设备后，制定运输保管计划，把设备安全运到工地。

在施工过程中，承包人应按照报经批准的施工措施计划按章作业、文明施工。同时，加强质量和技术管理，做好原始资料的收集、记录、整理和施工总结工作。当发现作业效果不符合设计或技术规范要求时，应及时调整或修订施工措施计划，并报监理机构批准。

当承包人由于各种原因，需要修改已报经监理机构批准的施工措施计划，并致使施工技术条件发生了实质性变化时，承包人应与此类修改措施计划实施的7 d前，报监理机构批准。

为确保工程质量，避免造成重大失误和不应有的损失，测量和检验成果应及时报送监理机构检查认证。必要时监理机构可抽测或要求承包人在监理工程师直接监督下进行对照检测。

除非另行报经监理机构批准，否则应在上一道工序经监理工程师检验合格后，方可进行下一道工序施工。监理工程师的质量检验均应在承包人的三级自检合格基础上进行，且不减轻承包人应承担的任何合同责任。

发生事故时，承包人应及时采取措施，防止事故的延伸和扩大，记录事故发生、发展过程和处理经过，并立即报给监理机构。

承包人应每周、每月定期召开生产会，检查本周、本月生产计划完成情况，分析未完成计划的原因和研究解决措施,并安排好下周、下月生产计划,确保工程施工按预定施工进度均衡进行。

在施工过程中,承包人不按批准的施工计划措施施工,或违反国家有关安全和施工技术规程、规范、环境和劳动保护条例,或出现重大安全、质量事故等,监理工程师有权分别采取口头违规警告、书面违规警告、监理通报,直到指令返工、停工整顿等方式予以制止。由此而造成的经济损失和施工延误由承包人承担合同责任。

承包人应坚持安全生产、质量第一的方针,健全质量保证体系,加强质量管理。施工过程中,坚持"四员"(质检员、施工员、安全员、调度员)到位和三级自检制度,确保工程质量。对出现的施工质量与安全事故应及时向监理机构报告,并本着"三不放过"的原则认真处理。

第四节　施工质量控制

一、焊接和无损检验人员资格

(1)从事现场安装焊接的焊工,必须持有有效期内的劳动人事部门签发的锅炉、压力容器焊工考试合格证书。焊工中断焊接工作 6 个月以上者,应重新进行考试。焊工焊接的钢材种类、焊接方法和焊接位置等均应与本人考试合格的项目相符。

(2)无损检验人员必须持有国家专业部门签发的资格证书。评定焊缝质量应由 Ⅱ 级或 Ⅱ 级以上的检测人员担任。

二、焊接材料

(1)承包人采购的每批焊接材料,应具有产品质量证明书和使用说明书,并按监理机构的指示在使用前进行抽样检验,检验成果应报送监理机构。

(2)焊接材料的保管和烘焙应符合《水利水电工程钢闸门制造安装及验收规范》(DL/T 5018—94)的规定。

三、焊接工艺评定

(1)在进行合同项目各构件的一、二类焊缝焊接前,必须根据母材的焊接性、结构特点、使用条件、设计要求、设备能力、施工环境和强制性条文要求拟定焊接工艺方案,并必须通过焊接工艺评定鉴定。经评定合格后,编制焊接工艺指导书。按 DL/T 5018—94 规定进行焊接工艺评定,承包人应将焊接工艺评定报告送监理机构审批。若承包人需要改变原评定的焊接方法,必须按监理机构指示重新进行焊接工艺评定。

(2)承包人应根据批准的焊接工艺评定报告和 DL/T 5018—94 的规定编制焊接工艺规程,报送监理机构审批合格后,方可施焊。

四、焊接质量控制

焊缝按《工程建设标准强制性条文》(水工部分)分三类。一、二类焊缝焊接宜采用手工焊和埋弧焊。首次采用气体保护焊时,应在现场试用一段时间,证实其焊接设备和焊接材料性能优良、稳定,能满足焊接工艺要求,可以保证焊缝质量后,方可采用。

焊接各类焊缝所选用的焊条、焊丝、焊剂应与所施焊的钢种匹配,详见 DL/T 5018—94 中的规定。

异种钢板焊接时,应采用强度高的钢板的焊接工艺施焊。焊接材料按图样规定,并应经焊接工艺试验评定。遇有穿堂风或风速超过 8 m/s 的大风和雨天、雪天以及环境温度在 −5 ℃ 以下,相对湿度在 90% 以上时,焊接处应有可靠的防护措施,保证焊接处有所需的足够温度,焊工技能不受影响,方可施焊。

一、二类焊缝,应经检查合格,方准施焊。施焊前,应将坡口及其两侧 10 ~ 20 mm 范围内的铁锈、熔渣、油垢、水迹等清除干净。

焊接材料应按下列要求进行烘焙和保管:

(1)焊条、焊剂应放置于通风、干燥和室温不低于 5 ℃ 的专设库房内,设专人保管、烘焙和发放,并应及时做好实测温度和焊条发放记录。烘焙温度和时间应严格按厂家说明书的规定进行。

(2)烘焙后的焊条应保存在 100 ~ 150 ℃ 的恒温箱内,药皮应无脱落和明显的裂纹。

(3)现场使用的焊条应装入保温筒,焊条在保温筒内的时间不宜超过 4 h。超过后,应重新烘焙,重复烘焙次数不宜超过 2 次。

(4)埋弧焊接剂中如有杂物混入,应对焊剂进行清理,或全部更换。

(5)焊丝在使用前应清除铁锈和油污。

焊缝(包括定位焊)焊接时,应在坡口上引弧、熄弧,严禁在母材上引弧,熄弧时应将弧坑填满,多层焊的层间接头应错开。

定位焊焊接应符合下列规定:

(1)一、二类焊缝的定位焊焊接工艺和对焊工的要求与主缝(即一、二类焊缝,下同)相同。

(2)对需要预热焊接的钢板,焊定位焊时应以焊接处为中心,至少应在 150 mm 范围内进行预热,预热温度较主缝预热温度高出 20 ~ 30 ℃。

(3)定位焊位置应距焊缝端部 30 mm 以上,其长度应在 50 mm 以上,间距为 100 ~ 400 mm,厚度不宜超过正式焊缝高度的 1/2,最厚不宜超过 8 mm。

(4)施焊前应检查定位焊质量,如有裂纹、气孔、夹渣等缺陷均应清除。

工卡具、内支撑、外支撑、吊耳及其他临时构件的焊接和拆除应符合下列规定:

(1)对需要预热焊接的钢板,焊接工卡具等构件时,应按《压力钢管制造安装及验收规范》中的规定执行。

(2)工卡具等构件焊接时,严禁在母材上引弧和熄弧。

(3)工卡具等构件拆除应按《压力钢管制造安装及验收规范》规定执行。

一、二类焊缝预热应符合下列规定:

(1)预热温度可用斜 Y 型焊接裂纹试验来确定。当板厚拘束度大时,还应增做窗形拘束裂纹试验,在试验中取裂纹率为零时的预热温度为斜 Y 型焊缝裂纹试验的防止裂纹预热温度,也可参照《压力钢管制造安装及验收规范》中的规定。

（2）环境气温低于 5 ℃时，应采取较高的预热温度；对不需要预热的焊缝，当环境气温低于 0 ℃时，也应适当预热；手工焊应采用氢型焊条。预热时必须均匀加热。预热区的宽带应为焊缝中心线两侧各 3 倍板厚，且不小于 100 mm。其温度测量应用表面测量计，在距焊缝中心线各 50 mm 处对称测量，每条焊缝测量点不应少于 3 对。

在需要预热焊接的钢板上，焊接加劲环、止水环、人孔门等附属构件时，应按焊接工艺评定确定的预热温度或按和焊接主缝相同的预热温度进行预热。

焊接层间温度和后热消氢处理温度应由焊接工艺评定确定，也可参照下列要求执行：

（1）厚度大于 32 mm 的高强钢和低合金钢应作后热消氢处理。

（2）后热温度，低合金钢宜为 250～350 ℃，高强钢宜为 150 ℃；保温时间，低合金钢宜为 0.5～1 h，高强钢宜为 1 h。

（3）层间温度应不低于预热温度，且不高于 230 ℃。

高强钢和厚度大于 38 mm 的碳素钢、厚度大于 25 mm 的低合金钢焊接时，应按焊接工艺试验评定的线能量范围进行测定和控制，并应作出记录。双面焊接时，单侧焊接后应用碳弧气刨或砂轮进行背面清根，清根后应用砂轮修整刨槽，对高强钢应磨除渗碳层并认真检查，保证无缺陷。对需预热焊接的钢板，清根前应预热。

焊缝组装局部间隙超过 5 mm，但长度不大于该焊缝长的 15% 时，允许在坡口两侧或一侧作堆焊处理，但应符合下列规定：

（1）严禁在间隙内填入金属材料。

（2）堆焊后应用砂轮修整。

（3）根据堆焊长度和间隙大小及焊缝所在部位，酌情进行无损探伤检查。

纵缝埋弧焊在焊缝两端设置引弧板和熄弧板，引弧板和熄弧板不得用锤击落，应用氧—乙炔火焰或碳弧气刨切除，并用砂轮修磨成原坡口型式。

焊接完毕，焊工应进行自检。一、二类焊缝自检合格后，应在焊缝附近用钢印打上代号，做好记录。高强钢不打钢印，但应当场做好记录并由焊工签名。

采取适当的焊接顺序，不得任意加大焊缝。避免焊缝立体交叉和在一处集中多条焊缝。闸门及埋件结构不得采用间断焊缝，承受主要荷载的结构不得采用塞焊连接。

五、焊缝检验

（1）所有焊缝均进行外观检查，外观质量应符合 DL/T 5018—94 的规定。

（2）焊缝内部缺陷探伤可选用射线探伤或超声波探伤。表面裂纹检查可选用渗透或磁粉探伤。

（3）焊缝无损探伤长度按《工程建设标准强制性条文》（水工部分）进行，但如图样和设计文件另有规定，则按图样和设计文件规定执行。

（4）无损探伤应在焊接完成 24 h 以后进行。

（5）射线探伤按《钢熔化焊对接接头射线照相和质量分级及使用说明》（GB 3323—87）标准评定，一类焊缝 Ⅱ 级合格，二类焊缝 Ⅲ 级合格；超声波探伤按《钢焊缝手工超声波探伤方法和探伤结果分级》（GB 1345—89）标准评定，一类焊缝 B_I 级为合格，二类焊缝 B_{II} 级为合格。

(6)一、二类焊缝探伤发现有不允许缺陷时,应在缺陷方向或在可疑部位作补充探伤,如经补充探伤仍发现有不允许缺陷,则应对该焊工在该条焊缝上所施焊的焊接部位或整条焊缝进行探伤。

(7)焊缝无损探伤的抽检率,除应符合 DL/T 5018—94 的规定外,还应按监理机构的指定,抽查容易发生缺陷的部位,并应抽查到每个焊工的施焊部位。

(8)单面焊且无垫板的对接焊缝,根部未焊透深度不应大于板厚的 20%,最大不超过 3 mm。

(9)板材的组合焊缝,如图样无特殊要求,腹板与翼缘板的允许未焊透深度不应大于板厚的 25%,最大不超过 4 mm。

六、缺陷的处理和焊补

(1)焊缝内部或表面发现有裂纹时,应进行分析,找出原因,制定措施后,方可焊补。

(2)焊缝内部缺陷应用碳弧气刨或砂轮将缺陷清除,并用砂轮修磨成便于焊接的凹槽,焊补前要认真检查。如缺陷为裂纹,则应用磁粉或渗透探伤,确认裂纹已经消除,方可焊补。

(3)当焊补的焊缝需要预热、后热时,则焊补前应按《压力钢管制造安装及验收规范》中的规定进行预热,焊补后按《压力钢管制造安装及验收规范》中的规定进行后热。

(4)返修后的焊缝,应用射线探伤或超声波探伤复查,同一部位的返修次数不宜超过两次,后焊补时,应制订可靠的技术措施,并经承包人技术负责人批准,方可焊补,并作出记录。

(5)管壁表面凹坑深度大于板厚薄的 10% 或超过 2 mm 时,焊补前应用碳弧气刨或砂轮将凹坑刨成或修磨成便于焊接的凹槽,再行焊补。如需预热、后热,则按《压力钢管制造安装及验收规范》中的规定进行。焊补后应用砂轮将焊补处磨平,并认真检查有无微裂纹。对高强钢还应用磁粉或渗透检查。

(6)在母材上严禁有电弧擦伤,焊接电缆接头不许裸露金属丝。如有擦伤应用砂轮将擦伤处做打磨处理,并认真检查有无微裂纹。对高强钢在施工初期和必要时应用磁粉或渗透检查。

七、消除应力处理

承包人必须按图样或设计文件对重要焊缝进行消除应力处理,并制定消除应力的技术措施,实施前报送监理机构审批。

八、防腐

承包人应在防腐施工 7 d 以前,根据设计文件、合同技术规范和有关施工规程、规范,结合地形、施工水平和施工条件编制施工措施计划报送监理机构批准。

承包人应在事先取得监理机构批准并于实施的 7 d 以前完成涂装试验,并于试验前编制涂装试验计划,报监理机构批准。涂装试验计划内容如下:

(1)试验的内容和目的。

（2）试验组数。

（3）观测布置方法、内容和仪器设备。

（4）试验工作量和作业进度计划。

（5）其他必须报送的材料。

施工中，承包人要随施工进展及时进行测量和检验工作。其内容主要包括：

（1）气温、相对湿度、金属表面温度。

（2）喷砂后金属表面的清洁度、粗糙度。

（3）涂装后湿膜厚度。

（4）附着力。

涂装期间，承包人应做好原始记录、成果资料和质量检查情况的整理，并于次月 5 日前报送监理机构。为确保工程质量，避免造成重大失误和不应有的损失，测量和检验成果应及时报送监理机构检查认证。必要时监理机构可抽测或要求承包人在监理工程师直接监督下进行对照检测。

表面处理时，应注意以下事项：

（1）施工开始前两天，开始测气温、湿度、金属表面温度，每 2 h 测报一次，以对环境变化有一个全面的了解，并随时掌握环境的变化情况。

（2）相对湿度低于 85%，基体金属表面温度不低于露点以上 3 ℃。

（3）在不利的气候条件下，应采取有效措施，如遮盖采暖，或输入净化干燥的空气等措施，以满足对工作环境的要求。

（4）仔细地清除焊渣、飞溅等附着物。

（5）清洗基体金属表面可见的油脂及其他污物，然后作干燥处理。

（6）用金属薄板或硬木板对非喷砂部位进行遮蔽保护。

（7）喷砂的安全与防护。压力式喷砂罐属压力容器，其生产厂家必须持有国家有关部门颁发的压力容器生产许可证。喷砂工应穿戴防护用具，以保护身体不受飞溅磨料的伤害。在露天或工作间进行作业时，呼吸用空气应进行净化处理。露天工作时应注意防尘和环境保护，并符合有关的法规和条例。

（8）喷砂处理：如选用石英砂，所用的石英砂必须清洁、干燥。喷射处理所用的压缩空气必须经过冷却装置及油水分离器处理，以保证压缩空气的干燥、无油。油水分离器必须定期清理。喷嘴到基体金属表面宜保持 100 ~ 300 mm 的距离。喷射方向与基体金属表面法线的夹角以 15° ~ 30° 为宜。由于磨损，孔口直径增大了 25% 时宜更换喷嘴。表面预处理后，应用吸尘器或干燥、无油的压缩空气清除浮尘和碎屑，清理后表面不得用手触摸。涂装前如发现基体金属表面被污染或返锈，应重新处理达到原要求的表面清洁度等级。

（9）金属表面必须彻底地喷射或抛射除锈，钢材表面应无可见的油脂、污垢、氧化皮、铁锈和油漆涂层等附着物，任何残留的痕迹应该是点状或条纹状的轻微色斑。表面的粗糙度达到设计要求，并将旧漆膜等全部除净。

用表面粗糙度仪检测粗糙度时，每 2 m² 表面至少要有 1 个评定点。取评定长度为 40 mm，在此长度范围内测 5 点，取其算术平均值为此评定点的粗糙度值。

应对表面预处理的质量进行检查,合格后方能涂装。

涂装施工,应注意以下事项:

(1)涂装宜在气温 10 ℃ 以上进行。在空气相对湿度超过 85%、钢材表面温度低于大气露点以上 3 ℃ 时,不得进行涂装。

(2)涂装作业应在清洁环境中进行,避免未干的涂层被灰尘等污染。

(3)除锈处理与涂装之间的间隔应尽可能短,在潮湿条件下,底漆涂装在 4 h 内完成。晴天或湿度不大的条件下,最长不超过 12 h。

(4)涂装前对特殊部位的遮蔽。涂装前,应对不涂装或暂不涂装的部位,如不锈钢导轨、楔槽、油孔、轴孔、加工后的配合面和工地焊缝两侧等进行遮蔽,以免给装配、安装、工地焊接和运行等带来不利影响。

(5)涂层系统各层的涂装间隔时间应按涂料制造厂的规定执行,如超过其最长间隔时间,则应将前一涂层用粗砂布打毛后再进行涂装,以保证涂层间的结合力。

(6)在涂装过程中,应用湿膜测厚仪及时测定厚度。

(7)每层涂装时应对前一涂层进行外观检查,如发现漏涂、流挂、皱纹等缺陷,应及时进行处理。涂装结束后,进行涂膜的外观检查,表面应均匀一致,无流挂、皱纹、鼓泡、针孔、裂纹等缺陷。

(8)涂料的附着力的检查(非热喷涂)。当涂膜厚度大于 120 μm 时,在涂层上画两条夹角为 60° 的切割线,应划透涂层之基底,用布胶带粘牢划口部分,然后沿垂直方向快速撕起胶带,涂层应无剥落。当涂膜厚度小于或等于 120 μm 时可用划格法检查,其方法及判断见《色漆和清漆漆膜的划格试验》(GB/T 9286—1998)。本试验宜做带样试验,如在工件上进行检查,应选择非重要部位,测试后立即补涂。此方法也允许用于评价涂膜中各涂层间的抗分离能力。

水工金属结构防腐蚀工程质量检验应按《水工金属结构防腐蚀规范》(SL 105—95)有关要求进行。

九、埋件安装

(1)预埋在一期混凝土中的锚栓,应按设计图制造,由土建承包人预埋;闸门槽锚栓由安装单位预埋,在混凝土开盘前自检合格并报监理检查、核对。

(2)埋件安装前,门槽的模板等杂物必须清除干净。一、二期混凝土的结合面应全部凿毛,二期混凝土的断面尺寸及预埋锚栓或锚板的位置应符合设计图纸要求,自检合格并报监理检查、核对。

(3)平面闸门埋件安装的允许公差与偏差应符合《水利水电工程钢闸门制造安装及验收规范》(DL/T 5018—94)的规定。

(4)平面闸门分节制造的主轨承压面连接处的错位应不大于 0.2 mm,并打平磨光;孔口两侧主轨承压面应在同一平面内,其平面度允许公差应符合《水利水电工程钢闸门制造安装及验收规范》(DL/T 5018—94)的规定。

(5)护角及侧轨在安装时应保证与水平面垂直,在孔口宽度方向允许偏差为 ±5 mm,顺水流方向允许偏差为 ±5 mm。为保证引水洞放水塔各闸门槽护角、拦污栅导向梢护角一次预埋在混凝土中不位移,可采用在每根护角后边竖 1 根工字钢再用钢筋连接加固,使安装后的护角误差均在 ±5 mm 之内。

(6)弧形闸门铰座的基础螺栓中心和设计中心的位置偏差应不大于 1.0 mm。

(7)除技术条款另有规定外,弧形闸门埋件安装的允许公差与偏差还应符合《水利水电工程钢闸门制造安装及验收规范》(DL/T 5018—94)的规定。

(8)弧形闸门的侧止水座基面中心线至支铰中心的曲率半径允许偏差为 ±3 mm,其偏差应与门叶外弧的曲率半径偏差方向一致。

(9)弧形闸门支铰大梁单独安装时,钢梁中心的桩号、高程和对孔口中心线距离的允许偏差为 ±1.5 mm,支铰大梁的倾斜按其水平投影尺 L 的偏差值来控制,要求 L 的偏差应不大于 $L/1\,000$。

(10)散埋件安装调整好后,应将调整螺栓与锚栓焊牢,确保埋件在浇注二期混凝土过程中不发生变形移位。

(11)在浇注弧门闸室侧墙至支铰大梁几期混凝土预留高程时,须将支铰大梁提前放置在预留位置空间内,调整支铰大梁位置直至符合设计要求后,再与锚筋相连,然后与侧墙内辐射筋相连接。必要时,可根据施工实际情况将辐射筋割断,施工后再搭焊,不允许折弯。

(12)在保证弧门底水封压缩量和安装于门叶顶端的第二道顶水封压缩量均达到设计预压量之后,再确定门楣埋设高程、桩号,使门楣水封与门叶面板紧贴,同时保证门楣第一道水封压缩量符合设计要求。经检测合格后,再浇注二期混凝土。

(13)埋件工作面对接接头的错位均应进行缓坡处理,过流面及工作面的焊疤和焊缝余高应铲平磨光,凹坑应补焊平并磨光。

(14)埋件安装完成经检查合格后,应在 5~7 d 内浇注混凝土。混凝土一次浇注高度不宜超过 5.0 m。浇注时,应注意防撞击,并采取措施捣实混凝土,避免轨道水封座板工作面碰伤或粘上混凝土。

(15)埋件的二期混凝土拆模后,应对埋件进行复测,并做好记录。同时,检查混凝土尺寸,清除遗留的钢筋和杂物,以免影响闸门启闭。

(16)工程蓄水前,应对所有门槽进行试槽。

十、平面闸门安装

(1)整体闸门在安装前,应对其各项尺寸进行复核,必须符合《水利水电工程钢闸门制造安装及验收规范》(DL/T 5018—94)有关规定的要求。

(2)对分节制造的闸门,在拼装时,应对焊缝两侧各 5 mm 的范围内进行除锈,除锈达到 Sa2.5 级,然后现场喷涂,喷涂厚度及涂漆厚度的要求及施工方法参见设计文件和《水工金属结构防腐蚀规范》(SL 105—95)。

(3)分节闸门组装成整体后,除应按《水利水电工程钢闸门制造安装及验收规范》(DL/T 5018—94)有关规定对各项尺寸进行复查外,还应满足下述要求:节间如采用焊接,则应采用已经评定合格的焊接工艺,按《水利水电工程钢闸门制造安装及验收规范》(DL/T 5018—94)中有关焊接的规定进行和检验,焊接时应采取措施控制变形。

(4)止水橡皮的螺孔位置应与门叶或止水板上的螺孔位置一致,孔径应比螺栓直径小1.0 mm,并严禁烫孔。当均匀拧紧螺栓后其端部至少应低于止水橡皮自由表面8.0 mm。

(5)止水橡皮表面应光滑平直,不得盘折存放,其厚度允许偏差为±1.0 mm,其余外形尺寸的允许偏差为设计尺寸的2%。

(6)止水橡皮接头可采用生胶热压等方法胶合,胶合接头处不得有凹凸不平和疏松现象。

(7)止水橡皮安装后,两侧止水中心距离和顶止水中心至底止水底缘距离的允许偏差为±3.0 mm,止水表面的平面度为2.0 mm。闸门处于工作状态时,止水橡皮的压缩量应符合图纸规定,其允许偏差为−1.0~+2.0 mm。

(8)平面闸门应作补平衡试验。试验方法为:将闸门吊离地面100 mm,通过滑道的中心测上、下游与左、右方向的倾斜,一般单吊点平面闸门的倾斜不应超过门高的1/1 000,且不应大于8.0 mm,当超过上述规定时,应予配重解决。

十一、弧形闸门安装

圆柱铰的铰座安装的允许公差与偏差应符合《水利水电工程钢闸门制造安装及验收规范》(DL/T 5018—94)的规定。

弧形闸门安装应符合下列规定:

(1)分节弧门门叶组装成整体后,除应按规范的有关规定对各项尺寸进行复查外,还应采用已评定合格的焊接工艺,进行焊接和检验,并采取措施控制变形。

(2)潜孔式弧门支臂两端的连接板和铰链、主梁组合时,应采取措施减少变形,其组合面应接触良好。

(3)铰轴中心至面板外缘的曲率半径R的允许偏差为±4 mm,两侧相对差不应大于3.0 mm。

(4)顶侧止水安装的允许偏差和止水橡皮的质量要求符合规范及施工技术要求的有关规定。

十二、闸门试验

(1)闸门安装好后,应在无水情况下作全行程启闭试验。试验前应检查充水阀在行程范围内的升降是否自如,在最低位置时止水是否严密,同时还须清除门叶上和门槽内所有杂物并检查吊杆的连接情况。启闭时,应在止水橡皮处浇水润滑,有条件时工作闸门应作动水启闭试验。

(2)闸门启闭过程中,应检查滚轮、支铰等转动部位运行情况,闸门升降或旋转过程有无卡阻,止水橡皮有无损伤。

(3)闸门全部处于工作部位后,应用灯光或其他方法检查止水橡皮的压缩程度,不应有透亮或有间隙。

(4)闸门在承受设计水头的压力时,通过任意1 m长止水橡皮范围内的漏水量不应超过0.1 L/s。

十三、启闭机安装

强制性条文要求启闭机安装前应具备的资料如下：

(1)对用以泄洪及其他应急闸门的启闭机,必须设置备用电源。

(2)液压启闭机应设有行程控制装置,不得用溢流阀来代替行程控制装置。

(3)走台、作业平台和斜梯都必须设置牢固的栏杆,栏杆的垂直高度不小于 1 m,离铺板约 45 m 处应有中间扶杆,底部有不低于 0.7 m 的挡板。在桥机、门机小车平台上的栏杆,若条件限制,其高度可低于 1 m。

(4)钢丝绳应符合国家标准的有关规定,同时钢丝绳长度不够时,禁止接长。

(5)卷筒和滑轮上有裂纹时,不许焊补,应报废。

(6)钢丝绳压板用的螺孔,必须完整,螺纹不允许出现破碎、断裂等缺陷。钢丝绳固定卷筒的绳槽,其过渡部分的顶峰应铲平磨光。

(7)所有零部件必须检验合格,外构件、外协件应有合格证明文件,方可进行组装。

(8)安装前应具备的资料有:主要零件及结构件的材质证明文件、化验与试验报告,焊接件的焊缝质量检验记录与无损探伤报告,大型铸、锻件的探伤检验报告,主要零件的热处理试验报告,主要零件的装配检查记录,零部件的重大缺陷处理办法与返修后的检验报告,零件材料的代用通知单,主要设计问题的设计修改通知单,产品的预装检查报告,产品的出厂试验报告,制造竣工图样、安装图样及产品维护使用说明书,外构件合格证,产品合格证及发货清单。

固定卷扬式启闭机安装技术要求如下:

(1)启闭机安装前,应按《水利水电工程启闭机制造安装及验收规范》(DL/T 5019—94)中有关规定进行全面检查,经检查合格后,方可进行。

(2)减速器应进行清洗检查,减速器内润滑油的油位应与油标尺的刻度相符,其油位不得低于高速大齿轮最低齿的齿高,但亦不应高于两倍齿高,减速器应转动灵活,其油封和结合面不得漏油。

(3)检查基础螺栓埋设位置,螺栓埋入深度及露出部分长度是否准确。

(4)检查启闭机安装平台高程,其偏差不应超过 ±5 mm。机座平台水平度偏差不应大于 0.5/1 000。

(5)启闭机安装应根据起吊中心线找正,其纵、横向中心线偏差不超过 ±3.0 mm。

(6)所选用的钢丝绳必须是同一根钢丝绳截成的两段。安装前按规范检测钢丝绳的直径和长度。

(7)承包人制订放劲方案,上报监理机构,应包括放劲措施、设备、场地和时间等。

(8)缠绕在卷筒上的钢丝绳长度,当吊点在下极限位置时,留在卷筒上的圈数一般不少于 4 圈,其中 2 圈作固定用,另外 2 圈为安全圈。当吊点在上极限位置时,钢丝绳不得绕到卷筒光筒部分。

(9)卷筒上缠绕三层钢丝绳,钢丝绳应有顺序地逐层缠绕在卷筒上,不得挤叠或乱槽,同时还应进行仔细调整,使卷筒的钢丝绳顺利进入第二层和第三层。

(10)检查操作控制柜和程控系统的控制功能、显示功能、保护及报警功能是否完善,能否反映实际工况,其设置是否合理。

(11)仪表或高度指示器的功能经调试后,应达到下列要求:指标精度不低于1%,应具有可调节定值极限位置、自动切断主回路及报警功能,高度检测元件应具有防潮、抗干扰功能,具有纠正指示及调零功能。

(12)复合式负荷控制器内的功能调试后,应满足下列要求:系统精度不低于2%,传感器精度不低于0.5%;当负荷达到110%额定启闭力时,应自动切断主回路并报警;接收仪表的刻度或数码显示应与启闭力值相符;当监视两个以上吊点时,仪表应能分别显示各吊点启闭力;传感器及其线路应具有防潮、抗干扰性能。

(13)减速器、开式齿轮、轴承、液压制动器等转动部件的润滑应根据使用工况和气温条件,选择合适的润滑油。

(14)卷扬机上电气设备的安装应符合《固定卷扬式启闭机通用技术条件》(SD 315—89)中的有关规定。

电气设备的试验要求如下:接电试验前应认真检查全部接线是否符合图纸规定,整个线路的绝缘电阻必须大于0.5 MΩ方能开始接电试验,试验中各电动机和电气元件温升不能超过各自的允许值,试验应采用该机自身的电气设备,试验中若有触头等元件有烧灼者应予以更换。

启闭机无负荷试验为上下全程往返3次,检查并调整下列电气和机械部分:电动机运行平稳,三相电流不平度不超过±10%,并测出电流值;电气设备应无异常发热现象;检查和调试限位开关(包括充水平压开度接点),使其动作准确可靠;高度指示和荷重指示准确反映行程和荷载的数值,到达上下极限位置后,主令开关能发出信号并自动切断电源,使启闭机停止转动;所有机械部件运转时,均不应有冲击声和其他异常声音,钢丝绳在任何部位,均不得与其他部件相摩擦;制动闸瓦松闸时应全部打开,间隙应符合要求,并测出松闸电流值。

启闭机的负荷试验,一般应在设计水头工况下进行,先将闸门在静水中全行程上下升降2次,再在动水中启闭2次,事故检修闸门应在设计水头工况下静启2次。负荷试运转时,应检查下列电气和机械部分:电气设备应无异常发热现象;电动机运行应平稳,三相电流不平度不超过±10%,并测出电流值;所有保护装置和信号应准确可靠;所有机械部件在运转中不应有冲击声,开放式齿轮啮合工况应符合要求;制动器应无打滑、无焦味冒烟现象;负荷指示器与高度指示器的读数能准确反映闸门在不同开度下的启闭力值,误差不得超过±5%;电动机(或调速器)的最大转速一般不得超过电动机额定转速的2倍。在上述试验结束后,机构各部分不得有破裂、永久变形、连接松动或损坏,电气部分应无异常发热等影响启闭机安全和正常使用的现象存在。

液压启闭机安装技术要求如下:

(1)液压启闭机机架的横向中心线与实际测得的起吊中心线的距离不应超过±2 mm,高程偏差不应超过±5 mm,调整机座水平度,使其误差应小于0.5 mm。

(2)机架钢梁与推力支座的组合面不应有大于0.05 mm的间隙,其局部间隙不应大于0.1 mm,深度不应超过组合面宽度的1/3,累计长度不应超过周长的20%,推力支座顶面的水平偏差不应大于0.2/1 000。

（3）安装前应检查活塞杆有无变形，在活塞杆竖直状态下，其垂直度不应大于0.5/1 000，且全长不超过杆长的1/4 000；并检查油缸内壁有无碰伤和拉毛现象。

（4）吊装液压缸时，应根据液压缸直径、长度和重量决定支点或吊点个数，以防止变形。

（5）活塞杆与吊杆吊耳连接时，当闸门下放到低坎位置时，在活塞与油缸下盖之间应留有50 mm左右的间隙，保证闸门能严密关闭。

（6）管道弯制、清洗和安装均应符合《水轮发电机组安装技术规范》（GB 8564—88）中的有关规定，管道设置应尽量减少阻力，管道布置应清晰合理。

（7）初调高度指示器和主令开关的上下断开点及冲水接点。

（8）试验过滤精度：柱塞泵不低于20 μm，叶塞泵不低于30 μm。

（9）液压启闭机试运转。试运转前，门槽内的一切杂物应清扫干净，保证闸门和拉杆不受卡阻。机架固定应牢固，应检查螺帽是否松动。电气回路中的单个元件和设备均应进行调试并符合GB 1497—85中的有关规定。启闭机安装好后，要由启闭机制造厂技术人员进行认真细致的调试，使各项技术指标达到设计要求。

油泵第一次启动时，应将油泵溢流阀全部打开，连续空转30～40 min，油泵不能有异常现象。油泵空转正常后，在监视压力表的同时，将溢流阀逐渐旋紧，使管路系统充油，充油时打开排气孔，油缸运行3～5次排出空气。管路充满油后，调整油泵溢流阀，使油泵在其设计压力25%、50%、75%和100%的情况下分别连续运转15 min，应无震动、杂音和温度过高等现象。

上述试验完毕后，调整油泵溢流阀，使其工作压力达到设计压力的1.1倍时动作排油，此时也应无剧烈震动和杂音。油泵阀组的启动阀一般应在油泵开始转动后3～5 s内动作，使油泵带上负荷，否则应调整弹簧压力或节油孔的孔径。

无水时，应先手动操作升降闸门一次，以检验缓冲装置减速情况和闸门有无卡阻现象，并记录闸门全开时间和油压值。调整高度指示器，使其指针能正确指出闸门所处位置。操作其控制柜和可编程控制系统，检查其控制功能、显示功能、保护功能是否合理。将闸门提起，在48 h内，闸门因活塞油封和管路系统的漏油而产生的下沉量不应大于200 mm。

手动操作试验合格后，方可进行自动操作试验。提升关闭试验闸门时，记录闸门关闭时间和当时水库水位及油压值。

十四、压力钢管

（一）埋管安装

（1）钢管支墩应有足够的强度和稳定性，以保证钢管在安装过程中不发生位移和变形。

（2）埋管安装中心的极限偏差应符合《压力钢管制造安装及验收规范》的规定。始装节的里程偏差不应超过±5 mm，弯管起点的里程偏差不应超过±10 mm，始装节两端管口垂直度偏差不应超过±3 mm。

（3）钢管安装后，管口圆度（指相互垂直两直径之差的最大值）偏差不应大于

$5D/1 000$，最大不应大于 40 mm。至少测量 2 对直径。

（4）环缝焊接除图样有规定者外，应逐条焊接，不得跳越，不得强行组装。管壁上不得随意焊接临时支撑或脚踏板等构件，不得在混凝土浇注后再焊接环缝。

（5）拆除钢管上的工卡具、吊耳、内支撑和其他临时构件时，严禁使用锤击法，应用碳弧气刨或氧—乙炔火焰在其离管壁 3 mm 以上切除，严禁损伤母材。拆除后钢管内壁（包括高强钢钢管外壁）上残留的痕迹和焊疤应再用砂轮磨平，并认真检查有无微裂纹。对高强钢在施工初期和必要时应用磁粉或渗透探伤检查。如发现裂纹应用砂轮磨去，并复验确认裂纹已消除为止。同时，应改进工艺，使其不再出现裂纹，否则应继续进行磁粉或渗透探伤。

（6）钢管安装后，必须与支墩和锚栓焊牢，防止浇注混凝土时发生位移。

（7）钢管内、外壁的局部凹坑深度不超过板厚的 10%，且不大于 2 mm，可用砂轮打磨，平滑过渡。凹坑深度超过 2 mm 的，应按《压力钢管制造安装及验收规范》的规定进行焊补。

（8）灌浆孔应在钢管厂卷板后钻孔，并按预热和焊接等有关工艺焊接补强板。堵灌浆孔前应将孔口周围积水、水泥浆、铁锈等清除干净，焊后不得有渗水现象。高强钢板上不宜钻灌浆孔，如确需钻孔则在堵焊高强灌浆孔前预热，堵焊后应用超声波和磁粉或渗透探伤按不少于 5% 个数的比例进行抽查，不允许出现裂纹。

（9）土建施工和机电安装时，未经允许不得在钢管管壁上焊接任何构件。

（二）明管安装

（1）鞍式支座的顶面弧度，用样板（样板长度见《压力钢管制造安装及验收规范》）检查其间隙不应大于 2 mm。

（2）滚轮式和摇摆式支座、支墩、垫板的高程和纵、横向中心的偏差，不应超过 ±5 mm，与钢管设计轴线的平行度不应大于 2/1 000。但垫板高程偏差如图样另有规定，则应按图样规定执行。

（3）滚轮式和摇摆式支座安装后，应能灵活动作，不应有任何卡阻现象，各接触面应接触良好，局部间隙不应大于 0.5 mm。

（4）明管安装中心极限偏差应符合《压力钢管制造安装及验收规范》的规定，明管安装后，管口圆度应符合《压力钢管制造安装及验收规范》的规定。

（5）环缝的压缝、焊接和内支撑、工卡具、吊耳等的清除检查以及钢管内、外壁表面凹坑的处理、焊补应遵守节埋管安装中的有关规定。

（三）水压试验

1. 基本规定

（1）水压试验的试验压力值应按图样或设计技术文件规定执行。

（2）明管或岔管试压时，应缓缓升压至工作压力，保持 10 min；对钢管进行检查，情况正常，继续升至试验压力，保持 5 min，再下降至工作压力，保持 30 min，并用 0.5～1.0 kg 小锤在焊缝两侧各 15～20 mm 处轻轻敲击，整个试验过程中应无渗水和其他异常情况。

2. 岔管水压试验

下列岔管应做水压试验：

（1）首次使用新钢种制造的岔管。

（2）新型结构的岔管。

（3）高水头岔管。

（4）高强钢制造的岔管。

一般常用岔管是否需作水压试验按设计规定执行。

3. 明管水压试验

（1）明管应做水压试验，可做整条或分段水压试验。分段长度和试验压力由设计单位提供。

（2）明管安装后，做整体或分段水压试验确有困难，采用的钢板性能优良、低温韧性高，施工时能严格按评定的焊接工艺施焊，纵、环缝按 100% 无损探伤，应焊后热处理的焊缝进行了热处理，并经上级主管部门批准可以不做水压试验。

（3）单节明管如符合《压力钢管制造安装及验收规范》的规定也可不做水压试验。

（4）试压时水温应在 5 ℃以上。

十五、保修期

按合同规定，承包人应承担全部安装设备的施工安装期维护保养和合同保修期内的缺陷修复工作。

第五节　质量检验与评定

水工金属结构安装检验以《水利水电工程钢闸门制造安装及验收规范》（DL/T 5018—94）、《水利水电工程启闭机制造安装及验收规范》（DL/T 5019—94）以及《压力钢管制造安装及验收规范》为标准。

单元工程完工自检合格后，承包人及时申请（阶段）验收，以利合同支付及下一道工序工程的顺利进行。申请验收报告应包括以下材料：

（1）竣工图。

（2）设计修改通知单及有关会议纪要。

（3）安装的最后测定记录和调试记录。

（4）安装的检验报告及有关记录。

（5）安装的重大缺陷的处理记录。

（6）试运行记录和报告。

（7）按合同文件规定应提供的其他资料。

（8）按有关规定进行安装质量等级评定。

金属结构安装工程竣工验收应提供下述资料：

（1）工程竣工报告，包括：工程概述，合同工程开工、完工日期与实际开工、完工日期，合同工程量与实际完成工程量，已完成分部、分项工程项目清单，未完尾工项目清单及后续完工计划。

（2）工程施工报告，包括：工程简况，合同工期目标，施工条件的变更及其处理方案，分部、分项工程实际施工时段、方法与过程,合同履行中违规、违约情况。

(3)设计技术要求及设计和工程的变更文件。

(4)竣工合同支付结算报告,应包括:分部工程的合同报价工程量与合同报价、支付结算工程量、支付单价与支付总价,已结算的合同索赔支付。

(5)质量检验文件,应包括:工程开工文件,按分部、分项工程整理的工程施工质量检验和监理签证、认证文件,监理工程师签发的现场指令和施工违规、违约文件。

(6)施工原始记录资料,应包括:记录资料目录,工程承包人施工期质量检测和试验资料,安装主要施工作业记录,工程质量与安全施工记录,其他重要活动与事项记录。

(7)工程施工大事记。

(8)其他按合同规定应报送或提供的资料。

已按设计要求完成,报经监理工程师质量检验合格的,按合同规定应予以计量支付。其他增加工程量,应事先报监理工程师检查,并取得书面认可后方为有效。工程支付计量与量测及价款结算申报,按合同文件规定和有关规程要求进行。

第二十三章　移民迁占监理实施

一、依据

（1）《工程占地处理及移民安置规划报告》。

（2）《工程占地处理及移民安置协议书》。

（3）《中华人民共和国土地管理法》。

（4）《中华人民共和国土地管理法实施条例》。

（5）《大中型水利水电工程建设征地补偿和移民安置条例》国务院令第 471 号。

（6）《中华人民共和国河道管理条例》。

（7）《关于水利水电工程建设用地有关问题的通知》（国土资源部、国家经贸委、水利部国土资发［2001］355 号文）。

（8）《关于黄河防汛工程建设用地有关问题的函》（中华人民共和国国土资源部国土资函［2004］189 号）。

（9）国家及地方有关行业规范等。

二、范围

工程占地范围内的主要实物指标，包括：工程永久占地、工程挖压临时占地、房屋及其附属建筑物、地表附着物（树木、坟、机井、种植作物等）、专业项目等。

三、征地移民项目组织

按照《大中型水利水电工程建设征地补偿和移民安置条例》及有关移民政策的要求，征地移民行为属于政府行为，各级政府在项目实施过程中要对施工征地、移民搬迁、移民生产生活安置、补偿兑现等环节负责任。因此，为项目征地移民的实施建立一个快速高效的组织管理机制是十分必要的。

发包人为工程项目征地移民的项目委托人（即征地移民监理所指的委托人）。

移民迁占办公室（工程项目实施机构）由县委、县政府副职任指挥长，参加成员有土地、公安、财政等部门。内部下设协调组、征地移民安置组、资金兑现组等，驻工地现场办公。乡一级作为具体负责征地移民安置的政府组织，是征地移民执行机构的重要组成部分，负责对乡（镇）、村的补偿资金兑现和移民安置。

县级工程指挥部、涉及乡（镇）一并称为征地移民执行机构。

使用实施管理费的有工程项目委托人、工程项目实施机构、涉及乡镇的人员，应按事权一致的原则，合理分配使用实施管理费。

监理单位受工程项目委托人的委托，签订征地移民监理合同。按照合同的约定对工程项目委托人与征地移民实施机构签订的征地移民安置协议的执行情况进行全过程监理。

四、移民监理的目标

(一)各方对移民的需求

项目委托人主要对移民安置的进度比较关心。为完成项目委托人的委托,对移民监理的要求主要是进度控制,确保主体工程早日建成运用。移民对安置的效果、质量最为关心,对监理的要求主要是质量控制、投资控制,其次是进度控制,维护他们的合法权益。

迁占办公室对及时完成移民任务、确保移民安置质量、用好移民资金负有主要责任,因此对质量、进度、投资都非常关心,通过监理单位介入,监督下一级政府或村集体组织的移民工作的效能,尽量获取客观的直接的移民安置工作基层信息,以便作出正确的决策,纠正下一级工作的偏差,保证移民工作的顺利进行。

(二)移民监理三大目标

投资控制:在项目实施阶段开展管理活动,力求项目在满足质量和进度要求的前提下实现项目投资不超过计划投资。

进度控制:在实现项目总目标的过程中,为使工程建设的实际进度符合项目进度计划要求,使项目按计划要求时间开展的监督管理活动。

质量控制:在实现项目总目标的过程中,按照合同要求,为满足项目总体质量要求开展的有关监督管理活动。

五、移民监理工作阶段

监理单位提前介入:提前介入的目的是协调工程项目委托人建立征地移民实施管理组织,资金拨付程序;协助工程项目委托人制订补偿兑现和移民安置方案,了解工程项目基本情况。

监理工作开始:工程项目征地移民监理工作开始有以下两个标志,工程项目委托人与监理单位签订委托监理合同,工程项目委托人与实施机构(地方政府成立的工程项目迁占办公室)签订征地移民安置协议并开始执行。

监理工作完成:工程项目征地移民补偿兑现到位,移民生产生活得到妥善安置,或虽然有个别问题由于时间关系未到位但地方政府已做出安置措施的视为工程项目征地移民监理工作结束。监理单位编制工程项目征地移民监理总结报告,作为该工程项目竣工验收的资料移交工程项目委托人。

六、征地移民监理实施

征地移民内容主要包括永久占压土地、施工临时占压土地、永久占压区内涉及的移民房屋、学校、基础设施拆迁以及地面附着物。

征地移民监理重点是:按照国家有关政策、移民安置规划,对永久占压土地、施工临时占压土地以及地面附着物补偿兑现,对涉及移民房屋、学校、基础设施拆迁、补偿、重建以及"失地"移民生产安置情况进行监理。

征地移民监理主要内容是对征地移民项目实施"三控制、二管理"(即质量、进度、投资控制,合同、信息管理),指导、监督、协调所辖征地移民工作,参加征地移民项目质量检查、质量事故调查处理和验收工作。

根据征地移民项目的特点采取巡视检验、现场旁站、跟踪或平行检测等不同监理方式。

(一)进度控制

协助委托人编制征地移民实施控制性进度计划,检查其实施情况,督促征地移民执行机构采取措施实现进度目标。定期对移民工程进度进行检查,检查结果与计划进度进行比较,定期对已经完成的工程量进行统计,并履行签字手续,作为项目委托人按进度拨款的依据。

现场监理人员负责监督所管辖区域的进度计划执行情况,每月由监理工程师收集整理数据后报到总监办公室,由总监办负责汇总编制进度报告。报告内容包括:本月完成的工程量和累计工程量,实际进度与进度计划是否出现偏差,出现偏差的原因及采取的措施等,经总监理工程师审核后,向委托人提交月进度报告,特殊情况随时汇报。当由于种种原因以致使实施进度发生较大偏差时,及时向实施单位发出调整进度计划的通知,要求实施单位调整进度计划,经监理审核、委托人批准后按照其调整后的进度计划实施。

移民工程项目实施完成后,执行机构可向监理人员提出书面验收的申请,监理人员收到申请后,根据该项目的实施情况,在监理工程师意见栏中提出同意验收意见及日期,或提出在某些方面尚需完善的意见返回实施单位。当监理工程师认为可以验收后,签署认证意见,作为验收依据。由项目委托人组织监理人员、执行机构及有关单位进行验收,作出书面结论,作为进度结算依据。

(二)质量控制

征地移民质量控制贯穿于整个实施过程中,进度、投资控制等都是质量控制的手段。主要方法是依据国家有关法律、规程、规范,国家批复的征地移民安置规划,工程项目委托人与实施机构签订的移民迁占协议,全过程地检查是否符合质量目标。主要内容为:检查征地的前提条件,检查征地移民实施方案的公正性,检查征地移民各项补偿费是否按标准兑现,检查移民生产生活是否按规划标准落实。

监理人员到位后,首先熟悉移民安置实施规划,对所辖区域移民安置的生产、生活、基础设施等项目的规划标准进行分解,规划没有达到深度的按委托人、执行机构制定的目标进行修正。

质量控制的主要方法是现场监理人员对移民搬迁安置过程进行经常的事前、事中、事后检查,是否符合规划要求达到的标准。现场监理人员每月定期向总监办提交质量检查执行情况报告,报告内容包括:本期检查项目、质量是否符合规划要求和规定的标准、存在问题以及个人意见。现场监理提供的情况报总监办汇总,经总监理工程师审核后,再向委托人提交实施过程质量报告,特殊情况随时汇报。

移民搬迁经过一年的恢复过程,由委托人组织执行机构、监理单位等参加,对移民生产、生活等主要目标进行一次评价,没有达到目标的提出应采取的对策。因移民生产、生活水平的恢复是一个长期过程,搬迁后经过一年的监理后,还要继续对移民安置的质量进行监测。

(三)投资控制

移民实施规划和投资概算、移民安置年度计划批准后,监理人员会同委托人、执行机构,按区域进行分解,作为投资控制的目标。各级移民机构内部应健全移民资金使用和管理的各项规章制度。监理工程师有权对各级移民机构管理制度的完善和执行情况进行监督检查。

移民工程实施前,委托人或上级移民机构根据年度投资计划对下一级拨付一定数量的预付款。实施后,现场监理人员根据项目的实施进度、质量,会同实施单位对已完工程量进行计量,测算完成投资,签证后作为上级拨付资金或冲销预付款的凭证。

征地移民资金监理是监理工作的重要组成部分,现场监理人员对征地移民补偿费到位情况进行调查。资金监理的内容和做法如下:

工程项目委托人检查征地移民资金拨付情况,资金拨付数字可直接引用其财务报表数字。

县级征地移民迁占办公室,主要负责征地移民资金的兑现,监理工作的重点是检查资金兑现执行情况及程序公正性,复制典型资金拨付凭证;协助村委建立村级资金收支台账,检查村级移民户补偿费兑付情况,复制典型资金兑现凭证;每月填写村级资金台账,要求每个村按月填报并签字盖章。

对移民户的调查采取抽样方式,抽样率为20%,在征地移民资金到位的全过程中至少每年进行一次。样本尽量选择不同类型,数字资料由村户协助填报。

(四)协调

(1)根据委托人授权和监理合同规定,建立监理协调制度,明确监理协调的程序、方式、内容和合同责任。

(2)在项目实施过程中,通过召开监理协调会、发放监理通知书等形式,及时解决各方的矛盾,及时解决项目实施进度、质量及资金间的矛盾,及时解决合同双方应承担的义务和责任之间的矛盾。参加工程项目委托人主持的征地移民实施各方协调会,协调管理各实施机构关系。

(五)合同管理

(1)以上级批复文件及建设单位与执行机构签订的协议为总纲,建立征地移民合同体系,包括各类计划、合同、实施协议等。

(2)根据合同、计划、协议等对各项征地移民项目的实施进行控制,确保合同进度、合同质量的实现,确保合同费用按照有关规定支付。

(3)根据建设单位授权,对实施中出现的合同变更、计划调整进行认证、审核或批准;严格控制变更申报的程序。

(4)根据授权,对实施单位的违约行为进行认证,提出监理意见。

(六)信息管理

(1)征地移民实施过程中所有有价值的信息必须形成书面文件。

(2)建立信息文件目录,完善工程信息、文件的传递流程及各项信息管理制度。

(3)采集、整理项目实施中关于进度、质量、投资目标控制等的过程信息,并向有关方面反馈。

（4）督促实施单位按有关合同、协议要求，及时编制并向监理机构报送实施报表和实施信息文件。

（5）监理人员及时、全面、准确地做好监理记录，并定期进行整编与反馈，做好监理档案资料的管理工作。

（七）咨询

为工程项目委托人、实施机构及涉及的村镇、移民提供关于征地移民政策、程序、方法等方面的咨询服务。

（八）验收资料

协助征地移民执行机构编制工程项目征地移民竣工资料，协助工程项目委托人按国家规定进行征地移民实施各阶段验收及竣工验收。

（九）监理月报

以工程项目为单位，每月定期向工程项目委托人提供反映上月情况的监理月报，其主要内容为：

（1）征地移民当月和累计的搬迁、安置进展情况；

（2）征地移民款拨付兑现情况；

（3）监理工作情况；

（4）当地政府、主管以及委托人对征地移民工作的指令及落实情况；

（5）存在的主要问题以及监理整改意见。

七、监理通知书

监理人员针对监理过程中出现的一些典型事件或较重要的问题通过监理通知书方式向实施机构发出通知，指出存在问题并提出意见或建议，要求予以解决。监理通知书一般由驻地监理工程师签发，还要抄送相关各方。

附表一

附表 1-1　重要隐蔽单元工程（关键部位单元工程）质量等级签证表

单位工程名称			单元工程量			
分部工程名称			施工单位			
单元工程名称、部位			自评日期	年　　月　　日		
施工单位自评意见	1.自评意见： 2.自评质量等级： 终检人员　　　（签名）					
监理单位抽查意见	抽查意见： 监理工程师：　　　（签名）					
联合小组核定意见	1.核定意见： 2.质量等级： 年　　　月　　　日					
保留意见	（签名）					
备查资料清单	（1）地质编录　　　　　　　　　　　　　　　　　　　□ （2）测量成果　　　　　　　　　　　　　　　　　　　□ （3）检测试验报告（岩芯试验、软基承载力试验、结构强度等）　□ （4）影像资料　　　　　　　　　　　　　　　　　　　□ （5）其他（　　　　　）　　　　　　　　　　　　　　□					
联合小组成员		单位名称		职务、职称		签名
	项目法人					
	监理单位					
	设计单位					
	施工单位					
	运行管理					
注：重要隐蔽单元工程验收时，设计单位应同时派地质工程师参加。备查资料清单中凡涉及的项目应在"□"内打"✓"，如有其他资料应在括号内注明资料的名称。						

附表1-2　分部工程施工质量评定表

单位工程名称				施工单位					
分部工程名称				施工日期	自　年　月　日至　年　月　日				
分部工程量				评定日期			年　月　日		

项次	单元工程种类	工程量	单元工程个数	合格个数	其中优良个数	备注
1						
2						
3						
4						
5						
6						
7						
合计						
重要隐蔽单元工程、关键部位单元工程						

施工单位自评意见	监理单位复核意见	项目法人认定意见
本分部工程的单元工程质量全部合格。优良率为　　%,重要隐蔽单元工程及关键部位单元工程　　个,优良率为　　%。原材料质量　　,中间产品质量　　,金属结构及启闭机制造质量　　,机电产品质量　　。质量事故及质量缺陷处理情况: 分部工程质量评定等级: 评定: 项目技术负责人:　　(盖公章) 　　　　　年　月　日	复核意见: 分部工程质量等级: 监理工程师: 　　　年　月　日 总监或副总监: 　　　(盖公章) 　　年　月　日	认定意见: 分部工程质量等级: 现场代表: 　　　年　月　日 技术负责人: 　　　(盖公章) 　　年　月　日

工程质量监督机构	核定(备)意见: 核定等级:　　核定(备)人:　　负责人: 　　　　　年　月　日　　年　月　日

注:分部工程验收的质量结论,由项目法人报工程质量监督机构核备。大型枢纽工程主要建筑物的分部工程验收的质量结论,由项目法人报工程质量监督机构核定。

附表 1-3 单位工程施工质量评定表

工程项目名称				施工单位			
单位工程名称				施工日期	自 年 月 日至 年 月 日		
单位工程量				评定日期	年 月 日		

序号	分部工程名称	质量等级		序号	分部工程名称	质量等级	
		合格	优良			合格	优良
1				8			
2				9			
3				10			
4				11			
5				12			
6				13			
7				14			

分部工程共 个,全部合格,其中优良 个,优良率 %,主要分部工程优良率 %。

外观质量	应得 分,实得 分,得分率 %。
施工质量检验资料	
质量事故处理情况	
外观资料分析结论	

施工单位自评等级:	监理单位复核等级:	项目法人认定等级:	工程质量监督机构核定等级:
评定人:	复核人:	认定人:	核定人:
项目经理:	总监或副总监:	单位负责人:	机构负责人:
(盖公章)	(盖公章)	(盖公章)	(盖公章)
年 月 日	年 月 日	年 月 日	年 月 日

附表1-4　工程项目施工质量评定表

工程项目名称				项目法人				
工程等级				设计单位				
建设地点				监理单位				
主要工程量				施工单位				
开工、竣工日期	自　年　月　日 至　年　月　日			评定日期	年　月　日			
序号	单位工程名称	单元工程质量统计			分部工程质量统计			单位工程等级	备注
		个数（个）	其中优良（个）	优良率（%）	个数（个）	其中优良（个）	优良率（%）		
1									加△者为主要单位工程
2									
3									
4									
5									
6									
7									
8									
9									
10									
11									
12									
13									
14									
15									
16									
17									
18									
单元工程、分部工程合计									
评定结果	本项目单位工程　　个，质量全部合格。其中优良工程　　个，优良率　　%，主要单位工程优良率　　%。								
观测资料分析结论									

附表二

附表 2-1　项目法人安全管理检查表

工程名称（部位）		建设地点		
工程形象进度				
序号	检查项目			检查情况
1	安全生产管理体系、安全生产管理责任制的建立及落实			
2	安全生产"三同时"制度执行，安全评价及有关安全措施的落实			
3	安全事故应急预案的制定、落实和定期演练			
4	向有关单位拨付工程建设安全施工措施等相关费用			
5	提供施工现场及毗邻区域内地下管线资料，气象和水文观测资料，相邻建筑物和构筑物、地下工程等相关资料			
6	是否任意压缩合同工期			
7	是否明示或暗示施工单位使用不合格的建筑材料，构配件和设备			
8	有关拆除和爆破项目的发包以及与此相关的施工方案、技术措施和安全事故应急救援预案的落实			
9	建设期施工度汛方案、措施，以及防洪预案、防汛责任制和相关管理制度的制定与落实			
10	建设项目管理范围内重大危险源的登记、公示与监控			
11	组织开展工程建设安全生产检查和事故隐患整改			
12	生产安全事故的统计、报告和调查处理			
13	是否未经验收擅自使用工程			
14	其他			

附表 2-2　设计单位安全管理检查表

工程名称（部位）		设计单位	
工程形象进度		资质单位	
序号	检查项目		检查情况
1	设计单位资质及业务范围是否满足有关规定，有无越级承揽工程项目		
2	按照工程建设强制性标准进行设计		
3	在设计文件中注明涉及施工安全的重点部位、环节以及对防范生产安全事故提出指导意见		
4	采用新结构、新材料、新工艺或特殊结构的水利工程设计中，提出保障施工作业人员安全和预防生产安全事故措施建议		
5	设计交底		
6	其他		

附表 2-3　监理单位安全管理检查表

工程名称(部位)		监理单位	
工程形象进度		资质等级	
序号	检查项目	检查情况	
1	监理单位资质、监理手续及合同		
2	现场监理机构人员配备是否满足工程需要,持证上岗		
3	有关安全方面规章制度的建立及执行		
4	监理规划和细则中有关安全生产控制的具体内容及落实		
5	对施工单位企业资质,安全生产许可证,三类人员及特种作业人员合格证书和操作资格证书的核查及备案		
6	审核施工企业应急救援预案和安全防护、安全施工措施费用使用计划		
7	复查施工机械,起重设备等的验收手续		
8	审查施工组织设计或危险性较大专项施工方案中有关安全技术措施		
9	向施工单位下达隐患整改通知单,要求整改事故隐患以及对整改结果的复查		
10	严格执行建筑材料、构配件、设备等进场检验及定期巡视检查危险性较大工程作业		
11	对现场发现的不合格材料或安全事故是否及时配合调查处理		
12	其他		

附表 2-4　施工单位安全管理检查表

工程名称（部位）		施工单位	
工程形象进度		资质等级	
序号	检查项目		检查情况
1	企业资质证书、安全生产专门机构和人员配备		
2	企业安全生产许可证、三类人员考核合格证及特种人员持证上岗		
3	安全生产责任制、安全生产规章制度的建立及落实		
4	"三级"教育培训		
5	是否有完整齐全的技术交底记录		
6	施工组织设计中有关安全技术措施编制及实施、危险性较大工程的专项施工方案编制、审批与实施		
7	施工度汛方案的编制与实施		
8	安全生产投入是否符合《高危行业企业安全生产费用财务管理暂行办法》（财企〔2006〕478 号）的规定		
9	有无转包或违法分包工程，擅自修改工程设计，未按设计文件和合同要求采购建材及构件		
10	职业危害防治措施制定，安全防护用具和设施的提供及使用管理		
11	办理工伤保险和意外伤害保险		
12	起重机械和提升设备、设施的检验检测与验收		
13	企业内部安全生产检查和事故隐患整改		
14	施工管理范围内重大危险源的登记、公示与监控		
15	生产安全事故应急救援预案的制定与落实		
16	生产安全事故的统计、报告和调查处理		
17	其他		

附表 2-5　施工现场安全状况检查表

工程名称（部位）

检查项目	标准	检查情况
脚手架	脚手架杆件直径、型钢规格及材质符合要求	
	脚手架高度、立杆、大小横杆间距、支撑设置、施工层脚手板铺设符合要求	
	施工层脚手架内立杆与建筑物之间应进行封闭	
	脚手架外侧设置密目式安全网进行封闭	
基坑或沟槽	按规定编制施工方案并通过审批和专家咨询	
	基坑或沟槽施工临边应采取临边防护措施	
	坑槽开挖设置安全边坡并有效排水措施	
	基坑施工设置的上下专用通道符合要求	
	按规定进行沉降观测和基坑支护变形监测	
模板工程	按规定编制施工方案并经审批	
	支撑系统应符合设计要求，现浇混凝土模板的支撑系统应有设计计算	
安全设施及临边防护	正确使用安全帽、安全带	
	安全网规格、材质、支设符合要求	
	通道口、孔洞口防护设施符合要求	
起重机械设备和施工机具	起重机械设备按规定备案及鉴定报告	
	最近一次大修情况记录	
	最近一次安装检测报告	
	安全装置齐全、安全防护到位	
	作业人员持证上岗，设备日常保养有记录	
	运行故障及事故记录	

施工单位

续附表 2-5

施工单位		工程名称（部位）	
检查项目	标准		检查情况
施工用电	外电防护措施有效		
	配电线路无破损，符合规范规定，线路过道有保护		
	危险场所，手持照明灯应使用安全电压，线路及灯具安装应符合要求		
	施工用电应符合三相五线，三级配电，两级保护		
	开关箱、电器元件安装应符合要求		
爆破施工现场和民用爆炸物品储存	持有《民用爆炸物品购买许可证》《民用爆炸物品运输许可证》和《爆破作业单位许可证》		
	爆破作业人员、安全管理人员、仓库管理人员持证上岗		
	建立爆炸物品出入库检查、登记制度，储存合设计容量，性质相抵触的民用爆炸物品分库储存，严禁在库房内存放其他物品		
	领取民用爆破物品的数量不得超过当班用量，作业后剩余的民用爆炸物品必须当班清退回库		
	安全警示标志设置到位，爆破作业戒人员，爆破作业结束后及时检查，排除未引爆的民用爆炸物品		
	爆破作业现场临时存放民用爆炸物品符合条件、专人管理、看护		
地下工程开挖	洞口防护棚，洞险挡石栏栅设置及排水符合要求		
	有完整的爆破设计方案并经审批，经爆破试验确定相关参数		
	爆破材料的运输、储存、加工、现场装药、起爆及哑炮处理应遵守规定，几个工作面同时爆破，有专人统一指挥		
	围岩支护措施及顶帮间顶符合要求，清理危石由专职人员负责实施		
	排水设施符合要求，有毒气体、涌水预案演习		
	通风排烟设备满足要求，空气质量达标		
	围岩安全监测方案、地质资料（成果）编录及相应的预防措施符合要求		
	施工用电、照明，通信及报警线路架设符合要求		

附表三

附表 3-1　变更指示

（监理[　]变指　　号）

合同名称：　　　　　　　　　　　　合同编号：

致：

　　现决定对本合同项目作如下变更或调整，你方应根据本指示于＿＿＿＿年＿＿＿＿月＿＿＿＿日前提交相应的施工技术方案、进度计划。

变更项目名称	
变更内容简述	
变更工程量	
变更技术要求	
其他内容	

附件：变更文件、施工图纸

监　理　机　构：

总监理工程师：

日　　　期：　年　月　日

接受变更指示，并按要求提交施工技术方案、进度计划。

承　包　人：

项目经理：

日　　　期：　年　月　日

说明：本表一式＿＿＿＿份，由监理机构填写。承包人签字后，承包人、监理机构、发包人、设计机构各 1份。

附表 3-2　变更项目价格审核表
（监理[　]变价审　号）

合同名称：　　　　　　　　　　　　　　　　合同编号：

致：

根据有关规定和施工合同约定,你方提出的变更项目价格申报表(承包[　]变价　号),经我方审核,变更项目价格如下。

序号	项目名称	单位	监理审核价	备注

附注：

监　理　机　构：

总监理工程师：

日　　　　期：　年　月　日

说明:本表一式_____份,由监理机构填写。承包人签字后,承包人、监理机构、发包人、设计机构各 1 份。

附表 3-3 变更项目价格签认单

（监理[ ]变价签 号）

合同名称： 合同编号：

根据有关规定和施工合同约定,经友好协商,发包人、承包人原则同意监理机构签发的变更项目价格审核表(监理[ ]变价审 号),最终确定变更项目价格如下。

序号	项目名称	单位	监理审核价	备注

承 包 人：

项目经理：

日　　期：　　年　　月　　日

发 包 人：

负责人：

日　　期：　　年　　月　　日

监 理 机 构：

总监理工程师：

日　　期：　年　　月　　日

说明:本表一式_____份,由监理机构填写。各方签字后,监理机构、发包人各1份,承包人2份,办理结算时使用。

附表 3-4　变更通知

（监理[　]变通　号）

合同名称：　　　　　　　　　　　　　　合同编号：

致：

根据□变更项目价格签认单（监理[　]变价签　号）/□批复表（监理[　]批复　号），你方按本通知调整价款和工期。

项目号	变更项目内容	单位	数量（增＋或减－）	单位	增加金额（元）	减少金额（元）
合　　计						

合同工期日数的增加：

1. 原合同工期（日历天）＿＿＿＿＿＿＿＿＿＿（天）

2. 本通知同意延长工期日数＿＿＿＿＿＿（天）

3. 现合同工期（日历天）＿＿＿＿＿＿＿＿＿（天）

　　　　　　　　　　　监　理　机　构：

　　　　　　　　　　　总监理工程师：

　　　　　　　　　　　日　　　期：　年　　月　　日

　　　　　　　　　　　承　包　人：

　　　　　　　　　　　项目经理：

　　　　　　　　　　　日　　　期：　年　月　日

说明：本表一式＿＿＿＿＿份，由监理机构填写。承包人签字后，承包人2份，监理机构、发包人各1份。

附表四

附表 4-1 费用索赔审核表

(监理[ ]索赔审 号)

合同名称: 合同编号:

致:

根据有关规定和施工合同约定,你方提出的索赔申请报告(承包[ ]赔报 号),索赔金额(大写)_____(小写_____),经我方审核:

□不同意此项索赔

□同意此项索赔,核准索赔金额为(大写)_____

(小写_____)

附件:索赔分析、审核文件。

监 理 机 构:

总监理工程师:

日 期: 年 月 日

说明:本表一式_____份,由监理机构填写。承包人、监理机构、发包人各 1 份。

附表 4-2 费用索赔签认单

（监理[　]索赔签　号）

合同名称：　　　　　　　　　　　　　　　　　　合同编号：

根据有关规定和施工合同约定,经友好协商,发包人、承包人原则同意监理机构签发的费用索赔 审核表(监理[　]索赔审　号),最终核定索赔金额确定为 　　(大写)＿＿＿＿＿＿＿＿＿＿＿＿＿＿＿＿＿＿＿(小写＿＿＿＿＿＿＿＿＿)。
承包人： 项目经理： 日　　期：　　年　月　日
发包人： 负责人： 日　　期：　　年　月　日
监 理 机 构： 总监理工程师： 日　　期：　　年　月　日

说明:本表一式＿＿＿＿＿份,由监理机构填写。承包人、监理机构、发包人各1份。

参 考 文 献

[1] 水利部淮河水利委员会. 堤防工程施工规范[M]. 北京:中国水利水电出版社,1998.

[2] 杨建设,姚松林. 工程移民的理论与实践[M]. 郑州:黄河水利出版社,1998.

[3] 水利部建设与管理司. SL 239—1999 堤防工程施工质量评定与验收规程[S]. 北京:中国水利水电出版社,1999.

[4] 水利部建设与管理司. SL 288—2003 水利工程建设项目施工监理规范[S]. 北京:中国水利水电出版社,2003.

[5] 中国葛洲坝水利水电工程集团有限公司,中国水利水电第四工程局,中国长江三峡工程开发总公司. DL/T 5173—2003 水电水利工程施工测量规范[S]. 北京:中国水利水电出版社,2003.

[6] 陈长水. 水利水电工程监理实施细则范例[M]. 北京:中国水利水电出版社,2005.

[7] 姜国辉. 水利工程监理[M]. 北京:中国水利水电出版社,2005.

[8] 中国水利工程协会. 水利工程建设监理概论[M]. 北京:中国水利水电出版社,2007.

[9] 中国水利工程协会. 水利工程建设合同管理[M]. 北京:中国水利水电出版社,2007.

[10] 中国水利工程协会. 水利工程建设质量控制[M]. 北京:中国水利水电出版社,2007.

[11] 中国水利工程协会. 水利工程建设投资控制[M]. 北京:中国水利水电出版社,2007.

[12] 中国水利工程协会. 水利工程建设进度控制[M]. 北京:中国水利水电出版社,2007.

[13] 四川省水利科学研究院. SL 176—2007 水利水电工程施工质量检验与评定规程[S]. 北京:中国水利水电出版社,2007.

[14] 三峡大学,中国水利水电第一工程局,中国水利水电第二工程局,等. DL/T 5371—2007 水电水利工程土建施工安全技术规程[S]. 北京:中国水利水电出版社,2007.

[15] 中国水利工程协会. 水利工程建设环境保护监理[M]. 北京:中国水利水电出版社,2007.

[16] 全国一级建造师职业资格考试用书编写委员会. 建设工程项目管理[M]. 北京:中国建筑工业出版社,2007.

[17] 全国一级建造师职业资格考试用书编写委员会. 水利水电工程管理与实务[M]. 北京:中国建筑工业出版社,2007.

[18] 中淮水工程有限责任公司. SL 223—2008 水利水电建设工程验收规程[S]. 北京:中国水利水电出版社,2008.

[19] 水利部水土保持监测中心. 水土保持工程建设监理规范与实务[M]. 北京:中国水利水电出版社,2008.

[20] 吴太平. 水利水电工程监理规划细则编写实务[M]. 郑州:黄河水利出版社,2008.

后　记

　　经过一年多的时间,总结实践经验和成果,并借鉴参考相关书籍资料,编者认真整理、筛选、汇总编写成此书。本书由钟传利、葛民宪担任主编,毛洪滨、李建军担任副主编。其中,第一、二、三、四章由山东龙信达咨询监理有限公司钟传利编著,计8.1万字;第五章由山东龙信达咨询监理有限公司葛民宪编著,计7.7万字;第七、九、十一章由山东龙信达咨询监理有限公司毛洪滨编著,计5.4万字;第十四章,第十五章第一、三、八节由黄河水利委员会工程建设管理中心李建军编著,计5.4万字;第十七、二十章由山东龙信达咨询监理有限公司崔彦平编著,计4.4万字;第八、十六章由山东龙信达咨询监理有限公司孙强编著,计4.4万字;第十、二十二章由山东龙信达咨询监理有限公司王祥林编著,计4.3万字;第六章、第十五章第五节由东平黄河河务局曲福贞编著,计4.2万字;第二十三章,第十五章第二、七节由东平黄河河务局张华编著,计3.3万字;第十三、二十一章由牡丹黄河河务局刘英杰编著,计3.4万字;第十二章,第十五章第四、六节,附表一、三由牡丹黄河河务局张亚松编著,计3.1万字;第十八章由天桥泺口中学张桂珍编著,计3.2万字;第十九章,附表二、四由山东龙信达咨询监理有限公司葛巍编著,计3.1万字。